普通高等教育规划教材

Fire Alarm and Automatic Protection Engineering
火灾报警与自动消防工程

周熙炜　张彦宁
黄　鹤　巫春玲　编　著

内 容 提 要

本书以电气自动化技术、计算机控制技术等为基础，结合智能建筑的总体要求，对建筑消防系统的理论与实践进行了系统阐述，共分9章，内容主要包括火灾报警与自动消防技术概论、火灾探测器、火灾探测的数据融合技术、火灾自动报警监控系统、水灭火系统与装置、自动跟踪定位射流灭火系统、自动气体灭火系统、防火与减灾系统、自动消防系统的配电与施工。本书注重理论与实践的结合，选编了必要的火灾报警和自动消防系统设计的国标、规范、曲线及图表。每章均设有练习思考题，方便读者对教学内容的进一步学习。

本书可作为高等院校电气工程及其自动化、楼宇自动化、建筑设施智能技术、消防工程、安全工程、建筑设备等专业方向的教材，亦可供从事建筑自动消防系统的工程设计、安装维护、监理人员，以及水暖、市政等工程技术人员和消防与公安人员学习参考。

图书在版编目(CIP)数据

火灾报警与自动消防工程／周熙炜等编著. —
北京：人民交通出版社股份有限公司，2016.8
 ISBN 978-7-114-13031-1

Ⅰ.①火… Ⅱ.①周… Ⅲ.①火灾监测—自动报警系统 ②消防设备—自动化设备 Ⅳ.①TU998.13

中国版本图书馆 CIP 数据核字(2016)第 212848 号

普通高等教育规划教材

书　　名：	火灾报警与自动消防工程
著 作 者：	周熙炜　张彦宁　黄　鹤　巫春玲
责任编辑：	刘永超　李　晴
出版发行：	人民交通出版社股份有限公司
地　　址：	(100011)北京市朝阳区安定门外外馆斜街3号
网　　址：	http://www.ccpress.com.cn
销售电话：	(010)59757973
总 经 销：	人民交通出版社股份有限公司发行部
经　　销：	各地新华书店
印　　刷：	北京虎彩文化传播有限公司
开　　本：	787×1092　1/16
印　　张：	21.75
字　　数：	525千
版　　次：	2016年8月　第1版
印　　次：	2021年11月　第2次印刷
书　　号：	ISBN 978-7-114-13031-1
定　　价：	45.00元

(有印刷、装订质量问题的图书由本公司负责调换)

前 言

Foreword

随着我国社会经济的快速发展,城市化进展迅猛,现代高层建筑的结构和功能也日益复杂。建筑内的用电负荷成倍增长,电气管线密集,可燃物增多,这样就不可避免地存在许多火灾隐患,给人民的生产和生活带来威胁。火灾报警与自动消防是各类建筑以及公路、桥梁和隧道等交通基础设施中十分重要的安全工程,其系统复杂、可靠性要求高;是建筑电气工程设计、安装和施工中的重要组成部分,在国民经济建设中的地位愈来愈重要。正所谓:"隐患险于明火,防范胜于救灾,责任重于泰山。"

自动消防系统这一关系国计民生的科研课题已然成为一门新的技术科学,专门研究如何预防、报警和控制火灾的发生与蔓延。为了适应城市建设和消防事业的发展需要,我们在收集和参考国内外有关技术资料的基础上,依据国家的最新消防标准、规程与行业规范,结合工程设计和施工情况,编写了《火灾报警与自动消防工程》一书。

本书针对目前多功能建筑设施的特点,围绕火灾的形成过程,分析了各种典型的感烟、感温、感光、图像及特种等火灾探测器的工作原理及自动报警的工程应用。本书系统地介绍了火灾多探测器的信息融合、火灾报警控制器和消防远程网络监控等新技术。针对消防灭火技术,本书详尽地讲述了自动喷水系统、室内消火栓灭火、泡沫灭火以及自动跟踪定位射流等水灭火系统与装置;讲述了七氟丙烷、低压二氧化碳、热气溶胶、水蒸气和 IG-541 等各类自动气体灭火系统及装置。针对消防工程的防灾减灾技术,本书讲述了火灾防排烟系统的设计与联动控制、消防电梯、应急照明和消防专用通信及广播技术;还对消防系统的供配电、施工与开通等工程内容进行了介绍。为了便于读者学习,本书在每章后编入练习思考题。

本书可作为高等院校电气工程及其自动化、楼宇自动化、建筑设施智能技术、消防工程、安全工程、建筑设备等专业的消防系统的课程教材,教学时数可在 32~48 学时左右。对于从事火灾自动消防系统的工程设计、安装维护、监理、水暖、市政等的工程技术人员和消防与公安人员,也有较好的参考价值。

本书由副教授周熙炜博士编写了第 5、6、7 章并进行全书统稿;张彦宁博士编写了第 1 章和第 8 章;黄鹤博士编写了第 2 章和第 4 章;巫春玲博士编写了第 3 章和第 9 章。

本书是有关的教学团队在多年的教学研究中积累而成,并得到了长安大学电子与控制工程学院教师们的热情支持和指导。其中,郎禄平老师对本书做过历史性的贡献,他于 1993 年就编著出版了《建筑自动消防》一书,并多次修订,是国内较早的系统开展消防科学研究的著作。同时,还要向汪贵平教授、王娜教授、段晨东教授等表示衷心的感谢!研究生熊永荣、宋阿华、梅芳、李炫南等同学协助编者查阅了大量的消防国家标准、规程与行业规范,并绘制了部分

— 1 —

图纸。海湾安全技术有限公司、磐龙安全系统股份有限公司等单位为本书提供了部分产品的说明资料。人民交通出版社刘永超编辑为本书的出版给予了极大支持。在此对他们的辛勤劳动表达诚挚的谢意！并对书末所列参考文献的作者表示衷心感谢。

随着现代信息技术和自动控制技术的快速发展，各种火灾报警与自动消防的新方法和新技术也在日益涌现。作者殷切希望各位读者和专业技术人员，对本书的内容、结构及疏漏、错误之处给予批评指正。

周熙炜

2016 年 7 月于长安大学渭水校区

目 录
Contents

第1章　火灾报警与自动消防技术概论 ·· 1
　1.1　燃烧的特征 ·· 1
　1.2　火灾形成过程 ··· 8
　1.3　灭火的基本原理及灭火介质 ·· 12
　1.4　民用建筑的分类和火灾特点 ·· 23
　1.5　建筑消防系统的组成及应用要求 ··· 26
　习题 ··· 31

第2章　火灾探测器 ··· 33
　2.1　火灾探测器的工作原理 ··· 33
　2.2　技术数据与型号编制 ·· 52
　2.3　探测器的选择 ·· 58
　2.4　火灾探测器的工程应用 ··· 64
　习题 ··· 77

第3章　火灾探测的数据融合技术 ··· 79
　3.1　火灾探测信息处理算法 ··· 79
　3.2　多传感器的数据融合原理 ··· 81
　3.3　基于数据融合技术的火灾探测 ·· 88
　习题 ··· 96

第4章　火灾自动报警监控系统 ··· 97
　4.1　火灾报警控制器及其系统 ··· 97
　4.2　消防远程网络监控系统 ··· 104
　习题 ··· 118

第5章　水灭火系统与装置 ··· 119
　5.1　自动喷水灭火系统 ·· 119
　5.2　室内消火栓灭火系统 ·· 143
　5.3　泡沫灭火系统设计 ·· 159
　5.4　水灭火系统的水力计算 ··· 164
　习题 ··· 182

— 1 —

第6章 自动跟踪定位射流灭火系统 ··· 183
6.1 自动消防炮系统 ··· 183
6.2 自动消防炮的设计理论与计算 ··· 194
6.3 消防炮系统的一般设计要点 ··· 199
习题 ··· 204

第7章 自动气体灭火系统 ··· 205
7.1 气体灭火系统概述 ··· 205
7.2 七氟丙烷气体灭火系统 ··· 213
7.3 低压二氧化碳灭火系统 ··· 238
7.4 热气溶胶灭火系统 ··· 243
7.5 其他气体灭火系统 ··· 250
习题 ··· 261

第8章 防火与减灾系统 ··· 262
8.1 防排烟控制系统 ··· 262
8.2 消防电梯 ··· 304
8.3 应急照明系统及联动控制 ··· 310
8.4 消防专用通信及火灾应急广播 ··· 314
习题 ··· 316

第9章 自动消防系统的配电与施工 ··· 318
9.1 消防系统的供配电 ··· 318
9.2 消防设备的布线 ··· 322
9.3 消防控制室及系统接地 ··· 330
9.4 自动消防系统的施工与调试 ··· 335
习题 ··· 340

参考文献 ··· 341

第1章 火灾报警与自动消防技术概论

1.1 燃烧的特征

1.1.1 燃烧的定义

燃烧,是可燃物与氧化剂作用而发生的一种激烈的快速氧化与放热反应,通常伴有火焰、发光或发烟的现象(图1-1)。燃烧使可燃物中白炽的固体粒子和某些不稳定的中间物质分子内的电子产生能级跃迁,从而发出各种波长的光;发光的气相燃烧区就是火焰;由于不完全燃烧等原因,未燃尽的微小颗粒或燃烧产物就形成了烟。因此,放热、发光、生成新物质(如木料燃烧后生成二氧化碳和水,并剩下炭和灰)是燃烧现象的三个特征。

图1-1 燃烧

燃烧物质所处的条件不同,会导致燃烧现象的不同。如按氧化剂是否充足,物质燃烧可分为完全燃烧和不完全燃烧两种形式。物质燃烧或热解而产生的新物质称为燃烧产物。凡是物质燃烧后产生不能继续燃烧的产物,是完全燃烧;凡是物质燃烧后产生还能继续燃烧的产物,是不完全燃烧。燃烧产物通常有生成的气体、热量、灰烬、可见烟等。大量生成的完全燃烧产物可以阻止燃烧的进行,如完全燃烧后产生的水蒸气和二氧化碳能够稀释燃烧区的含氧量,从而中断一般物质的燃烧。此外,火灾的扑救工作可以根据烟雾的特征和流动方向来识别燃烧物质,有助于判断火源位置和火势蔓延方向。

燃料中存在的和燃烧产生的有害物质,在燃烧过程中会散发出来,包括烟尘、灰粒、炭黑粒子、氮氧化物、硫氧化物、二氧化碳等,还会有噪声、臭味,未燃尽的碳氢化合物、微量有害元素等。燃烧会污染环境,是目前全球酸雨、"温室效应"等环境问题产生的一个重要原因,对人们的生活、生产与生命安全、动植物的生长以及整个生态的平衡都会带来极为不利的影响。

1.1.2 燃烧的条件

燃烧过程的发生和发展必须具备三个必要条件,即引火源温度、助燃剂(氧或氧化剂)和可燃物,用"燃烧三角形"来表示,只要三者同时出现并相互接触,就会发生燃烧现象,如图1-2。

用"燃烧三角形"来表示无焰燃烧的基本条件是正确的,但是进一步研究表明,对于有焰燃烧,由于在燃烧过程中存在未受抑制的自由基(又称游离基,自由基是一种高度活泼的化学基团,能与其他的自由基和分子发生反应),从而使燃烧按链式反应扩展。所以发生有焰燃烧需要四个必要条件,即引火源(热源)、助燃剂(氧或氧化剂)、可燃物和未受抑制的链式反应。图1-3 所示为可燃物的燃烧历程框图。

图1-2　燃烧三角形

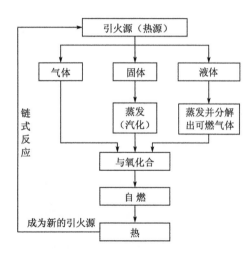

图1-3　可燃物的燃烧历程

(1) 可燃物

可燃物是指能与空气中的氧或氧化剂起燃烧化学反应的物质,按其物理状态可分为固体可燃物、液体可燃物和气体可燃物三种类别。但从化学范畴讲,可燃物都是未达到最高氧化状态的材料。某一种材料能否被进一步氧化,取决于其化学性质。任何主要由碳(C)和氢(H)组成的材料都可以被氧化,大部分可燃固体、可燃液体和可燃气体,都含有一定比例的碳和氢。但是有一些含有其他元素的化合物也能够燃烧,如镁、铝、钙等在某些条件下可以在纯氮气(N_2)环境中燃烧。也有一些物质在某一高温下可通过自己的分解而放出光和热,如肼(N_2H_4)、二硼烷(B_2H_6)等。

(2) 氧化剂

氧或氧化剂是能帮助和支持可燃物燃烧的物质,即能与可燃物发生氧化反应的物质称为氧化剂。燃烧过程中的氧化剂主要是氧,它包括游离的氧和化合物中的氧。空气中含有大约

21%的氧,因此可燃物在空气中的燃烧以游离的氧为氧化剂,这种燃烧是普遍的。除了氧元素以外,某些物质也可以作为燃烧反应的氧化剂,如氟(F)、氯(Cl)等。

(3)引火源

引火源是指提供给可燃物与氧或助燃剂,使燃烧反应发生的能量来源。常见的是热能,其他还有化学能、电能、机械能等转变的热能。燃烧反应可以通过用明火点燃加热空气(氧气)中的可燃物来实现。在无外界引火源时,只有将可燃物加热到其着火点以上才能使燃烧反应进行。因此,物质燃烧除需具备可燃性和氧之外,还需要温度和热量。由于各种可燃物的化学组成和化学性质各不相同,其发生燃烧的温度也不同。

(4)链式反应

近代链式反应理论认为,燃烧是一种基于自由基的链式反应。一般链式反应的机理大致可以分为以下三个阶段。

①链引发,即生成自由基,使链式反应开始。生成方法有热分解、光化、放射线照射、氧化还原、加入催化剂等。

②链传递,自由基作用于其他参加链式反应的物质分子,产生新的自由基。

③链终止,即自由基消失,使链式反应终止。

不受抑制的链式反应存在于有焰燃烧。当某种可燃物受热时,它不仅会汽化,而且该可燃物的分子会发生热裂解作用,即它们在燃烧前会裂解成为更简单的分子。此时,这些分子中的一些原子间的共价键会发生断裂,从而生成自由基。自由基是一种高度活泼的化学形成,能与其他的自由基和分子反应,而使燃烧持续下去,这就是燃烧的链式反应。

需注意的是,可燃物具备了燃烧的四个必要条件,并不一定发生燃烧,因为在各种必要条件中,还有一个"量"的概念,这就是可燃物发生燃烧或持续燃烧的充分条件,即燃烧的充分条件,可归纳为:

①一定的可燃物浓度。例如可燃气体或蒸气只有达到一定浓度时,才会发生燃烧或爆炸。如:甲烷只有在其浓度达到5%时才有可能发生燃烧。而车用汽油在-38℃以下、灯用煤油在40℃以下、甲醇在7℃以下均不能达到燃烧所需的浓度,因此即使有充足的氧气和明火,仍不能发生燃烧。

②一定的氧气含量。各种不同的可燃物发生燃烧,均有其固定的最低含氧量要求。低于这一浓度,虽然燃烧的其他条件全部具备,燃烧仍然不会发生。如:汽油的最低含氧量要求为14.4%,煤油为15%,乙醚为12%。

③一定的点火能量。各种不同的可燃物发生燃烧,均有其固定的最小点火能量要求。如:在化学计量浓度下,汽油的最小点火能量为0.2mJ,乙醚(5.1%)为0.19mJ,甲醇(2.24%)为0.215mJ等。

④不受抑制的链式反应。对于无焰燃烧,以上三个条件同时存在,相互作用,燃烧即会发生。而对于有焰燃烧,除以上三个条件外,燃烧过程中存在未受抑制的自由基(游离基)而形成链式反应,使燃烧能够持续下去,亦是燃烧的充分条件之一。

以上介绍了燃烧所需要的必要和充分条件,所谓防火和灭火的基本措施就是去掉其中的一个或几个条件,使燃烧不能发生或不能持续。

1.1.3 燃烧的类型

燃烧的类型可以按其形成的条件和瞬间发生的特点分为以下几种。

(1) 闪燃

闪燃是指在一定温度下,易燃或可燃液体(固体)表面挥发或分解出来的可燃气体与空气混合后,遇火源而产生的"一闪即灭"的燃烧现象。发生闪燃的最低温度称为闪点,液体的闪点越低,火险的可能性就越大。

(2) 着火

着火是可燃物质在空气中与火源接触,产生的一种有火焰的持续燃烧现象,如油类、酮类的燃烧。可燃物开始持续燃烧的最低温度称为燃点,燃点越低越易起火。

(3) 自燃

自燃是可燃物质在没有外来明火源的作用下,靠热量的积聚达到一定温度而发生的燃烧现象,如煤炭、木材、粮食或稻草等均可发生自燃。以木材为例,当温度超过100℃时就开始分解出可燃气体,同时释放出少量热能。当温度达到260~270℃时,释放出的热能剧烈增加,这时即使撤走外界热源,木材仍然可依靠自身产生的热能来提高温度,并使其温度超过燃点温度而出现自燃现象——发焰燃烧。在规定的条件下,可燃物质达到自燃现象时的最低温度称为该物质的自燃点。

自燃的热能来源:

①外部热能的逐步物理性积累。

②由于化学特性、生物特性的原因,物质自身产生热量的积累。

(4) 爆炸

爆炸是指物质在瞬间急剧氧化或分解而快速产生温度和压力,并将自身能量突然转变为动能,急剧向四周扩散、冲击且发出巨大响声的现象。爆炸分为:物理爆炸、化学爆炸。

物理爆炸是由于液体变成蒸气或气体并迅速膨胀,压力急速增加,超过容器的极限压力而发生的爆炸,如蒸汽锅炉、液化气瓶等的爆炸。化学爆炸是因物质本身发生化学反应,产生大量气体和高温而发生的爆炸,如炸药,可燃气体、粉尘或易燃液体的蒸气与空气混合达到爆炸极限引起爆炸等。

所谓爆炸极限(又称爆炸浓度极限、燃烧极限或火焰传播极限)是指可燃气体、粉尘或易燃液体的蒸气与空气混合后,遇火源而产生爆炸的浓度值,通常以体积百分比表示。遇到明火发生爆炸时的最低混合气体浓度值称为爆炸下限,最高混合气体浓度值称为爆炸上限,上下限之间的浓度范围称为爆炸极限范围。爆炸极限是个测量参数,受到各种因素如初始温度、初始压力、惰性介质及杂质、点火源等变化的影响。一般而言,初始温度、初始压力越大,爆炸极限范围越大;混合物中的惰性介质及杂质越多,爆炸极限范围越小。

(5) 核聚变

核聚变也是一种燃烧类型。在核聚变时会产生强烈的发光、发热的燃烧现象,如太阳表面的核聚变。

1.1.4 不同状态物质的燃烧

固体、液体、气体可燃物的燃烧过程有所不同,明晰可燃物的特点对火灾的报警与消防有着重要的作用。

1) 可燃固体的燃烧

凡遇火、受热、撞击、摩擦或与氧化剂接触能着火的固体物质,统称为可燃固体。在规定的试验条件下,用明火点燃可燃固体时持续燃烧的最低温度,称为该可燃固体的燃点。部分可燃固体的燃点如表 1-1 所示。

部分可燃固体的燃点　　　　　　　　　　表 1-1

名　称	燃点(℃)	名　称	燃点(℃)
纸张	130~230	黏胶纤维	235
棉花	210~255	涤纶纤维	390
蚕丝	250~300	醋酸纤维	320
麻绒	150	天然橡胶	129
石蜡	158~195	有机玻璃	260
樟脑	70	赛璐珞	100
木材	250~300	聚苯乙烯	345~360

易燃固体按照燃烧难易程度分一、二两级。一级易燃固体:燃点低,易于燃烧或爆炸,燃烧速度快,并能释放出剧毒气体。它们有:磷及磷的化合物如赤磷、三硫化四磷、五硫化四磷,硝基化合物如二硝基苯及一些含氮量在 12.5% 的硝化棉闪光粉等,以及金属钾、钠、氢化钠和电石等。其中,硝化棉、黄磷等在常温下就能在空气中分解、氧化而导致自燃或爆炸;赤磷、五硫化磷等化学物品,当受到撞击、摩擦或与氧化物、有机物接触也会引发燃烧或爆炸;金属钾、钠等在常温下接触水或空气,也能分解出可燃气体而引起燃烧或爆炸。一级易燃固体均属于危险物品,应作为重点防火防爆对象。

二级易燃固体:燃烧性能比一级固体差,燃烧速度慢,燃烧毒性小。它们大致包括各种金属粉末、碱金属氨基化合物,如氨基化锂、氨基化钙等;硝基化合物,如硝基芳烃;硝化棉制品,如硝化纤维漆布、赛璐珞等;萘及其化合物等。

固体可燃物由于分子结构的复杂性、物理性质的差异性,其燃烧方式也不同,通常有蒸发燃烧、分解燃烧、表面燃烧和阴燃四种。

(1) 蒸发燃烧:指熔点较低的可燃固体受热后融熔为液态,然后像可燃液体一样蒸发成气体而燃烧,如硫、沥青等的燃烧。

(2) 分解燃烧:分子结构复杂的固体可燃物,在受热分解出其组成成分及与加热温度相应的热分解产物后,这些分解产物再氧化燃烧,称为分解燃烧,如木材、合成橡胶等的燃烧。

(3) 表面燃烧:蒸气压非常小或者难于热分解的可燃固体不能发生蒸发燃烧或分解燃烧,当氧气包围物质的表层时,呈炽热状态并发生无焰燃烧。表面燃烧属于非均相燃烧,现象为表面发红而无火焰,如木炭、焦炭等的燃烧。

(4)阴燃:没有火焰的缓慢燃烧现象称为阴燃。一些固体可燃物,如成捆堆放的棉,大堆垛的煤、草、木材等在空气不流通、加热温度较低或含水率较高时会阴燃。随着阴燃的进行,热量聚集、温度升高,此时如有空气导入可能会转变为明火燃烧。

2)易燃、可燃液体的燃烧

在常温下,各种易燃、可燃液体的挥发快慢不同。因为易燃、可燃液体是靠蒸发(气化)气体燃烧的,所以挥发快的易燃、可燃液体要比挥发慢的危险。在低温条件下,易燃、可燃液体的蒸气与空气混合达到一定浓度时,如遇到明火就会出现闪燃现象。闪燃速率与液体的蒸气压、闪点、沸点和蒸发速率等性质有关。某些液体在储存温度下,液面上蒸气压在易燃范围内遇到火源时,其火焰传播速率较快。易燃、可燃液体的闪点高于储存温度时,其火焰传播速率较低,因为火焰的热量必须足以加热液体表面,并在火焰扩散之前形成易燃蒸气空气混合物。影响这一过程的因素有环境、风速、温度、燃烧热、蒸发潜热、大气压等。

液态烃类燃烧时,通常有橘色火焰并散发浓密的黑色烟云;醇类燃烧时,通常具有透明的蓝色火焰,几乎不产生烟雾;某些醚类燃烧时,液体表面伴有明显的沸腾状,这类物质的火灾难以扑灭。

在不同类型油类的敞口储罐的火灾中,应特别注意三种特殊现象——沸溢、溅出、冒泡。油类在燃烧过程中,向液层面不断传热,会使含有水分、黏度大、沸点在100℃以上的重油、原油产生沸溢和喷溅现象,造成大面积火灾,这种现象称为突沸,往往会造成很大的危害;这类油品也称为沸溢性油品。因此对油罐进油和储油时,温度必须严格控制在90℃以内。此外,若进油管流速较高,由高到低的进入易产生雾状喷出,落下的油撞击油罐和液面,致使静电荷急剧增加,极易引起油罐爆炸起火,因此油罐的进油管不能从油罐上部接入。

显而易见,如果温度低于或等于闪点,液体蒸发气化的速度还供不上燃烧的需要,故出现闪燃的持续时间很短。换句话说,温度低于某液体的闪点,就不可能点燃它上面的可燃蒸气混合物。如果温度继续升高至高于闪点,液体挥发速度加快,这时若再遇到明火就有燃烧爆炸的危险。因此,"闪点"是易燃、可燃液体燃烧或爆炸的前兆,是确定易燃、可燃液体火灾危险程度的主要依据。闪点越低,火灾的危险性越大,越要注意加强防火措施。部分易燃液体的闪点如表1-2所示,可见,易燃液体的闪点都很低。

部分易燃、可燃液体的闪点　　　　表1-2

名　　称	闪点(℃)	名　　称	闪点(℃)
石油醚	-50	松香水	+6.2
汽油	-50~+10	丙酮	-20
二硫化碳 CS_2	-45	苯 C_6H_6	-14
乙醚 CH_3OCH_3	-45	醋酸乙酯	+1
氯乙烷 CH_3CH_2Cl	-38	甲苯	+1
二氯化烷 CH_2ClCH_2Cl	+21	甲醇 CH_3OH	+7

为了加强防火管理,消防技术规范按照闪点的高低对液体火灾的危险性进行了划分,见表1-3。明确易燃、可燃液体的划分,对于防火灭火来说具有十分重要的意义。

易燃、可燃液体的火灾的危险性分类　　　　　　　　　　　　　　　　　　　表 1-3

火灾的危险性分类	分　级	闪点(℃)	举　例
甲	一级易燃液体	<28	苯、乙醚
乙	二级易燃液体	28~60	煤油、丁醚
丙	可燃液体	>60	柴油、润滑油

3) 可燃气体的燃烧

可燃气体的燃烧不需像固体、液体那样经过熔化、蒸发气化的过程,其所需热量仅用于氧化或分解,或将气体加热到燃点,因此可燃气体容易燃烧,速度也快,危险性更大。通常根据燃烧前可燃气体与氧的混合状态不同,可燃气体的燃烧可分为两大类：扩散燃烧与预混燃烧。

(1) 扩散燃烧：指可燃气体从喷口(管口或容器泄漏口)喷出,在喷口处与空气中的氧边扩散混合边燃烧的现象。其燃烧速度取决于可燃气体的喷出速度,一般为稳定燃烧,如容器、管路泄漏发生的燃烧,天然气井的井喷燃烧都属于此类。

(2) 预混燃烧：这类燃烧会造成爆炸,是可燃气体与氧在燃烧之前混合,并形成一定浓度的可燃混合气体,被火源点燃所引起的燃烧爆炸。影响预混燃烧爆炸速度的因素有气体的组成、可燃气体浓度、可燃混合气体的初始温度、压力、管路直径、管道材质等,如煤矿开采过程中,瓦斯与空气混合气体在矿道内的燃爆就属于此类。

一般多强调可燃性混合气体浓度的爆炸下限值。可燃气体(包括可燃、易燃液体或蒸气)发生爆炸的下限值如表 1-4 所示。多种可燃混合气体的燃烧或爆炸下限可用下式计算：

$$t = \frac{1}{\sum_{i=1}^{n} \frac{V_i}{N_i}} \times 100\% \tag{1-1}$$

式中：t——可燃混合气体的燃烧或爆炸浓度下限；

V_i——可燃混合气体中各成分所占体积百分数；

N_i——可燃混合气体中各成分的爆炸下限。

可燃性气体(包括可燃、易燃性液体或蒸气)**的爆炸下限** N　　　　　　　表 1-4

名　称	N(%容积)	比　重	名　称	N(%容积)	比　重
甲烷 CH_4	5.0	0.55	煤油	0.7	4~5
乙烷 C_2H_6	3.0	1.03	汽油	1.2	3.3
丙烷 C_3H_8	2.2	1.52	丙酮	2.1	0.79
丁烷 C_4H_{10}	1.8	2.07	苯 C_6H_6	1.2	0.88
戊烷 C_5H_{12}	1.4		氯乙烯	2.0	2.14
乙烯 C_2H_4	2.7	0.56	天然气	5.0	0.5~1.5
丙烯 C_3H_6	2.0	0.53	氨	15.0	0.6
丁烯 C_4H_8	1.7	1.9	氢	4.1	
硫化氢 H_2S	4.3	1.19	甲苯	1.2	0.87
一氧化碳 CO	12.8	1.19	氯乙烷	3.6	2.2

【例题1-1】 液化石油气中,丙烷占体积的50%,丙烯占体积的10%,丁烷占体积的35%,戊烷占体积的5%,求该液化石油气的燃烧(爆炸)浓度极限。

【解】 由表1-4查得丙烷、丙烯、丁烷、戊烷的爆炸下限分别为:2.2、2.0、1.8、1.4,代入式(1-1)得液化石油气的燃烧(爆炸)浓度下限为:

$$t = \frac{1}{\frac{50}{2.2} + \frac{10}{2.0} + \frac{35}{1.8} + \frac{5}{1.4}} \times 100\% = \frac{1}{51}$$

由此可见,为了防爆安全的需要,应该避免爆炸性混合气体的浓度在爆炸极限范围内。

1.2 火灾形成过程

1.2.1 火灾的定义及分类

所谓火灾,是指在时间和空间上失去控制的燃烧所造成的灾害。根据《火灾分类》(GB/T 4968—2008)的规定,将火灾分为A、B、C、D、E、F六类。

A类火灾:指固体物质火灾。这种物质往往具有有机物质,一般在燃烧时能产生灼热的余烬。如木材、棉、毛、麻、纸张、煤炭等产生的火灾。

B类火灾:指液体或可熔化的固体物质火灾,如汽油、原油、甲醇、乙醇、沥青和石蜡等产生的火灾,一般在燃烧时产生高温、光和少量的烟雾。

C类火灾:指气体火灾,如天然气、煤气、甲烷、乙烷、丙烷、氢等产生的火灾。一般在燃烧时产生高温、光和极少的烟雾。

D类火灾:指金属火灾,如钾、钠、镁、钛、锂、铝镁合金等产生的火灾。

E类火灾:带电火灾,如物体带电燃烧的火灾。

F类火灾:烹饪器具内的烹饪物(如动植物油脂)火灾。

此外,火灾的等级还可以遵照2007年6月公安部下发的《关于调整火灾等级标准的通知》,根据人员与财产损失的大小,将火灾分为特别重大、重大、较大和一般火灾四个等级。

1.2.2 火灾温度曲线

火灾发生、发展的整个过程非常复杂,影响因素很多。火灾温度和持续时间是火灾的两个重要指标,两者的关系可用火灾温度曲线来表示。

由于火灾发展各阶段的持续时间,以及标志着到达某一阶段的温度值与火场的燃烧条件密切相关,主要影响因素包括火源类别、可燃物、建筑材料的燃烧性能及通风条件,所以没有相同的火灾温度曲线。为了便于科学研究和制定防火规范,世界各国都依据实验结果制定能代表本国一般建筑火灾发展规律的"标准温度—时间曲线"。实际上,各国绘制的"标准温度—时间曲线"形状十分近似。我国采用国际标准(ISO834)规定的标准"火灾温度—时间曲线",如图1-4所示。

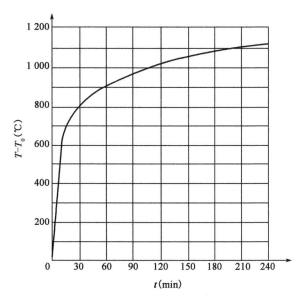

图 1-4 标准火灾温度曲线

标准火灾曲线温升速率表达式为：

$$T = T_0 + 345\lg(8t + 1) \tag{1-2}$$

式中：t——火场的燃烧时间，min；

T_0——火场起始燃烧时刻的温度。

火灾温度曲线的形状代表火灾发展中实际出现的各种燃烧现象，反映了温度增长速度和燃烧速度的变化，曲线上的每一拐点都代表火场上发生的情况。图 1-5 为木屋的火灾温度曲线。

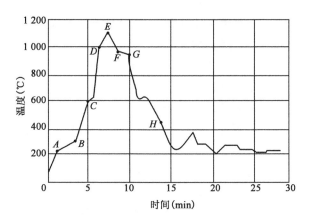

图 1-5 木屋火灾温度曲线

A 点升温速度突然改变，燃烧速度降低，起火建筑物的白烟变为黑烟，说明室内的氧供应不足；B 点温度开始上升，说明建筑物出现开口，外部的空气已经进入建筑物，能满足燃烧的需要；C 点温度猛烈上升，说明建筑物的外墙被烧穿，通风加强，燃烧加快；D 点升温速度变缓，升温的趋势接近终了，说明建筑物的开口已经扩大，外墙大部被烧毁，供燃烧的可燃物所剩无几；

E 点温度达到最高点,说明屋顶已经被烧穿,燃烧放热与向环境散热达到短暂平衡;F 点温度下降,说明屋顶塌落,散热量已经超过燃烧放出的热,可燃物数量已经不多,不能继续维持最高温度;G 点降温速度接近于零,说明木柱等构件尚能支撑一段时间,大断面木构件燃烧的放热量还能维持较低的火灾温度;H 点温度迅速下降达到低点,并较长时间维持在 400℃ 左右,说明木柱倾倒,建筑物已经全部烧毁,保持火灾温度的仅仅是地上残火。

1.2.3 火灾发展的阶段

火灾温度曲线还能反映火灾发展的阶段性。图 1-5 曲线中 B 点之前可看作火灾发展的初期阶段,BE 段为火灾的发展阶段,E 点以后火灾温度开始下降,可视为火灾的熄灭阶段。典型的室内火灾温度曲线参见图 1-6。

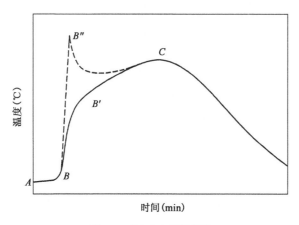

图 1-6 室内火灾温度曲线

利用火灾温度曲线还可以判断燃烧的物质是固体、液体,还是气体。固体可燃物燃烧的温升速度比较缓慢,所以火灾温度曲线比较弯曲;可燃气体和易燃可燃液体蒸气的燃烧速度快,起火后室内温度迅速达到最高峰,因此在火灾温度曲线上几乎看不到初期的升温阶段;对于密闭建筑物内固体物质的燃烧来说,一旦空气供给充足,高温热解可燃气体会发生爆燃,因此在火灾曲线上会有一个陡升的阶段,火灾温度曲线中的 BB' 段便由 BB'' 直线来代替。

从图 1-6 中可以看出,根据火灾温度随时间的变化特点,可将火灾的形成过程分为三个阶段,即初期增长阶段(AB 段)、全面发展阶段(BC 段)、火灾熄灭阶段(C 点以后)。

(1)火灾初期增长阶段

室内发生火灾后,最初只是起火部位及其周围的可燃物起火燃烧。火灾初期增长阶段的特点是:在火灾初期阶段,起火点的局部温度较高,但室内各点的温度极不平衡。由于可燃物燃烧性能、分布、通风、散热等条件的影响,燃烧发展比较缓慢,且燃烧发展不稳定,有可能形成火灾,也有可能中途自行熄灭。火灾初期增长阶段需要注意以下两个问题:

①火灾初期阶段持续时间

火灾初期阶段的燃烧面积不大,火场的温度比较低,可能很少引起人员的注意,但是,初期阶段火灾温度持续的时间对疏散人员、抢救物资及保障灭火指战员的人身安全具有重要的意义。

火灾初期阶段持续时间的长短与燃烧条件有很大关系,可燃物和建筑材料的燃烧性能在火灾初期阶段的影响作用比较明显,因为在此时燃烧面积小、温度低、燃烧不稳定,如果火源附近的可燃物被烧尽,建筑材料不燃烧则不可能使火灾蔓延,燃烧就会自行中断。例如初始火灾发生在木板墙脚下或纤维板吊顶下面,则会蔓延成灾。因为建筑物中可燃墙和吊顶有较大的燃烧面积,能使火焰在表面迅速蔓延,放出大量的热,从而助长火势发展,缩短火灾初期阶段的持续时间。为防火安全,建筑物应尽可能使用不可燃建筑材料,或使用经阻燃处理的建筑材料。

而在点火初期,如果火源能量较小,为了形成稳定的燃烧需要积蓄大量的热,通风散热良好不利于热量积累,会延缓火灾的发展。当减少通风量,便有利于热量积累,缩短火灾初期阶段持续的时间。而当用汽油点火时,由于火源能大,如门窗大开,通风良好,燃烧猛烈,火灾初期阶段持续的时间就短,反之,如果门窗紧闭,空气供应不足,燃烧缓慢,火灾初期阶段持续的时间就长,甚至会出现自行熄灭现象。

② 火灾初期阶段燃烧的过程

室内火灾由局部起火发展到全面燃烧可能有两种形式。一种是明火点燃,另一种是密闭空间内的大量高温可燃气遇新鲜空气发生爆燃。明火点燃是指热解的可燃气体流向起火点被点燃,或是起火点的热烟夹带火星飞落到未燃区将温度较高的可燃物点燃。火灾初期,如果氧气供给不足,燃烧呈阴燃状态,室内的可燃物均处于无焰燃烧状态,房间内积聚热量使温度较高、浓度较大、数量较多的可燃气体与空气混合形成气体混合物,一旦开启房门或窗玻璃破裂,大量新鲜空气迅速进入,室内的气体混合物便迅速自燃,形同爆炸,整个起火房间内出现熊熊火焰,室内可燃物被全面点燃,迅速进入火灾全面发展阶段。

火灾初期是灭火最为有利的时机。在起火的初期阶段,如果人们及早发现,因为燃烧面积小,只需用少量的水便可把火灭掉,不会发展成灾。为了及早发现起火,并抓住有利时机及时灭火,在建筑物中最好能够安装火灾自动报警装置和自动灭火装置。

(2) 火灾全面发展阶段

在火灾初期阶段后期,火灾范围迅速扩大,当火灾房间温度达到一定值时,聚积在房间内的可燃气体突然起火,整个房间都充满了火焰,房间内所有可燃物表面部分都卷入火灾之中,燃烧很猛烈,温度升高很快。房间内局部燃烧向全室性燃烧过渡的这种现象通常称为轰燃。轰燃是室内火灾最显著的特征之一,它标志着火灾全面发展阶段的开始。对于安全疏散而言,人们若在轰燃之前还没有从室内逃出,则很难幸存。

轰燃发生后,房间内所有可燃物都在猛烈燃烧,放热速度很快,因而房间内温度升高很快,并出现持续性高温,最高温度可达 1 100 ℃左右。火焰、高温烟气从房间的开口部位大量喷出,把火灾蔓延到建筑物的其他部分。室内高温还对建筑物构件产生热作用,使建筑物构件的承载能力下降,甚至造成建筑物局部或整体倒塌破坏。

室内火灾进入发展阶段后可燃物燃烧猛烈,燃烧处于稳定期,可燃物的燃烧速度接近于定值,火灾温度上升到最高点。火灾发展阶段时间主要取决于可燃物燃烧性能、可燃物数量和通风条件,而与起火原因无关。实验发现,火灾发展阶段燃烧的可燃物约为整个火灾过程中烧掉的可燃物总量的 80%。

在火灾发展阶段,室内可燃物被全面点燃,进行稳定燃烧,建筑物构件处于浓烟烈火包围之下,因此建筑结构的耐火性能显得格外重要,要求人们在建筑设计中,注意选用耐火性能好、耐火时间长的结构,以便加强防火安全。为了减少火灾损失,阻止热对流,限制燃烧面积扩大,建筑物应有必要的防火分隔措施。

(3)火灾熄灭阶段

在火灾全面发展阶段后期,随着室内可燃物的挥发物质不断减少,以及可燃物数量的减少,火灾燃烧速度递减,温度逐渐下降。当室内平均温度降到温度最高值的80%时,则一般认为火灾进入熄灭阶段。随后,房间温度明显下降,直到把房间内的全部可燃物烧尽,室内外温度趋于一致,火灾宣告结束。

火灾进入熄灭阶段后,室内可供燃烧的物质减少,温度开始下降。实验发现,室内温度衰减的速度与火灾持续时间有如下关系:火灾持续时间越长,其衰减速度越慢。火灾持续时间在 1h 以下时,室内火灾温度衰减速度约为 12℃/min;火灾持续时间大于 1h 时,其衰减速度约为 8℃/min。

从火灾的整个过程来看,火灾中期的后半段和末期的前半段温度最高,火势发展最猛,热辐射也最强,使建筑物遭受破坏的可能性最大,是火灾向周围建筑物蔓延最为危险的时期。因此,在火灾熄灭阶段的前期,室内温度仍为最高温度,火势较猛烈,热辐射较强,对周围建筑物仍有很大威胁。

实际灭火战斗中应注意堵截包围,防止火势蔓延,切不可疏忽大意。此外,还应防止建筑物构件因经受火焰的高温作用和灭火射水的冷却作用出现裂缝、下沉、倾斜或倒塌,要充分保障灭火人员的生命安全。

1.3 灭火的基本原理及灭火介质

1.3.1 灭火的基本原理

物质燃烧必须同时具备三个必要条件,即可燃物、助燃物和着火源。根据这些基本条件,一切灭火措施都是为了破坏已经形成的燃烧条件,或终止燃烧的连锁反应而使火熄灭,以及把火势控制在一定范围内,最大限度地减少火灾损失。这就是灭火的基本原理。

(1)冷却法

灭火剂施放到火场后,因升温、蒸发等过程大量吸收热量,使燃烧物的温度迅速降低,最后使燃烧终止。具有冷却灭火作用的灭火剂有水、泡沫等。

(2)窒息法

灭火剂释放到火场后,使燃烧区中氧的体积百分数降低,使燃烧不能持续。当空气中氧的体积百分数降到15%以下时,一般碳氢化合物就不会燃烧。具有窒息灭火作用的灭火剂水蒸气、CO_2、氮气等。

(3)隔离法

灭火剂释放到火场后,覆盖于燃烧体表面,在冷却作用的同时,把可燃物同火焰和空气隔离开来,达到灭火的目的。具有隔离灭火作用的灭火剂有泡沫等。

(4)化学抑制法

灭火剂释放到火场后,因化学作用破坏燃烧的链式反应,使燃烧终止。具有化学抑制灭火作用的灭火剂有卤代烷、干粉等。

1.3.2 灭火介质

灭火介质(或称之为灭火剂)是能够有效地破坏燃烧条件,终止燃烧的物质。可作为灭火剂的物质主要有:水、泡沫、干粉、卤代烷、气溶胶、CO_2、氮气等。不同的灭火剂,灭火作用不同。应根据不同的燃烧物质,有针对性地使用灭火剂,才能有效地实施灭火。

1)水

在诸多灭火剂中,水仍然是目前用得最多而且最重要的灭火介质。

(1)水的灭火机理

①冷却作用。水的热容量和汽化热都比较大,水能从燃烧物质中夺取大量热,以降低燃烧物质的温度。每千克水的温度每升高1℃,可吸收4.184kJ热量;每千克水蒸发汽化,可吸收2 259kJ热量。喷洒在火场的水将被加热或汽化,吸收大量热量,使燃烧物质表面的温度迅速下降,有利于终止燃烧。

②窒息作用。水的汽化将在燃烧区产生大量水蒸气占据燃烧区,可阻止新鲜空气进入,降低燃烧区氧气的体积百分数,使可燃物得不到充足的氧气,导致燃烧强度减弱直至燃烧终止。一般1L水可汽化为1 700L水蒸气,若空气中含有30%(体积)以上的水蒸气,燃烧就会停止。

③稀释作用。水本身是一种良好的溶剂,可以溶解亲水性可燃液体,如醇、醛、醚、酮、酯等。因此,当此类物质起火后,如果容器的容量允许或可燃物料流散,可用水予以稀释。可燃物浓度降低而导致可燃蒸气量减少,燃烧即会减弱。当可燃液体的质量降到可燃质量以下时,燃烧即会终止。

④乳化作用。非水溶性可燃液体的初期阶段火灾,以较强的水雾射流(或滴状射流)灭火,可在液体表面形成乳化层,如水滴与重质油品相遇,在油表面形成的乳化层可以降低油气的蒸发速度,促使燃烧停止。

⑤分离作用。经灭火水枪等喷水装置形成的水流有很大的冲击力,将使火焰产生分离,这种分离作用使火焰"端部"得不到可燃蒸气的补充,使火焰中段而熄灭。

(2)禁用火灾范围

①能与水起化学反应,分解放出氢气等可燃性气体和大量热量的物质,如钾、钠、钙、镁等轻金属或电石等物质的火灾,禁止使用水灭火。

②对于高压电气火灾慎用水灭火,因为水具有导电性,易引发次生灾害。

③遇水会生成可燃、可爆、有毒气体,进而引起燃烧、爆炸或造成灭火人员中毒的物质,如碳化轻金属(Na_2C_2、K_2C_2、CaC_2、Al_4C_3)、氢化碱金属(KH、NaH)、金属硅化物(Mg_2Si、Fe_2Si)、金属磷化物(Ca_3P_2)、硼氢类($NaBH_4$、KBH_4)、氯化磷(PCl_3、PCl_5)及某些金属粉(Zn、Al、Mg)等,不能用水扑救火灾。

④处于熔化状态的钢、铁,喷射水可引起爆炸。

⑤炽热状态的含碳物不可以用水扑救,否则会引起爆炸或一氧化碳气体中毒。

(3) 水灭火的注意事项

①防止结冰。严寒冬天,当水泵暂停供水时,输水管道易冻塞;气温很低的情况下,若长时间供水,水带内可能产生冻结,由于结晶体积逐渐膨大,水带易破裂;自动喷水系统湿式管网,如无保温措施,应考虑加防冻液。

②防止物理性爆炸。漏包的钢水或铁水,水不可以直接溅入,因为高温会使水急剧汽化,同时有部分分解,易造成人身伤亡。

③防止水渍。精密仪器、仪表、工艺品、重要档案资料或图书、有重要价值的房间,溅水或水渍损失甚至大于火灾损失(应考虑使用气体灭火剂)。

④直流水的冲击会引起粉尘物料的飞扬,易在空气中形成爆炸性混合物,有引起爆炸的危险。对于粉尘物料、阴燃物质、水难浸透的物质,建议使用含润湿剂的雾状水灭火。

⑤对于密度比水小且不溶于水的可燃液体,如汽油、煤油等发生火灾时,因为这些液体会漂浮在水面上随水流动,用水灭火反而可使火势蔓延,因此使用水—泡沫联动装置扑救为好。

⑥对于带电设备的火灾,在保持一定安全距离的条件下,可以用自来水扑救。使用水扑救直流电压35kV以下的带电设备火灾时,应使用13mm或16mm口径的水枪,水枪口与火点距离应在10m以上;如果不能远距离射水,可采用尽量小的水枪口径,并增大喷水流的仰角;或使用达到正常雾化状态的喷雾水枪,安全距离可以缩至5m。

2) 泡沫灭火剂

泡沫灭火剂是一种与水混溶,通过化学反应或机械方法产生泡沫进行灭火的物质。

(1) 泡沫灭火剂的类别

泡沫灭火剂一般由发泡剂、泡沫稳定剂、降黏剂、抗冻剂、防蚀剂、防腐剂、无机盐和水等组成。泡沫灭火剂的基料和添加剂及产生泡沫的方法决定了泡沫灭火剂的质量,以及所产生泡沫的流动性、自封闭性、稳定性、耐液性、抗燃性等性能。

(2) 泡沫灭火原理

泡沫的密度为 $0.001 \sim 0.5 \text{g/cm}^3$,且具有流动性、黏附性、持久性和抗烧性。可以漂浮或黏附在易燃或可燃液体(或可燃固体,如设备)表面,或充满某一空间形成一个致密的覆盖层,对燃烧物产生隔离作用和冷却作用。

(3) 泡沫灭火剂的使用注意事项

①普通蛋白泡沫主要应用于沸点较高的非水溶性易燃和可燃液体的火灾,以及一般固体物质的火灾。例如,原油、重油、燃料油、木材、纸张、棉麻等,应用场所通常是油罐、油池、汽车修理场、仓库、码头等。氟蛋白泡沫除上述火灾及场所外,主要用于扑救低沸点易燃液体,特别是大型储油罐可采用液下喷射泡沫灭火。飞机火灾的扑救,首选"轻水"泡沫,其次是氟蛋白泡沫。以蛋白泡沫覆盖于飞机跑道,可防止飞机迫降时与跑道摩擦而产生火灾。抗溶性泡沫主要用于扑救水溶性可燃液体的火灾,如醇、醛、酮、酯、醚等,有机酸、有机胺的火灾以使用聚合型抗溶泡沫为好。以蛋白质为基料的抗溶泡沫,稳定性差,适用于小范围火灾,尤其不适于低沸点水溶性可燃液体的火灾。

②中、高倍泡沫的主要应用:扑救船舱、巷道、矿井、地下室、汽车库、图书档案库等的火灾;以二氧化碳代替空气发泡时,可以扑救二硫化碳的火灾;液化石油气等气体泄漏时,可以用高倍泡沫覆盖,以防挥发起火爆炸。

③带电设备和遇水发生化学反应而生成可燃气体或有毒气体的物质的火灾不能用泡沫扑救;水溶性液体火灾不可使用普通蛋白泡沫扑救,应使用抗溶泡沫扑救;高倍数泡沫不可用于开阔空间,因其易被风或燃烧热气流吹散,在密闭空间内使用时,应事先在泡沫供应源对面较高位置开设放气孔,利于泡沫流动;任何情况下,泡沫的供应速度都要高于泡沫的衰变速度。

3)干粉灭火剂

干粉灭火剂是干燥的、易于流动的细微粉末,一般以粉雾的形式灭火。干粉灭火剂一般由某些盐类作基料,添加少量的添加剂,经粉碎、混合加工而制成。干粉灭火剂多用于物料表面火灾的扑救。

(1)干粉灭火剂的类别

干粉灭火剂按应用范围分为:BC类干粉,即普通型干粉,此类干粉适于扑救易燃和可燃液体、可燃气体和带电设备的火灾;ABC类干粉,又称多用型干粉,此类干粉除应用于易燃可燃液体、可燃气体、带电设备火灾之外,还可应用于一般固体物质的火灾;D类火灾专用干粉,如金属火灾专用干粉灭火剂,灭火时这类干粉与金属燃烧物的表层发生反应或形成熔层,使炽热的金属与周围的空气隔绝。

(2)干粉的灭火原理

灭火时,干粉对可燃物的燃烧有化学抑制作用,破坏燃烧的链式反应;同时高温可以使干粉颗粒爆裂成为更小的颗粒物,使干粉的比表面积剧增,增加与火焰的接触面积,吸附作用增强,进一步提高灭火效能;干粉可以减弱火焰对燃烧物料的热辐射,并释放出结晶水或不活波气体,吸收热量和降低氧气的浓度。

(3)干粉灭火剂的使用注意事项

①普通干粉可用于扑救下列火灾:易燃及可燃液体(汽油、煤油、润滑油、原油等)的火灾,可燃气体(液化气、乙炔等)火灾,电气设备火灾;多用途干粉还可以应用于一般易燃固体物质(如木材、棉、麻、竹等)的火灾。

②干粉在使用时会形成粉粒沉积,因此禁用干粉扑救电子计算机、电话通信站、高精度机械设备和仪器仪表的火灾。

③干粉的冷却作用极小,因而应注意防止复燃,尤其是在扑救易燃和可燃液体火灾时,先用干粉,后用泡沫的联用效果较好。

4)卤代烷灭火剂

在化学中,卤素是氟(F)、氯(Cl)、溴(Br)、碘(I)的统称,卤代烷系碳氢化合物中的氢原子被卤素原子取代后生成的化合物。这类卤代烷灭火剂,如哈龙"1211"和"1301"液化气体灭火剂,有较好的化学稳定性;对金属的腐蚀也极小;电气绝缘性能好,对电气火灾和可燃液体火灾的灭火具有优越性;与大多数普通灭火剂不同,卤代烷灭火剂不依赖冷却和稀释作用灭火,而是抑制燃烧反应的化学作用,灭火能力强;易氧化,灭火后不会留下残迹。

但是,卤代烷灭火剂的排放将导致地球大气臭氧层的破坏,危及人类生存的环境。1990年6月在伦敦由57个国家共同签订了《蒙特利尔议定书》(修正案),决定于2000年完全停止生产和使用氟利昂、卤代烷和四氯化碳,对于人均消耗量低于0.3kg的发展中国家,这一限期可延迟到2010年。我国于1991年6月加入《蒙特利尔议定书》(修正案)缔约国行列。按照

《中国消耗臭氧层物质逐步淘汰国家方案》,我国于 2005 年停止生产哈龙"1211"灭火剂,2010 年停止生产哈龙"1301"灭火剂。

5）哈龙替代品清洁灭火剂

21 世纪初,随着《中国消防行业哈龙整体淘汰计划》的实施,哈龙生产和消耗量大幅度削减,哈龙替代品和替代技术迅速发展。1996 年公安部消防局下发了《关于印发"哈龙替代品推广应用的规定"的通知》(公消[1996]196 号)等文件,在指导和规范哈龙替代品的使用中发挥了积极的作用。

但是,从近几年的执行情况看,仍存在一些问题,有的还相当严重。主要表现在:一是用户对已有的替代品和替代技术还只能做到部分替代的事实缺乏认识,盲目采用哈龙替代品和替代技术,忽视传统灭火技术的采用;二是有的商家对哈龙替代品和哈龙替代技术夸大宣传,任意扩大使用范围;三是对一些必要场所仍然可以使用哈龙产品进行保护认识不足,在一定程度上降低了必要场所的消防保护能力。

针对目前世界上尚没有能够完全替代哈龙的替代品和替代技术的实际情况,哈龙替代工作必须坚持必要场所与非必要场所区别对待,传统灭火技术和哈龙替代技术并举,将发展中的替代技术规范在安全范围内使用的综合替代原则。在确保我国哈龙淘汰工作顺利完成的前提下,做到不因哈龙的淘汰而降低消防保护能力。为此,禁止在非必要场所安装使用哈龙固定灭火系统;非必要场所根据规范的要求宜采用传统的灭火技术(二氧化碳、干粉、水喷淋、泡沫等固定灭火系统),也可采用哈龙替代灭火技术。在必要场所既可以使用哈龙固定灭火系统,也可以采用哈龙替代技术。

(1)必要场所的界定

目前,在少数有可能发生重大、特大火灾且损失确属难以弥补的 A 类或 B 类火灾的必要场所内允许选配哈龙灭火设备。凡属下列应用场所之一者,可审慎地视其为使用哈龙的必要场所。

①必须使用哈龙灭火设备进行安全保护,而且现场人员必须坚守岗位(如必须继续工作、指挥现场扑救),或某些现场的外援灭火相当困难,而其他类型的灭火设备均不能使用也不能保证灭火的要害场所。例如,军队的作战指挥中心、潜艇的重要舱室等。

②对灭火设备的重量及其所占空间限制非常严格的场所。例如,航空航天器,包括宇航器具和飞机等,国际上通常使用哈龙"1301"自动灭火系统来保护发动机舱室等重要舱室。

③必须用哈龙灭火设备保护的特别危险和特别要害的,或对人身安全有可能造成极大危害而且人员撤离相当困难的场所。例如,有爆炸危险的重要封闭空间、有火灾或爆炸危险且其后果(包括人员伤亡和财产损失)相当严重的重大手术医疗场所和人数众多的要害公共场所,以及必须重点保护的无可替代的国家级文物、设备、财产等存储或使用场所。

④必须用哈龙灭火设备保护的,并且目前尚无可靠的替代系统,一旦发生火灾有可能对整个大区/省/市的生产与生活造成严重影响的要害场所,诸如核电站等重要工矿企业的中心控制和重要设备室等场所。

⑤政府有关主管部门和国家哈龙必要场所审核技术委员会共同审定的其他必要场所。

(2)几种哈龙替代品的使用规定

为了规范和加强哈龙替代品的使用和管理,公安部消防局在 2001 年 8 月发出了《关于进一步加强哈龙替代品和替代技术管理的通知》(公消[2001]217号)。在此通知中,规定了几种清洁灭火剂在我国的政策允许情况,如表1-5所示。

几种清洁灭火剂在我国的政策允许情况　　　　表1-5

一般名称	商品名称	化学组成	类别	政策允许情况
HCFC 混合 A	NAFS-Ⅲ	$CHClF_2(82\%)$、$CHClFCF_2(9.5\%)$ $CHCl_2CF_3(4.75\%)$、$C_{10}H_{16}(3.75\%)$	HCFC	禁用
HCFC-124	FE-241	$CHClFCF_3$	HCFC	禁用
HFC-23	FE-13	CHF_3	HFC	可用
HFC-125	FM-25	CF_3CHF_2	HFC	禁用
HFC-227ea	FE-200	CF_3CHFCF_3	HFC	可用
HFC-236fa	FE-36	$CF_3CH_2CF_3$	HFC	可用
FC-3-1-10	CEA-410	C_4F_{10}	PFC	禁用
FC-2-1-8		C_3F_8	PFC	禁用
氩气	IG-01	Ar	惰性气体	可用
氮气	IG-100	N_2	惰性气体	可用
氮、氩混合气体	IG-55	$N_2(50\%)$、$Ar(50\%)$	惰性气体	可用
氮、氩、CO_2 混合气体	IG-541	$N_2(52)$、$Ar(40\%)$、$CO_2(8\%)$	惰性气体	可用

(3)哈龙替代品——七氟丙烷灭火剂

在卤代烃类哈龙替代灭火系统中,我国目前使用较多的是七氟丙烷(HFC-227ea)灭火系统。七氟丙烷气体灭火剂不导电、不破坏大气臭氧层,在常温下可加压液化,在常温、常压条件下全部挥发,灭火后无残留物。七氟丙烷属于全淹没系统,可扑救 A 类(表面火)、B 类、C 类和电气火灾,可用于保护经常有人的场所。

七氟丙烷灭火系统的灭火原理为化学和物理共同作用,在火灾的类型、规模、喷放时间相同的条件下,灭 A 类表面火的最小设计浓度高于哈龙"1301"灭火系统,为 7.5%(体积百分比)。灭火时,药剂本身的分解产物氟化氢(HF)的浓度也高于哈龙"1301"。

表1-5中,依照国际通用卤代烷命名法则,HFC-227ea 即为七氟丙烷,具体含义如图1-7所示,为:

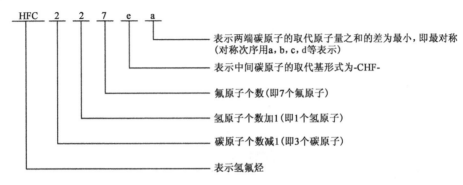

图1-7　国际通用卤代烷命名法则

七氟丙烷灭火剂的特点是无色无味,电绝缘性能好,为不导电介质,且不含水性物质,不会对电气设备、磁带资料等造成损害。无二次污染,尤其是七氟丙烷灭火介质中不含溴(Br)和氯(Cl)元素,对臭氧层的耗损潜能值(ODP)为零,符合环保要求。其毒副作用要比卤代烷灭火剂更小,而且灭火浓度低,钢瓶使用量少,占用空间小,因此是卤代烷灭火剂较理想的替代灭火剂。另外,采用这种灭火方法与传统的窒息法和冷却法不同,七氟丙烷灭火剂可对燃烧反应起抑制作用,并中断燃烧的连锁反应,只要用较少量的剂量就可达到灭火的目的。其灭火持续时间一般不超过10s。

七氟丙烷(HFC-227ea)灭火剂技术性能应符合表1-6的规定。

七氟丙烷(HFC-227ea)灭火剂技术性能　　　　表1-6

项　　目		技术指标	不合格类型
纯度(m/m)(%)		≥99.6	A
酸度(m/m)(%)		≤1×10^{-4}	A
水分(m/m)(%)		≤10×10^{-4}	A
蒸发残留物(m/m)(%)		≤0.01	B
悬浮物或沉淀物		无浑浊或沉淀物	B
灭火浓度(杯式燃烧器法)(V/V)(%)		6.7±0.2	A
毒性	麻醉性	无麻醉症状和特征	A
	刺激性	无刺激症状和特征	A

七氟丙烷灭火剂通常可用于扑救以下火灾:

①甲、乙、丙类易燃液体烷(按其"闪点"划分,将闪点$t<28℃$的液体,如汽油、甲苯、乙醚、丙酮、二硫化碳等划为甲类;将$28℃≤t<60℃$的液体,如煤油、松节油、丁烯醇等划为乙类;将$t≥60℃$的液体,如动植物油、柴油、重油、机油等划为丙类火灾)。

②可扑救A、B、C各类火灾,能安全有效地使用在有人的场所。

③对药剂喷放后清洗残留物有困难的场所。

④电气火灾以及不允许使用水灭火的重要场所,如宾馆饭店中的计算机房、闭路电视及电话通信间、变配电室和贵重资料存储间等。

⑤无自动水喷淋灭火系统或使用水灭火系统会造成水灾损失的场所。

⑥存放贵重物品、珍宝、档案、软硬件的场所及重要科研实验室等。

⑦药剂存放空间有限,用少量灭火剂即可达到灭火效果的场所。

在选择使用七氟丙烷气体灭火系统时,仍应注意被保护对象的化学性质和火灾的特点。对下列火灾不适用:

①无空气仍能迅速氧化的含氧化学纤维,如硝化纤维和黑火药等。

②活泼金属,如钾(K)、钠(Na)、镁(Mg)、锆(Zr)、铀(U)、钚(Pu)和钛(Ti)等,以及金属氢化物,如氢化钾、氢化钠等金属氢化物的储存、生产场所。

③能自动分解的化学物质,如某些过氧化物、联氨等。

④强氧化剂,如氧化铵、氟等。

⑤能形成阴燃(或内部自燃)的火灾,如棉花堆垛、木料堆垛和煤堆等内部形成的阴燃

火灾。

(4) 哈龙替代品——IG-541 灭火剂

IG-541 灭火剂是近年发展起来的一种新型气体灭火剂,主要由氮气(N_2)、氩气(Ar)、二氧化碳(CO_2)按一定比例混合而成,混合体积比为(N_2:52%、Ar:40%、CO_2:8%),三个成分均为大气基本成分,使用后以其原有成分回归自然;而且无色无味、不导电、无腐蚀、无环保限制,在灭火过程中无任何分解物,是一种"绿色"环保型灭火剂,也是哈龙灭火剂的理想替代品。

IG-541 的无毒性反应(NOAEL)浓度为 43%,有毒性反应(LOAEL)浓度为 52%,IG-541 设计浓度一般在 37%~43%,在此浓度内人员短时停留不会造成生理影响,相对安全,系统压源高,管网可布置较远。IG-541 混合气体灭火系统的灭火设计浓度不应小于灭火浓度的 1.3 倍,惰化设计浓度不应小于灭火浓度的 1.1 倍。当 IG-541 混合气体灭火剂喷放至设计用量的 95% 时,喷放时间不应大于 60s 且不应小于 48s。灭火浸渍时间应符合下列规定:木材、纸张、织物等固体表面火灾,宜采用 20min;通信机房、电子计算机机房内的电气设备火灾,宜采用 10min;其他固体表面火灾,宜采用 10min。

① 物理性质

IG-541 灭火剂的密度接近空气密度。其物理性质见表 1-7。

IG-541 洁净灭火剂的物理性质　　表 1-7

分子量	34.0	沸点时的蒸发率(kJ/kg)	220
沸点(1atm)(℃)	-196	蒸气比热(1atm、25℃)(kJ/kg·℃)	0.574
凝固点(℃)	-78.5		
蒸气压力(25℃)(MPa)	15.2	相对电介质强度(1atm、25℃,N_2=1.0)	1.03
密度(20℃)(kg/m³)	1.417		

② 灭火机理

IG-541 灭火剂既不支持燃烧又不与绝大部分物质发生反应,其组分来源丰富,可从空气中制取,以物理方式进行灭火,即通过减少火灾燃烧区域空气中的氧含量而达到灭火效果。

③ 对人体的影响

IG-541 灭火剂喷放至保护区后,使环境中氧气浓度降至 12.5% 左右,同时使环境中二氧化碳浓度上升到约 4%,将使人的呼吸速率加快。

④ 使用特性

IG-541 气体灭火剂以气态形式存储,所以在喷放时并不形成浓雾而影响视觉,可确保人员逃生时能清楚地看到紧急出口。

6) 气溶胶灭火剂

气溶胶是指由固体或液体小质点分散并悬浮在气体介质中形成的胶体分散体系,又称气体分散体系。其分散相为固体或液体小质点,其大小为 0.001~100μm,分散介质为气体。云、雾、霾、轻雾(霭)、微尘、粉尘和烟雾都是天然的或人为的原因造成的大气气溶胶的具体实例。

气溶胶灭火剂具有较好的灭火效能,并在自动气体灭火装置中日益得到应用。根据《气溶胶灭火系统　第 1 部分:热气溶胶灭火装置》(GA 499.1—2010),气溶胶灭火装置按产生气溶胶的方式可分为热气溶胶和冷气溶胶。目前国内工程上应用的气溶胶灭火装置都属于热型,冷气溶胶灭火技术尚处于研发阶段,无正式产品。

(1)热气溶胶灭火剂的定义及分类

热气溶胶灭火剂发生剂是指可通过燃烧反应产生热气溶胶灭火剂的固体化学混合药剂,一般由氧化剂、还原剂及添加剂组成。

热气溶胶灭火剂是由气溶胶发生剂通过燃烧反应产生的灭火物质,分为 K 型和 S 型两种。K 型气溶胶也称为普通型气溶胶,由于洁净度不高等原因,不适用于计算机房、配电房等机电设备场所。S 型气溶胶相对于 K 型气溶胶有较高的洁净度,喷洒后的残留物对电子设备的影响较小。

图 1-8 是热气溶胶灭火装置的型号编制方式,例如:QRR2ALW/K 表示可生产 K 型热气溶胶灭火剂,限温型,落地式安装,可灭 A 类表面火,气溶胶发生剂标称质量为 2kg 的热气溶胶灭火装置。

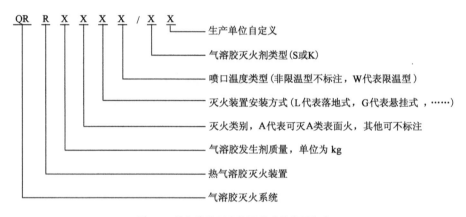

图 1-8　热气溶胶灭火装置的型号编制方式

(2)热气溶胶灭火剂的物理性能

热气溶胶灭火剂是由氧化剂、还原剂及黏合物结合而成的固体状态含能化学物质,其颗粒具有分散度高、浓度高的特点,大部分微粒直径小于 $1\mu m$,可较长时间悬浮在空气中,易黏附在物体表面,有微弱的毒性。主要成分有金属盐类、金属氧化物以及水蒸气、CO_2、N_2 等,灭火效率较高。其弱物理性能参见表 1-8。

热气溶胶灭火剂的物理性能　　表 1-8

项　目	K 型	S 型
电绝缘性(kV)	≥3.00	≥3.00
降尘率(g/m^3)	≤9.0	≤0.8
固态沉降物吸湿性(m/m)	≤0.8	≤0.5
固态沉降物绝缘强度(MΩ)	≥1	≥20
水溶性 pH 值	7.0~9.5	7.0~8.5
固态沉降物腐蚀性	—	黄铜板颜色无明显变化

(3) 热气溶胶灭火剂的使用注意事项

①热气溶胶属于全淹没系统,在控制火源的情况下逐步全淹没式灭火,使人员有足够的时间进行疏散逃生,适用于电缆夹层、电缆井、电缆沟等无人、相对封闭、空间较小的场所,适用扑救生产、储存柴油(-35号柴油除外)、重油、润滑油等丙类可燃液体场所的火灾和可燃固体物质表面的火灾。气溶胶是以固态形式存放的,且自身又不具有挥发性,所以不存在泄露等问题,据有较长的保存年限,对保护区的设施也能便于时时监控。

②目前的气溶胶灭火系统在技术没有突破且未通过国家质检中心型式检验之前,不能用于管网输送系统。

③普通型的以及洁净度不高的气溶胶灭火后的残留物对精密仪器、电子设备会存在一定影响,残留物具有一定的导电性和腐蚀性,不建议用于保护计算机房、精密设备、配电房等电机设备等场所。

④气溶胶在反应喷发时会产生大量热量,导致环境温度升高,目前国外气溶胶产品的喷口温度仍有500℃左右,会对喷口前1m内的人员和物质造成伤害。

⑤气溶胶不透明,喷射后防护区内的能见度极低,将影响人员逃生,因此不适合于人员密集场所。

7) 二氧化碳灭火剂

二氧化碳灭火剂属液化气体型灭火剂,具有良好的灭火性能。

(1) CO_2 的物理性能

在常温常压条件下,CO_2 是一种无色、无嗅、不导电的惰性气体,其单位体积重量约为空气的1.5倍,而且不能助燃和燃烧。CO_2 的临界温度为31.4℃,临界压力为7.4MPa(绝对压力),其固、液、气三态共存温度点为56.5℃,压力为2.52MPa(绝对压力),在临界点与三态点之间,CO_2 是以气、液两态共存的。所以 CO_2 灭火系统分高压存储和低压存储二氧化碳两种方式,高压存储温度为0~49℃,属于常温存储方式,低压存储温度为-20~18℃。

(2) CO_2 的灭火机理

①冷却作用。二氧化碳的升华过程对燃烧具有冷却作用。在实际灭火过程中,从储罐喷洒出的二氧化碳压力突然降低,由液态转变成气态,并同时由于膨胀作用而吸热,在喷射口(或喷筒)迅速降温,可达-78.5℃。降温至-56℃以下时,气态二氧化碳有一部分变为干冰(固态),干冰吸收其周围的热量而升华,即产生冷却灭火作用。在喷洒过程中转变成固态的比例与其存储的温度有关,如低温 CO_2 转变成固态的比例最高可达46%。

②窒息作用。在常温常压下,1kg二氧化碳可以形成500L左右的二氧化碳蒸气,这个数量足以使 $1m^3$ 体积的火焰熄灭。一般情况下,当空气中 CO_2 的含量占到30%~35%时,绝大多数燃烧物料的燃烧都将被窒息。

(3) 低压二氧化碳灭火系统

对于大型保护场所,低压二氧化碳灭火系统较高压二氧化碳灭火系统占地面积小,便于安装和维护保养。低压二氧化碳灭火系统属于全淹没系统,适用于扑救A类(表面火)、B类、C类及电器火灾,不能用于保护经常有人的场所。低压二氧化碳灭火系统的制冷系统和安全阀是关键部件,必须具备极高的可靠性。

(4)CO_2 灭火剂的使用注意事项

①CO_2 灭火剂可应用于以下火灾:灭火前可切断气源的气体火灾;液体火灾或石蜡、沥青等易熔化物质的固体火灾;固体可燃物表面及棉毛、织物、纸张等的固体火灾;电气火灾;贵重生产设备、仪器仪表、图书档案等的火灾。

②CO_2 灭火剂不适用的火灾有:硝化纤维、火药等含氧化剂的化学制品火灾;钾(K)、钠(Na)、镁(Mg)、钛(Ti)、锆(Zr)等活泼金属火灾;氢化钾、氢化钠等金属氢化物火灾等。

③为安全起见,二氧化碳实际应用剂量应略大于理论计算剂量。

④二氧化碳灭火系统在释放过程中,由于有固态 CO_2(干冰)存在,会使防护区的温度急剧下降,可能会对精密仪器、设备有一定影响。

⑤二氧化碳灭火系统对释放管路和喷嘴选型有严格的要求,若设计、施工不合理,会因释放过程中产生的大量干冰阻塞管道或喷嘴造成事故。

8)其他灭火剂

(1)新型惰性气体灭火剂

此类灭火剂主要包括 IG-541、IG-55、IG-01、IG-100,在我国常用的只有 IG-541。

IG-541 灭火剂是由氮气(N_2,52%)、氩气(Ar,40%)和二氧化碳(CO_2,8%)三种气体组成的无色、无味、无毒的混合气体,不破坏大气臭氧层,对环境无任何不利影响,不导电,灭火过程洁净,灭火后不留痕迹。IG-541 灭火系统属于全淹没系统,适用于扑救 A 类(表面火)、B 类、C 类及电器火灾,可用于保护经常有人的场所。

IG-541 惰性气体灭火系统是通过降低燃烧物周围的氧气浓度的物理作用来实现灭火的。灭 A 类表面火的最小设计浓度为 36.5%,储存压力为 15MPa、20MPa,属于高压系统。该系统对灭火药剂的气体配比、储气瓶、管路、阀门、喷嘴、储瓶间以及周围环境、温度的要求严格,系统的设备制造及安装工艺相对复杂。

(2)水蒸气

这里所说的水蒸气指的是由工业锅炉制备的饱和蒸汽或过热蒸汽。饱和蒸汽的灭火效果优于过热蒸汽。凡有工业锅炉的单位,均可设置固定式或半固定式(蒸汽胶管加喷头)蒸汽灭火设备。

水蒸气是惰性气体,一般用于易燃和可燃液体、可燃气体火灾的扑救,可用于房间、舱室内,也可应用于开敞空间。水蒸气的灭火原理是:在燃烧区内充满水蒸气可阻止空气进入燃烧区,使燃烧窒息。试验表明,对汽油、煤油、柴油和原油火灾,当空气中的水蒸气体积百分数达到 30% 时,燃烧即停止。水蒸气在使用时应注意防止热气灼伤。水蒸气遇冷凝结成水,应保持一定的灭火延续时间和供应强度。一般情况,在无损失条件下,供应强度为 $0.002kg/(m^3 \cdot s)$,有损失条件下为 $0.005kg/(m^3 \cdot s)$。

(3)发烟剂

发烟剂是一种深灰色粉末状混合物,由硝酸钾、三聚氰胺、木炭、碳酸氢钾、硫黄等物质混合而成。发烟剂通常利用烟雾的自动灭火装置(由发烟器和浮子组成),置于 $2 000m^3$ 以下航空煤油储罐内的油面。在火灾温度作用下,发烟剂燃烧产生二氧化碳、氮气等惰性气体(占发烟量的 85%),在缸内油面以上的空间内形成均匀而浓厚的惰性气体层,阻止空气向燃烧区流动,并使燃烧区可燃蒸气的体积分数降低,使燃烧窒息。发烟剂不适合在开敞空间使用。

(4)原位膨胀石墨

原位膨胀石墨灭火剂是石墨经处理后的变体,外观为灰黑色鳞片状粉末,稍有金属光泽,是一种新型金属火灾灭火剂。

①基本性质

石墨是碳的同素异构件,无毒、没有腐蚀性。当温度低于150℃时,密度基本稳定;当温度达到150℃时,密度变小,开始膨胀;当温度达到800℃时,体积膨胀可达膨胀前的54倍。

②灭火原理

碱金属或轻金属起火后,将原位膨胀石墨灭火剂喷洒在燃烧物质表面上,在高温作用下,灭火剂中的添加剂逸出气体,使石墨体积迅速膨胀,可在燃烧物表面形成海绵状的泡沫;同时与燃烧的金属接触的部分被液态金属润湿,生成金属碳化物或部分石墨层间化合物,形成隔绝空气的隔膜,使燃烧终止。

③应用注意事项

原位膨胀石墨的应用对象为钠、钾、镁、铝及其合金的火灾。其使用方法是:可以盛于小包装塑料袋内,投入燃烧金属的表面;或灌装于灭火器内,以低压喷射。储存应密封,且温度应低于150℃。

1.4 民用建筑的分类和火灾特点

1.4.1 民用建筑的分类

我国经济的飞速发展,全国各大城市10层以上的高层建筑和建筑群体到处可见,超高层智能建筑越来越多。如位于北京的中央电视台总部大楼地上52层,高达234m;上海的环球金融中心地上101层,高达492.5m;深圳京基金融中心大厦地上98层,总体高度441.8m;位于西安的陕西信息大厦地上51层,高190.8m。

所谓智能建筑(Intelligent Building),是指结构、系统、服务运营及其相互联系全面综合而达到最佳的组合,从而获得的高效率、高功能、高舒适性和安全性有保障的大楼。智能建筑通常有四大主要特征,即楼宇自动化(Building Automation)、通信自动化(Communication Automation)、办公自动化(Office Automation)和综合布线系统(Premises Distribution System)。智能建筑是计算机技术、控制技术、通信技术、微电子技术、建筑技术和其他多种先进技术等相互结合的产物,是具有安全、高效、舒适、便利、灵活性和生活环境优良、无污染的建筑物。火灾自动报警及消防联动控制系统是楼宇自动化的重要内容。

高层建筑占地面积小,有效地利用城市地上空间,缓解了用地紧张的问题;道路和管线相对集中,有利于集中供水、供热和供电,便于城市规划,节省了市政工程投资;增加了城市景观,有利于城市总体绿化,在美化市容上起着重要作用。高层建筑和建筑群体已经成为城市现代化的重要标志。

现代高层建筑的类型主要有宾馆饭店、办公大楼(或多功能综合大楼)、广播电视中心、展览馆、商业大厦、邮电大楼以及住宅、医院、学校、工厂和仓库等建筑。所谓"高层建筑",各国都是依据本国经济条件和消防设备水平的具体情况作出规定的。根据我国目前的经济和消防装备情况,按照国家《建筑设计防火规范》(GB 50016—2014)中的规定,10 层及 10 层以上的住宅建筑(包括底层设置商业网点的住宅),建筑高度大于 27m 的住宅建筑和其他建筑高度大于 24m 的非单层建筑都为高层建筑。民用建筑根据其建筑高度和层数可分为单、多层民用建筑和高层民用建筑。高层民用建筑根据其建筑高度、使用功能和楼层的建筑面积可分为一类和二类。民用建筑的分类符合表 1-9 的规定。

民用建筑的分类 表 1-9

名称	高层民用建筑		单、多层民用建筑
	一类	二类	
住宅建筑	建筑高度大于 54m 的住宅建筑(包括设置商业服务网点的住宅建筑)	建筑高度大于 27m,但不大于 54m 的住宅建筑(包括设置商业服务网点的住宅建筑)	建筑高度不大于 27m 的住宅建筑(包括设置商业服务网点的住宅建筑)
公共建筑	1. 建筑高度大于 50m 的公共建筑; 2. 任一楼层建筑面积大于 1 000m² 的商店、展览、电信、邮政、财贸金融建筑和其他多种功能组合的建筑; 3. 医疗建筑、重要公共建筑; 4. 省级及以上的广播电视和防灾指挥调度建筑、网局级和省级电力调度建筑; 5. 藏书超过 100 万册的图书馆、书库	除一类高层公共建筑外的其他高层公共建筑	1. 建筑高度大于 24m 的单层公共建筑; 2. 建筑高度不大于 24m 的其他公共建筑

注:1. 表中未列入的建筑,其类别应根据本表类比确定。
　　2. 除另有规定外,宿舍、公寓等非住宅类居住建筑的防火要求,应符合有关公共建筑的规定;裙房的防火要求应符合有关高层民用建筑的规定。

由于高层建筑日益增多,并向群体化方向发展,带来了许多建筑消防方面的不利因素。如果消防工作跟不上,不能防患于未然,一旦火灾发生而不能迅速有效地控制和扑灭,将会给国家和人民的生命财产造成不可估量的损失。所以各类大型高层建筑的防火设计、高层建筑火灾自动报警和自动灭火装置的设计,已经作为一门新的学科迅速发展起来。

1.4.2 高层建筑的火灾特点

高层建筑是城市现代化的标志,具有建筑面积大、层数多、可燃装修多、用电设备多和建筑设施智能化程度高等特点。由于高层建筑的楼层高、空间跨度大、功能复杂,一旦发生火灾,将会存在扑救困难的难题,造成巨大的人员伤亡和经济损失。这类建筑物的消防技术及其应用尤为重要。

(1) 火灾蔓延迅速

高层建筑风速高,据测定,风速随高度的上升而逐渐加大。例如,如果在建筑物 10m 高处的风速为 5m/s,到 30m 高处的风速将达到 8.7m/s,而到 90m 高处时的风速可达 15m/s 左右。由于风速随高度的增加而增加,使通常不具备威胁的火源变得非常危险,火势急剧增大,将加速蔓延扩大成火灾。此外,高层建筑及建筑群体彼此相邻,一旦发生火灾,火势就难以隔断。如风速在 9m/s 时,飞火星可达 785m 的距离,风速在 13m/s 时,飞火星可达 2 750m 的距离。由此可见,一楼失火,邻近各楼都有发生火灾的危险。我们知道,高层建筑内竖井林立,如电缆井、管道井、垃圾井、排气井、电梯井、楼梯间等,都起着烟囱效果,吸火力强。所以,火灾蔓延的途径很多,而且相当迅速。据测定,在对烟火无阻挡时,烟火水平蔓延速度为 0.3~0.8m/s,而垂直速度为 2~4m/s。这样,100m 高的建筑物,烟火可以在不到 1min 的时间从一楼迅速扩散蔓延到楼顶。

(2) 火灾隐患多

在高层建筑及建筑群体中,宾馆饭店、办公大楼、大型商场和居民住宅等占有很大比例。尤其是现代化宾馆饭店,建筑标准高,可燃装修多,用电设备种类繁多,且功能复杂。如电梯设备(客梯、货梯、消防电梯、观光电梯、旋转电梯、自动扶梯等)、给排水设备(生活水泵、排水泵、排污泵、冷热水泵、喷淋泵和消防水泵等)、空调制冷设备(冷水机组机、冷却水泵、冷冻水泵、风机盘管、冷却塔风机等)、锅炉房用电设备(鼓风机、引风机、上煤机、给水泵、补水泵、供油泵等)、厨房用电设备(储藏冷库、冰箱、抽风机、各种炊事机械等)、洗衣机房用电设备(洗衣机、甩干机、熨平机、电熨斗等)、空气调节系统用电设备(送风机、回风机、轴流风机、换热器和加湿器等)、消防设备(排烟风机、正压风机、消防泵、喷淋泵等)、客房用电设备(电视机、电冰箱、电动美容工具等)、电气照明系统(包括客房、厨房餐厅、会议室、办公室、舞厅、商店、游艺室、楼道走廊、安全疏散通道等场所的照明),以及弱电设备(包括火灾自动报警及消防联动控制系统、电视广播通信系统、计算机房、低压特种艺术照明等)。因此,供电线路复杂、耗电量大。在我国,高层住宅一般用电容量为 10~50W/m²,高级宾馆饭店可达 60~120W/m²。如果在设计安装、使用维护中的任一环节发生问题,都有可能引发火灾。另外,建筑物内人口集中,人员流动性大,对建筑物内部结构不熟悉。这样,在发生火灾时,极易使人心情慌乱而迷失方向,并且人流汇集在楼梯间发生拥挤堵塞。加之火灾时客梯均被捕捉到基层而不能使用,为了防止火灾范围扩大而将室内非消防电源切断,门窗往往被烟火封锁,电梯间、楼梯间也成了烟火的通道。所以,时刻都有造成人员相互挤踏和被烟雾窒息伤亡的危险。试验表明,建筑物层数越多,人员密度越大,疏散所需的时间越长,如表 1-10 所示。由此可见,高层建筑的火灾隐患多,一旦发生火灾将会造成十分严重的后果。

高层建筑火灾人员疏散实验 表 1-10

层 数	疏散时间(h)		
	240 人/层	120 人/层	60 人/层
50	2.18	1.48	0.88
40	1.75	0.87	0.43
30	1.68	0.48	0.33
20	0.85	0.42	0.3
10	0.63	0.32	0.15

(3)火灾扑救困难

目前,国际上最先进的云梯工作高度已接近100m,常用的消防曲臂登高车的工作高度小于50m。实际上,消防车臂高度的提升远远赶不上建筑物高度的增长。因此,消防人员乘坐登高车(或云梯车)很难接近高层建筑的火灾。此外,由于火灾时楼梯间、门窗等往往会被烟火切断,一般客梯也被捕捉返回到基站而不能正常使用。同时消防人员的登高体力也存在限制,如登高试验表明,30%的人登高8层、50%的人登高9层、剩余20%的人登高11层就分别失去了战斗力。所以,在有火灾的情况下,消防人员一般登高能力为23~24m。对各类高层建筑及建筑群体的火灾来说,单靠消防人员的扑救是相当困难的。如果用消防车直接吸水灭火时,其射水最大高程超过20m,根据目前的消防机械水平,很难把水或其他灭火剂喷射出50m以上的高度。

通过以上对高层建筑火灾特点的分析可以看出,现代高层建筑规模大、标准高、人员密集、用电设备多、用电量大,对消防提出了更高的要求。因此,除了对建筑物的平面布置、建筑装修材料的选用、机电设备的选型与配置有许多限制条件外,还必须贯彻"以防为主、防消结合"的方针,需要采用先进的火灾自动报警及消防联动控制系统。当发生火灾时,利用建筑物内设置的火灾自动报警及消防联动控制系统进行报警和扑救,以实现火灾报警早、控制火势快、扑救及时和联动设备自动化程度高等的要求,这是高层智能建筑的迫切要求。

1.5 建筑消防系统的组成及应用要求

1.5.1 建筑消防系统的组成及主要功能

1)建筑消防系统的组成

建筑消防系统由建筑防火、火灾自动报警、网络通信及数据处理、灭火、消防联动及疏散诱导等子系统组成。其中,建筑防火是在假想失火的情况下,为了抑制火情的传播和蔓延,主要由建筑总平面防火设计、建筑防火分区设计、安全疏散通道和建筑耐火设计等组成的,这些内容属于建筑设计与工程学科的知识,本书不再介绍。根据国家有关建筑物防火规范的要求,一个完整的建筑自动消防体系见图1-9。

从图1-9的系统构成可以分析得出,建筑自动消防系统主要包含以下六个子系统:

①火灾自动报警系统:主要由火灾探测器、火灾自动报警控制装置组成。

②火警通报与疏散系统:由应急消防广播系统、事故照明系统及疏散诱导灯和火警专用电话系统等组成。

③联动灭火控制系统:由自动喷洒管网,液体、气体和干粉等灭火控制装置等构成。

④防排烟控制系统:主要实现对防火门、防火阀、排烟口、防火卷帘、排烟风机、防烟垂壁等设备的控制。

⑤减灾防护系统:主要有天然气、煤气管道联动系统,应急事故电源,消防电梯及客梯监控系统等。

⑥计算机网络管理及火灾监控系统:主要完成对火灾现场的上位机监控、数据记录和管理、网络通信等功能。

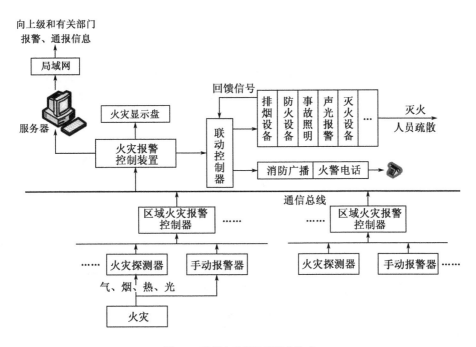

图 1-9 建筑自动消防系统的构成

2) 系统功能

(1) 火灾探测器

火灾探测器安装在现场,根据火灾伴随的气、烟、热、光等参数,监视现场有无火警发生,有的火灾探测器还具有声光报警装置。

火灾发生后一般先出现烟雾,之后出现光(包括可见光和不可见光),并伴有温升。因此,感烟探测器报警及时,且应用最为广泛,但容易受非火灾性烟雾、灰尘、水蒸气等干扰,误报率相对较高;感温探测器的温度阈值较高,性能稳定可靠、但报警不够及时;感光探测器特别适用于火灾时烟雾微弱、火焰上升迅速的场所,安装位置高、保护面积大,工作性能稳定,但易受到非火灾性火焰的干扰。

随着我国消防事业的发展,已研制生产各式探测器。然而不同类型的探测器,其适用场所和安装技术要求也不完全相同,只有按有关消防技术规范要求,合理地选择和正确地安装,才能充分发挥探测器的应有功能。目前,功能区域复杂的综合性智能大厦、大型轮船等被监控对象,往往需要多传感器协同工作,通过数据融合来准确地分析火情并进行联动灭火。

(2) 火灾报警控制器及网络监控

火灾自动报警系统按火灾探测器与火灾报警器的连线可划分为 N+1 线制、4 线制、3 线制和二总线制。由于受施工的限制,前几种火灾报警系统都已被淘汰。目前生产的火灾报警系统大部分为二总线制。

按火灾报警系统判断火灾的方式,火灾报警系统可分为开关量火灾报警和模拟量火灾报警。开关量火灾报警是当火灾的烟浓度、温度或其他物理参数达到一定阈值时,经过比较器,输出开关量并上传到火灾报警控制器。

模拟量火灾报警使用模拟量探测器。系统中火灾报警器的算法很重要,好的算法可以大幅度降低火灾报警系统的误报率,而有些算法,如在火灾报警控制器设置一报警阈值,实际与开关量火灾报警系统区别不大,只是把原来火灾探测器上的报警阈值改在了火灾报警控制器上。模拟量火灾报警系统能够根据环境的变化而改变系统的探测零点并且选用最佳的探测算法,减少火灾报警系统的误报。还有的火灾报警控制器使用智能型火灾探测器,这种探测器可以根据环境的变化而改变自身的探测零点对自身进行补偿,使用合适的算法判断是否有火警发生。

火灾报警网络监控可以将火警信息进行一定权限的网络传递,与报警控制器一起配合工作,实时对火警区域的现场数据进行记录、管理和远程监控。

(3)消防联动控制系统

现场消防联动设备的种类很多,从功能上可分为三大类:第一类是灭火联动系统,用于启动各种灭火介质的喷洒和管网的加压补气等装置;第二类是防灾减灾联动系统,包括用于限制火势、防止灾害扩大的各种设备,如:电动防火门、防火卷帘等区域分离设备的控制装置,通风、空调、防烟、排烟设备及电动防火阀的控制装置,消防电梯的控制,断电控制装置、应急事故电源的投切和备用发电控制装置等;第三类是信号指示与传输系统,用于报警并通过灯光和声响给现场人员各种提示,如:火灾事故广播系统及其控制,消防通信系统,火警电铃、火警灯等现场声光报警控制装置,信息网络通信与监控设备,事故照明及疏散诱导灯等装备。在建筑物防火工程中,消防联动控制系统可由上述部分或全部控制装置组成。

1.5.2 建筑消防系统的应用要求

按照现行国家标准《建筑设计防火规范》(GB 50016—2014)中的规定,火灾自动报警系统和自动灭火系统在民用建筑中的应用有具体的要求。

1)火灾自动报警系统

下列建筑或场所应设置火灾自动报警系统:

①任一层建筑面积大于 1 500 m^2 或总建筑面积大于 3 000 m^2 的制鞋、制衣、玩具、电子产品生产等类似用途的厂房。

②每座占地面积大于 1 000 m^2 的棉、毛、丝、麻、化纤及其制品的仓库,占地面积大于 500 m^2 或总建筑面积大于 1 000 m^2 的卷烟仓库。

③任一层建筑面积大于 1 500 m^2 或总建筑面积大于 3 000 m^2 的商店、展览、财贸金融、客运和货运等类似用途的建筑,总建筑面积大于 500 m^2 的地下或半地下商店。

④图书或文物的珍藏库,每座藏书超过 50 万册的图书馆,重要的档案馆。

⑤地市级及以上广播电视建筑、邮政建筑、电信建筑,城市或区域性电力、交通和防灾等指挥调度建筑。

⑥特等、甲等剧场,座位数超过 1 500 个的其他等级的剧场或电影院,座位数超过 2 000 个的会堂或礼堂,座位数超过 3 000 个的体育馆。

⑦大、中型幼儿园的儿童用房等场所,老年人建筑,任一层建筑面积大于 1 500 m^2 或总建筑面积大于 3 000 m^2 的疗养院的病房楼、旅馆建筑和其他儿童活动场所,不少于 200 个床位的

医院门诊楼、病房楼和手术部等。

⑧歌舞娱乐放映游艺场所。

⑨净高大于2.6m且可燃物较多的技术夹层,净高大于0.8m且有可燃物的闷顶或吊顶内。

⑩大、中型电子计算机房及其控制室、记录介质库,特殊贵重或火灾危险性大的机器、仪表、仪器设备室、贵重物品库房,设置气体灭火系统的房间。

⑪二类高层公共建筑内建筑面积大于50m²的可燃物品库房和建筑面积大于500m²的营业厅。

⑫其他一类高层公共建筑。

⑬设置机械排烟、防烟系统、雨淋或预作用自动喷水灭火系统、固定消防水炮灭火系统等需与火灾自动报警系统连锁动作的场所或部位。

⑭建筑内可能散发可燃气体、可燃蒸气的场所应设置可燃气体报警装置。

⑮建筑高度大于100m的住宅建筑,应设置火灾自动报警系统。其中,建筑高度大于54m、但不大于100m的住宅建筑,其公共部位应设置火灾自动报警系统,套内宜设置火灾探测器。建筑高度不大于54m的高层住宅建筑,其公共部位宜设置火灾自动报警系统。当设置需联动控制的消防设施时,公共部位应设置火灾自动报警系统。高层住宅建筑的公共部位应设置具有语音功能的火灾声警报装置或应急广播。

2)自动灭火系统

(1)下列厂房或生产部位应设置自动灭火系统,并宜采用自动喷水灭火系统(另有规定和不宜用水保护或灭火的场所除外):

①不小于50 000纱锭的棉纺厂的开包、清花车间,不小于5 000锭的麻纺厂的分级、梳麻车间,火柴厂的烤梗、筛选部位。

②占地面积大于1 500m²或总建筑面积大于3 000m²的单、多层制鞋、制衣、玩具及电子等类似产品生产的厂房。

③占地面积大于1 500m²的木器厂房。

④泡沫塑料厂的预发、成型、切片、压花部位。

⑤高层乙、丙、丁类厂房。

⑥建筑面积大于500m²的地下或半地下丙类厂房。

(2)下列仓库应设置自动灭火系统,并宜采用自动喷水灭火系统(另有规定和不宜用水保护或灭火的场所除外):

①每座占地面积大于1 000m²的棉、毛、丝、麻、化纤、毛皮及其制品的仓库,单层占地面积不大于2 000m²的棉花库房,可不设置自动喷水灭火系统。

②每座占地面积大于600m²的火柴仓库。

③邮政建筑内建筑面积大于500m²的空邮袋库。

④可燃、难燃物品的高架仓库和高层仓库。

⑤设计温度高于0℃的高架冷库,设计温度高于0℃且每个防火分区建筑面积大于1 500m²的非高架冷库。

⑥总建筑面积大于500m²的可燃物品地下仓库。

⑦每座占地面积大于 1 500m² 或总建筑面积大于 3 000m² 的其他单层或多层丙类物品仓库。

(3)下列高层民用建筑或场所应设置自动灭火系统,并宜采用自动喷水灭火系统(另有规定和不宜用水保护或灭火的场所除外):

①一类高层公共建筑(除游泳池、溜冰场外)及其地下、半地下室。

②二类高层公共建筑及其地下、半地下室的公共活动用房、走道、办公室和旅馆的客房、可燃物品库房、自动扶梯底部。

③高层民用建筑内的歌舞娱乐放映游艺场所。

④建筑高度大于 100m 的住宅建筑。

(4)下列单、多层民用建筑或场所应设置自动灭火系统,并宜采用自动喷水灭火系统(另有规定和不宜用水保护或灭火的场所除外):

①特等、甲等剧场,超过 1 500 个座位的其他等级的剧场,超过 2 000 个座位的会堂或礼堂,超过 3 000 个座位的体育馆,超过 5 000 人的体育场的室内人员休息室与器材间等。

②任一层建筑面积大于 1 500m² 或总建筑面积大于 3 000m² 的展览、商店、餐饮和旅馆建筑以及医院中同样建筑规模的病房楼、门诊楼和手术部。

③设置送回风道(管)的集中空气调节系统且总建筑面积大于 3 000m² 的办公建筑等。

④藏书量超过 50 万册的图书馆。

⑤大、中型幼儿园,总建筑面积大于 500m² 的老年人建筑。

⑥总建筑面积大于 500m² 的地下或半地下商店。

⑦设置在地下或半地下或地上四层及以上楼层的歌舞娱乐放映游艺场所(除游泳场所外),设置在首层、二层和三层且任一层建筑面积大于 300m² 的地上歌舞娱乐放映游艺场所(除游泳场所外)。

(5)难以设置自动喷水灭火系统的展览厅、观众厅等人员密集的场所和丙类生产车间、库房等高大空间场所,应设置其他自动灭火系统,并宜采用固定消防炮等灭火系统。

(6)下列部位宜设置水幕系统:

①特等、甲等剧场、超过 1 500 个座位的其他等级的剧场、超过 2 000 个座位的会堂或礼堂和高层民用建筑内超过 800 个座位的剧场或礼堂的舞台口及上述场所内与舞台相连的侧台、后台的洞口。

②应设置防火墙等防火分隔物而无法设置的局部开口部位。

③需要防护冷却的防火卷帘或防火幕的上部。

④舞台口也可采用防火幕进行分隔,侧台、后台的较小洞口宜设置乙级防火门、窗。

(7)下列建筑或部位应设置雨淋自动喷水灭火系统:

①火柴厂的氯酸钾压碾厂房,建筑面积大于 100m² 且生产或使用硝化棉、喷漆棉、火胶棉、赛璐珞胶片、硝化纤维的厂房。

②乒乓球厂的轧坯、切片、磨球、分球检验部位。

③建筑面积大于 60m² 或储存量大于 2t 的硝化棉、喷漆棉、火胶棉、赛璐珞片、硝化纤维的仓库。

④日装瓶数量大于 3 000 瓶的液化石油气储配站的灌瓶间、实瓶库。

⑤特等、甲等剧场、超过1 500个座位的其他等级剧场和超过2 000个座位的会堂或礼堂的舞台葡萄架下部。

⑥建筑面积不小于400m²的演播室,建筑面积不小于500m²的电影摄影棚。

(8)下列场所应设置自动灭火系统,并宜采用水喷雾灭火系统:

①单台容量在40MV·A及以上的厂矿企业油浸变压器,单台容量在90MV·A及以上的电厂油浸变压器,单台容量在125MV·A及以上的独立变电站油浸变压器。

②飞机发动机试验台的试车部位。

③充可燃油并设置在高层民用建筑内的高压电容器和多油开关室。

④设置在室内的油浸变压器、充可燃油的高压电容器和多油开关室,可采用细水雾灭火系统。

(9)下列场所应设置自动灭火系统,并宜采用气体灭火系统:

①国家、省级或人口超过100万的城市广播电视发射塔内的微波机房、分米波机房、米波机房、变配电室和不间断电源(UPS)室。

②国际电信局、大区中心、省中心和一万路以上的地区中心内的长途程控交换机房、控制室和信令转接点室。

③两万线以上的市话汇接局和六万门以上的市话端局内的程控交换机房、控制室和信令转接点室。

④中央及省级公安、防灾和网局级及以上的电力等调度指挥中心内的通信机房和控制室。

⑤主机房建筑面积不小于140m²的电子信息系统机房内的主机房和基本工作间的已记录磁(纸)介质库。

⑥中央和省级广播电视中心内建筑面积不小于120m²的音像制品库房。

⑦国家、省级或藏书量超过100万册的图书馆内的特藏库;中央和省级档案馆内的珍藏库和非纸质档案库;大、中型博物馆内的珍品库房;一级纸绢质文物的陈列室。

⑧其他特殊重要设备室。

(10)甲、乙、丙类液体储罐的灭火系统设置应符合下列规定:

①单罐容量大于1 000m³的固定顶罐应设置固定式泡沫灭火系统。

②罐壁高度小于7m或容量不大于200m³的储罐可采用移动式泡沫灭火系统。

③其他储罐宜采用半固定式泡沫灭火系统。

④石油库、石油化工、石油天然气工程中甲、乙、丙类液体储罐的灭火系统设置,应符合现行国家标准《石油库设计规范》(GB 50074—2014)等标准的规定。

(11)餐厅建筑面积大于1 000m²的餐馆或食堂,其烹饪操作间的排油烟罩及烹饪部位应设置自动灭火装置,并应在燃气或燃油管道上设置与自动灭火装置联动的自动切断装置。食品工业加工场所内有明火作业或高温食用油的食品加工部位宜设置自动灭火装置。

习 题

1. 燃烧过程发生和发展的必要条件是什么?不同状态物质的燃烧过程有哪些不同?
2. 什么是燃点、闪点和爆炸极限?有何实用意义?

3. 什么是火灾温度曲线？火灾一般经历几个阶段？
4. 什么是哈龙替代品清洁灭火剂？
5. 灭火的基本原理是什么？气溶胶、卤代烷和 IG-541 灭火剂各有什么特点？常用于哪些场所？
6. 建筑自动消防系统主要由哪几部分构成？
7. 简述消防联动子系统的功能。

第2章 火灾探测器

2.1 火灾探测器的工作原理

2.1.1 火灾探测器的种类

火灾探测器是火灾报警系统的传感部分,是用来响应其探测区域内的因火灾产生的物理或化学现象的探测器件。火灾探测器通常由敏感元件(传感器)、探测信号处理单元和判断及指示电路等组成,向控制和指示设备提供现场火灾的状态信号。

自火灾探测器发明至今的一个半世纪以来,人们认真分析研究了物质燃烧过程中所伴随的燃烧气体、烟雾、热、光等物理及化学变化的情况,研制了不同类型的探测器,并不断提高火灾探测技术,使火灾探测器的灵敏度不断提高,预报早期火灾的能力不断增强。根据探测器对不同火灾参量的响应,可分为感温、感烟、感光、图像、智能和特种探测器等六种(其中,特种探测器包括可燃气体、电气火灾监控和其他特殊环境参数监控的探测器);根据探测器警戒范围不同,可分为点型和线型两种形式;根据使用环境的不同,可分为陆用型、船用型、耐寒型、耐酸型、耐碱型和防爆型探测器等。

随着电子技术、计算机通信技术和半导体技术的快速发展,模拟量传输式的火灾自动报警系统逐渐普及应用,火灾探测技术也相应得到提升。根据摄像和图像处理技术,产生了CCD图像火灾探测器;根据智能的数字信号处理技术,出现了各种高性能和高可靠性的新型火灾探测器,即智能型探测器。由此,又可将探测器分为智能型和普通型。各种探测器均对火灾发生时的至少一个适宜的物理或化学特征进行监测,其工作原理各不相同。

2.1.2 感烟探测器

火灾作为一种失去控制的灾害性燃烧现象,在其发生的初期阴燃阶段一般会释放出烟雾颗粒,烟雾的出现通常比火焰和高温要早。因此以烟颗粒为重要火灾参量的各种感烟探测技术不断出现,期望实现火灾的早期报警。目前,从最早期的离子感烟技术、光电感烟探测技术,到具有超高灵敏度的空气采样式烟雾探测器,感烟火灾探测技术得到了广泛的发展与运用。据统计,目前我国每年建筑中新安装的火灾探测器数量有近千万只,其中约80%为感烟探测器。感烟探测技术使人类在实现火灾早期报警的进程中向前迈进了一大步,极大地推动了火灾自动探测技术的发展。

感烟火灾探测器是利用烟雾传感器对悬浮在其周围附近空气中的燃烧或热解产生的烟雾气溶胶(固态或液态微粒)进行感应的一种火灾探测器,可分为点型和线型。线型探测器以光类型的不同,分为红外光束、激光等火灾探测器。点型主要分为离子感烟探测器、光电感烟探测器和空气采样感烟探测器三种类型。其主要分类如图2-1所示。

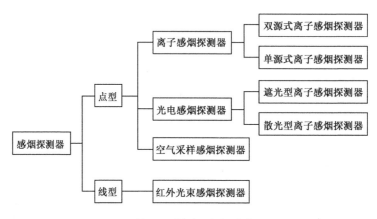

图2-1 感烟探测器的分类

1)离子感烟探测器

(1)放射性基本知识

放射性是原子核自发地放射出射线而变为另一种原子核的性质。在核物理中,一切快速运动的微观粒子都叫射线。射线基本分为三种,即α射线、β射线和γ射线。其中α射线的质量数是4,正电荷数为2,它就是元素氦的核;β射线带一个负电荷;γ射线不带电荷,是波长为0.01nm以下的电磁波。当把某种放射性元素存放起来时,它的数量会随时间而逐渐衰减。这是由于放射性元素的原子核不断自发地放射出射线,一些核变为了另一种元素的核。如果在初始时刻,某种放射性元素的核的数目为A,则在经历时间t后,这种放射性元素的核的数目为:

$$n = Ae^{-\lambda t} \tag{2-1}$$

式中:n——经历时间t后放射性元素的核的数目;

λ——衰变常数。

当放射性元素的核的数目衰变到原数目A的一半时,所需经历时间T称作该元素的半衰期。则有:

$$\frac{A}{2} = Ae^{-\lambda T} \tag{2-2}$$

半衰期T与λ的关系为:

$$T = \frac{0.693}{\lambda} \tag{2-3}$$

此外,为了衡量或比较各种放射性元素的衰变程度,而引入放射强度的概念,即放射强度J定义为放射性元素的核衰变的变化率:

$$J = -\frac{dn}{dt} = J_0 e^{-\lambda t} \tag{2-4}$$

式中：J_0——在 $t=0$ 时放射性元素的放射强度（$J_0 = \lambda A$）[Bq(贝可勒尔)]，$1\text{Bq} = 0.27 \times 10^{-10}$ Ci(居里)。

(2) α 射线与物质的作用

α 粒子质量大，且带两个正电荷，所以它打入电子核内部与核作用的概率非常小，一般都是与核外电子起作用。当快速运动的 α 粒子掠过电子近旁时，电子由于受到库仑力的吸引作用而脱离其原子核的束缚。这样，α 粒子得到电子显负电，这个原子丢失电子而显正电，这种作用就称为电离作用。电离后，正、负离子将在气体分子热运动的影响下做不规则运动，这样就有可能发生：①在未加外电场的情况下，正负离子复合，形成中性分子；②离子从密度大的地方向密度小的地方扩散；③如果施加外电场，正离子与负离子（以及电子）将沿相反的方向运动，在外电路中则形成电流。

(3) 电离室

就其结构而言，电离室就是内充气体的容器，并放有一片约 3.7×10^4 Bq 的同位素 241Am（镅241）。还有两个电极，一个电极收集信号用，称收集极，另一个电极与电源（＋）相连接，称极化极，如图 2-2 所示。

在 241Am 的作用下，电离室内空间不断出现 α 射线，而产生大量的正、负离子。在外电场的作用下，正、负离子向两极做定向运动而形成电离电流，电离室的伏—安特性曲线如图 2-3 所示。

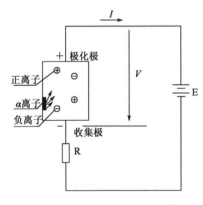

图 2-2　电离室结构图

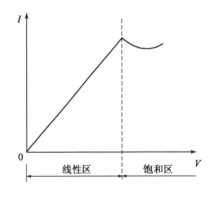

图 2-3　电离室伏—安特性曲线

根据外加极化电压的不同，可以把电离室的伏—安特曲线分为线性区和饱和区。在线性区内，电离电流随极化电压的增加而成比例增加，这是由于在线性区内极化电压还较低，电离电荷尚未完全被收集（未被收集的电离电荷在扩散漂移中复合），所以收集电荷的数目基本上随着外加极化电压的增加而正比例增加。而在饱和区内，电离电流不随极化电压线性变化，这是因为在饱和区内极化电压已较高，在较强外电场的作用下，电离电荷已基本完全被收集（几乎再没有电离电荷的复合产生），所以电离电流基本不再变化。

我们知道，241Am 射出的 α 射线的射程很短（1m），而探测器往往安装在几米高处，同时 α 射线的穿透力也很弱，用一片薄纸即可挡住。所以把 241Am 装在用不锈钢压制的电离室内，又经过两层塑料外壳的保护，射线不可能穿透出来，因此在房间内安装非常安全。另外，241Am 放射源的半衰期为 458 年，由式(2-2)可以计算出 20 年后放射源 241Am 的核的个数衰减了多少。

由式(2-3)求得衰变常数 $\lambda = 0.693/T = 0.0015$，代入式(2-2)有：
$$n_{20} = Ae^{-\lambda t_{20}} = Ae^{-0.0015 \times 20} = 0.97A$$

由此可见，探测器使用 20 年后，放射源 241Am 的核的数目仍为最初的 97%，放射强度也仍为最初的 97%，也就是说放射源 241Am 的核的个数只衰减了 3%。所以离子感烟探测器长期使用性能不会变化很大，即具有稳定性和可靠性。

(4) 离子感烟探测器的工作原理

离子感烟探测器(Ionization Smoke Detector)是利用放射源——同位素 241Am(镅 241)，根据电离原理由一个可进烟的气流式采样电离室和一个封闭式参考电离室相串联，并与模拟放大电路和电子开关电路等组合而成的，如图 2-4 所示，称作二线制(或多线制)火灾探测器。

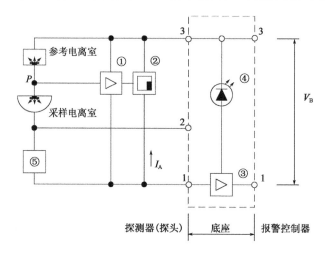

图 2-4 二线制离子感烟探测器工作原理框图

①-模拟信号放大及阻抗变换器；②-双稳态触发器；③-驱动电路；④-报警确认灯；⑤-灵敏度高节电路；1-电源线；2-灵敏度测试端；3-信号线

当火灾发生时，烟雾进入采样电离室后，正、负离子会附着在烟颗粒上，由于烟粒子的质量远大于正、负离子的质量，所以正、负离子的定向运动速度减慢，电离电流减小，其等效电阻增加；而参考电离室内无烟雾进入，其等效电阻保持不变。这样就引起了两个串联电离室的分压比改变，其伏安特性曲线变化规律参见图 2-5，采样电离室的伏安特将由曲线 1 变为曲线 2，参考电离室的伏安特性曲线 3 保持不变。如果电离电流从正常监视电流 I_1 减小到火灾检测电流 I_2，则采样电离室端电压从 V_1 增加到 V_2，即采样电离室的电压增量为：
$$\Delta V = V_2 - V_1 \tag{2-5}$$

当采样电离室电压增量 ΔV 达到预定报警值时，即 P 点的电位达到规定的电平时，通过模拟信号放大及阻抗变换器①使双稳态触发器②翻转，即由截止状态进入饱和导通状态，产生报警电流 I_A 推动底座上的驱动电路③。再通过驱动电路③使底座上的报警确认灯④发光报警，并向其报警控制器发出报警信号。在探测器发出报警信号时，报警电流一般不超过 100mA。另外采取了瞬时探测器工作电压的方式，以使火灾后仍然处于报警状态的双稳态触发器②恢复到截止状态，达到探测器复位的目的。通过调节灵敏度调节电路⑤即可改变探测器的灵敏度。

一般在产品出厂时,探测器的灵敏度已整定,所以在现场不得随意调节。图2-6为点型感烟探测器的外形示意图。

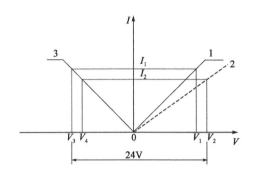

图2-5 参考电离室与采样电离室的串联伏—安特性曲线

图2-6 点型感烟探测器的外形示意图

2) 光电感烟探测器

光电感烟探测器(Photoelectric Smoke Detector)是利用烟雾粒子对光线散射和遮挡原理及材料的光电效应制成的探测器。这种探测器对燃烧时产生的白烟有良好的响应,适用于电气火灾等场合,具有寿命长、稳定可靠、抗风性良好、耐潮湿等性能。按其工作特点分为点型和线型,点型探测器设定在规定位置上进行整个警戒空间的探测,线型探测器所监测的区域为一条直线。按其工作原理分为散射型和遮光型两种。

(1) 散射型光电感烟探测器

散射型光电感烟探测器主要由光源、光接收器A与B以及电子线路(包括直流放大器和比较器、双稳态触发器等线路)等组成,如图2-7所示。将光源(或称发光器)和光接收器放在同一个可进烟但能阻止外部光线射入的暗箱之中。当被探测现场无烟雾(即正常)时,光源发出的光线全部被光接收器A所接收,而光接收器B接收的光信号为零,这时探测器无火灾信号输出。当被探测现场有烟雾(即火灾)时,烟雾便进入暗箱。这时,烟颗粒使一些光线散射而改变方向,其中有一部分光线射入到光接收器B,并转变为相应的电信号;同时射入到光接收器A的光线减少,相应的电信号减弱。当A、B转变的电信号增量达到某一阈值时,经电子电路进行放大、比较,并使双稳电路状态翻转,即送出火警信号。

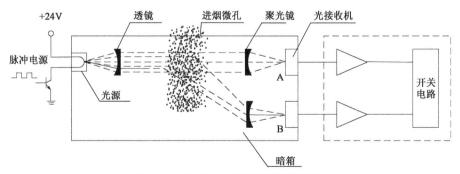

图2-7 散射式光电感烟探测器的结构原理

为了提高探测器的可靠性减少误报,研制出了红外散射式光电感烟探测器,如图2-8所示,其中E为红外发射管,R为红外光敏管(接收器),二者共装在同一可进烟的暗室中,并用一块黑框遮隔开。

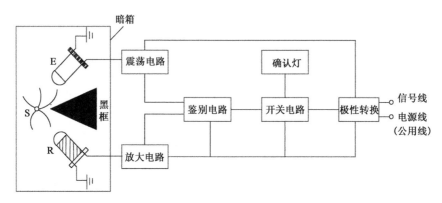

图 2-8　红外散射式光电感烟探测器的工作原理

在正常监视状态下,E 发射出一束红外光线,但由于有黑框遮隔,光线并不能入射到红外光敏管 R 上,故放大器无信号输出。当有烟雾进入探测器暗室时,红外光线遇到烟颗粒 S 而产生散射效应。在散射光线中,有些光线被红外光敏二极管接收,并产生脉冲电流,经放大器放大和鉴别电路比较后,输出开关信号,使开关电路(晶闸管)动作,发出报警信号,同时其报警确认灯点亮。图 2-8 中采用振荡电路为红外发射管供电,并和放大电路一起经过鉴别电路(锁相电路)控制开关电路动作,进一步提高了探测器报警的准确性。

(2)遮光型光电感烟探测器

遮光型光电感烟探测器分为点型和线型两种。点型遮光式光电感烟探测器的结构与图 2-7 基本相同,主要由光源、光接收器 A 和电子线路等组成,并组合成一体。在正常监视状态下,光源发出的光线全部直接入射到光线接收器上,产生光敏电流;当火灾发生时,烟雾粒子进入暗箱内,光线被烟粒子遮挡,使到达光接收器 A 的光通量减小,当减小到电子开关电路动作阈值时,即输出报警信号。

还有一种线型遮光式光束感烟探测器是由独立的光发射器和光接收器所组成。线型遮光式红外光电感烟探测器安装如图 2-9 所示,是由红外发射器和红外光敏接收器两个独立部分组成,并分别安装在被监视现场的相对墙壁上。红外发射器内装有脉冲电源、红外发射元件及附件;红外光敏接收器内装有光电接收器件、脉冲放大器及开关报警电路等。

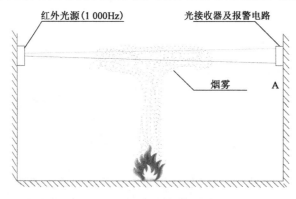

图 2-9　线型遮光式红外光束感烟探测器

在工作时,红外发射器可以发射出频率为 1 000Hz、波长 940mm 的红外脉冲信号,即由双凸镜形成红外光束,并通过被监视场所空间到达红外光敏接收器。在正常监视情况下,红外光线到达红外光敏接收器并转换成电信号的幅值最大;当发生火灾时,由于烟雾扩散到红外光束之中,红外光敏接收器接收的红外光束强度减小。当减小量达到一定限度时(如减小到正常值的 50% 以下),经过一定的延时(一般要求延时 10s 左右),即发出火警信号。显而易见,这种光电感烟探测器具有保护空间范围大、安装位置高、性能稳定性好的优点。其监测面积可达 1 000m^2,安装高度 40m,因此特别适用于高大车间、仓库和飞机库等场所。另外,由于被监控现场的灰尘会污染镜头而使工作点漂移、灵敏度下降,甚至会造成误报,所以在线路中设有自动补偿器,用以补偿光接收器接收光通量的损失。还设有故障自动检测环节,当发生线路故障或光束被人为遮挡时,可发出故障报警信号。

这种对射式的红外光束感烟探测器的一个缺点是安装调试比较麻烦。现有一种新型红外光束感烟探测器,其工作原理如图 2-10 所示。它将接收元件和发光元件安装在同一墙面上,在其相对的一面安装反射装置,反射装置的大小视保护范围内的距离而定,距离远时,反射面积大。当发生火灾时,烟雾使接收的反射光束减弱,于是产生报警。

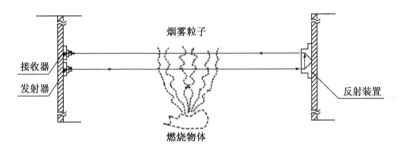

图 2-10 新型红外光束感烟探测器的工作原理

与线型遮光式红外光电感烟探测器结构基本相似的,还有激光式光电感烟探测器。它具有监视范围更大和抗干扰能力更强的特点。在脉冲电源的作用下,激光发生器发射出脉冲激光束,投射到激光接收器上,并转变成电信号,经整流放大成直流电平。此直流电平的大小反映了正常激光束投射到激光接收器上的激光辐射通量的大小。当火灾发生时,烟雾迅速扩散到激光束通道之中,使激光接收器接收的激光束减弱,其输出直流电平下降。当输出的直流电平下降到动作阈值时,经过一定延时即发出报警信号。

(3)空气采样感烟探测器

空气采样感烟探测器是通过管道抽取被保护空间的样本到中心检测室,以监视被保护空间内烟雾存在与否的火灾探测器。该探测器能够通过测试空气样本,了解烟雾的浓度,并根据预先确定的响应阈值给出相应的报警信号。

主动式空气采样感烟火灾探测报警系统(High Sensitivity Artificial-intelligence Smoke Detection System,简称 HSASD),是一种主动式的探测系统,其内置的抽气泵在管网中形成了一个稳定的气流,通过所敷设的管路抽样孔不停地从警戒区域抽取空气样品并送到探测室进行检测。为了防止空气中的灰尘或其他颗粒对检测造成干扰,所采集的空气样品要经过一道过滤网。其工作原理如图 2-11 所示。该系统在测量室内特定的空间位置安装了测量光源(一般为氙闪光灯或激光器)及特殊的反射镜,来自被保护区的烟雾粒子经过气流传感器穿过反射镜中心孔后,激光发射装置发射出平行的激光光束,照射到空气样本上。如果样本中有烟粒子存在,光束将产生前向散射,散射光线经凹面反光镜反射到高灵敏度光接收器,所产生的散射光强弱变化量测量后经过处理计算,并结合测得的散射光信号脉冲数,可得出空气样本中的烟粒子数。这些数据经过"人工神经网络"微处理器处理后,与预先设定的报警阈值比较,如果烟雾浓度达到警报级别则发出警报,而其他杂乱光线透过中心光栏后由平面反光镜射出探测室。

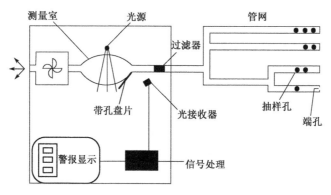

图 2-11　空气采样感烟探测系统工作原理

与常规感烟火灾探测器相比较,主动式空气采样感烟火灾探测系统具有如下一些优点。

①普通的感烟探测器为被动工作方式,需待烟依靠空气自然对流到达后才能探测。在火灾早期,烟的扩散速度通常很慢,需经过较长的时间才能到达探测器,有的则甚至无法到达,这就导致探测器无法实现超早期的火灾探测报警。

②普通感烟探测器使用的传感器是靠黑烟遮挡住光源或放射产生报警的。高灵敏度空气采样式感烟探测器的工作方式为主动吸气方式,即主动抽取空气样本并进行烟粒子(包括不可见烟粒子)探测计数分析;同时,它采用独特设计的检测室和现代高科技技术——激光器件,可靠性和灵敏度提高了近千倍。因此,它对初期火灾具有极灵敏的反应,可提前预报火灾隐患,从而赢得宝贵的扑救时间。

2.1.3　感温探测器

感温火灾探测器(Heat Detector)是对警戒范围中的温度进行监测的一种探测器。物质在燃烧过程中释放出大量热,使环境温度升高,致使探测器中热敏元件发生物理变化,从而将温度转变为电信号,传输给控制器,由其发出火灾信号。感温火灾探测器按照其监测范围的不同分为点型感温探测器和线型感温探测器两类;按照检测温度参数的特性不同,可分为定温式、差温式及差定温复合式三类。定温类火灾探测器的主要类型有易熔金属型、双金属型、热敏电阻型、半导体型和水银接点型,其用于响应环境的异常高温,在环境温度达到规定动作温度时报警,保护面积在 $40m^2$ 左右;差温类火灾探测器的主要类型有热敏电阻型、膜盒型及双金属片型,其响应环境温度的异常升高速率,在局部环境温度上升很快(如升温速率达到 10 ~ 15℃/min)时,即可报警,保护面积比定温式大;差定温复合式探测器则是以上两种感温探测器的组合。

感温火灾探测器适用于火灾时烟气较小,而热量增加很快的地方,较好地弥补了感烟探测器的不足。它还适用于平时存在大量粉尘、烟雾和水蒸气的场所,如厨坊、锅炉房、洗衣机房以及有腐蚀性气体的场所。

1)定温式探测器

双金属定温火灾探测器是以具有不同热膨胀系数的双金属片为敏感元件的一种定温火灾探测器。常用的结构形式有圆筒状和圆盘状两种,由不锈钢管、铜合金片以及调节螺栓等组成。两个铜合金片上各装有一个电接点,其两端通过固定块分别固定在不锈钢管上和调节螺栓上。由于不锈钢管的膨胀系数大于铜合金片,当环境温度升高时,不锈钢外筒的伸长大于铜合金片,因此铜合金片被拉直。

热敏电阻及半导体 PN 结的定温火灾探测器是分别以热敏电阻及半导体为敏感元件的一种定温火灾探测器。两者的原理大致相同,区别仅仅是火灾探测器所用的敏感元件不同。热敏电阻火灾探测器的工作原理如图 2-12 所示,当环境温度升高时,热敏电阻 R_T 随着环境温度的升高电阻值变小,A 点电位升高;当环境温度达到或超过某一规定值时,A 点电位高于 B 点电位,电压比较器输出高电平,信号经处理后输出火灾报警信号。

2)差温式探测器

当火灾发生时,室内局部温度将以异常的速率升高。差温火灾探测器就是利用这种异常速率产生感应而研制的一种火灾探测器。当环境温度以不大于 10℃/min 的温升速率缓慢上升时,差温火灾探测器将不发出火灾报警信号,较为适用于发生火灾时温度快速变化的场所。它有点型和线型两种结构。

点型差温火灾探测器主要有膜盒差温、双金属片差温、热敏电阻差温火灾探测器等几种类型。常见的膜盒差温火灾探测器由感温外壳、波纹片、漏气孔及定触点等几部分构成,其结构如图 2-13 所示。外壳、波纹片和气塞螺钉共同形成一个密闭的气室,该气室只有气塞螺钉的一个很小的泄气孔与外面的大气相通。在环境温度缓慢变化时,气室内外的空气由于有泄气孔的调节作用,气室内外的压力仍能保持平衡。当发生火灾时,环境温度迅速升高,气室内的空气由于急剧受热膨胀而来不及从泄气孔外逸,致使气室内的压力增大将波纹膜片鼓起,而被鼓起的波纹膜片与触点碰接,接通电接点,于是送出火警信号到报警控制器。

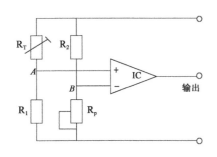
图 2-12 热敏电阻定温火灾探测器的电路原理图

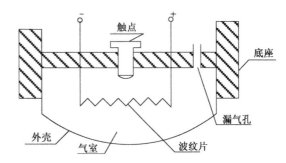
图 2-13 膜盒差温火灾探测器的结构

3)差定温式探测器

当火灾发生时,室内局部温度将以异常的速率升高,温升速率就是差温探测器的动作参数。这种探测器主要由感热室(罩壳)、波纹膜片、微孔气塞螺钉和电气接点等组成。如将采用低熔点合金焊牢的定温保险片(弹簧片)去掉,即成为膜合式差温探测器。

由罩壳、衬板和波纹膜片组成一个密闭气室,气室内空气只能通过微孔气塞螺钉与大气相通。一般情况下(即环境温升速率不大于1℃/mim),气室受热时,室内膨胀的气体可以通过气塞螺钉泄漏到大气中去,波纹板不受力,原形状不变;当发生火灾时,温升速率急剧增加,气室内膨胀的气体已不能及时通过微孔气塞螺钉小孔全部泄漏到大气中,将致使室内压力增大,波纹膜片受力向上鼓起,推动弹性接触片接通电接点,送出火警信号。

罩壳内壁上用低熔点合金把定温保险片焊牢,即增加了定温环节,这样就构成了差定温探测器。当环境温度上升缓慢时,虽然差温环节失去作用,但温度继续缓慢上升到低熔点合金标定的熔化温度(70~90℃)时,低熔点合金熔化落下,定温保险片可依靠其本身的弹力向上弹出,通过波纹板推动弹性接触片接通电接点,送出报警信号;而当温升速率急速增加时,定温环节失去作用,差温环节起作用,气室内的气体膨胀压力迅速增大而通过波纹板推动弹性接触片接通电接点,送出报警信号。因此,差定温探测器的性能更为完善。调节螺钉是专供动作标定温度使用的,一般在出厂时已校准。

4)缆式线型感温探测器(Cable Thermal Detector)

(1)线型定温感温电缆

这一探测器主要由感温电缆、接线盒和终端盒三部分组成。感温电缆是检测火灾的敏感元件,接线盒、终端盒为配套部件,可以向火灾报警控制器发出火灾信号。感温电缆由两根弹性钢丝分别包敷热敏绝缘材料,绞成对型,绕包带再加外护套而制成,如图2-14所示。在正常监视状态下,两根钢丝间阻值接近无穷大。由于电缆终端接有电阻,并在另一端加有电压,故正常情况下,电缆中通过微小的监视电流。当电缆周围温度上升到额定动作温度时,其钢丝间热敏绝缘材料的绝缘性能被破坏,绝缘电阻发生跃变,接近短路,火灾报警控制器检测到这一变化后,即报出火警信号。当线型定温感温电缆发生断线时,监视电流变为零,控制器据此可发出故障报警信号。

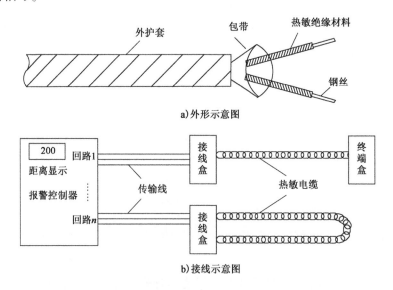

图2-14 缆式线型感温探测器结构示意图

缆式线型感温探测器适用于电缆沟内、电缆桥架、电缆竖井、电缆隧道等处以对电缆进行火警监测,也可用于控制室、计算机房地板下、电力变压器、开关设备、生产流水线等处。电缆支架、电缆桥架上敷设缆式线型感温探测器(也称热敏电缆)的长度可按下式计算:

$$L = xk \tag{2-6}$$

式中:L——缆式线型感温探测器的长度,m;

x——电缆桥架、电缆支架等的宽度,m;

k——附加长度系数,见表2-1。

缆式线型感温探测器的附加长度系数　　　表2-1

电缆桥架、支架宽度(m)	附加长度系数	电缆桥架、支架宽度(m)	附加长度系数
0.4	1.10	0.9	1.50
0.5	1.15	1.2	1.75
0.6	1.25		

(2)空气管式线型差温探测器

线型差温火灾探测器是根据广泛的热效应而动作的,主要的感温元件有按面积大小蛇形连续放置的空气管、分布式连接的热电偶以及分布式连接的热敏电阻等,如图2-15所示。主要由两部分组成:①敏感元件空气管,一般为紫铜管,置于要保护的场所;②传感元件膜盒和电路部分,可装在保护现场或者装在保护现场之外。当环境温度升高时,空气管内的空气开始膨胀,压力升高,为使管内外气压平衡,这时气体可通过泄漏孔排出。当环境温度温升速率超过某一值时,空气管内迅速膨胀的气体来不及从泄漏孔排出,空气管内的气压升高并导致膜片膨胀,电气触点闭合,产生一个短路信号,经输入模块后送到控制器,控制器便发出火灾报警信号。

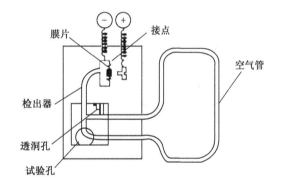

图2-15　空气管式线型差温探测器

(3)光纤感温探测器

光纤光栅感温探测器是基于光纤光栅传感器的感温探测器,在国内的石化、电力、冶金等行业都有较广泛的应用,图2-16是光纤光栅探测器的结构原理。当宽带光经光纤传输到光栅处时,光栅将有选择地反射回一窄带光。在光栅不受外界影响的情况下(拉伸、压缩或挤压,环境温度等恒定时),该窄带光中心波长为一固定值λ_B;而当环境温度或被测接触物体温度发生变化,或光栅受到外力影响时,光栅栅距λ将发生变化,反射的窄带光中心波长将随之发生改变,这样就可以通过检测反射的窄带光中心波长的变化值,测量光栅处温度的变化。图2-17为在油罐区设置的分布式光纤感温探测系统。分布式光纤测温主机位于控制室中,对两个油罐进行温度测量,探测光缆沿着每个油罐每隔5m环形敷设,对油罐实施火灾探测。

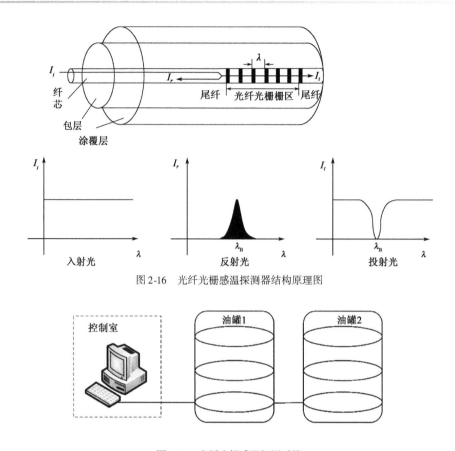

图 2-16 光纤光栅感温探测器结构原理图

图 2-17 光纤光栅感温探测系统

2.1.4 感光探测器

在警戒区域内发生火灾时,对火光参数响应的火灾探测器称为感光探测器或火焰探测器(Flame Detector)。可燃物燃烧时,火焰的辐射光谱可分为两类:一类是由炽热碳粒子产生的具有连续性光谱的热辐射(俗称可见光);另一类是化学反应生成的气体和离子产生的具有间断性光的光辐射,其波长一般在红外光谱及紫外光谱内(称不可见光)。据此研制生产出了红外感光探测器和紫外感光探测器。这种类型的探测器具有红外型或紫外型敏感元件,其特点是对火焰中的红外或紫外辐射特别灵敏,而对太阳光、白炽灯和荧光灯等恒定辐射的一般光源不响应,因此工作稳定,抗干扰能力较强。

1)红外感光探测器

红外感光探测器是对火焰辐射光中红外光敏感的一种探测器。这一探测器利用红外光敏元件(硫化铅、硒化铅、硅光敏元件)的光电导或光伏效应来敏感地探测低温产生的红外辐射,红外辐射光波波长一般大于700nm。由于自然界中只要物体温度高于绝对零度都会产生红外辐射,所以利用红外辐射探测火灾时,一般还要考虑物质燃烧时火焰的间歇性闪烁现象,以区别于背景红外辐射。物质燃烧时火焰的闪烁频率大约为3~30Hz。

如硫化铅(PbS)红外光敏管,其敏感响应的红外线波长在4 100~4 700nm,而所有碳氢化合物燃烧时,热 CO_2 分子发射出的红外线波长是 4 300nm。火焰的光谱分析也表明,在不可见的红外线范围内,4 300nm 波长的红外信号最强。由于照射到地球上的阳光中,2 800nm 和 4 300nm 波长的射线几乎全部被大气层吸收,因此,把 PbS 的响应范围规定在 4 100～4 700nm 这一红外线波长范围内,可以排除对阳光等造成的误报,而对火焰中的红外线辐射却非常敏感。火灾时,能对距离 45m 远的 $0.3m^2$ 火焰做出响应。

但是,这种火灾探测器的视场角过小,仅有 3°×3°,为了扩大探测器的视场角范围,在设计制造时,多采用 3 只 PbS 红外光敏元件并联,并按 120°布置。为防止现场其他红外光辐射源偶然波动可能引起的误动作,红外探测器还有一个延时电路,它给探测器一个相应的响应时间,用来排除其他红外源的偶然变化对探测器的干扰。延时时间的长短根据光场特性和设计要求选定,通常有 3s、5s、10s 和 30s 等几档。而当信号连续出现的时间超过给定延时时间,便触发报警装置,发出火灾报警信号。

2) 紫外感光探测器

紫外感光探测器是对火焰辐射光中的紫外光敏感的一种探测器。当有机化合物燃烧时,其氢氧根在氧化反应中会辐射出强烈的紫外光。紫外感光探测器就是利用火焰产生的强烈紫外辐射来探测火灾的,对爆燃火灾和无烟燃烧(酒精)火灾尤为适用。

紫外感光探测器由紫外光敏管、透紫石英玻璃窗、紫外线试验灯、光学遮护板、反光环、电子电路及防爆外壳等组成,如图 2-18、图 2-19 所示。其中,紫外光敏管是由两根弯曲成一定形状的且相互靠近的钼(Mo)或铂(Pt)丝作为电极,放入充满氦(He 元素,无色无臭,不易与其他元素化合,很轻)、氢等气体的密封玻璃管中制成的,平时虽然输入端加某一交流电压,但紫外光敏管并不导通,无火警信号输出。当发生火灾时,大量的紫外光通过透紫玻璃片辐射到光敏管内的钼或铂丝电极上,电极便发射电子,并在两电极间的电场中加速。被加速的电子与玻璃管内的氦气分子碰撞,使惰性气体分子被电离成正离子和负离子(电子),并在极短的时间内,造成"雪崩"式放电过程,使两个钼丝或铂丝间导电,紫外光敏管导通,便产生报警信号。

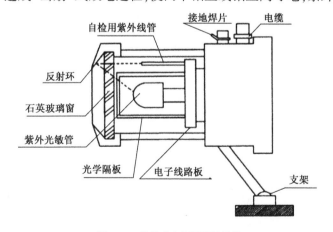

图 2-18 紫外感光探测器的结构

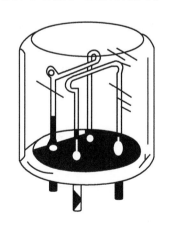

图 2-19 紫外光敏管

如上所述,紫外光敏管只对紫外线响应,其响应的紫外波长范围为 185～290nm。在此波长范围内,太阳光辐射的紫外线被大气中的臭氧层所吸收,到达地面的紫外线辐射量很低;而工作照明的气体放电灯虽然也会产生强烈的紫外光,但这些电光源的石英玻璃壳对 200～300nm 范围内的紫外光吸收力很强,故紫外光敏管对太阳光及上述电光源均不敏感,对其他波长的光也不响应。这样,就从根本上保证了紫外感光探测器的工作可靠性,提高了其抗干扰的能力。

2.1.5 图像火灾探测器

1)图像火灾探测器的原理

火灾发生的早期阶段,火焰从无到有,这个阶段火焰图像在面积变化、形体变化、闪动、整体移动以及相对稳定性等方面有自己独特的规律。图像火灾探测系统可以利用早期火灾烟气的红外辐射特性,结合早期火灾火焰可见光辐射特征,利用红外视频信号以及可见波段视频信号,同时结合火焰的尖角特征、光谱特性、相对稳定性、闪烁规律、频闪和蔓延增长等特征参数,采用趋势智能算法,进行火焰识别,实现高大空间早期火灾探测与监控的目的。

早期火灾的热物理现象主要有:阴燃、火羽流和烟气等。就早期火灾而言,烟气是最为突出的现象,它是燃烧产物中微小颗粒的集合。由于烟气在流动过程中与周围环境发生热交换,其温度逐渐下降。可以利用早期火灾烟气的红外辐射信号,选择在红外波段工作的高灵敏度光敏元件,实现对早期火灾的探测。在利用烟气的红外辐射进行探测的同时,还要利用可见波段的火灾火焰的特征。火灾在燃烧过程中,最基本的自然特性是产生烟雾火焰和高温火灾,室内的一般物体平时以常温反射为主,很难达到火灾时的温度和亮度,因此,在连续影像中长时间地表现为高亮度,是火灾存在的最原始最直接的特征。根据特定的环境,取 RGB 三基色的阈值(C_R, C_G, C_B),根据阈值大小可得到火灾活动的区域($R_1, R_2 \cdots R_N$),排除非火灾因素,做出初步判断。此外,火灾发生后,火焰在空间位置上也具有相对稳定性。即使火灾正处于快速蔓延阶段,火焰的中心位置也不可能呈跳跃式运动,从而可将一些假信号如电灯摆动、火把燃烧等干扰因素排除。失控燃烧火灾的另一显著特征是火焰的蔓延增长特性,在图像上表现为火焰面积呈一定规律增长扩大。当其增长扩大速率超过一定值,或者持续增长时,可以认为有火灾的可能。

2)图像火灾探测器的技术数据

根据国家标准《特种火灾探测器》(GB 15631—2008),图像火灾探测器属于特种探测器,其主要技术数据应达到以下要求。

(1)响应阈值

①图像火灾探测器在一级防火和二级防火监测状态下可发现的视场角、燃烧盘尺寸和定位精度应符合表2-2 的要求。

②从发生火灾到发出火灾报警信号的响应时间应不大于20s。

图像火灾探测器一、二级防火监测参数表　　　　表2-2

距离 D(m)	镜头(mm)	视 场 角		燃烧盘尺寸(m×m)		定 位 精 度	
		水平 α	垂直 β	一级防火	二级防火	ΔX	ΔY
5	4	64°	50°	0.020×0.020	0.060×0.060	±0.100	±0.147
	6	42°	32°	0.020×0.020	0.040×0.040	±0.100	±0.142
	8	32°	24°	0.020×0.020	0.030×0.030	±0.100	±0.142
	12	22°	17°	0.020×0.020	0.020×0.020	±0.100	±0.142

续上表

距离 D(m)	镜头(mm)	视 场 角		燃烧盘尺寸(m×m)		定 位 精 度	
		水平 α	垂直 β	一级防火	二级防火	ΔX	ΔY
25	4	64°	50°	0.090×0.090	0.400×0.400	±0.488	±0.806
	6	42°	32°	0.060×0.060	0.250×0.250	±0.300	±0.754
	8	32°	24°	0.040×0.040	0.150×0.150	±0.225	±0.727
	12	22°	17°	0.030×0.030	0.090×0.090	±0.153	±0.722
50	6	42°	32°	0.150×0.150	0.550×0.550	±0.600	±1.931
	8	32°	24°	0.090×0.090	0.400×0.400	±0.450	±1.543
	12	22°	17°	0.060×0.060	0.250×0.250	±0.306	±1.494
100	12	22°	17°	0.150×0.150	0.060×0.060	±0.612	±3.360

(2)重复性

图像火灾探测器的重复性技术要求是,连续3次测量同一只探测器的响应阈值,通电7天后再连续3次测量同一只探测器的响应阈值,通电期间,探测器不应发出火灾报警信号或故障信号,其相应阈值应满足表2-2的要求。

(3)环境光线干扰

图像火灾探测器在以下环境光线作用期间,不应发出火灾报警信号或故障信号;并且其响应阈值仍应达到表2-2的要求。

①用两只25W的白炽灯(色温位2 850K±100K),亮1s熄1s,共20次。

②用一只直径308mm、30W的环形荧光灯,亮1s熄1s,共20次。

③用上述白炽灯和荧光灯各亮2h。

3)图像火灾探测器的使用

火灾视频图像识别系统主要由信号采集、信号处理、信号传输三大部分构成。其中信号采集部分由双波段CCD摄像头、光学感烟探测器、红外远距离测温仪三种传感器构成,产生复合火灾判据;信号处理部分由视频转换器、DSP及视频缓存组成;信号传输部分由I/O接口、视频数据通路控制器、FPGA、以太网控制器构成。摄像头采集的模拟视频信号通过视频转换器变换为数字视频信号,由视频数据通路控制器送入缓存数据处理池;光学感烟探测器产生的开关量信号、红外远距离测温仪采集的温度量化信号通过I/O接口,经大容量FPGA,与上述视频信号一并送入DSP处理器进行处理;DSP处理器根据采集的视频信号进行图像处理和分析,并结合烟感开关量、温度变化数组,最终对监控现场的实时情况进行准确判断,并将结果经FPGA送入以太网控制器,通过以太网传送到中央控制平台。视频转换器、视频数据通路控制器、视频缓存、大容量FPGA、DSP、以太网控制器和I/O接口等共同构成视频火灾检测板,集成在一块8层的PCB电路板内。火灾视频图像识别子系统的前端结构如图2-20所示。

中央控制平台由主控机(由工控机和视频监控软件构成)、网络交换机和屏幕墙等组成。中央控制平台通过以太网与前端各火灾视频图像识别单元连接(每个防火分区一般由两个前端火灾视频图像识别单元构成)。当火灾视频图像识别系统检测到火灾发生时,通知中央控制平台发出报警信息,并把火灾现场信息及时传送到消防总控室屏幕墙,工作人员可以观察到火灾现场的情况,进行人工确认;操作人员可通过主控机手动操作界面,向着火分区的消防联动设备发出各种灭火与防灾减灾的动作指令。

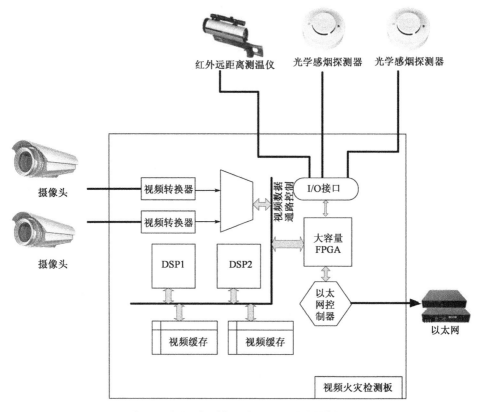

图 2-20　火灾视频图像识别子系统的前端结构框图

2.1.6　智能型探测器

1)复合型探测器

在物质燃烧从阴燃到起火的整个过程中,要发热、发光和损失质量,从质量转换的角度讲,就是释放出能量。释放的总能量等于热量、质量损失(如烟雾、气体)和其他形式能量(如光辐射)的和。对于不同的火灾,总释放能量各组成部分的比例是不一样的,这也是单一传感方法的火灾探测器无法全面响应所有类型火灾,并且还可能会产生误报警的原因。因此,采用多元传感技术已成为当今火灾探测的一个主要发展方向。

一般的光电感烟探测器,对在火灾形成过程中产生的灰色烟雾有很高的灵敏度,但对某些化工原料在火灾形成过程中产生的黑色烟雾则灵敏度不高。这也就是一般所称的"窄谱"探测特性。绝大多数上述化工原料制成品在燃烧过程中都会释放出大量的热,可以用温度探测的方法加以补偿。因此,烟温复合探测器可以用于几乎所有场合的火灾探测。烟温复合探测器在烟雾探测方面,采用光电感烟的方法,避免使用放射源,消除了对环境的污染。在温度探测方面,使用响应快、线性好、长期稳定性好的温敏二极管作为传感元件。因此在复合探测状态下,它的误报率是最低的。

进入迷宫所包围的烟雾敏感空间的烟雾粒子,在红外发射管所发出的红外脉冲光束的照射下,产生光散射,散射光被红外光敏二极管接收,转换成电信号,此电信号代表烟雾的大小,放大后送入微处理器。这一部分与一般光电感烟探测器的原理一样。在迷宫和外壳间,放置了两只温敏二极管。火灾形成过程中,燃烧材料产生的热被温敏二极管检测到并转变成电信号。此电信号代表温度的高低,放大后送入微处理器。这一部分与一般的感温探测器相同。微处理器根据上述两部分的烟雾信号和温度信号进行计算,最后给出不同级别的报警信号,并通过二总线传送给控制器。最后,由控制器根据一定的逻辑关系和具体的保护要求给出火灾警报。

2)可寻址探测器

常规型多线制探测器本身没有地址码,为电流传输方式,每个探测回路(一个探测回路可能是一个或几个探测器)与火灾自动报警控制器之间为2根导线,故 n 个探测回路就需 n 根以上的导线,所以用线量较大。随着科学技术的发展,计算机技术在建筑自动消防系统中获得普遍应用,智能化系统迅速发展,已研制出了各类型的智能寻址式火灾探测器。

这类火灾探测器内安装了有 A/D 转换功能的微处理器芯片或单片集成电路,通过在探测器内部固化运算程序,使探测器本身具有地址编码。这种可寻址的探测器具有较强的分析判断能力,可自动采集现场环境参数并进行自诊断,依据现场环境参数修改报警预定值(即灵敏度)。能准确判断出被监视区域的火警和自身故障信息,并通过总线将信息传输给火灾报警控制器,故也称为智能型探测器。

智能型探测器按发出的火警信号是开关量信号或模拟量信号,又分为可寻址开关量探测器和可寻址模拟量探测器。可寻址开关量探测器检测被监控现场的烟雾浓度、温度等变化数据,当达到或超过所设定的规定值时即可发出开关量火警信号,并通过编码底座转换成数字信号上传给火灾自动报警控制器。一般每个探测器都设有单独的地址编码接入通信总线,一条总线上可接入99、127或250个地址,由报警控制器读出每个探测器的输出状态(ON/OFF)。可寻址模拟量探测器是将检测到的被监控现场的烟雾浓度、温度变化数据先转换成模拟量电信号,通过编码底座转换成数字信号,经通信总线上传给报警控制器,报警控制器接收到火警信号后进行数据分析,并与给定值进行比较判断是否有火灾发生,再发出火警信号和联动控制信号。总之,智能型探测器具有结构简单,有纠错能力,误报率低,可靠性强,环境适应能力好和配线简便等优点,目前在工程中已得到广泛使用。

2.1.7 可燃气体探测器

随着城市使用煤气、天然气和民用石油液化气等燃料的用户增多,城市消防部门已经把可燃气体泄漏检测报警装置列入有关规范。早在《建筑设计防火规范》(GBJ 16—87)第10.3.2条中就有明确规定:"散发可燃气体、可燃蒸气的甲类厂房和场所,应设置可燃气体浓度检测报警装置"。

可燃气体通常是指城市煤气、石油液化气、石油蒸气、酒精蒸气和天然气等。这些气体主要含有烷类、烃类、烯类、醇类、苯类和一氧化碳、氢气等成分,是易燃易爆的有毒有害气体。因此,这些气体在生产、输送、储存和使用过程中,一旦发生泄漏事故,都可能会造成燃烧爆炸而危及国家和人民的生命财产安全。可燃气体探测器就是对空气中可燃气体的含量(即浓度)进行检测的器件,它和与其配套的报警控制器共同组成可燃气体监测报警装置。目前主要用于宾馆厨房或燃料气储备间、汽车库、压气机站、过滤车间、溶剂库、炼油厂、燃油电厂等存在可燃气体的场所。

1) 气敏型可燃气体探测器

气敏型可燃气体探测器的核心元件是对氢气、一氧化碳、甲烷、乙醚、乙醇、天然气等可燃性气体检测灵敏度较高的元件,如二氧化锡结烧体等半导体气敏元件。其工作原理简化电路如图 2-21 所示。

图中虚线框内的气敏电阻 R_M 和加热电阻 R_R 组成气敏元件。由于气敏电阻工作时产生复杂的物理化学变化,需要保证一定的工作温度(一般为 200~300℃),所以采用加热电阻 R_R 通电产生热量来加热 R_M。当周围环境中无可燃性气体泄漏时,R_M 阻值一定,R_0 上输出某一恒定电压。当有可燃性气体泄漏时,R_M 吸附周围的被测可燃性气体,使其内部多数载流子的浓度发生变化,从而导致 R_M 阻值减小,R_0 上的输出电压增大。R_M 阻值的变化幅度随着可燃性气体浓度的变化而变化,即将可燃性气体浓度的大小转换成相应的 mV 级信号电压,经适当电信号放大变换处理后,实现对可燃性气体浓度的监测和报警。

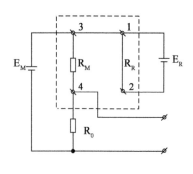

图 2-21 气敏型电气原理图

2) 载体催化型可燃气体探测器

载体催化型可燃气体探测器是利用铂丝加热后的电阻值变化来检测可燃性气体浓度的,其工作原理如图 2-22 所示。其中检测元件 r_1 由铂丝绕制,并在其表面涂以三氧化二铝(Al_2O_3)载体和催化剂钯(Pd),故又称为反应元件或催化元件,用来补偿供电电流、风速、周围温度变化等因素对电桥的影响,以保持器件的检测精确性。固定电阻 R_1、R_2 为电桥的平衡臂,是精密电阻。调整电阻 R_3 的作用是当周围空气中的可燃性气体浓度为零时,调整 R_2 使电桥处于平衡状态。通常选 $r_1 = r_2$,$R_1 = R_2$,即 $r_1R_1 = r_2R_2$,此时输出端 5、6 无信号输出,即为初始(正常)监测状态。将检测元件 r_1 和补偿元件 r_2 都装设在气室内,二者相隔一定距离,其中 r_1 可与周围空气接触,r_2 则与周围空气隔离。当电源电压施加在电桥上后,r_1、r_2 都有电流通过,使它们发热,阻值增加,因二者阻值变化基本相同,所以电桥仍处于原来的平衡状态,输出端 5、6 无信号输出。当发生可燃气体泄漏事故时,可燃气体与空气混合后进入探测器的气室内,受 r_1 表面上的催化剂作用而产生无焰燃烧,生成二氧化碳和水,并释放出热量使 r_1 温度升高,随之使具有正温度系数的检测元件 r_1 的铂丝电阻值增大;而补偿元件 r_2 因未涂以催化剂,并与空气相隔离,故不产生催化反应,其温度和阻值不变。于是,电桥平衡被破坏,即 $r_1R_1 \neq r_2R_2$,输出端 5、6 有信号电压输出。

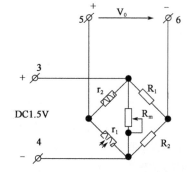

图 2-22 载体催化型可燃气体探测器电气原理图

r_1-检测元件;r_2-补偿元件;R_1、R_2-平衡电阻;R_m-调整电阻;V_0-输出信号电压

周围空气中的可燃气体浓度越高,r_1 上的热催化反应越剧烈,r_1 的阻值增加得越多,输出的电压信号也就越大,即输出电压信号的大小与可燃气体的浓度成正比。通常取周围空气中的可燃气体的爆炸下限为100%,且报警点设定在爆炸浓度下限的25%处。为了延长探测器寿命,在气体进入气室处还装有过滤器。

3)红外吸收型可燃气体探测器

基于红外吸收原理的可燃气体传感器,相对于传统点型气体探测器而言,具有气体选择性强、灵敏度高、探测范围大等优点。

这一探测器的原理基于 Lambert-Beer 定律,即若对两个分子以上的气体照射红外光,则分子会吸收特定波长的光。这种特定的波长是由分子结构决定的,因此由该吸收频谱可判别分子种类,且由吸收的强弱可测得气体浓度。信号检测部分主要由发射器、探测室和接收器组成,在正常情况下,发射器发送检测气体对应的特定波长的脉冲红外光束,经过气体检测室照射到接收器的光敏元件上。探测室可做成吸收式以提高传感器的灵敏度并缩短响应时间。当检测气体进入探测室时,接收器接收经由检测室气体吸收衰减的红外辐射能量,从而由红外特征波长得知气体的种类,由气体吸收红外光束能量的强弱得知气体的浓度。一对探测器的最远探测距离可达 100m,探测器灵敏度高,响应速度快,不会因某种气体中毒而损坏器件,也不会因可燃气体浓度过高而降低性能。

2.1.8 电气火灾监控探测器

电气火灾监控探测器是对电力设备实现火灾监控的探测器。根据《电气火灾监控系统》(GB 14287—2014),这类探测器被定义为:探测被保护线路中的剩余电流、温度、故障电弧等电气火灾危险参数变化和由于电气故障引起的烟雾变化及可能引起电气火灾的静电、绝缘参数变化的探测器。当发生电气火灾时,电气火灾探测器与报警设备相配合,发出报警信号、控制信号并能指示报警部位。

主要类型有:剩余电流式探测器、测温式、故障电弧探测器和多传感器组合式。每种类型按工作方式都可分为独立式和非独立式两种。独立式探测器兼具声、光报警功能。

1)剩余电流式探测器

剩余电流式探测器监测被保护线路中的剩余电流值变化,这一探测器的基本性能是:

①当被保护线路的剩余电流达到报警设定值时,探测器应在30s内发出报警信号,点亮报警指示灯,非独立式探测器的报警指示应保持至与其相连的电气火灾监控设备复位,独立式探测器的报警指示应保持至手动复位。

②探测器的报警值设定在20~1 000mA,在报警值的设定范围内,报警值与设定值之差的绝对值不应大于设定值的5%,具有实时显示剩余电流值功能的探测器,显示误差不应大于5%。

2)测温式电气火灾探测器

电气火灾监控系统中,对测温式探测器的性能要求有:

①当被监视部位温度达到报警设定值时,探测器应在40s内发出报警信号。

②探测器的报警值应设定在550~140℃的范围内。

③探测器设定报警值与实际报警值的误差不应大于±10%。

④探测器应有工作状态指示灯和自检功能,在报警时应发出声、光报警信号,并予以保持,直至手动复位。

3) 故障电弧探测器

由于电气线路或设备中绝缘老化破损、电气连接松动、空气潮湿、电压电流急剧升高等原因引起空气击穿所导致的气体游离放电现象称为故障电弧。故障电弧探测器的报警性能有:

①当被探测线路在1s内发生9个及其以下半周期的故障电弧时,探测器不应发出声、光报警信号和控制信号。

②当被探测线路在1s内发生14个及其以上半周期的故障电弧时,探测器应在30s内发出报警信号,点亮报警指示灯;非独立式探测器的报警指示应保持至与其相连的电气火灾监控设备复位,独立式探测器的报警指示应保持至手动复位。

2.2 技术数据与型号编制

2.2.1 火灾探测器的灵敏度

以感烟探测器为例,其灵敏度是指在一定浓度的烟雾作用时,探测器所能显示的敏感程度。一般灵敏度是用减光率 $\delta\%$ 来表示的。减光率是体现烟雾特性的一个重要参数,它涉及烟雾的光学浓度问题。

可燃物在燃烧过程中产生的烟雾,是由大量可见和不可见微粒形成的,可见微粒(或称"烟粒子")的直径一般为 $0.01 \sim 10\mu m$。根据研究问题的不同,烟雾的重要性能指标"浓度",可分别采用烟雾的质量浓度、粒子浓度和光学浓度来计量。①质量浓度:单位容积内所含烟雾的质量(kg/m^3),用于对烟雾的物理化学性质的研究;②粒子浓度:单位容积内所含烟粒子的数目(颗$/m^3$),即为烟雾的微粒密度,多用于对烟雾污染特性的研究;③光学浓度:表示可见光通过单位密度的烟雾层后,其发光强度(或光通量)的衰减程度,可用于感烟探测器灵敏度等级的标定。

设光源以标准光束稳定射出,在无烟雾情况下,距光源 M 米处的照度记作 L_0,当烟雾充满光束通过的空间时,即上述标准光束穿过 M 米厚的烟层后,同一点的照度记作 L_S。则根据拉姆别尔特—皮沃法则可确定 L_S 为:

$$L_S = L_0 e^{-C_S M} \tag{2-7}$$

上式表明,通过烟层后照度 L_S 将按指数形式衰减,且照度衰减的快慢与烟层厚度 M 和烟雾减光系数 C_S 有关。距光源越远或减光系数 C_S 越大,照度衰减就越多。由式(2-7)可求得减光系数(或称为光学浓度)为:

$$C_S = \frac{1}{M}\ln\left(\frac{L_0}{L_S}\right) \tag{2-8}$$

式(2-8)充分表达了光学浓度 C_S 的物理意义:单位厚度烟雾层(距光源单位距离处)对标准光束的衰减程度。在消防工程中,着重考虑的正是烟雾的光学浓度 C_S。

根据国际消防组织的规定:稳定照射的标准光束在烟雾中穿过单位距离($M=1m$)后,将其照度减少的百分数作为感烟探测器灵敏度等级划分的依据。如标准光束穿过 $M=1m$ 的烟雾后,照度为 L_{S1},则由式(2-7)求得:

$$L_{S1} = L_0 e^{-C_S} \tag{2-9}$$

由规定可求得照度减少的百分数为:

$$\delta\% = \frac{L_0 - L_{S1}}{L_0} \times 100\% \tag{2-10}$$

式中:$\delta\%$——烟雾减光率;

L_0——在无烟雾情况下,光源以标准光束稳定照射时,在距光源1m处的照度,lx;

L_{S1}——上述标准光束穿过1m烟雾层后的照度,lx。

烟雾减光率是标定感烟探测器灵敏度等级的重要参数。在消防工程中,特别是在火灾自动报警及消防联动控制系统中,通常按照烟雾减光率 $\delta\%$ 的大小,把灵敏度标定为三级:Ⅰ级——$5\%/m \leq \delta\% \leq 10\%/m$;Ⅱ级——$10\%/m < \delta\% \leq 20\%/m$;Ⅲ级——$20\%/m < \delta\% \leq 30\%/m$。

其中Ⅰ级用于禁烟场所,如贵重文献资料库、档案馆、银行和图书馆等;Ⅱ级用于一般性建筑物内允许吸烟的客房、居室等少烟场所;Ⅲ级用于会议室、吸烟室、楼道走廊或候车室等场所。所以,灵敏度等级是根据不同的使用场所,从可靠性、实用性和灵敏性等方面综合考虑的,它并不表示探测器质量的优劣。

【例题2-1】 在距标准光源1m处,且正常时照度为60lx的被监控场所内,如选用灵敏度为Ⅰ级的感烟探测器,取烟雾减光率 $\delta\% = 8\%/m$,求火灾时标准光束穿过1m烟雾层后的照度和减光系数。

【解】 由式(2-10)求得标准光束穿过1m烟雾层后的照度 L_{S1} 为:

$$L_{S1} = (1-\delta\%)L_0 = (1-8\%) \times 60 = 55.2(\text{lx})$$

由式(2-8)求得烟雾减光系数 C_S 为:

$$C_S = \ln\left(\frac{L_0}{L_{S1}}\right) = \ln\left(\frac{60}{55.2}\right) = 0.083(\text{m}^{-1})$$

2.2.2 各类探测器的主要技术数据

1)火灾探测器的性能指标标示

(1)工作电压和允差

工作电压是指火灾探测器正常工作时所需的电源电压,也称为额定电压;火灾探测器的工作电压统一规定为DC24V。允差是指火灾探测器工作电压允许波动的范围。按照国家标准规定,允差为额定工作电压的 $-15\% \sim +10\%$。

(2)响应阈值和灵敏度

响应阈值是指火灾探测器动作的最小参数值,不同类型火灾探测器的响应阈值单位量纲也不相同。点型感烟式火灾探测器的响应阈值为减光系数 m 值(dB/m)或烟离子对电离室中电离电流作用的参数 Y 值(无量纲);线型感烟式火灾探测器的响应阈值采用的是代表紫外线辐射强度的单位长度、单位时间的脉冲数(光敏管受光照射后发出的脉冲数);定温式火灾探测器的响应阈值为温度值(℃);差温式火灾探测器的响应阈值为温升速率值(℃/min);气体火灾探测器的响应阈值采用气体的浓度值。

灵敏度是指火灾探测器响应火灾参数的敏感程度。一般将火灾探测器的灵敏度分为三级,供探测器在不同的环境条件下使用。

(3)监视电流

监视电流是指火灾探测器处于监视状态下的工作电流。监视电流表示火灾探测器在监视状态下的功耗,因此要求火灾探测器的监视电流越小越好。

(4)允许的最大报警电流

最大报警电流是指火灾探测器处于报警状态时允许的最大工作电流。若超过此电流值,火灾探测器就可能损坏。允许的最大报警电流越大,表明火灾探测器的负载能力越强。

(5)报警电流

报警电流是指处于报警状态时的工作电流。此值小于最大报警电流。报警电流值和允差值决定了火灾探测报警系统中火灾探测器的最远安装距离,以及在一个地址码允许并接的火灾探测器数量。

(6)防护等级

防护等级是指探测器在易损伤及易燃爆的恶劣工作环境下,抗损并能正常工作的防护能力。主要体现为外壳防护等级和防爆等级。

2)使用环境与保护面积

(1)使用环境

使用环境是指探测器能正常工作时所要求的工作环境条件。衡量各种探测器优劣的指标还有其耐受环境条件的能力。环境条件一般主要包括以下几个方面:

①气候条件:温度范围、相对湿度、最大风速(气流速度)、腐蚀状况或清洁程度等。

②机械干扰:振动、冲击和碰撞等。

③电磁干扰:电压波动、环境光线、辐射电磁场、电瞬变干扰和静电放电干扰等。

探测器通常适用的温度范围是: $-10℃ \sim +55℃$。相对湿度 ε 是指单位容积内空气的实际含水量(g)与同容积内空气的基准含水量(规定为14.87g)的比值。一般要求相对湿度 $\varepsilon <95\% \pm 3\%$;风速:在有空调的房间里,出口风速应小于3m/s,否则应在感烟探测器上加防风罩,以免探测器受到气流影响而降低监测能力。

(2)保护面积

探测器保护面积是指其能够有效探测的地面面积。保护面积与很多因素有关,如安装高度、安装位置、安装方式、被监视区的建筑结构以及监视区内存放物的情况等,都影响着探测器的实际保护面积(在探测器的选择与布局一节中将详细介绍)。但一般由探测器所处的探测区域的实际情况来确定,其中主要条件之一是安装高度,表2-3显示了一个探测器有效保护面积的参考数据。

探测器的安装高度和对应的保护面积(m^2)　　　　表2-3

探测器安装高度(m)	Ⅰ级	Ⅱ级	Ⅲ级
≤4	106	100	—
$4<h≤8$	70	70	—
$8<h≤15$	40	40	—
$15<h≤20$	30	—	—

(3)可靠性、稳定性与维修性

火灾探测器的可靠性是指在适当的环境条件下,火灾探测器长期不间断运行期间随时能够执行其预定功能的能力。在严酷的环境条件下,使用寿命长的火灾探测器可靠性高。一般地,感烟式火灾探测器使用的电子元器件多,长期不间断使用期间电子元器件的失效率较高,因此其长期运行时的可靠性相对较低,探测器运行期间的维护保养十分重要。

火灾探测器的稳定性是指在一个预定的周期时间内,以不变的灵敏度重复感受火灾的能力。为了防止稳定性降低,定期检验火灾探测器的所有带电子元件是十分重要的。

火灾探测器的维修性是指对可以维修的探测器产品进行修复的难易程度或性质。感烟式火灾探测器和电子感温式火灾探测器要求定期检查和维修,以确保火灾探测器敏感元件和电子线路处于正常工作状态。

火灾探测器的可靠性、稳定性与维修性指标一般不能精确测定,只能给出一般性的估计。对某一具体的火灾探测器来说,其实际性能也因其设计、制造工艺、控制质量和可靠性的措施,以及火灾探测器及火灾监控系统的安装人员的训练和监督情况不同而有所不同。表2-4给出了常用火灾探测器的灵敏度、可靠性、稳定性和维修性的指标评价以供参考。

常用火灾探测器的技术指标评价　　　　表2-4

火灾探测器类型	灵敏度	可靠性	稳定性	维修性
定温	低	高	高	高
差温	中等	中等	高	高
差定温	中等	高	高	高
离子感烟	高	中等	中等	中等
光电感烟	中等	中等	中等	中等
紫外感烟	高	中等	中等	中等
红外感烟	中等	中等	低	中等

2.2.3 火灾探测器的线制与型号编制

1)火灾探测器的线制

在火灾自动报警及联动系统中,火灾探测器必须对外进行电气连接,这涉及火灾探测器的结构、线制等问题,也决定了火灾探测报警及消防联动控制系统的接线形式。

火灾探测器的线制对火灾探测报警及消防联动控制系统报警的形式和特性有较大影响。线制就是火灾探测器的接线方式(出线方式)。火灾探测器的接线端子一般为3~5个,但并非每个端子一定要有进出线相连接。在消防工程中,火灾探测器通常采用三种接线方式,即两线制、三线制、四线制。两线制一般是由火灾探测器对外的信号线端和地线端组成。在实际使用中,两线制火灾探测器的 DC24V 电源端、自诊断线端和信号线端合一作为"信号线"形式输出,目前在火灾探测报警及消防联动控制系统产品中应用广泛。两线制接法可以完成火灾报警、断路检查、电源供电等功能,其优点是:布线少,功能全,工程安装方便。所带来的缺点是:使火灾报警装置电路更为复杂,不具有互换性。

三线制在火灾探测报警及消防联动控制系统中应用较为广泛。工程实际中常用的三线制出线方式是:电源线、地线和信号线(自诊断线与信号线合一输出),或电源线、自诊断线和信号线(地线与信号线合一输出)。

四线制在火灾探测报警及消防联动控制系统中应用也较普遍。四线制的通常出线形式是:DC24V、电源线(+24V)、地线(G)、信号线(S)、自诊断线(T)。

应该强调说明的是,工程实际中火灾探测器采用的线制和运用形式,应严格根据火灾探测报警及消防联动控制系统的设计指标和所选用的火灾报警装置(或控制器)的要求而确定。

2)型号编制

按照现行《火灾探测器产品型号编制方法》(GA/T 227—1999)的规定,火灾探测器的产品型号含义如图 2-23 所示。

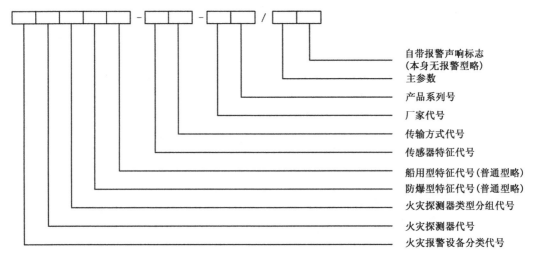

图 2-23 火灾探测器的产品型号含义

(1)类组型特征表示法

①J(警)——消防产品中火灾报警设备分类代号。

②T(探)——火灾探测器代号。

③火灾探测器类型分组代号。各种类型火灾探测器的具体表示方法是:

Y(烟)——感烟火灾探测器;W(温)——感温火灾探测器;G(光)——感光火灾探测器;Q(气)——气体敏感火灾探测器;T(图)——图像摄像方式火灾探测器;S(声)——感声火灾探测器;F(复)——复合式火灾探测器。

火灾探测器的应用范围特征是指火灾探测器的适用场所,适用于爆炸危险场所的为防爆型,否则为非防爆型;适用于船上使用的为船用型,适合于陆上使用的为陆用型。其具体表示方式是：

B(爆)——防爆型(型号中无"B"代号即为非防爆型,其名称亦无须指出"非防爆型")；

C(船)——船用型(型号中无"C"代号即为陆用型,其名称中亦无须指出"陆用型")。

(2)传感器特征表示法

①感烟火灾探测器传感器特征表示法：

L(离)——离子；G(光)——光电；H(红)——红外光束。

对于吸气型感烟火灾探测器的传感器特征表示法：

LX——吸气型离子感烟火灾探测器；

GX——吸气型光电感烟火灾探测器。

②感温火灾探测器传感器特征表示法：

感温火灾探测器的传感器特征由两个字母表示,前一个字母为敏感元件特征代号,后一个字母为敏感方式特征代号。其传感器特征表示法有：

a.感温火灾探测器敏感元件特征代号表示法：

M(膜)——膜盒；S(双)——双金属；Q(球)——玻璃球；G(管)——空气管；L(缆)——热敏电缆；O(偶)——热电偶,热电堆；B(半)——半导体；Y(银)——水银接点；Z(阻)——热敏电阻；R(熔)——易溶材料；X(纤)——光纤。

b.感温火灾探测器敏感方式特征代号表示法：

D(定)——定温；C(差)——差温；O——差定温。

c.感光火灾探测器传感器特征表示法：

Z(紫)——紫外；H(红)——红外；U——多波段。

d.气体敏感火灾探测器传感器特征表示法：

B(半)——气敏半导体；C(催)——催化。

e.图像摄像方式火灾探测器、感声火灾探测器传感器特征可省略。

f.复合式火灾探测器传感器特征表示法：

复合式火灾探测器是对两种或两种以上火灾参数响应的火灾探测器。复合式火灾探测器的传感器特征用组合在一起的火灾探测器类型分组代号或传感器特征代号表示。

(3)传输方式表示法

W(无)——无线传输方式；M(码)——编码方式；F(非)——非编码方式；H(混)——编码、非编码混合方式。

(4)厂家及产品代号表示法

厂家及产品代号为四到六位,前两位或三位使用厂家名称中具有代表性的汉语拼音字母或英文字母表示厂家代号,其后用阿拉伯数字表示产品系列号。

(5)主参数及自带报警声响标志表示法

①定温、差定温火灾探测器用灵敏度级别或动作温度值表示。

②差温火灾探测器、感烟火灾探测器的主参数无须反映。

③其他火灾探测器用能代表其响应特征的参数表示；复合火灾探测器主参数如为两个以上,其间用"/"隔开。

【例题2-2】 对下述型号的火灾探测器产品特征进行说明。

型号 JTY-LM-XXYY/B:表示 XX 厂生产的带编码、自带报警声响、离子感烟火灾探测器,产品序列号为 YY。

型号 JTW-BOF-XXYY/60B:表示 XX 厂生产的非编码、自带报警声响、动作温度为 60℃、半导体感温元件、差定温火灾探测器,产品序列号为 YY。

型号 JTF-GOM-XXYY/Ⅱ:表示 XX 厂生产的带编码、光电感烟与差定温复合式火灾探测器,灵敏度级别为 Ⅱ 级,产品序列号为 YY。

2.3 探测器的选择

由图 1-6 可以发现,如果能在火灾的初期阴燃阶段及时报出火警和进行扑救,由于火势小和温度较低,火势最易控制和扑灭,可使损失降低到最低程度;如果在充分燃烧阶段再报警和扑救,火势控制和扑灭均较困难,会造成重大的人身伤亡和财产损失。所以,根据国家《火灾自动报警系统设计规范》(GB 50116—2013)的规定,探测器的选择应符合下列规定:

①对火灾初期有阴燃阶段,产生大量的烟和少量的热,很少或没有火焰辐射的场所,应选择感烟火灾探测器。

②对火灾发展迅速,可产生大量热、烟和火焰辐射的场所,可选择感温火灾探测器、感烟火灾探测器、火焰探测器或其组合。

③对火灾发展迅速,有强烈的火焰辐射和少量烟、热的场所,应选择火焰探测器。

④对火灾初期有阴燃阶段,且需要早期探测的场所,宜增设一氧化碳火灾探测器。

⑤对使用、生产可燃气体或可燃蒸气的场所,应选择可燃气体探测器。

⑥应根据保护场所可能发生火灾的部位和燃烧材料的分析,以及火灾探测器的类型、灵敏度和响应时间等选择相应的火灾探测器,对火灾形成特征不可预料的场所,可根据模拟试验的结果选择火灾探测器。

⑦同一探测区域内设置多个火灾探测器时,可选择具有复合判断功能的火灾探测器和火灾报警控制器。其原则是尽早发现和报告火情,把火灾消灭在萌生状态。这样,就要正确地选择探测器,以适应监视现场的环境条件,避免由于环境条件的影响而造成漏报和误报。

2.3.1 各类探测器的适用场所

1)点型感烟探测器的适用场所

点型感烟探测器分为点型离子感烟探测器和点型光电感烟探测器。其中点型离子感烟探测器响应于可燃物燃烧时产生的可见烟粒子和不可见烟粒子,是一种应用范围极广的探测器。据统计,使用点型离子感烟探测器的场所约占 90% 以上。其不足之处是受气流速度和环境相对湿度的影响较大。在空调房间里,出风口风速要求 <3m/s,否则探测器需加装防风罩。

而点型光电感烟探测器是利用光散射的原理制成的,所以它只对燃烧产生的可见的、并对光有散射作用的烟粒子响应。显而易见,这种探测器的响应受两个因素制约:①烟粒子直径(要求大于 $0.4\mu m$);②烟粒子颜色(对光应有散射作用)。如当燃烧明火的烟中出现炭黑(黑烟)时,这种烟对光只有吸收作用而无散射作用,所以探测器不会报警;当烟粒子直径小于

0.4μm时,即使烟粒子浓度很大,探测器也不会响应,原因是在设计制造光电感烟探测器时,是按保证不受气流等干扰因素的影响设计的,而烟粒子直径小于0.4μm时,其直径和通常气流粒子直径差不多,所以探测器不能响应。点型光电感烟探测器最大的优点就是不受气流速度的影响,且在火灾的阴燃阶段比离子感烟探测器更灵敏,故更适于安装在有电子设备的地方和易出现阴燃的场所。

点型感烟探测器的响应灵敏度是烟粒子直径和浓度的函数,两种探测器对烟的响应曲线见图2-24。在火灾的初期阴燃阶段,离子感烟探测器的灵敏度略低于光电感烟探测器。而在充分燃烧阶段,离子感烟探测器的灵敏度却大大高于光电感烟探测器。通过以上分析,两种探测器正好相互弥补不足。因此,在自动消防系统中,最好把这两种探测器组合使用。

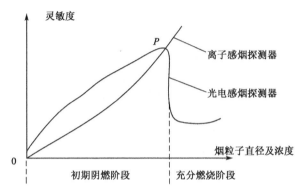

图2-24 点型感烟探测器的灵敏度

(1)适宜选用点型离子感烟探测器的场所
按照早报警、快扑救,减少误报,杜绝漏报的原则,下列场较为适宜:
①饭店、旅馆、教学楼、办公楼的厅堂、卧室、办公室、商场、列车载客车厢等。
②电子计算机房、通信机房、电视或电影放映室等。
③楼梯、走道、电梯机房、车库等。
④书库、档案库等。
(2)不宜选择点型离子感烟探测器的场所
①相对湿度 ε 长期大于95%。
②气流速度大于5m/s。
③有大量粉尘、水雾滞留。
④有可能产生腐蚀性气体。
⑤在正常情况下有烟滞留。
⑥产生醇类、醚类、酮类等有机物质。
(3)不宜选择点型光电感烟探测器的场所
①有大量粉尘、水雾滞留。
②有可能产生黑烟。
③有可能产生蒸气和油雾。
④高海拔地区。
⑤在正常情况有烟滞留。

(4)可选用吸气式感烟火灾探测器的场所

①具有高速气流的场所。

②点型感烟、感温火灾探测器不适宜的大空间、舞台上方、建筑高度超过12m或有特殊要求的场所。

③低温场所。

④需要进行隐蔽探测的场所。

⑤需要进行火灾早期探测的重要场所。

⑥人员不宜进入的场所。

而对于灰尘比较大的场所,不应选择没有过滤网和管路自清洗功能的管路采样式吸气感烟火灾探测器。

2)点型感温探测器的适用场所

对于火势发展迅速、温升高,环境气流速度高,平时灰尘多,水蒸气和烟雾滞留而不能安装感烟探测器的场所,可考虑选择使用点型感温探测器。根据《火灾自动报警系统设计规范》(GB 50116—2013),点型感温探测器的型号类型参数如表2-5。

点型感温探测器的型号类型   表2-5

探测器类别	典型应用温度(℃)	最高应用温度(℃)	动作温度下限值(℃)	动作温度上限值(℃)
A1	25	50	54	65
A2	25	50	54	70
B	40	65	69	85
C	55	80	84	100
D	70	95	99	115
E	85	110	114	130
F	100	125	129	145
G	115	140	144	160

根据点型感温探测器的功能和特点,宜选用的场所如下:

①相对湿度经常大于95%的场所。

②可能发生无烟火灾。

③有大量粉尘。

④吸烟室等在正常情况下有烟或蒸气滞留的场所。

⑤厨房、锅炉房、发电机房、烘干车间等不宜安装感烟火灾探测器的场所。

⑥需要联动熄灭"安全出口"标志灯的安全出口内侧。

⑦其他无人滞留且不适合安装感烟火灾探测器,但发生火灾时需要及时报警的场所。

不宜选用感温探测器的场所包括:

①火灾时有可能产生阴燃的场所。

②火灾危险性大,不及时报警将造成重大损失的场所。

③温度在0℃以下的场所不宜选用定温探测器。

④在正常情况下,温升速率较大的场所不宜选用具有差温特性的探测器。

3）点型感光（火焰）探测器的适用场所

点型感光探测器响应于火焰的光辐射，分为红外感光探测器和紫外感光探测器。即通过红外感光探测器和紫外感光探测器，分别探测物质燃烧时所产生的红外线和紫外线来进行火灾报警，所以特别适用于发生火灾时易产生明火的场所。而且感光探测器监视空间范围大，对于大型仓库、飞机库、大型变电所等高大、宽敞和通风的场所，都可以选用。

一般情况下，下列场所宜选用点型感光（火焰）探测器或图像型火焰探测器：

①火灾时产生极少量烟而有强烈的火焰辐射。

②可能发生液体燃烧等无阴燃阶段的火灾。

③需要对火焰做出快速反应。

下列场所中不宜选用点型感光探测器和图像型火焰探测器：

①在火焰出现前有浓烟扩散。

②探测器的镜头易被污染。

③探测器的"视线"易被油雾、烟雾、水雾和冰雪遮挡。

④探测区域内的可燃物是金属和无机物。

此外，还应该注意：

①探测区域内正常情况下有高温物体的场所，不宜选择单波段红外火焰探测器。

②探测器易受阳光或其他光源直接或间接照射，在正常情况下有明火作业，探测器易受 X 射线、弧光和闪电等影响，如焊接车间等场所，不宜选用点型感光探测器和图像型火焰探测器。

4）可燃气体探测器的适用场所

可燃气体探测器有防爆型、普通型和家用型三种，主要用于石油化工、制药、煤矿等行业的厂房、车间、库房、实验室，以及气站、油库、厨房等多种场所内，用以检测有可能发生滞留、泄漏的可燃气体的浓度或散发可燃蒸气的浓度，从而避免火灾爆炸事故的发生。一般在下列场所宜选用可燃气体探测器：

①使用可燃气体的场所。

②燃气站和燃气表房以及存储液化石油气罐的场所。

③其他散发可燃性气体和可燃蒸气的场所。

在火灾初期产生一氧化碳的下列场所可选择一氧化碳火灾探测器：

①烟不容易对流或顶棚下方有热屏障的场所。

②在顶棚上无法安装其他点型火灾探测器的场所。

③需要多信号复合报警的场所。

此外，需注意在污物较多且必须安装感烟火灾探测器的场所，应选择间断吸气的点型吸气式采样感烟火灾探测器，或具有过滤网和管路自洁洗功能的吸气式管路采样感烟火灾探测器。

5）线型火灾探测器的适用场所

(1) 无遮挡的大空间或有特殊要求的房间，宜选用线型光束感烟火灾探测器。

(2) 符合下列条件之一的场所，不宜选用线型光束感烟火灾探测器：

①有大量粉尘、水雾滞留。

②可能产生蒸气和油雾。

③在正常情况下有烟滞留。

④固定探测器的建筑结构由于振动等原因会产生较大位移的场所。

(3) 下列场所或部位宜选择缆式线型感温火灾探测器：

①电缆隧道、电缆竖井、电缆夹层、电缆桥架。

②不易安装点型探测器的夹层、闷顶。

③各种皮带输送装置。

④其他环境恶劣、不适合点型探测器安装的场所。

(4) 下列场所或部位，宜选择线型光纤感温火灾探测器：

①除液化石油气外的石油储罐。

②需要设置线型感温火灾探测器的易燃易爆场所。

③需要监测环境温度的地下空间等场所宜设置具有实时温度监测功能的线型光纤感温火灾探测器。

④公路隧道、敷设动力电缆的铁路隧道和城市地铁隧道等。

(5) 应注意，线型定温火灾探测器的选择，应保证其不动作温度符合设置场所的最高环境温度的要求。

(6) 在民用建筑中，各种常用探测器的使用特性和适用场所可归纳为表2-6。对于可靠性要求高、安装有自动灭火系统的场所，应采用复合探测器，或使用多种类型的探测器构成"与"逻辑组合，并应用信息融合技术进行分析判断，以期准确发现火情、杜绝误报并及时启动联动灭火设施。在自动消防系统设计中，只有根据被监视场所的实际情况和可燃物的燃烧特征，选择合适类型和灵敏度的探测器，才能充分发挥探测器的应用效能。

常见火灾探测器的使用特性和适用场所 表2-6

探测器类型		性能特点	适用场所	备注
感烟探测器	点型离子感烟探测器	灵敏度高、历史悠久、技术成熟、性能稳定、对阴燃火的反应最灵敏	宾馆客房、办公楼、图书馆、影剧院、邮政大楼等公共场所	—
	点型光电感烟探测器	灵敏度高、对湿热和气流扰动大的场所适应性好	同上	易受电磁干扰，散射光式对黑烟不灵敏
	红外光束(激光)线型感烟探测器	探测范围大、可靠性好、环境适应性好	会展中心、演播大厅、大会堂、体育馆、影剧院等无遮挡大空间	易受红外、紫外光干扰，探测视线易被遮挡
感温探测器	点型感温探测器	性能稳定、可靠性好、环境适应性好	厨房、锅炉房、地下车库、吸烟室等	造价较高，安装维护不便
	线型感温探测器	同上	电气电缆井、变配电装置、各种带式传送机构等	造价较高，安装维护不便
感光探测器		对明火反应迅速，探测范围宽广	各种燃油机房、油料储藏库等火灾时有强烈火焰和极少量烟热的场所	易受阳光和其他光源干扰，探测视线易被遮挡，镜头易被污染
复合探测器		结合探测火灾时的烟雾温度信号，探测准确，可靠性高	装有联动装置系统等单一探测器不能确认火灾的场所	价格贵，成本高

2.3.2 探测器灵敏度的选择

火灾探测器灵敏度是指探测器对火灾某参数(烟、温度、光)所能显示出的敏感程度,一般分为Ⅰ、Ⅱ、Ⅲ级,Ⅰ级探测器灵敏度最高。

对于自动消防系统来说,总是希望尽可能地早报警,但也不完全是报警越早越好。因为火灾自动报警系统的响应时间与探测器的响应时间及灵敏度有关,探测器的灵敏度越高,响应越快,报警时间越早,但受干扰而误报的可能性也就越大。报警时间 t 与报警的真实性有一定的关系,其关系曲线如图 2-25 所示。一般火灾自动报警系统的最佳报警时间为图中的 P 点,也称为折中点。所以,在选择探测器的灵敏度级别时,要根据使用场所的实际情况而定。例如,图书馆、计算机房等禁烟场所要选择较高灵敏度级别的探测器,而旅馆的客房则选用一般灵敏度级别的探测器;会议室、车站候车室等公共场所以选择较低灵敏度级别的探测器为宜。对于智能型二总线火灾探测器的灵敏度,可根据现场实际情况,利用软件编程设置,还可利用软件编程设置一天不同时段的火灾探测器灵敏度,如上班时间灵敏度设置略低一些,下班时间灵敏度设置略高一些,同时对灵敏度漂移、外界电磁干扰信号等进行自动补偿和智能处理等。

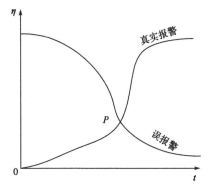

图 2-25 真实报警与误报警关系曲线

2.3.3 按房间的高度选择探测器的类型

所谓房间高度,是指装设火灾探测器的安装面(顶棚或屋顶)最高点至室内地面的垂直距离。在不同高度的房间内设置火灾探测器时,应首先按表 2-7 的规定初选探测器的类型,再根据被保护对象发生火灾时的燃烧特征和可能出现的主要火灾参数(烟、温度、光)以及被保护场所的环境条件,最后确定探测器的具体型号。如被保护对象是棉、麻、木材、纸张等,在初期阴燃阶段产生大量烟雾,应考虑选用离子感烟探测器或光电感烟探测器;而锅炉房、开水间、厨房、消毒室、烘干室等场所,应选用感温探测器。由于厨房、锅炉房等场所的温度在正常情况下变化也较大,故不宜选用差温式和差定温式探测器,应选用定温探测器。火灾探测器的灵敏度等级的选择,应以正常情况下不出现误报为准。

对不同高度的房间点型火灾探测器的选择   表 2-7

房间高度 h(m)	点型感烟火灾探测器	点型感温探测器			感光(火焰)探测器
		A1、A2	B	C、D、E、F、G	
12 < h ≤ 20	×	×	×	×	√
8 < h ≤ 12	√	×	×	×	√
6 < h ≤ 8	√	√	×	×	√
4 < h ≤ 6	√	√	√	×	√
h ≤ 4	√	√	√	√	√

注:×表示不合适,√表示合适;A1、A2、B、C、D、E、F、G 为点型感温探测器的不同类别。

本节简单介绍了探测器的选择,在进行火灾自动报警系统设计时,可参照《火灾自动报警系统设计规范》(GB 50116—2013)作进一步合理的选择。各类探测器各有利弊,而火情一般是综合性的,既有烟又有火,而且伴随着环境温升。如果选择不当,再加上安装不合理等多种因素的影响,容易使报警系统出现误报或漏报现象。据有关资料统计,在世界范围内,火灾探测器的误报率高达30%。由此可见,选择适用的探测器是十分重要的工作,常需要将不同类型的探测器配合使用,同时还要合理布局探测器来提高报警系统的工作可靠性。

2.4 火灾探测器的工程应用

2.4.1 火灾探测器的设置场所

火灾探测器可设置在下列部位:
①财贸金融楼的办公室、营业厅、票证库。
②电信楼、邮政楼的机房和办公室。
③商业楼、商住楼的营业厅、展览楼的展览厅和办公室。
④旅馆的客房和公共活动用房。
⑤电力调度楼、防灾指挥调度楼等的微波机房、计算机房、控制机房、动力机房和办公室。
⑥广播电视楼的演播室、播音室、录音室、办公室、节目播出技术用房、道具布景房。
⑦图书馆的书库、阅览室、办公室。
⑧档案楼的档案库、阅览室、办公室。
⑨办公楼的办公室、会议室、档案室。
⑩医院病房楼的病房、办公室、医疗设备室、病历档案室、药品库。
⑪科研楼的办公室、资料室、贵重设备室、可燃物较多的和火灾危险性较大的实验室。
⑫教学楼的电化教室、理化演示和实验室、贵重设备和仪器室。
⑬公寓(宿舍、住宅)的卧房、书房、起居室(前厅)厨房。
⑭甲、乙类生产厂房及其控制室。
⑮甲、乙、丙类物品库房。
⑯设在地下室的丙、丁类生产车间和物品库房。
⑰堆场、堆垛、油罐等。
⑱地下铁道的地铁站厅、行人通道和设备间,列车车厢。
⑲体育馆、影剧院、会堂、礼堂的舞台、化妆室、道具室、放映室、观众厅、休息厅及其附设的一切娱乐场所。
⑳陈列室、展览室、营业厅、商业餐厅、观众厅等公共活动用房。
㉑消防电梯、防烟楼梯的前室及合用前室、走道、门厅、楼梯间。
㉒可燃物品库房、空调机房、配电室(间)、变压器室、自备发电机房、电梯机房。
㉓净高超过2.6m且可燃物较多的技术夹层。

㉔敷设具有可延燃绝缘层和外护层电缆的电缆竖井、电缆夹层、电缆隧道、电缆配线桥架。

㉕贵重设备间和火灾危险性较大的房间。

㉖电子计算机的主机房、控制室、纸库、光或磁记录材料库。

㉗经常有人停留或可燃物较多的地下室。

㉘歌舞娱乐场所中经常有人滞留的房间和可燃物较多的房间。

㉙高层汽车库、Ⅰ类汽车库、Ⅰ、Ⅱ类地下汽车库、机械立体汽车库、复式汽车库、采用升降梯作汽车疏散出口的汽车库(敞开车库可不设)。

㉚污衣道前室、垃圾道前室、净高超过0.8m的具有可燃物的闷顶、商业用或公共厨房。

㉛以可燃气为燃料的商业和企、事业单位的公共厨房及燃气表房。

㉜其他经常有人停留的场所、可燃物较多的场所或燃烧后产生重大污染的场所。

㉝需要设置火灾探测器的其他场所。

2.4.2 全面监视和局部监视

在对探测器进行合理布局时,对于给定的建筑物,首先应明确它的监测范围和火灾自动报警系统的保护范围,即明确自动报警控制器所保护的整个区域。

1)全面监视

全面监视是指对整个建筑物都进行监视,即对房间、过道、走廊、楼梯大厅、电梯井、电缆井、管道井、变配电室、酒吧间、商场、饭厅等一切火焰有可能蔓延到的地方都要进行监视。如宾馆饭店、图书馆、文物博物馆、档案馆、高级电信大楼、办公大楼等重要建筑,都应采取全面监视的方案。

2)局部监视

局部监视是指对建筑中某个区域空间进行监视。局部监视又分为三种:

(1)按防火分区监视

所谓防火分区,是指根据建筑物的特点,采用相应耐火性能的建筑物构件或防火分隔物,将建筑物人为地划分为能在一定时间内防止火灾向同一建筑物的其他部分蔓延的局部空间。防火分区按结构布局一般可分为水平防火分区和垂直防火分区。水平防火分区是指由耐火墙和防火门、防火卷帘、水幕等,将各层在水平方向上分隔为若干个防火区域。在进行水平防火分区划分时,除了按有关规范满足防火分区的面积要求和防火分隔物的构造要求以外,还需结合建筑物的平面布局、使用功能、空间造型及人流、物流等情况,妥善布置防火分隔物的位置。应在建筑物内部设置防火通道,在各火灾危险区域之间及不同用户之间应进行防火分隔,并保证作避难用的楼梯间、前台和走廊等处不受火灾威胁,保证始终畅通。垂直防火分区是指将上、下层由防火楼板及窗间墙分隔为若干个防火区域。高层建筑内上下层连通的走廊、敞开的楼梯间、自动扶梯、传送带等开口部位,应按上下连通层作为一个防火分区,其最大建筑面积之和不应超过表2-8中的规定要求。并在上下层连通的开口部位装设耐火极限不小于3h的防火卷帘或水幕等分隔设施。

防火分区的最大建筑面积 表2-8

建筑物类型	类别或耐火等级	每个防火分区最大建筑面积(m²)
高层建筑类别	1类	1 000
	2类	1 500
	地下室	500
民用建筑耐火等级	1、2级	2 500
	3级	1 200
	4级	600

综上所述,防火分区是建筑物内由耐火墙、耐火顶棚或其他防火结构隔开的防火区域。如果建筑物采用水喷淋灭火方式,则当火灾时,任何一个防火分区的所有敞开地方都必须由防火门、防火水帘等封闭起来,并保证在1h内使火灾不蔓延。按防火分区监视是指对建筑物中若干个防火分区进行全面监视。该方案适用于仅有少数区域的火灾危险性较大或个别区域内有需要重点保护的设备的建筑物。

(2)选择监视

指在某个防火分区内,仅对其中的一部分区域进行监视,这种监视方案一般较少采用。

(3)目标监视

以上两种监视方式都是对区域空间进行监视,如果在监视区域内存在产生火灾可能性大的目标,例如电力变压器、大中型发电机和电动机以及电烤箱、电炉等设备,就需要采取目标监视方案,即将探测器安装在这些设备附近的适当位置处,从而可以尽早地探测到火灾的信息,为采取火灾扑救措施提供时间,把火灾损失减小到最低限度。

总之,一般应根据建筑物及其存放物品、器材的重要程度和财力情况来确定保护范围。在财力等条件允许的情况下,应尽量扩大保护范围。

2.4.3 探测区域和报警区域的划分

为了迅速准确地确定火灾探测器报警的具体部位,在明确保护范围的基础上,还要进行探测区域和报警区域的划分。

1)探测区域

探测区域是将报警区域按探测火灾的部位划分的单元,该单元一般由一个或多个探测器并联组成,应设置为区域火灾报警控制器的一个部位号。探测区域的划分应符合下列规定:

(1)探测区域应按独立房(套)间划分。一个探测区域的面积不宜超过500m²;从主要入口能看清其内部,且面积不超过1 000m²的房间,也可划为一个探测区域。

(2)红外光束感烟火灾探测器和缆式线型感温火灾探测器的探测区域的长度,不宜超过100m;空气管差温火灾探测器的探测区域长度宜为20~100m。

此外,下列场所应单独划分探测区域:

①敞开或封闭楼梯间、防烟楼梯间。

②防烟楼梯间前室、消防电梯前室、消防电梯与防烟楼梯间合用的前室、走道、坡道。

③电气管道井、通信管道井、电缆隧道。

④建筑物闷顶、夹层。

2)报警区域

报警区域是指由多个探测器组成的火灾自动报警系统的警戒范围,一般按防火分区或楼层划分的单元而划定。对于二线制(也称为多线制)火灾自动报警系统来说,一个报警区域内应设置一台区域报警控制器。而对于总线制火灾自动报警系统来说,在编址设置时应能区分各报警区域。

报警区域的划分应符合下列规定:

(1)报警区域应根据防火分区或楼层划分;可将一个防火分区或一个楼层划分为一个报警区域,也可将发生火灾时需要同时联动消防设备的相邻几个防火分区或楼层划分为一个报警区域。

(2)同一火灾报警区域的同一警戒分路不应跨越防火分区。当不同楼层划分为同一个火灾报警区域时,应该在未装设火灾报警控制器的各个楼层的各个主要楼梯口、消防电梯前室的明显部位设置灯光及音响警报装置。

(3)电缆隧道的一个报警区域宜由一个封闭长度区间组成,一个报警区域不应超过相连的3个封闭长度区间;道路隧道的报警区域应根据排烟系统或灭火系统的联动需要确定,且不宜超过150m。

(4)甲、乙、丙类液体储罐区的报警区域应由一个储罐区组成,每个50 000m^3及以上的外浮顶储罐应单独划分为一个报警区域。

(5)列车的报警区域应按车厢划分,每节车厢应划分为一个报警区域。

2.4.4 一个探测区域内应设置火灾探测器的数目

1)烟雾的传播方式

在前面已经讲过,可燃物在燃烧时,会产生烟、光、热,并以不同的方式进行传播。所以,探测器的定位应考虑烟雾的传播方式。

当没有换气的室内失火后,烟雾在室内传播,火势主要通过直接燃烧、热辐射和热对流的方式向其他部位蔓延扩大。其中热对流就是含有烟的高热空气和冷空气之间相互对流的现象。由于热烟的比重小,因而带着火舌的能量向上升腾。当烟气上升到顶棚时,便转向水平方向运动。此时有两种可能性,如果碰到梁等障碍物便折返回来,聚集于空间上部;或者水平扩散的烟粒子逐渐冷却而沿着墙壁向下运动,然后随冷空气又流向燃烧区域,这样就形成了热对流,火势也越烧越旺。烟气的扩散方式如图2-26所示。顶棚越高,烟在顶棚的扩散面积越大,烟的浓度越小,顶棚处的温度也将随之降低,在火焰轴线处温度相对最高。

2)探测器的保护面积和保护半径

在火灾探测器的适用安装高度范围内,一个探测器的有效保护面积和保护半径除了受房间高度的影响外,还受屋顶结构的影响。一般来说,在顶棚高度范围内,顶棚越高,或顶棚坡度越大,其保护面积和保护半径就越大。保护半径R是指以火灾探测器为圆心,能够有效探测的单向最大水平距离。而探测器的保护面积,是指一只探测器在规定时间和规定条件下,能够有效探测的地面面积,是由以R为半径的圆的水平面内接正四边形面积来表示的,如图2-27

所示,感烟、感温探测器的保护面积 A 和保护半径 R 应符合表2-9所列的数据。

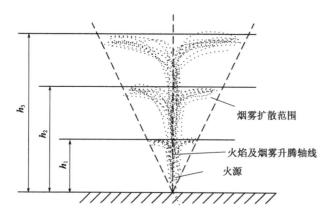

图2-26 烟雾扩散方式示意图

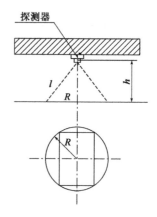

图2-27 探测器的保护半径和保护面积示意图

感烟、感温探测器的保护面积和保护半径　　表2-9

火灾探测器的种类	地面面积 S (m^2)	房间高度 h (m)	探测器的保护面积 A 和保护半径 R					
			屋顶坡度					
			$\theta \leqslant 15°$		$15° < \theta \leqslant 30°$		$\theta > 30°$	
			$A(m^2)$	$R(m)$	$A(m^2)$	$R(m)$	$A(m^2)$	$R(m)$
感烟探测器	$S \leqslant 80$	$h \leqslant 12$	80	6.7	80	7.2	80	8.0
	$S > 80$	$6 < h \leqslant 12$	80	6.7	100	8.0	120	9.9
		$h \leqslant 6$	60	5.8	80	7.2	100	9.0
感温探测器	$S \leqslant 30$	$h \leqslant 8$	30	4.4	30	4.9	30	5.5
	$S > 30$	$h \leqslant 8$	20	3.6	30	4.9	40	6.3

注:建筑高度不超过14m的封闭探测空间,且火灾初期会产生大量的烟时,可设置点型感烟火灾探测器。

3) 探测器数目的计算

一个探测区域内所需设置探测器的数目可用下式计算:

$$n \geqslant \frac{S}{kA} \tag{2-11}$$

式中:n——一个探测区域内设置的探测器个数(取整);

S——一个探测区域的面积,m^2;

A——一个探测器的保护面积,m^2;

k——修正系数,容纳人数超过10 000人的公共场所宜取0.7~0.8,容纳人数为2 000~10 000人的公共场所宜取0.8~0.9,容纳人数为500~2 000人的公共场所宜取0.9~1.0,其他场所可取1.0。

2.4.5 探测器安装的基本要求

1) 火灾探测器的安装间距

探测器的安装间距是指安装的相邻两个火灾探测器之间的水平距离,它由保护面积 A 和

屋顶坡度 θ 决定。如图 2-28 所示,假定由点画线把房间分为相等的小矩形,每个小矩形为一个探测器的保护面积,通常把探测器安装在保护面积的中心位置。则探测器的安装间距 a、b 分别为 $a = P/2$、$b = Q/2$,其中,P、Q 分别为房间的宽度和长度。对于使用多个探测器的矩形房间,探测器的安装间距应按下式计算:

$$\left. \begin{array}{l} a = \dfrac{P}{n_1} \\ b = \dfrac{Q}{n_2} \end{array} \right\} \quad (2-12)$$

式中:n_1——探测器的行数;
$\qquad n_2$——探测器的列数。

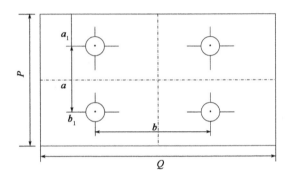

图 2-28　探测器的安装间距

探测器与相邻墙壁之间的水平距离为:

$$\left. \begin{array}{l} a_1 = \dfrac{[P - (n_1 - 1)a]}{2} \\ b_1 = \dfrac{[Q - (n_2 - 1)b]}{2} \end{array} \right\} \quad (2-13)$$

但所计算的 a、b 不应超过图 2-29 中感烟、感温探测器的安装间距极限曲线 $D_1 \sim D_{11}$(含 D'_9)所规定的范围,同时还要满足以下关系:

$$ab \leq Ak \quad (2-14)$$

另外,还要求探测器至墙壁的水平距离 a_1、b_1 均不应小于 0.5m。对于使用多个探测器的狭长房间(如宽度小于 3m 的内通道走廊等处),在顶棚设置探测器时,为了装饰美观,宜放置于中心线布置。可按表 2-9 取最大保护半径 R 的 2 倍作为探测器的安装间距,取 R 为房间两端的探测器距端墙的水平距离。一般来说,感温探测器的安装间距不应超过 10m,感烟探测器的安装间距不应超过 15m,且探测器至端墙的水平距离不应大于探测器安装间距的一半。

图 2-29 中,A 是探测器的保护面积(m^2);a、b 是相邻探测器的安装间距(m);$D_1 \sim D_{11}$(含 D'_9)是在不同保护面积和保护半径下确定的探测器安装间距的极限曲线;Y、Z 是极限曲线的端点,在 Y 和 Z 两点间的曲线范围内,保护面积可得到充分利用。

2)不同高度的梁高对探测器设置的影响

在有梁的顶棚上设置点型感烟火灾探测器、感温火灾探测器时,应符合下列规定:

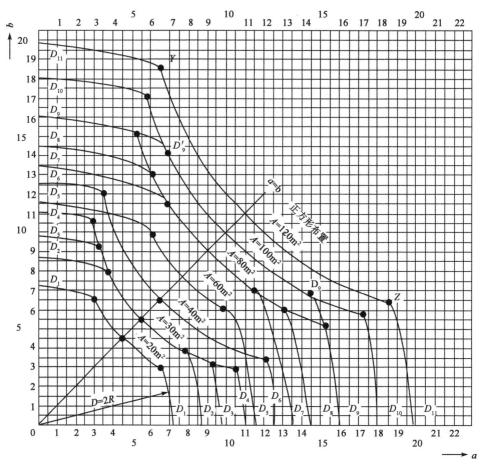

图 2-29 探测器安装间距的极限曲线

① 当梁突出顶棚的高度小于 200mm 时，可不计梁对探测器保护面积的影响。

② 当梁突出顶棚的高度为 200～600mm 时，应按梁对探测器保护面积的影响和一只探测器能够保护的梁间区域确定探测器的数量。

③ 当梁突出顶棚的高度超过 600mm 时，被梁隔断的每个梁间区域应至少设置一只探测器。

④ 当被梁隔断的区域面积超过一只探测器的保护面积时，被隔断的区域应计算探测器的设置数量。

⑤ 当梁间净距小于 1m 时，由于热烟气流不易进入梁间凹区（死角区），故可近似地视为平顶棚，可不计梁对探测器保护面积的影响。

试验表明，当梁突出顶棚的高度为 200～600mm，且梁的间隔较小时，热烟气流在短时间内很难进入凹处；即使是梁的间隔较大，当梁高超过 600mm 时，也有较大的热烟气流不能在短时间内进入的死角，见图 2-30。根据这种情况，突出顶棚的梁高在 200～600mm 时，应根据图 2-31 来确定是否需考虑梁的影响。如果需考虑梁影响，可按表 2-10 来确定一只探测器能够保护的梁间区域的个数以及安装的最佳位置。若突出顶棚表面的梁高小于 200mm，在顶棚上设置火灾探测器时可不考虑梁对探测器保护面积的影响。若突出顶棚表面的梁高超过 600mm，被梁隔断的每个梁间区域应视为一个独立的探测区域。这样,每个梁间区域(即作为独立探测区域)内至少应设置一只及以上的探测器,即应按表 2-10、图 2-29 和式(2-11)~式(2-14)来计算校验应设置的探测器的数目。

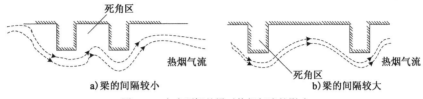

图 2-30 突出顶棚的梁对热烟气流的影响

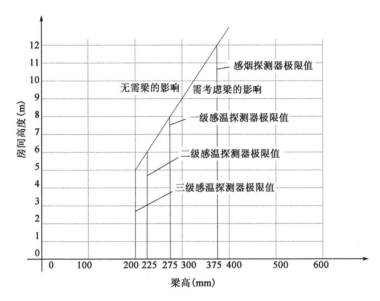

图 2-31 梁对探测器设置的影响

需考虑梁影响时一只探测器能保护的梁间区域的个数　　　　　表 2-10

探测器类型	保护面积 $A(m^2)$	由梁隔断的梁间区域 $S(m^2)$	一只探测器能保护的梁间区域的个数
感烟探测器	60	$S > 36$	1
		$24 < S \leq 36$	2
		$18 < S \leq 24$	3
		$2 < S \leq 18$	4
		$S \leq 12$	5
	80	$S > 48$	1
		$32 < S \leq 48$	2
		$24 < S \leq 32$	3
		$16 < S \leq 24$	4
		$S \leq 16$	5

续上表

探测器类型	保护面积 $A(m^2)$	由梁隔断的梁间区域 $S(m^2)$	一只探测器能保护的梁间区域的个数
感温探测器	20	$S>12$	1
		$8<S\leq12$	2
		$6<S\leq8$	3
		$4<S\leq6$	4
		$S\leq4$	5
	30	$S>18$	1
		$12<S\leq18$	2
		$9<S\leq12$	3
		$6<S\leq9$	4
		$S\leq6$	5

3) 探测器安装位置的要求

①在宽度小于3m的内走道顶棚上设置点型探测器时,宜居中布置。感温火灾探测器的安装间距不应超过10m;感烟火灾探测器的安装间距不应超过15m;探测器至端墙的距离不应大于探测器安装间距的1/2。

②在探测区域内,每个房间至少应设置一只火灾探测器。若房间被书架、设备或隔断等分隔,其顶部至顶棚或梁的距离小于房间净高的5%时,每个被隔开的部分应至少安装一只点型探测器。

③点型探测器至墙壁、梁边的水平距离不应小于0.5m;且周围0.5m内,不应有遮挡物。

④点型探测器至空调送风口边的水平距离不应小于1.5m,并宜接近回风口安装(图2-32)。探测器至多孔送风顶棚孔口的水平距离不应小于0.5m。

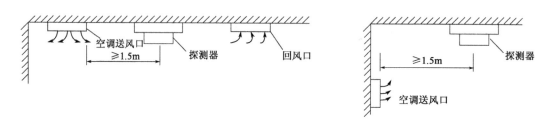

图2-32 有空调房间内探测器的安装位置示意图

⑤在电梯井、升降机井设置点型探测器时,其位置宜在井道上方的机房顶棚上。

⑥一氧化碳火灾探测器可设置在气体能够扩散到的任何部位。

⑦点型探测器宜水平安装。当倾斜安装时,倾斜角不应大于45°,若为锯齿形屋顶或坡度大于15°的人字形屋顶,应在每个屋脊处设置一排点型探测器,探测器下表面至屋顶最高处的距离,应符合表2-11的规定。当屋顶有热屏障时,点型感烟火灾探测器下表面至顶棚或屋顶的距离,也应符合表2-11的规定。

点型感烟火灾探测器下表面至顶棚或屋顶的距离　　　　　表2-11

探测器的安装高度 $h(m)$	点型感烟火灾探测器下表面至顶棚或屋顶的距离 $d(mm)$					
	顶棚或屋顶坡度 θ					
	$\theta \leqslant 15°$		$15° < \theta \leqslant 30°$		$\theta > 30°$	
	最小	最大	最小	最大	最小	最大
$h \leqslant 6$	30	200	200	300	300	500
$6 < h \leqslant 8$	70	250	250	400	400	600
$8 < h \leqslant 10$	100	300	300	500	500	700
$10 < h \leqslant 12$	150	350	350	600	600	800

4）探测器设置的注意事项

（1）火焰探测器和图像型火灾探测器的设置应符合下列规定：

①应计及探测器的探测视角及最大探测距离，可通过选择探测距离长、火灾报警响应时间短的火焰探测器，提高保护面积要求和报警时间要求。

②探测器的探测视角内不应存在遮挡物。

③应避免光源直接照射在探测器的探测窗口。

④单波段的火焰探测器不应设置在平时有阳光、白炽灯等光源直接或间接照射的场所。

（2）线型光束感烟火灾探测器的设置应符合下列规定：

①探测器的光束轴线至顶棚的垂直距离宜为0.3～1.0m，距地高度不宜超过20m。

②相邻两组探测器的水平距离不应大于14m，探测器至侧墙的水平距离不应大于7m，且不应小于0.5m，探测器的发射器和接收器之间的距离不宜超过100m。

③探测器应设置在固定结构上。

④探测器的设置应保证其接收端避开日光和人工光源直接照射。

⑤选择反射式探测器时，应保证在反射板与探测器间任何部位进行模拟试验时，探测器均能正确响应。

（3）线型感温火灾探测器的设置应符合下列规定：

①探测器在保护电缆、堆垛等类似对象时，应采用接触式布置；在各种皮带输送装置上设置时，宜设置在装置的过热点附近。

②设置在顶棚下方的线型感温火灾探测器，至顶棚的距离宜为0.1m。探测器的保护半径应符合点型感温火灾探测器的保护半径要求；探测器至墙壁的距离宜为1～1.5m。

③光栅光纤感温火灾探测器每个光栅的保护面积和保护半径，应符合点型感温火灾探测器的保护面积和保护半径要求。

④设置线型感温火灾探测器的场所有联动要求时，宜采用两只不同火灾探测器的报警信号组合。

⑤与线型感温火灾探测器连接的模块不宜设置在长期潮湿或温度变化较大的场所。

（4）管路采样式吸气感烟火灾探测器的设置应符合下列规定：

①非高灵敏型探测器的采样管网安装高度不应超过16m；高灵敏型探测器的采样管网安装高度可超过16m；采样管网安装高度超过16m时，灵敏度可调的探测器应设置为高灵敏度，

且应减小采样管长度和减少采样孔数量。

②探测器的每个采样孔的保护面积、保护半径等应符合点型感烟火灾探测器的保护面积、保护半径的要求。

③一个探测单元的采样管总长不宜超过200m,单管长度不宜超过100m,同一根采样管不应穿越防火分区。采样孔总数不宜超过100个,单管上的采样孔数量不宜超过25个。

④当采样管道采用毛细管布置方式时,毛细管长度不宜超过4m。

⑤吸气管路和采样孔应有明显的火灾探测器标识。

⑥有过梁、空间支架的建筑中,采样管路应固定在过梁、空间支架上。

⑦当采样管道布置形式为垂直采样时,每2℃温差间隔或3m间隔(取最小者)应设置一个采样孔,采样孔不应背对气流方向。

⑧采样管网应按经过确认的设计软件或方法进行设计。

⑨探测器的火灾报警信号、故障信号等信息应传给火灾报警控制器,涉及消防联动控制时,探测器的火灾报警信号还应传给消防联动控制器。

(5)感烟火灾探测器在格栅吊顶场所的设置应符合下列规定:

①镂空面积与总面积的比例不大于15%时,探测器应设置在吊顶下方。

②镂空面积与总面积的比例大于30%时,探测器应设置在吊顶上方。

③镂空面积与总面积的比例为15%~30%时,探测器的设置部位应根据实际试验结果确定。

④探测器设置在吊顶上方且火警确认灯无法观察时,应在吊顶下方设置火警确认灯。

⑤地铁站台等有活塞风影响的场所,镂空面积与总面积的比例为30%~70%时,探测器宜同时设置在吊顶上方和下方。

(6)可燃气体探测器的设置应符合下列规定:

①如果可燃气体的密度小于空气密度,则该气体泄漏后会漂浮在保护空间的上方,所以探测器应安装在保护空间的上方;如果可燃气体密度大于空气密度,则该气体泄漏后会下沉到保护空间的下方,因此探测器应安装在保护空间下部;如果密度相当,探测器可设置在保护空间的中部或顶部。

②由于可燃气体探测器是探测可燃气体的泄漏,因此越靠近可能产生可燃气体泄漏的部位,则探测器的灵敏度越高。

③可燃气体探测器的保护半径不宜过大,否则由于泄漏可燃气体扩散的不规律性,探测器的灵敏度可能会降低。

④线型可燃气体探测器主要用于大空间开放环境泄漏可燃气体的探测,为保证探测器的探测灵敏度,探测区域长度不宜过大。

⑤可燃气体报警控制器的安装和设置应符合火灾报警控制器的设置要求。

注:其他火灾探测器的设置应按企业提供的设计手册或使用说明书进行,必要时可通过模拟保护对象火灾场景等方式对探测器的设置情况进行验证。

(7)高度大于12m的空间场所的探测器设置应符合下列规定:

①高度大于12m的空间场所宜同时选择两种及以上火灾参数的火灾探测器。

②火灾初期产生大量烟的场所,应选择线型光束感烟火灾探测器、管路吸气式感烟火灾探

测器或图像型感烟火灾探测器。

③线型光束感烟火灾探测器的设置应符合下列要求:

a.探测器应设置在建筑顶部。

b.探测器宜采用分层组网的探测方式。

c.建筑高度不超过16m时,宜在6~7m处增设一层探测器。

d.建筑高度超过16m小于26m时,宜在6~7m和11~12m处各增设一层探测器。

e.由开窗或通风空调形成的对流层为7~13m时,可将增设的一层探测器设置在对流层下面1m处。

f.分层设置的探测器的保护面积可按常规方法计算,并宜与下层探测器交替布置。

④管路吸气式感烟火灾探测器的设置应符合下列要求:

a.探测器的采样管宜采用水平和垂直结合的布管方式,并应保证至少有2个采样孔在16m以下,并宜有2个采样孔设置在开窗或通风空调对流层下面1m处。

b.可在回风口处设置起辅助报警作用的采样孔。

⑤火灾初期产生少量烟并产生明显火焰的场所,应选择1级灵敏度的点型红外火焰探测器或图像型火焰探测器,并应降低探测器的设置高度。

⑥电气线路应设置电气火灾监控探测器,照明线路上应设置具有探测故障电弧功能的电气火灾监控探测器。

注:其他典型场所诸如道路隧道、工厂油罐区、电线电缆管路等的火灾探测器的布置,参见《火灾自动报警系统设计规范》(GB 50116—2013)的规定和要求。

2.4.6 火灾探测器的布置设计举例

1)按计算探测器的数目在建筑平面图上合理布置探测器

【例题2-3】 某矩形大厅平面如图2-33所示,长30m,宽20m,顶棚到地面的高度为10m,大厅的顶棚水平,在长度1/2处有突出顶棚且高度为150mm的梁。室内放有木质桌椅、地毯等物,厅内最大气流速度<2m/s,最大相对湿度<90%,环境比较洁净,试在厅内设置火灾探测器。

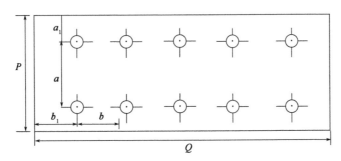

图2-33 大厅探测器布局方案示意图

设计步骤:

(1)选择探测器类型

根据大厅的高度、气流速度、湿度、洁净的程度和可燃物的材料性质,参考表2-9,可选用感烟探测器。

(2) 确定一只探测器的保护面积及保护半径

由已知条件：$h=10\text{m}$，$S=600\text{m}^2>80\text{m}^2$，大厅为平顶，即屋顶坡度 $\theta \leqslant 15°$，查表2-9可知，一只探测器的保护面积 $A=80\text{m}^2$，保护半径 $R=6.7\text{m}$。

(3) 考虑梁高度的影响

由于梁高度为150mm，即小于200mm，根据图2-31可知，整个大厅不考虑梁的影响。由式(2-11)可以求得探测器数目，如本大厅属于一级保护建筑，取修正系数 $k=0.8$，则有：

$$n \geqslant \frac{600}{0.8 \times 80} = 9.375$$

取整数为 $n=10$(个)。

(4) 确定探测器的间距

先绘制出探测器布置草图，如按图2-33布置，则 $n_1=2$，$n_2=5$，由式(2-12)和式(2-13)可求得：

$$a = \frac{P}{n_1} = \frac{20}{2} = 10(\text{m})$$

$$b = \frac{Q}{n_2} = \frac{30}{5} = 6(\text{m})$$

$$a_1 = \frac{P-(n_1-1)a}{2} = \frac{20-(2-1)\times 10}{2} = 5(\text{m})$$

$$b_1 = \frac{Q-(n_2-1)b}{2} = \frac{30-(5-1)\times 6}{2} = 3(\text{m})$$

(5) 检验：由式(2-14)校验，$ab=10\times 6=60(\text{m}^2)<kA=0.8\times 80=64(\text{m}^2)$，故满足要求，根据火灾探测器保护面积与保护半径的定义可知

$$a^2 = kA$$

$$a = 2R\sin 45° = \sqrt{2}R$$

则探测器的保护半径 R 与有效保护面积 kA 的关系为：

$$R = \sqrt{\frac{kA}{2}}$$

所以，探测器的有效保护半径为 $R=(0.8\times 80/2)^{1/2}=5.7(\text{m})$。而本厅所需最大的被保护水平距离值为：$r=(a^2+b^2)^{1/2}/2=(10^2+6^2)^{1/2}/2=5.83(\text{m})$，略大于有效保护半径 R；此外，由于屋顶坡度 $\theta \leqslant 15°$，由图2-29可查得：$kA=64(\text{m}^2)$（取60m^2）时，探测器的安装间距 a、b 的选择范围应为 6~9.7m，故按图2-33的布置基本满足要求。另外，探测器位置与相邻墙壁之间的水平距离也满足大于0.5m的要求。所以，该大厅的火灾探测器布置基本合理。

2) 按探测器的安装间距极限曲线在建筑平面上合理布置探测器

我们知道，火灾探测器的保护面积 A 是由以 R(保护半径)为半径的圆的内接正方形面积表示的，而实际上探测器的保护区域是一个以 R 为半径的圆的面积。既然如此，在实际应用中，就存在探测器的组合布置问题。在同一被保护区域内，探测器的布置形式不同，所获得的可靠性就不同。总之，不能使被保护区存在得不到保护的"死角"，并且应使探测器的布置较为均匀美观，对室内起到良好的装饰作用。

【例题2-4】 设有一个 9m×13.5m 的被保护区,如图 2-34 所示,根据室内危险的程度,取 $k=0.9$,如果所选用探测器的保护面积 $A=30\mathrm{m}^2$,试确定探测器的数目并加以布置。

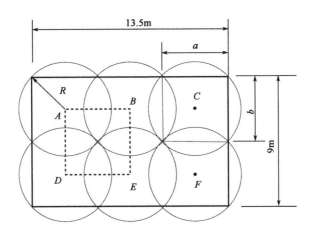

图 2-34 正方形组合布置形式

【解】 按无"死角"保护的原则,根据被保护区域的几何形状尺寸,拟采用正方形组合布置形式。由于所选用探测器的有效保护面积为 $kA=0.9\times30=27(\mathrm{m}^2)$,则查图 2-29 安装间距极限曲线,按正方形布置时,取保护面积为 $20\mathrm{m}^2$ 的曲线所对应的探测器间距 $a=b=4.5\mathrm{m}$,由式(2-12)求得:

$$n_1 = \frac{P}{a} = \frac{9}{4.5} = 2(行)$$

$$n_2 = \frac{Q}{b} = \frac{13.5}{4.5} = 3(列)$$

则布置形式如图 2-34 所示,共需 6 个探测器。

校验:$a\times b=4.5\times4.5=20.25(\mathrm{m}^2)<kA=27(\mathrm{m}^2)$,所以,$r=(a^2+b^2)^{1/2}/2=(4.5^2+4.5^2)^{1/2}/2=3.18(\mathrm{m})<R=(27/2)^{1/2}=3.67(\mathrm{m})$。故该布置形式满足要求,被保护区内各点都能得到有效保护。

习 题

1. 火灾探测器如何进行分类?类型一般有哪些?各自的适用场所有何不同?
2. 感烟火灾探测器有哪些类型?其主要技术指标如何?
3. 简述感烟火灾探测器的工作原理及适用范围。
4. 简述感温火灾探测器的工作原理及适用范围。
5. 什么是图像火灾探测器的响应阈值?火灾视频图像识别系统如何构成?
6. 电气火灾监控探测器都有哪些?
7. 探测区域和报警区域的划分原则和注意事项是什么?
8. 某高级宾馆舞厅长42m,宽20m,且为平顶。在舞厅长度的1/2处有一突出顶棚高度为

300mm 的梁,室内铺有地毯,放有木质桌椅等物。厅内最大气流速度<2m/s,最大湿度<80%。试在该舞厅内布设探测器。

9. 某高校厨房长20m,宽15m,高4.5m,平顶,试选择布设火灾探测器。

10. 在距标准光源下方的参考轴线上1m处测得正常时的照度为75lx,要求火灾时在同一点处的照度为70lx时报警,求烟雾减光率和减光系数,应选用灵敏度为几级的感烟探测器?

第3章 火灾探测的数据融合技术

在火灾自动报警系统中,最大限度地提高火灾探测器的灵敏度并降低误报率是一个永恒的主题。随着信息科学技术的发展,基于多传感器的信息或数据融合技术逐渐得到广泛的应用。数据融合技术产生于20世纪七八十年代,这一技术把多种传感器获得的数据进行"融合处理",可以得到比任何单一传感器所获得数据更多的有用信息。数据融合处理的对象不仅是数据,也包括图像、音频、符号等,于是形成了一种共识的概念,谓之"多源信息融合"。简单地说,多源信息融合是指对多个载体内的信息进行综合处理以达到某一目的。近年来信息融合在众多领域内得到了广泛的发展。

在火灾探测的应用领域,这一技术首先需要对探测器信息进行有效处理;然后再利用数据融合算法对多种探测器的信息进行综合归纳和判断。采用数据融合技术有助于降低误判率并提高早期火灾预警的灵敏度和可靠性。

火灾报警技术是一门多学科交叉技术,随着计算机及人工智能的发展,以信号处理、模式识别与知识处理相结合的数据融合技术是火灾报警系统的发展趋势。

3.1 火灾探测信息处理算法

火灾具有随机性规律:从总体上来看,火灾的发生原因、发生形式、发生环境、可燃物种类、分布等诸多因素是不确定的。所以,火灾探测与其他典型的信号检测相比是一类十分困难的信号检测问题。很难直接运用确定性数学模型对火灾的特征参量进行分析识别。严格来说,火灾探测是一种非结构问题。目前火灾探测普遍存在并尚未完全解决的问题是:可得到的信号都是随机信号,它们的统计特征随时间或环境变化而变化,而需要被探测的情况(火灾)却极少出现,探测器几乎总是在输出正常情况下的信号;当探测信号的背景噪声很强时,其特征有时与需要被探测的信号极其相似,易于产生误报。因此,对于火灾探测系统,如何利用火灾探测信息的处理算法对火灾特征进行准确的分析识别是一个重要的问题。

3.1.1 火灾探测算法

(1)直观算法

直观算法是最早使用和实际运用最多的一种方法。通常它仅对单传感器信号进行处理,通过对环境信息和典型的火灾信号进行物理检测并转换为电信号,直接处理信号幅值来完成火灾探测。通常有两种形式:固定门限的识别方法和信号变化率的识别方法。前者设定一个固定阈值,探测到的信号超过该阈值一段时间后,判断是火灾。而后者根据探测到的信号的变化快慢来判断是否有火灾发生。

(2)系统算法

试图将信号的特征用完整的数学式来描述的方法称为系统法。该类算法把采集的信号作为参数输入数学模型,用数学公式对它进行分析辨别,输出分析结果,以此判别火灾或非火灾。

(3)统计检测算法

利用火灾信号的统计特性,将信号的统计检测方法应用于火灾探测信号处理之中,由此产生了火灾信号的统计检测算法。其中之一是功率谱火灾检测算法,这一类算法认为火灾信号是非平稳的随机过程,对这类随机信号用二次统计方法来处理。

(4)图像处理算法

计算机数字图像处理系统对图像中可能存在的火焰进行识别,给出存在火焰的可能性,在火焰监测子系统中,分别根据火焰的四个特征(即颜色、扰动、火焰局部形态、颜色分布)进行图像处理。或者根据悬浮的烟气颗粒数目、尺寸分布、烟气浓度及其湍流效应等火灾图像探测的重要影响因素,分析烟气的多参数特征,实现基于烟气多参数特征的火灾图像探测方法。

(5)模糊理论算法

由于火灾信号的不确定性,以及获得信息的模糊性,出现了基于模糊理论的探测方法。该方法的原理是将探测器监测的火灾参数变成模糊变量,即将其模糊化,形成前提模糊变量,作为模糊推理的输入,为模糊判断做准备。根据各前提模糊变量的模糊逻辑关系进行推理,判断该前提模糊变量能否构成结论模糊变量,即能否达到输出要求,也就是指探测器传来的火灾参数模糊化后是否满足火灾报警这一模糊集合的要求。将模糊推理得到的结论模糊变量变成确定量输出,即将模糊推理得到的这一结论模糊变量变成真实火警这一确定量输出。

(6)神经网络算法

火灾探测是一种非结构性的问题,当前处理非结构性问题最有效的方法是人工神经网络。由于它的自学习功能,使探测系统能够适应环境的变化;它的容错能力又提高了系统的可靠性;其并行处理功能加快了系统的探测速度,而且网络不需要固定的算法,因此神经网络算法是一种很有前途的火灾探测技术。

3.1.2 火灾探测算法的实现方式

火灾探测信息处理算法在模拟量火灾探测系统中十分重要。火灾探测信息处理算法的实现方式也是不可忽视的问题,它直接关系到火灾探测系统的响应速度、可靠性、兼容性、维护和升级成本等性能指标。因此,在研究火灾探测算法时,需对其实现方式进行分析,从而使所得到的火灾探测算法性能最佳。火灾探测算法的实现方式可分为以下三种:集中式、探测器式和分布式。

(1)集中式信息处理方式

集中式信息处理是指信息处理算法软件设置在火灾报警控制器中的微处理器内,探测器本身不具有信息处理功能,仅是一个纯粹的火灾传感器,探测器随时将采集到的信号传递给控制器,控制器对这些信号分别进行处理,根据处理结果输出报警或非报警信息,因此称为集中式信息处理方法。

(2)探测器式信息处理方式

探测器式信息处理是将信息处理算法软件设置在探测器中的微处理器内,探测器不再是纯粹的传感器,而是集信号采集与信息处理于一身的智能火灾探测器。探测器不再需要向控制器传送传感信息,只需传送火灾或非火灾的开关量信号。

(3)分布式信息处理方式

分布式信息处理是前面两种信息处理方式的结合。它是在探测器和控制器中均设置微处理器和相应的信息处理算法软件,探测器采集的信号首先在探测器内进行预处理(如信号滤波等),然后进行初步的火灾判断,探测器平时只需向控制器传送开关量报警或非报警信息,必要时控制器可以调取探测器的信息进行进一步的分析判断,由于信息处理软件分布在探测器和控制器内,因此称为分布式信息处理。

以上各处理方式的性能比较如表 3-1 所示。

火灾探测信息处理方式性能比较 表 3-1

方 式	优 点	缺 点
集中式信息处理方式	1. 可以采用高速和高性能的微处理器; 2. 整个系统的成本较低且可靠性较高; 3. 信息处理算法的更新、升级和维护简单; 4. 系统的数据存储器容量大	1. 整个系统的响应速度慢; 2. 探测器和控制器之间交换的数据量大,对数据通信要求高; 3. 信息易受干扰
探测器式信息处理方式	1. 与传统的开关量式火灾探测系统兼容; 2. 系统响应速度快; 3. 探测器和控制器之间数据交换量小	1. 探测器成本高; 2. 系统的信息处理算法更新、升级和维护比较困难
分布式信息处理方式	1. 信息处理方式灵活,火灾判断可靠性高; 2. 系统兼容性好; 3. 系统抗干扰能力强; 4. 微处理器的应用更加有层次; 5. 系统的数据存储器容量大; 6. 可以较方便地进行部分软件的升级和更新	系统成本较高

3.2 多传感器的数据融合原理

3.2.1 数据融合技术的基本定义

实际上,人类和自然界中其他动物对客观事物的认知过程,就是对多源信息的融合过程。在这个认知过程中,人或动物首先通过视觉、听觉、触觉、嗅觉、味觉等多种感官(不是单纯依靠一种感官)对客观事物实施多种类、多方位的感知,从而获得大量互补和冗余的信息;然后结合先验知识,由大脑对所有感知信息依据某种规则进行组合和处理,从而得到对客观对象统一与和谐的理解和认识。由于早期的融合方法研究是针对数据处理的,所以有时也把信息融合称为数据融合(Data Fusion)。

数据融合技术是一种自动化信息综合处理技术,它充分利用多源数据的互补性和计算机的高速运算和智能来提高信息处理的质量。该技术主要研究各种传感器的信息采集、传输、分析和综合,通过对这些传感器及其观测信息的合理支配和使用,把多个传感器冗余或互补的信息依据某种准则进行组合,以获取被观测对象的一致性解释或描述。传感器之间的冗余数据增强了系统的可靠性,互补数据扩展了单个传感器的性能。数据融合技术改善了系统的可靠性,对目标或事件的确认增加了可信度,减少了信息的模糊性,这是任何单个传感器都做不到的。

根据国内外研究成果,数据融合比较确切的定义可概括为:利用计算机技术对按时序获得的若干传感器的观测信息在一定准则下加以自动分析、综合以完成所需的决策和估计任务而进行的信息处理过程。它强调的是融合的具体方法与步骤。按照这一定义,多传感器系统是数据融合的硬件基础,多源信息是数据融合的加工对象,协调优化和综合处理是数据融合的核心。数据融合技术有着广泛的应用领域,它的表示和处理方法来自于通信、模式识别、决策论、不确定理论、信号处理、估计理论、最优化技术、计算机科学、人工智能和神经网络。

我们所研究的多源信息融合,实际上是对人脑综合处理复杂问题的一种功能模拟。在多传感器系统中,各种传感器提供的信息可能具有不同的特性,可以是时变的或非时变的,实时的或非实时的,确定的或随机的,精确的或模糊的,互斥的或互补的等。多传感信息融合系统将充分利用多个传感器资源,通过对各种观测信息的合理支配与使用,在空间和时间上把互补与冗余的信息依据某种优化准则结合起来,产生对观测环境的一致性解释或描述,同时产生新的融合结果。其目标是基于各种传感器的分离观测信息,通过对信息的优化组合导出更多的有效信息,最终目的是利用多个传感器共同或联合操作的优势来提高整个系统的有效性。

单传感器信号处理或低层次的多传感器数据处理都是对人脑信息处理过程的一种低水平模仿,而多传感器数据融合系统则是通过有效地利用多传感器资源,来最大限度地获取被探测目标和环境的信息量。多传感器数据融合与经典信号处理方法之间也存在着本质的差别,其关键在于数据融合所处理的多传感器信息具有更复杂的形式,而且通常在不同的信息层次上出现。

3.2.2 数据融合的过程

数据融合过程主要包括多传感器(信号获取)、数据预处理、数据融合中心(特征提取、数据融合计算)和结果输出等环节。由于被测对象多半为具有不同特征的非电量,如压力、温度、色彩和灰度等,因此首先要将它们转成电信号,然后经过 A/D 转换将它们转换为能由计算机处理的数字量。数字化后的电信号由于环境等随机因素的影响,不可避免地存在一些干扰和噪声信号,因此需通过预处理滤除数据采集过程中的干扰和噪声,以便得到有用信号。预处理后的有用信号经过特征提取,并对某一特征量进行数据融合计算,最后将输出融合结果。图 3-1 即为数据融合的一般过程示意图。

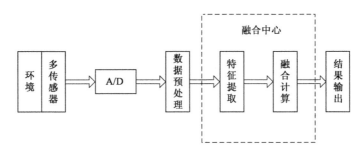

图 3-1 数据融合过程

3.2.3 数据融合的层次结构

数据融合技术处理多传感器的信息具有复杂的形式,而且可以在不同的层次上出现,包括信息层(即像素层)、特征层和决策层。融合的层次决定了对原始信号进行何种预处理,以及在信息处理的哪一层上实现融合。

(1)信息层融合

信息层融合是直接在采集到的原始信息层上进行的融合,在各种传感器的原始测报未经预处理之前就进行数据的综合和分析。其结构示意图如图 3-2。这是最低层次的融合,如成像传感器中通过对包含若干像素的模糊图像进行图像处理和模式识别来确认目标属性的过程就属于信息层融合。用于信息层融合的方法有经典的推测和估计理论。这种融合的主要优点是能保持尽可能多的现场数据,提供其他融合层次所不能提供的细微信息。但局限性也是很明显的:它要处理的传感器数据量过大,故处理代价高,处理时间长,实时性差;这种融合是在信息的最低层进行的,传感器原始信息的不确定性、不完全性和不稳定性要求在融合时需有较高的处理能力;各传感器信息之间需具有精确到一个像素的校准精度,故要求各传感器信息来自同质传感器;数据通信量较大,抗干扰能力较差。

(2)特征层融合

特征层融合属于中间层次,它先对来自传感器的原始信息进行特征提取(特征可以是目标的边缘,方向,速度等),然后对特征信息进行综合分析和处理。其结构示意图如图 3-3。一般来说,提取的特征信息应是像素信息的充分表示量或充分统计量,然后按特征信息对多传感器数据进行分类、汇集和综合。特征层目标状态数据融合主要用于多传感器目标跟踪领域。融合系统首先对传感器数据进行预处理以完成数据校准,然后主要实现参数相关和状态向量估计。

特征层目标特性融合就是特征层联合识别,具体的融合方法仍是模式识别的相关技术,只是在融合前必须先对特征进行相关处理,把特征量分类成有意义的组合。用于特征层数据融合的方法有神经网络、聚类算法或者模板法。特征层融

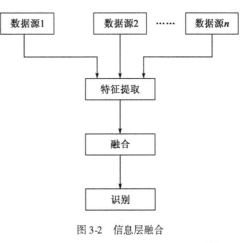

图 3-2 信息层融合

合的优点在于实现了可观的信息压缩,有利于实时处理,并且由于所提取的特征直接与决策分析有关,因而融合结果能最大限度地给出决策分析所需要的特征信息。这种方法对通信带宽的要求较低,但由于数据的丢失,其准确性有所下降。

(3)决策层融合

决策层融合是在融合之前,每个局部传感器相应的处理部件已独立完成了决策或分类任务,决策层融合的工作实质是按一定的准则以及每个传感器的可信度进行协调,做出全局最优决策。其结构示意图如图3-4。决策层融合是一个联合决策过程,在理论上这个联合决策比任何单传感器决策更精确、更明确。决策层融合是一种高层次融合,其结果为指挥控制决策提供依据,因此,决策层融合必须从具体决策问题的需求出发,充分利用特征层融合所提取的测量对象的各类特征信息,采用适当的融合技术来实现。决策层融合是三级融合的最终结果,是直接针对具体决策目标的,融合结果直接影响决策水平。

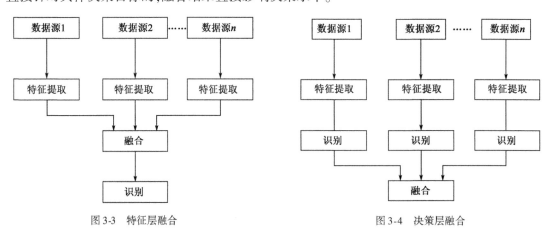

图 3-3　特征层融合　　　　　　　　图 3-4　决策层融合

决策层融合的主要优点有:具有很高的灵活性;系统对信息传输带宽要求较低;能有效地反映环境或目标各个侧面的不同类型信息;通信量小,抗干扰能力强;对传感器的依赖性小,传感器可以是同质的,也可以是异质的;融合中心处理代价低。

3.2.4　数据融合的一般处理模型

美国国防部实验室联合委员会数据融合小组(DFS)给出了数据融合系统的一般功能模型,如图3-5所示。该模型的融合功能分两步完成,对应于不同的信息抽象层次。第一步是低层处理,对应于信息层融合和特征层融合,输出的是状态、特征和属性等;第二步是高层处理(态势评估、威胁估计),对应的是决策层融合,输出的是抽象结果,如威胁、企图和目的等。

下面简要介绍各功能单元的作用:

(1)检测(探测)

传感器扫描监视区域。每扫描一次,就报告在该区域中检测到的所有目标。每个传感器进行独立的测量和判断,一旦判断为目标,就将各种测量参数(目标特性参数和状态参数)报告给融合过程。

(2)配准(校准)

数据配准单元的作用是统一各传感器的时间和空间参考点。若各传感器在时间/空间上

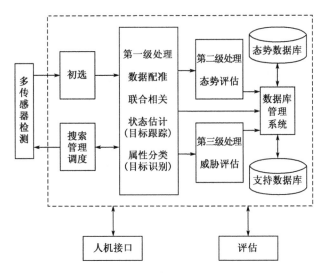

图 3-5　数据融合系统的一般功能模型

是独立异步工作的,则必须先进行时间和空间配准,即进行时间搬移和坐标变换,以形成融合所需的统一的时间和空间参考点。

(3)联合相关

联合相关单元的作用是判别不同时间空间的数据是否来自同一目标。每次扫描结束时,相关单元将收集到的某个传感器的新报告,与其他传感器的新报告以及该传感器过去的报告进行相关处理。利用多传感器数据对目标进行估计,首先要求这些数据来自同一目标。

(4)状态估计

状态估计又称目标跟踪。每次扫描结束时就将新数据集与原有的(以前扫描得到的数据)进行融合,根据传感器的观测值估计目标参数(如位置、速度),并利用这些估计预测下一次扫描中目标的位置,预测值又被反馈给随后的扫描,以便进行相关处理。状态估计单元的输出是目标的状态估计,如状态向量航迹等。

(5)属性分类(目标识别)

属性分类亦称目标识别或身份估计,即估计不同传感器测得的目标特征,形成一个 N 维的特征向量,其中每一维代表目标的一个独立特征。若预先知道目标有 m 个类型,以及每类目标的特征,则可将实测特征向量与已知类别的特征进行比较,从而确定目标的类别。目标识别可看作是目标属性的估计。

(6)行为估计

行为估计是将所有目标的数据集(目标状态和类型)与先前确定的可能态势的行为模式相比较,以确定哪种行为模式与监视区域内所有目标的状态最匹配。这里的行为模式是抽象模式,如敌人的目标企图可分为侦察、攻击、异常等。行为估计单元输出的是态势评估、威胁估计以及动向、目标企图等。

(7)态势数据库

态势数据库可分为实时数据库和非实时数据库。实时数据库的作用是把当前各传感器的测量数据及时提供给融合推理,并提供融合推理所需要的各种其他数据。同时也存储融合推理的最终态势/决策分析结果和中间结果。非实时数据库存储传感器的历史数据、有关目标和环境的辅助信息以及融合推理的历史信息。态势数据库所要解决的难题是容量要大,搜索要快,开放互联性要好,并具有良好的用户接口,因此要开发更有效的数据模型、新的有效查找和搜索机制(如启发式并行搜索机制)以及分布式多媒体数据库管理系统等。

三级划分的依据主要是针对信息处理流,人为地作逻辑上的划分。在第一级处理中以数据运算为主,包括线性和非线性估计、模式识别和各种统计处理分析。在第二、三级处理中则是以符号推理为主。第一级处理包括跟踪、相关、校准和对多种传感器外部环境抽样以及其他可用资源的利用。第二级处理形成基本的环境反应,以完成指示与报警、行动计划、敌方力量分配和情报推断。第三级处理是威胁评估。

3.2.5 火灾探测数据融合算法的框架

(1)算法的框架

火灾识别判决是一个复杂的过程,它包括接收输入信号,通过已知信息和经验的比较对输入信号进行处理,产生基于已知全部信息的输出。传统的决策简单但容易产生误报。在实际火灾过程中,众多因素常常是变化的,我们测量的火灾中任何一种参数的变化都可能是干扰信号产生的。所以,若要准确地探测火灾,必须将多种信息融合起来加以判断。而利用数据融合技术就能很好地达到这一目的。

火灾探测具有非结构性的特点,而对于非结构性的问题,人脑的综合处理能力最强。数据融合技术就像人脑综合处理信息一样,充分利用多信息源的数据,通过对这些信息的合理支配和使用,把多个信息源的冗余或互补信息依据某种准则来进行组合,从而获得被测对象的一致性解释或描述。可以采用分布式的信息处理方式,融合各种现场信息(包括特征参数信息,以及各种区域辅助信息)。通过对这些现场信息进行分类,在不同层次上应用智能算法,令多传感器的火灾特征参数信息与辅助信息进行分层融合,将提高系统决策的准确性和合理性,使火灾探测系统真正实现自动化。基于数据融合技术的火灾探测算法的结构框图如图3-6所示。

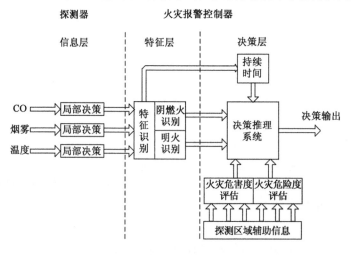

图3-6 基于数据融合技术的火灾探测算法的结构框图

通过将火灾探测算法分为信息层、特征层、决策层,使算法层次化,各种参数信息的组织更加清晰,各层信息的融合也实现了数据量的压缩,减少了决策融合中心的负担。各层实现的功能如下:①信息层,负责采集、预处理各种探测器的特征参数信息。②特征层,将信息层送来的特征信息,运用模式识别的方法进行融合,完成目标对象特征(阴燃火、明火)的识别。③决策层,根据特征层提供的不同火灾状态的概率,结合相关的区域辅助信息,分析现场情况,得出最后的决策。

其中,算法的信息层位于火灾报警系统的探测器内,由探测器负责对信号进行预处理;而特征层和决策层位于火灾报警控制器内,负责对火灾探测信息和区域辅助信息进行综合处理。

(2)算法的功能模型

以数据融合技术的通用功能模型为依据,建立的火灾探测算法的功能模型如图 3-7 所示。

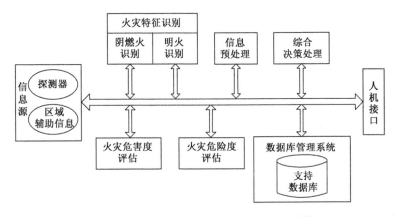

图 3-7　基于数据融合技术的火灾探测算法的功能模型

该模型各个模块的功能介绍如下:

探测器信息源:为火灾特征识别提供各种特征参数信息。区域辅助信息源:为决策融合提供现场的各种辅助信息。信息预处理:完成对火灾特征参量的提取、局部决策,以及同组特征参量的校准。阴燃火/明火识别:通过融合火灾探测器的特征参数信息,完成阴燃火/明火特征的识别。火灾危险度评估:根据探测区域的辅助信息源的信息,分析该区域的火灾可能性。火灾危害度评估:根据探测区域的环境特点,分析该区域如发生火灾,可能造成的危害。综合决策处理:结合火灾危险度、火灾危害度和火灾特征识别结果,得到系统的最终决策。人机接口:提供人与火灾探测系统之间的交互功能。数据库管理系统:主要完成区域辅助信息的存储、查询、更新和扩充等功能。

(3)算法的层次模型

对于具体的数据融合系统而言,它所接收到的信息可以是单一层次上的信息,也可以是几种层次上的信息。融合的基本策略就是先对同一层次上的信息进行融合,从而获得更高层次的融合后的信息,然后再汇入相应的信息融合层次。基于数据融合技术的火灾探测算法的层次模型如图 3-8 所示。

火灾探测器信息首先在信息层进行处理,当单个特征参量的局部融合结果表明有异常以后,信息层对同组不同种类的特征信息进行提取;特征层通过将各特征参量进行融合,得到火情的识别结果;决策层将火情识别结果与区域辅助信息进行融合,进而得到最终的决策输出。

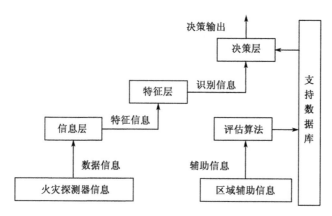

图 3-8 基于数据融合技术的火灾探测算法的层次模型

总的来说,火灾信息融合本质上是一个由低(层)至高(层)对多源信息进行融合,逐层抽象的信息处理过程。

3.3 基于数据融合技术的火灾探测

在火灾报警中利用数据融合技术应着重解决的问题有:
①如何选择反映火灾特征的状态信号和参数,即参数优化。
②如何处理多传感器采集的信号,即特征提取。
③如何选择较优的信息融合算法和融合过程,即数据融合的策略和方案。
以上问题的解决方案应分别在数据融合的三个层次上实现。

3.3.1 信息层火灾特征信息的处理

数据融合技术中,特征信息的处理是极为重要的,包括信息层对特征参量的收集和预处理,以及特征层的特征识别。通过分析火灾参量在"火灾"与"非火灾"过程中的表现特征的差异,得到不同火情(阴燃/明火)的发生概率,这是火灾判断最直接的判据,它直接影响火灾探测系统的性能。在火灾发生的过程中,可以利用的信息很多,下面对这些信息进行简单归类。

(1)温度:火灾发生的显著特点就是温度的异常变化,火灾发生时,释放大量的光和热,将使周围的环境温度急剧升高。

(2)火焰光谱:它主要由炽热微粒的光谱辐射和燃烧气体(主要是 CO 和 CO_2)的特征、辐射所构成。前者的光谱形态可用普朗克辐射定律作近似数学描述,后者的光谱则呈现为带状,且为燃烧火焰所特有,它与火焰中其他原子、分子或基团所发出的线状或带状光谱相比具有绝对大的辐射强度。以炽热微粒辐射信号进行火灾探测,若充分注意其光谱特征并加以利用,在某种程度上可识别环境中的相关干扰因素,提高探测的准确性。

(3)气体浓度:在放热阶段,可燃气体大量释放,同时伴随更多的烟雾。可燃气体的浓度受气体本身的扩散速率及气体周围环境状态的影响。

(4)其他信息:如燃烧音、火焰能量辐射、湿度等。以上几种信息是根据电机状态的物理特征来划分的,这只是对火灾中可用信息的一个很粗略分类。对这些信息再做进一步处理之后还可以形成描述信息(如烟雾浓度的大、中、小)、逻辑信息(温度高1、低0)等类型。这些信息从不同侧面、不同程度和不同层次反映了火灾发生的情况,如果能充分加以利用,可以提高报警的准确度和可靠性。

不同火灾燃烧状态的各信息参量呈现出不同的特征,为能有效和准确识别出不同的火灾状态,需选择合适的火灾特征参量。传统的火灾探测多采用温度和烟雾浓度作为探测参量,它们是火灾现象的典型表现特征参量,但它们同时也有各自的局限性:温度不能有效地反映阴燃火;而烟雾容易受到环境变化的干扰。研究发现,绝大多数火灾都要产生一氧化碳(CO)气体,在燃烧不充分的火灾早期更是这样,而且CO气体比空气轻,扩散性比烟雾更强,特别是许多使常用感烟探测器误报的干扰源并不产生CO气体。火灾产生的CO的浓度水平,特别是常用的试验火的CO浓度,是关系到能否使用CO传感器探测火灾的一个重要问题。实际上,绝大多数试验火的CO含量均在20ppm以上,而正常大气环境中的CO含量在10ppm以下,即使是在CO含量较高的厨房等环境里,CO含量也在20ppm以下。因此,可以将CO作为探测火灾的特征参量之一。

在不同的探测区域、不同时间段各参量值集中的范围各不相同,为了使各种情况下,各类特征参量所起的作用大致相等,需对特征参量进行归一化处理。另外,不同的可燃物燃烧时,同一种参量值有时也相差很大,而对于火灾探测而言,并不需对可燃物类型进行区分。因此,为了防止大数值掩盖小数值,本书在归一化的同时,还对特征量最大值进行了限幅。凡超过该限幅值的参量值,其归一化后的值均为1。计算公式如下:

$$A_j = \begin{cases} 1 & x_j \geq LI_j \\ \dfrac{x_j - k \times FM_j}{LI_j - FM_j} & x_j < LI_j \end{cases} \tag{3-1}$$

式中:A_j——参量j输入的归一化的值;

LI_j——根据实验数据确定的参量j的限幅值;

FM_j——参量j的基准门限;

x_j——参量j的输入值;

k——环境补偿修正值。

3.3.2 信息层的局部决策

信息层首先对单个特征信息进行分析,做出局部决策。只有判断为异常信号的信息,才提示特征层对该探测器内的同组特征信息进行提取。火灾报警控制器通信流程如图3-9所示,火灾报警控制器作为主机,依次向从机火灾探测器发送通信指令。当探测器收到通信指令,则按指令回复主机数据包,如果数据包中的火情异常标志位为1,则进入火灾识别通信子程序,要求探测器发回同组各火灾特征参数信息;当标志位为0时,则查询下一个探测器。这样将大大减少特征层和决策层的火灾特征信息的计算处理量,实现探测系统的分布式处理,提高系统整体性能。

局部决策器可采用变阈值算法。该阈值并不是固定的,而是根据环境的变化,按一定时间间隔进行调整的。公式如下:

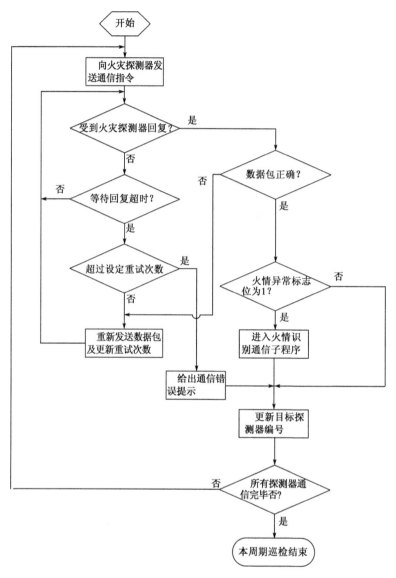

图 3-9　火灾探测系统通信程序流程

$$\text{LocalDecision}_j = f(x_j - kFM_j) \tag{3-2}$$

式中：LocalDecision$_j$——参量 j 的局部决策结果；

$f(x)$——单位阶跃函数。

在不同的探测区域、不同时间段，正常环境中各参量的含量是各不相同的。因此，局部决策器采用的是根据实测的一定时间段的参量平均值，调整环境补偿修正值 k：

$$k = \frac{\bar{x}_j}{x_j^0} \tag{3-3}$$

式中：$\bar{x}_j$——时间段内参量 j 测量值的平均值；

x_j^0——实验标准环境参量 j 的标准值。

但 k 不能无限增大,其值超过 1.2 以后,则可认为探测器故障。当局部决策结果 LocalDecision$_j$ 中任意一个出现输出为 1 时,则表示温度、烟雾或 CO 信号中出现异常情况,提示特征层对该保护区域同组的特征信息进行提取,从而进行火灾识别。

这样,信息层融合直接在采集到的原始信息层上进行预处理和融合,对各种传感器的原始测报进行初步的数据综合、分析和局部决策。通过优化选择状态信号和过程参数,如温度、温度变化率、烟雾变化率等,利用不同的信号处理手段提取出反映故障某一属性的不同特征信息,以提高不同信息的利用率。其信号处理的方法有信号采样、时域相关技术、频谱分析等。这些信号处理技术可以对信号进行变换和重构,在不同的分析域中观察提取信号中蕴涵的特征。

3.3.3 特征层的识别

特征层首先对来自探感器的原始信息进行特征提取(特征可以是火焰的边缘、蔓延方向、燃烧参数的变化速率等),然后运用模式识别的方法对这些原始信息里的参数和指标进行重新组合和优化,产生更好地反映火灾对象的参数,实现多元特征向量的关联,这就是特征层融合,完成目标对象特征的识别。

例如:在火灾的过程中,阴燃火和明火作为火情的两种状态,其表现特征有明显的不同。如明火条件下,伴随着温度信号的急剧增大及 CO 浓度的缓慢增加;阴燃火发生时,则往往伴随着烟雾和 CO 浓度的增大及温度的基本稳定;此外,在这两种火情状态下,所要求的救灾措施也不尽相同。可将阴燃火和明火分别作为特征层的识别目标对象。

由于火灾探测属于非结构问题,目前为止,还没有建立起一个精确的数学模型能适应所有的环境条件。但是火灾具有确定性规律,对于确定的条件,可以获得确定的火灾特征参数变化曲线。因此能以这些特征参数曲线作为学习范例,将现场得到的曲线与知识库中的范例进行比较,从而判断火灾的可能性。但需要学习的曲线可能很多,因此,可以把这些曲线中的一些关键点作为学习样本。

火灾同样具有随机性规律,在千变万化的环境中,无论多少学习范例都不能完全地满足实际需求。因此,火灾探测算法需要根据有限的知识推测更多的情况。另外,火灾探测不同于其他处理过程,系统一旦投入使用,学习的时间将很少。一般学习过程在投入使用之前完成,因此对于学习的速度要求并不太严格。但使用过程中,要求算法能有较快的处理速度。综合上面的分析,可以总结出火灾探测对识别算法具有以下几点要求:

(1) 具有学习能力;
(2) 有一定的联想能力;
(3) 有较快处理速度。

其中的方法包括神经网络,多变量分析法等。神经网络算法在处理和解决问题时,不需要对象的精确数学模型;具有较强的学习能力;作为并行计算,处理速度快。因此运用神经网络算法实现火灾识别十分适合,见图 3-10。

神经网络的训练样本是通过分析典型实验火情及干扰信号实验数据而得,但不必定义输入/输出模式的所有组合,只需记录其比较重要的样本点:对于输入的很小变化即引起输出很大变化、要在细节上描述的样点,以及最大值/最小值样点所在的区域。

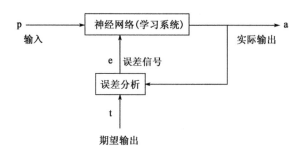

图 3-10 有监督学习的 BP 神经网络结构

3.3.4 决策层的输出

火灾探测系统与消防设备的联动系统是一个有机整体,火灾探测系统的决策输出实际就是消防联动控制系统的动作指令之一。而对于不同的火灾情况,所需采用的救灾措施也不相同。因此,火灾探测算法需要对探测的信息与区域环境情况进行分析,了解现场的火情严重程度,从而做出正确、合理的决策输出。

按不同火情对应的消防措施,可将火灾探测算法的决策输出分为以下几个等级:

(1)无火情——一切正常;

(2)警戒——有异常,需对该区域提高警惕,但不用启动任何消防联动控制设备;

(3)报警——有火情出现,但不严重,起动不致引起其他区域混乱或损失的联控设备,采取区域救灾措施;

(4)严重报警——火情严重,起动相应联控设备,并组织邻近楼层人员疏散,采取大楼整体救灾、疏散措施。

要完成上述决策任务,首先需要确定其决策因子。由于特征层提供的是明火和阴燃火的发生概率,它们只能表示发生火情的可能性有多大。当概率大于 0.8 时,可以判定发生了火情;概率小于 0.2 时,可以认为没有火情出现;而当火情概率在 0.5 左右时,是难于判定是否发生了火情的。因此,在此基础上还需要有更多的判据,增强决策的水平。学者们首先想到的是将火情的持续时间作为判决的条件。

一般情况下,火灾发生都具有持续性,而干扰信号即使引起较大输出,持续时间一般较短。将持续时间作为决策条件确实具有一定实用性,因此本书也将其作为决策因子之一。但它同时也有局限性,判决所需时间越长,火灾蔓延造成的后果可能就越严重,扑救也就越难。

另外,算法的输出决策等级是根据现场的火情严重程度进行划分的。火情的严重程度不只与火灾的燃烧状态有关,还与现场的环境条件有关。不同环境条件下,发生火灾的危害程度是不同的。因此,在决策的过程中,还需要融合现场的环境条件。

针对上述问题,可以引入两个新的决策因子:火灾危险度和火灾危害度。火灾危险度表示发生火灾的可能性,与前面的火情概率不同的是,这一因子是信息源反映火灾可能性的一个间接因素;火灾危害度代表该火灾发生后造成的后果严重性。对于火灾探测系统而言,火灾危险度可以作为判断火灾发生与否的辅助支撑条件;而火灾危害度则是确定火情的严重程度的辅助条件。这样,决策因子分别是特征层提供的明火概率、阴燃火概率、持续时间、火灾危险度、火灾危害度。决策层的结构如图3-11所示。而火灾危险度和火灾危害度的准确评估有助于火灾报警系统实现可靠决策。

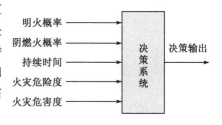

图3-11 决策层结构

(1)火灾危险度的评估

通过现场火情特征的采样识别是判断火灾可能性的主要手段,也是火情判断的直接判据。本书引入的火灾危险度为特征识别判断提供了辅助支撑条件,其信息间接反映了火情发生的可能性,是火情判断的间接判据。例如,根据物质燃烧的条件可知,引燃源是引起燃烧的关键条件。换句话说,只要存在引燃源,发生火情的可能性就比较高,一旦特征识别结果也反映出较高火情概率,两种信息描述互相吻合,这样就可以比较容易对火情进行确认。因此,可将是否存在引燃源作为支撑火情判断的条件之一。分析探测区域的情况,把以下几种信息作为火灾危险度的评估要素:漏电消防报警系统的漏电流信号或过电流信号 A_{i1},空气有效湿度 A_{i2},气温日较差 A_{i3}。由这三个要素构成的火灾危险度评估结构,如图3-12所示。

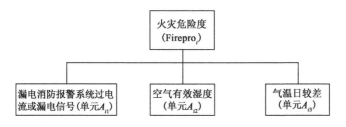

图3-12 火灾危险度评估结构

①漏电消防报警系统漏电流信号或过电流信号 A_{i1}。电气火灾的危害性日趋严重,要求火灾探测系统能对电气火灾有更强的识别能力。过电流和漏电流均是具有足够能量的引燃源,是引起电气火灾的重要起因。出现这两个信号的任意一个均代表存在引燃源,对火灾探测而言,也无须进行区分。因此,这两个信号实际上是一个影响因素。

②空气有效湿度 A_{i2}。是反映天气干燥程度的指标。各种统计调查表明,有效湿度与火灾发生可能性具有相关性。在干燥的气候下,发生火灾的可能性明显高于其他时候。该因素与漏电流/过电流信息相比又有所不同,属于预测信息,但同样可作为调整火灾探测灵敏度的条件之一。

③气温日较差 A_{i3}。是指当日的最高气温与最低气温的差值。研究资料表明,它也是与火灾发生可能性相关的。该因素同样属于预测信息。

区域的火灾危险度由以上三个要素构成,同时这几个要素的重要性又各不相同,可采取常用的加权平均法计算,利用权值来衡量每个要素的影响大小。计算公式如下:

$$\text{Firepro}_i = \sum_{j=1}^{3} \rho_j A_{ij} \left(\sum_{j=1}^{3} \rho_j = 1 \right) \tag{3-4}$$

式中：Firepro_i——第 i 区域的火灾危险度；

A_{ij}——第 i 区域影响火灾危险度的第 j 个要素评价值，取值 $0\sim1$；

ρ_j——第 j 个影响要素对应的权重，其中 A_{i1} 的权重取值要求大于 0.75。

(2) 火灾危害度的评估

火灾危害度是指火灾发生后造成后果的严重程度。与特征层提供的明火概率和阴燃火概率一起，为判断火情的严重程度提供有利的依据。探测区域的火灾危害度评估要素可以归纳为探测区域的火灾荷载密度 B_{i1}，探测区域的人员密集度 B_{i2}，建筑构件的耐火等级 B_{i3}，探测区域所在的高度 B_{i4} 等。火灾危险度评估结构，如图 3-13 所示。

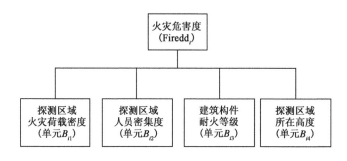

图 3-13　火灾危险度评估结构

①探测区域的火灾荷载密度 B_{i1}。指单位室内面积上的可燃物质量。火灾荷载代表的是建筑空间内部所有物品包括建筑装修材料在内的总潜在热能，它是影响火灾温度、火灾发展以及火灾对建筑物损坏程度的重要参数。而不同功能建筑的室内可燃物分布形形色色，随着建筑物装修的不断发展，室内可燃材料的种类也越来越复杂。由此，要准确计算各个房间的火灾荷载密度比较困难，较合理的方法是根据同类房间的火灾荷载统计值来确定。由于火灾荷载的众多，在实际计算中，一般用室内可燃物完全燃烧时产生相等热量的木材的质量来表示室内火灾荷载。

②探测区域的人员密集度 B_{i2}。反映了区域的人员情况。区域人员越密集，发生火灾后，其疏散难度就越大，人员的生命安全就越容易受到伤害。因此，它也是衡量火灾危害性的重要因素之一。

③建筑构件的耐火极限 B_{i3}。反映了建筑构件在火灾过程中的隔火作用。发生火灾后，各功能房间建筑构件将对火势起重要的隔离作用，防止火灾危害进一步扩大。

④探测区域所在高度 B_{i4}。对于不同的探测区域，所在的高度越高，发生火灾后，其扑救和疏散难度就越大，火灾危害性也越大。因此，将探测区域高度也纳入评估要素范围内。

区域的火灾危害度由以上四个要素构成，同样这几个要素的重要性又各不相同，故也可以利用加权平均法对其进行评估。计算公式如下：

$$\text{Firedd}_i = \eta \sum_{j=1}^{4} \nu_j B_{ij} \qquad \left(\sum_{j=1}^{4} \nu_j = 1\right) \tag{3-5}$$

式中：Firedd_i——第 i 区域的火灾危害度；

B_{ij}——第 i 区域影响火灾危害度的第 j 个要素评价值,取值 0~1;

v_j——第 j 个影响要素对应的权重;

η——建筑物整体评价修正因子,取值 0.8~1。

探测区域属于建筑物的一部分,整个建筑物的安全疏散设施、消防施救设备的情况都会影响区域的火灾后果,因此,探测区域的火灾危害度评估引入建筑物整体评价修正因子才能比较完备地反映区域的危害情况。

(3) 决策层的输出

决策层融合是在融合之前,每个局部传感器相应的处理部件已独立完成了决策或分类任务,决策层融合的工作实质是按一定的准则、已有的先验知识以及每个传感器的可信度进行协调和融合,做出全局最优决策。

决策层功能将特征层提供的不同火灾状态的概率与相关的区域辅助信息进行融合,分析现场的火情,自动得到正确、合理的决策输出。其决策依据是各决策因子的大小和相互关系。但这些因子的大小实际是具有模糊性的,它们之间的关系也错综复杂。例如,阴燃火发展缓慢,持续时间较长,在它的早期阶段又容易与正常的人为烟雾相混淆,因此可以延迟一段时间报警以便进一步观察;明火发展较快,为了赢得足够的抢救时间,应该越早报警越好。同时,这里报警的提早或延迟时间的长短也是模糊的。以它们的某个确定值作为报警门限很难反映实际环境情况,因此需要有更接近实际情况的火灾决策算法。常用的决策算法有模糊控制和专家系统等。

推理就是根据已知的一些命题或判断,按照一定的法则或规则,去推断一个新的命题或判断的思维过程。模糊推理就是以模糊判断或模糊命题为前提,运用模糊语言规则,推导出一个新的近似的模糊判断结论的过程。模糊推理系统的构成如图 3-14 所示。

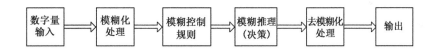

图 3-14 模糊推理系统原理

依据模糊推理技术,建立模糊推理决策模型如图 3-15 所示。

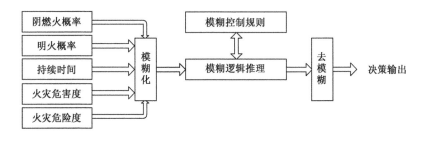

图 3-15 模糊推理决策模型

决策层的实现算法采用了模糊推理算法,由专家经验制定的控制规则,有效地模拟人的火灾决策处理方式,做出火灾探测系统的最终决策输出。

习 题

1. 火灾探测信息的处理算法是什么?
2. 简述数据融合技术的基本原理和层次结构。
3. 火灾危险度和火灾危害度应如何进行评估?
4. 试述在火灾探测系统中,数据融合技术的实现过程。

第4章 火灾自动报警监控系统

火灾自动报警系统是由探测装置、火灾报警装置、联动输出装置以及其他辅助功能装置组成的系统。这一系统监测火灾隐患,将火灾初期的物理参数传输到报警控制器,发出声或光报警;由控制器对火灾发生的时间、地点和过程进行记录,并启动联动装置灭火和防灾减灾,是建筑设备自动化系统(BAS)的重要组成部分。

火灾自动报警系统的结构与形式越来越灵活多样,根据联动功能的复杂程度及报警保护范围的大小,一般分为区域报警器系统、集中报警器系统和远程监控网络中心三种基本形式。目前,火灾自动报警技术的发展趋向于智能化与网络化。其中,城市的远程监控网络中心可对火灾现场的消防、疏散、交通、水电气和通信等各类管网进行综合调度指挥。

4.1 火灾报警控制器及其系统

4.1.1 火灾报警控制器的类型与基本功能

火灾报警控制器由控制器、显示器和声光报警器组成,输入部分接收系统的给定信号和现场的检测信号,输出部分控制联动装置,是整个火灾报警控制系统的核心。

1) 火灾报警控制器的一般分类

(1) 按容量分类

①单路火灾报警控制器。
②多路火灾报警控制器。

(2) 按用途分类

①区域火灾报警控制器,其控制器直接连接火灾探测器,处理各种来自探测点的报警信息,是各类自动报警系统的主要设备之一。

②集中(中央)火灾报警控制器,一般不与火灾探测器直接相连,而与区域火灾报警控制器相连,处理区域火灾报警控制器送来的报警信号,主要用于容量较大的火灾自动报警系统中。

③通用火灾报警控制器,通过硬件及软件的配置,既可作区域机使用直接连接火灾探测器,又可作集中(中央)机使用,连接区域火灾报警控制器。

(3) 按使用环境分类

①陆用型火灾报警控制器,即一般常用的火灾报警控制器,环境指标:温度 0~40℃,相对湿度小于等于 92%(40℃±2℃)。

②船用型火灾报警控制器,其工作温度、相对湿度等环境要求均高于陆用型。

(4)按机械结构形式分类

①台式火灾报警控制器,其连接火灾探测器的数量较多,控制功能较齐全、复杂,常常把联动控制也组合在一起,操作使用较方便,消防控制室(中心)面积较大的工程可选用台式机形式。

②柜式火灾报警控制器,与台式火灾报警控制器基本要求相同,一般用于大、中型工程系统。

③挂式火灾报警控制器,其连接火灾探测器的数量相应少一些,控制功能较简单一些,一般区域火灾报警控制器常采用此形式。

(5)按防爆性能分类

①防爆型火灾报警控制器,常用于石油化工企业、油库、化学品仓库等易爆场合。

②非防爆型火灾报警控制器,无防爆性能,目前民用建筑中使用的绝大多数火灾报警控制器均属此形式。

2)火灾报警控制器的基本功能

(1)为探测器、火灾显示盘和其他附属的连接设备提供电源。

(2)能直接或间接地接收探测器及其他火灾报警触发器件的信号,发出声、光报警信号,指示火灾发生部位并予保持,光信号继续保持;声报警信号应能手动消除,但再次有火灾报警信号输入时,应能再次启动。

(3)当火灾报警控制器发生下述故障时,应能在 100s 内发出与火灾报警信号有明显区别的声、光故障信号:

①报警控制器、探测器、手动报警按钮、火灾显示盘、打印机和传输线路的连接线断开、接地、短路(短路时发出火灾报警信号除外),以及出现其他妨碍火灾报警控制器工作的故障。

②主电源、备用电源和充电器等的断开、短路和欠压。对于以上故障应指示出故障部位及类型,声故障信号应能手动消除,光故障信号在故障排除之前应能保持;故障期间,如非故障回路有火灾报警信号输入,火灾报警控制器应能发出火灾报警信号。

(4)火灾报警控制器应有本机自检功能。在执行自检功能时,应切断受其控制的外接联动设备。在每次自检所需时间超过 1min 或处于自检期间时,对非自检回路的火灾报警信号输入,应该予以响应。

(5)火灾报警控制器应具有显示或记录火灾报警时间的计时装置,其日计时误差不超过 30s,仅使用打印机记录火灾报警时间时,应打印出月、日、时、分等信息。

(6)火灾报警控制器的操作功能应按表 4-1 的规定划分级别。

(7)火灾报警控制器应能对其面板上的所有指示灯、显示器进行功能检查。

(8)具有可以调整探测器报警阈值功能的火灾报警控制器,火灾报警控制器应能指示已设定的响应阈值。

(9)火灾报警控制器在按其设计允许的最大容量及最长布线条件接入火灾探测器及其他部件时,不应出现信号传输上的混乱。

火灾报警控制器的操作功能划分级别　　　　　　　　　　　　　　　　表 4-1

序号	操 作 项 目	Ⅰ级	Ⅱ级	Ⅲ级
1	复位火灾报警控制器	P	M	M
2	消除外声、光指示设备声、光指示	P	M	M
3	消除火灾报警控制器的声信号	O	M	M
4	隔离火灾探测器或其他部件	P	O	M
5	隔离向火灾报警受理站传输信号通路	P	O	M
6	开、关火灾报警控制器	P	M	M
7	隔离受其控制的外接设备	P	M	M
8	调整计时装置	P	M	M
9	输入或更改数据	P	O	M

注:1. P-禁止;O-可选择;M-本级操作人员可操作。
　 2. Ⅰ级允许每个人操作的功能;Ⅱ级允许专门操作人员操作的功能;Ⅲ级允许工程设计、维修人员操作的功能。进入Ⅱ、Ⅲ级操作功能状态应采用钥匙或操作密码,一般用于进入Ⅱ级操作功能状态的钥匙或操作密码不能进入Ⅲ级操作功能状态。

（10）火灾报警控制器应具有主、备电源转换装置,且各电源的工作状态应有指示,主电源应有过流保护措施。主、备电源的转换应不使火灾报警控制器发出火灾报警信号。主电源容量应能保证火灾报警控制器在下述最大负载条件下,连续正常工作 4h。

①火灾报警控制器容量不超过 10 个构成单独部位号的回路时,所有回路均处于报警状态;

②火灾报警控制器容量超过 10 个回路时,20% 的回路(不少于 10 个回路,但不超过 30 个回路)处于报警状态。

（11）火灾报警控制器内或由其控制进行的查询、中断、判断及数据处理等操作,对于接收火灾报警信号的延时应不超过 10s。在某些情况下,为减少误报警,可对接收到的来自感烟火灾探测器的火灾报警信号延时响应,但延时时间应不超过 1min。延时期间应有延时指示。

（12）具有可隔离所连接部件功能的火灾报警控制器,应设有部件隔离状态光指示,并能查寻或显示被隔离部件的部位。火灾报警控制器应具有控制自动消防设备或联动用途的输出接点,其容量及参数应在有关技术文件中说明。

（13）采用总线传输信号的火灾报警控制器,应在其总线上设有隔离器。当某一隔离器动作时,火灾报警控制器应能指示出被隔离的火灾探测器、手动报警按钮等部件的部位信号。

4.1.2　火灾报警控制器的工作原理

1）区域火灾报警控制器

区域火灾报警控制器是一种能直接接收火灾探测器或中继器发来的报警信号的多路火灾

报警控制器。

(1)区域火灾报警控制器的工作原理

区域火灾报警控制器是由输入回路、光报警单元、声报警单元、自动监控单元、手动检查试验单元、输出回路和稳压电源、备用电源等组成,如图4-1所示。

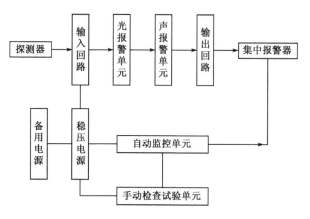

图4-1 区域火灾报警控制器的结构

自动监控单元起着监控各类故障的作用,当线路出现故障,故障显示黄灯亮,故障报警同时动作。通过手动检查试验单元,可以检查整个火灾报警系统是否处于正常工作状态。输入回路接收探测器送来的火灾报警信号或故障报警信号,发出声光报警并在显示器上显示着火部位,通过输出回路控制有关的联动消防设备,如图4-2所示。区域报警系统功能简单,适用于较小范围的保护,若火灾报警区域过大而又分散时,难以实现集中监控与管理,则需要向集中火灾报警控制器传送报警信号。

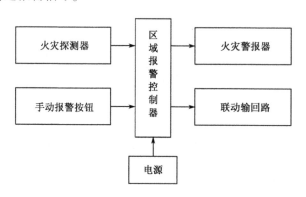

图4-2 区域火灾报警系统

(2)区域火灾报警控制器的主要技术功能

①供电方式:交流主电源为 AC220(1±10%)V,频率(50±1)Hz;直流备用电源为 DC24V,全封闭蓄电池。

②主要功能:火警记忆功能和打印功能,以防止在信号来源的消失后(如感温火灾探测器自行复原、火势大后烧毁火灾探测器或烧断传输线等),已有火灾信息的丢失,并能继续接收其他回路中的手动按钮或机械火灾探测器送来的火灾报警信号;消声后再声响功能;外控功

能,设有若干对常开(或常闭)的输出触点,可控制联动设备;故障自动检测或手动检查功能;火灾报警优先功能,当本机故障与火警同时发生时,优先响应火灾报警,只有当火情排除后,人工将火灾报警控制器复位时,若故障仍存在,才再次发出故障报警信号。

2) 集中火灾报警控制器

这类控制器是区域报警控制器的上位控制器,能接收区域火灾报警控制器发来的报警信号。

(1) 集中火灾报警控制器的工作原理

集中火灾报警控制器的电路组成,除输入单元和显示单元的构成和要求与区域火灾报警控制器有所不同外,其余部分与区域火灾报警控制器基本相同。而输入单元的构成和要求,是与信号的采集与传递方式密切相关的。目前国内火灾报警控制器的信号传输方式主要有四种:对应的有线传输方式、分时巡回检测方式、混合传输方式、总线制编码传输方式。

① 对应的有线传输方式简单可靠。但在探测报警的回路数多时,传输线的数量也相应增多,带来施工布线的工程量大等问题,故一般适用于范围较小的报警系统使用。当集中报警控制器采用这种传输方式时,它只能显示区域号,而不能显示探测部位号。

② 分时巡回检测方式采用脉冲分配器,将振荡器产生的连续方波转换成有先后顺序的选通信号,按顺序逐个选通每一报警回路的探测器,选通信号的数量等于巡检的点数,从总的信号线上接收被选通探测器送来的火警信号。这种方式减少了部分传输线路,但由于采用数码显示火警部位号,在几个火灾探测回路同时送来火警信号时,其部位号的显示就不能一目了然了,而且需要配接微型机或复示器来弥补无记忆功能的不足。

③ 混合传输方式以区域火灾报警控制器的信号传输方式不同而有所区分:

区域火灾报警控制器采用对应的有线传输方式,所有区域火灾报警控制器的部位号与输出信号并联在一起,与各区域火灾报警控制器的选通线,全部连接到集中火灾报警控制器上;而集中火灾报警控制器采用分时巡回检测方式,逐个选通各区域火灾报警控制器的输出信号。这种形式的信号传输原理较为清晰,线路适中,在报警速度和可靠性方面能得到较好的保证。

区域火灾报警控制器采用分时巡回检测方式,其上传信号的传输采用区域选通线加几根总线的总线电气传输方法。这种形式使区域火灾报警控制器到集中火灾报警控制器的集中传输线显著减少。

④ 总线制地址编码传输方式采用数据现场总线传输或 RS232、RS485 等标准串行接口,能连接数百只火灾探测器并予以识别,显著减少传输线。火灾报警控制器在接受某个探测器的状态信号前,先发出该探测器的串行地址编码。该探测器将当时所处的工作状态(正常监视、火灾报警或故障告警)信号发回,由火灾报警控制器进行判别、报警显示。

(2) 集中火灾报警控制器的主要技术功能

集中火灾报警控制器在供电方式、使用环境要求、外控功能、监控功率与额定功率、火灾优先报警功能等与区域报警控制器类似。不同之处有:

① 容量。集中报警控制器的容量是其监控的最大部位数或所监控的区域报警控制器的最大台数。

② 系统布线数。系统布线数指集中报警控制器与区域报警控制器之间的连线数。

③ 巡检速度。巡检速度指集中报警控制器在单位时间内巡回检测区域报警控制器的

个数。

④报警功能。集中报警控制器接收到某区域报警控制器发送的火灾或故障信号时,便自动进行火警或故障部位的巡检,并发出声光报警。可手动按钮消声,但不影响光报警信号。

4.1.3 火灾报警控制系统的设计

火灾自动报警控制系统是建筑电气系统的一部分,系统设计首先应当符合建筑电气设计的一般要求。同时,火灾自动报警系统又是一种消防安全设备,必须符合消防安全方面的有关规定。

1)设计要求

根据《火灾自动报警系统设计规范》(GB 50116—2013)规定,火灾自动报警系统设计应当符合以下要求。

(1)火灾自动报警系统应设有手动触发装置,如手动报警按钮、手动启动开关、手动切换开关等,以确保人工直接报警、人工启动消防设备或停止设备运行。

(2)火灾报警控制器容量和每一总线回路所连接的火灾探测器及控制模块(或信号模块)的地址编码总数均宜留有一定余量。这就是说,在设计火灾自动报警系统时,所选用的火灾报警控制器的额定容量,即其可以接收和显示的探测部位地址编码总数,应当大于系统保护对象实际需要的探测部位地址编码总数。而且,火灾报警控制器每一总线回路所连接的火灾探测器和控制模块或信号模块的编码总数的额定值,应大于该总线回路中实际需要的地址编码总数。所留余量大小,应根据保护对象的具体情况,如工程规模、重要程度等合理掌握,一般可控制在15%~20%。这对于保证系统正常可靠运行及系统扩展等都是必要的。

(3)任一台火灾报警控制器所连接的探测器、手动报警按钮和模块等设备总数和地址总数,均不应超过3 200点,其中每一总线回路连接设备的总数不宜超过200点,且应留有不少于额定容量10%的余量;任一台消防联动控制器地址总数或火灾报警控制器(联动型)所控制的各类模块总数不应超过1 600点,每一联动总线回路连接设备的总数不宜超过100点,且应留有不少于额定容量10%的余量。

(4)系统总线上应设置总线短路隔离器,每只总线短路隔离器保护的火灾探测器、手动火灾报警按钮和模块等消防设备的总数不应超过32点;总线穿越防火分区时,应在穿越处设置总线短路隔离器。

(5)高度超过100m的建筑中,除消防控制室内设置的控制器外,每台控制器直接控制的火灾探测器、手动报警按钮和模块等设备不应跨越避难层。

(6)火灾自动报警系统的设备,应采用经国家有关产品质量监督检测中心检验合格的产品。这是保证系统正常可靠运行的基本要求,任何时候、任何情况下,都不可忽视。

(7)火灾自动报警系统的设置原则,应遵循国家现行的有关建筑设计防火规范的规定。首先应按照建筑物的使用性质、火灾危险性划分的保护等级来设置,即根据建筑物保护等级不同而选用不同的火灾自动报警系统。一般情况下,特级保护对象宜采用控制中心报警系统,并设有专用消防控制室;一级保护对象宜采用集中报警系统;二级保护对象宜用区域报警系统。在具体工程设计中,还需按工程实际要求进行综合考虑,并取得当地主管部门的认可。

2) 系统工程设计要点

对于具体的自动消防工程而言,采用哪一种形式的火灾自动报警系统应该根据工程的建设规模、被保护对象的性质、火灾监控区域的划分和消防管理机构的组织形式,以及火灾自动报警产品的技术性能等因素综合确定,并应符合下面一些共同设计要点。

(1) 探测区域和报警区域的划分。

(2) 火灾探测器数量的确定。在一个火灾探测区域内所需的火灾探测器数量应根据现行《火灾自动报警系统设计规范》(GB 50116—2013)确定。火灾探测器的保护面积一般由生产厂家提供。但是,在实际应用中由于各种因素的影响往往相差较大。火灾探测器的影响因素一般有下列几个方面。

① 火灾探测器的灵敏度越高,其响应阈值越灵敏,保护空间越大。

② 火灾探测器的响应时间越快,保护空间越大。

③ 建筑空间内发烟物质的发烟量越大,感烟火灾探测器的保护空间面积越大。

④ 燃烧性质不同时,阴燃比爆燃的保护空间大。

⑤ 建筑结构及通风情况:烟雾越易积累,并且越容易到达火灾探测器时,则保护空间越大;空间越高,保护面积越小;如果由于通风原因及火灾探测器布点位置不当,烟雾无法积累或根本无法达到火灾探测器时,则其保护空间几乎接近于零。

⑥ 允许物质损失的程度:如果允许物质损失较大,发烟时间较长甚至出现明火,烟雾可以借助火势迅速蔓延,则保护空间更大。

上述各种因素,有的可以预计其影响程度,有的无法考虑。因此,通常采用修正系数来综合考虑有关因素的影响。

(3) 当消防工程设计中采用区域报警系统形式时,火灾自动报警系统中设置的区域火灾报警控制器(或装置)台数不能多于3台。当采用集中报警系统形式时,该装置应该设置在有人值班的专用房间或消防值班室内。

(4) 火灾自动报警的消防控制室。消防控制室或消防控制中心是监测各个被保护区域火情、检查监控系统设备运行情况和积累火灾情报的中心;在发生火灾时,它又是扑灭火灾的控制、操作、指挥中心。凡是采用集中火灾报警系统具有消防联动控制功能的建筑物,都应设置消防控制室。消防控制室的设计要点详见本书第9章。

火灾报警或火灾侵入后,消防控制室对联锁(系统)装置应该具备以下功能:

① 火灾报警后,停止有关部位风机,关闭防火阀,接收和显示相应的反馈信号;启动有关部位防烟、排烟风机(包括正压送风机)和排烟阀,接收并显示其反馈信号。火灾确认后,关闭有关部位的防火门、防火卷帘、接收、显示其反馈信号;强制控制非消防电梯降至首层停靠,接收、显示其反馈信号;接通火灾事故照明灯和疏散指示灯;切断有关部位的非消防电源。

② 火灾确认后,消防控制室应按照疏散顺序接通火灾(现场)警报装置和火灾事故广播,并应确保设置的对内外的消防通信设备良好有效。

③ 消防控制室内应设置完成控制操作和显示指挥等功能的火灾监视盘与综合操作台,用以指挥和实施一系列消防紧急措施。

(5) 设计项目与火灾报警控制系统的配合。从建筑电气设计角度考虑,火灾自动报警系统应与建筑消防工程中的其他专业设计项目相配合,才能避免盲目布置火灾监控系统中的电气设备及消防设备,达到消防要求。消防工程设计项目与火灾报警控制系统应考虑的配合内容见表4-2。

消防工程设计项目与火灾报警控制系统的配合　　　　表4-2

序号	设 计 项 目	火灾报警控制系统的配合措施
1	建筑物高度	确定电气防火设计范围
2	建筑防火分类	确定电气消防设计内容和供电方案
3	防火分区	确定区域报警范围、选用探测器种类
4	防烟分区	确定防排烟系统控制方案
5	建筑物室内用途	确定探测器形式类别、安装位置
6	构造耐火极限	确定电气设备设置部位
7	室内装修	选择探测器形式类别、安装方法
8	家具	确定保护方式、采用探测器类型
9	屋架	确定屋架探测方法和灭火方式
10	疏散时间	确定紧急和疏散标志、事故照明时间
11	疏散连线	确定事故照明位置和疏散通路方向
12	疏散出口	确定标志灯位置指示出口方向
13	疏散楼梯	确定标志灯位置指示出口方向
14	排烟风机	确定控制系统与联锁装置
15	排烟口	确定排烟风机联锁系统
16	排烟阀门	确定排烟风机联锁系统
17	防火卷帘门	确定探测器联锁方式
18	电动安全门	确定探测器联锁方式
19	送回风口	确定探测器位置
20	空调系统	确定有关设备的运行显示控制
21	消火栓	确定人工报警方式与消防泵联锁控制
22	喷淋灭火系统	确定运行显示方式
23	气体灭火系统	确定人工报警方式、安全启动和运行显示方式
24	消防水泵	确定供电方式及控制系统
25	水箱	确定报警与控制方式
26	电梯机房及电梯井	确定供电方式、探测器的安装位置
27	竖井	确定使用性质、采取隔火措施,必要时设探测器
28	垃圾道	设置探测器
29	管道竖井	按其结构及性质、采取隔火措施,必要时设探测器
30	水平运输带	穿越不同防火区、采取封闭措施

4.2 消防远程网络监控系统

消防远程网络监控系统是一项新型的消防技术。该系统在保持现有建筑消防设施正常运行的情况下,构建起数据传输及计算机网络传输方式的报警监控通信网络,对城市各单位的火灾报警系统进行联网监控,并对消防设施的运行状况进行监督。对于突发的火情,在最短时间内做出有效的甄别,并将火警传输到城市的 119 消防调度指挥中心和消防监控管理中心,为灭火组织指挥提供准确的消防系统运行和报警信息。这样既可以减少因延误报警所造成的损失,提高自动化预警能力;又同时能加强对重点消防单位的监控,随时掌握各消防系统的动态,提高消防管理水平。

4.2.1 用户信息传输装置的要求

1) 传输的功能要求

图 4-3 所示是消防远程监控系统的组网图例,图中虚拟专用网络(Virtual Private Network,VPN)是架构在公用网络服务商所提供的网络平台之上的逻辑网络,用户数据在逻辑链路中传输。它涵盖了跨共享网络或公共网络的封装、加密和身份验证链接的专用网络的扩展。火灾探测器报警后,远程监控系统的预警时间参数可小于 15s,并显示起火单位内的各种消防设施的运行状态。

图 4-3 消防远程监控系统的组网图例

根据《城市消防远程监控》(GB 26875—2011),本节所介绍的消防远程监控系统的用户信息传输装置适用于一般工业与民用建筑中。用户信息传输装置(以下简称传输装置)的主电源宜采用220V、50Hz交流电源;应具有信息重发功能,在传输信息失败后应能发出指示传输信息失败或通信故障的声信号;具有中文功能标注,用文字显示信息时应采用中文,可通过指示灯或文字显示方式明确指示各类信息的传输过程、传输成功或失败等状态,在使用指示灯方式指示信息传输状态时,宜采用指示灯闪烁方式指示信息正在传输中,常亮方式指示信息传输成功。

对于火灾报警信息的接收和传输功能,传输装置应能接收来自联网用户火灾探测报警系统的火灾报警信息,并在10s内将信息传输至监控中心。在传输火灾报警信息期间,应发出指示火灾报警信息传输的光信号或信息提示。该光信号应在火灾报警信息传输成功或火灾探测报警系统复位后至少保持5min;在传输除火灾报警和手动报警信息之外的其他信息期间,及在进行查岗应答、装置自检、信息查询等操作期间,如火灾探测报警系统发出火灾报警信息,传输装置应能优先接收和传输火灾报警信息。

对于建筑消防设施运行状态信息的接收和传输功能,传输装置应能接收《城市消防远程监控系统技术规范(附条文说明)》(GB 50440—2007)附录A中所列的运行状态信息,并在10s内将信息传输至监控中心。在传输建筑消防设施运行状态信息期间,应发出指示信息传输的光信号或信息提示,光信号应在信息传输成功后至少保持5min。在传输火灾报警信息、建筑消防设施运行状态信包和其他信息期间,及在进行查岗应答、装置自检、信息查询等操作期间,应能优先进行手动报警操作和手动报警信息传输。

对于巡检和查岗功能,传输装置应能接收监控中心发出的巡检指令,并能根据指令要求将传输装置的相关运行状态信息传送至监控中心。传输装置应能接收监控中心发送的值班人员查岗指令,并能通过设置的查岗应答按键进行应答操作。传输装置接收来自监控中心的查岗指令后,应发出查岗提示声、光信号,声信号应与其他提示有明显区别。该声、光信号应保持至查岗应答操作完成。在无应答情况下,声、光信号应保持至接收并执行来自监控中心的新指令或至少保持10min。

对于本机故障报警功能,传输装置应设置独立的本机故障总指示灯,该故障总指示灯在传输装置存在故障信号时应点亮,当发生下列故障时,传输装置应在100s内发出本机故障声、光信号,并指示故障类型:

(1)传输装置与监控中心间的通信线路(链路)不能保障信息传输。

(2)传输装置与建筑消防设施间的连接线发生断路、短路和影响功能的接地(短路时发出报警信号除外)。

(3)备用电源、充电器及连接线的断路、短路。

本机故障的声信号应能手动消除,再有故障发生时,应能再启动;本机故障的光信号应保持至故障排除。传输装置应在指示出该类故障后的60s内将故障信息传送至监控中心。在故障排除后,可以自动或手动复位。

传输装置还应具有自检功能,即具有可手动检查本机面板所有指示灯、显示器、音响器件和通信链路是否正常的功能。传输装置应有主、备电源的工作状态指示,主电源应有过流保护措施。当交流供电电压变动幅度在额定电压(220V)的85%~110%范围内,频率偏差不超过标准频率(50Hz)的±1%时,传输装置应能正常工作。主电源与备用电源之间应有自动转换装置。备用电源的电池容量应能提供传输装置在正常监视状态下至少工作 8h。

2）火灾 GPRS 通信报警器

相对于有线通信方式，无线通信是消防远程网络监控系统中的一种较为先进的火警信息传递方式。目前，比较常用的有常规通信（无线数传电台）、集群通信、移动通信技术三种。上述三种无线通信方式均需在数据调制解调传输的基础上，配备无线通信电台或模块。使用常规通信，即普通无线电台进行网络中数据传输，其设计、组网及使用相对简单，技术较成熟，在我国国内采用此种方式组网的报警监控系统应用也较多，但其作用范围较小，一般需建立传输中继站。集群通信方式是大量无线用户利用信道共用和动态分配等技术组成的集群通信共网，在我国无线集群通信系统所使用的频段是 800MHz 频段，系统信道利用率高、服务质量好、通话阻塞率低，但是需要额外建立集群通信网络，系统整体建设成本高。移动通信技术分为全球移动通信系统（Global System for Mobile Communications，GSM）、通用分组无线服务技术（General Packet Radio Service，GPRS）、3rd Generation（3G）和 4G 技术等。利用移动通信技术进行网络中数据传输，其覆盖范围大，运营费用较低，但是火警传递的时延是其发展的难点问题。目前，已经投入消防产品运营的是火灾 GPRS 通信报警器。采用 GPRS 通信方式，可以做到开机就附着到 GPRS 网络上，附着时间一般为 3～5s；且在经历 1～3s 的激活过程后，就可进行数据传输通信，极适合于在火灾自动报警监控网络中应用，这一技术逐渐在消防监控和灭火救援方面发挥出重要作用。

（1）GPRS 的主要特点

GPRS 作为在 GSM 基础上发展起来的一种分组交换的数据承载和传输方式，具有"实时在线""按量计费""快捷登录""高速传输""自如切换"等优点。GPRS 采用与 GSM 相同的频段、频带宽度、突发结构、无线调制标准、跳频规则以及相同的 TDMA 帧结构。GPRS 的主要特点有：

①支持中、高速率数据传输，可提供 9.05～171.2kbit/s 的数据传输速率。

②GPRS 的核心网络层采用 IP 技术，支持点到点和点到多点服务。

③GPRS 技术资源利用率高，GPRS 引入了分组交换的传输模式，使得原来采用电路交换模式的 GSM 传输数据方式发生了根本性的变化，用户只有在数据传输时才占用无线信道，且多用户共享，避免了资源的浪费。

④GPRS 允许短消息业务（SMS）经 GPRS 无线信道传输。

⑤业务丰富，GPRS 的设计使得它既能支持间歇的爆发式数据传输，又能支持偶尔的大量数据的传输。它支持四种不同的 QOS（Quality of Service，服务质量）级别，能在 0.5～1s 之内恢复数据的重新传输。计费方式更加合理，用户使用更加方便。

⑥GPRS 具有"永远在线"的功能，当终端与 GPRS 网络建立连接后，即使没有数据传送，GPRS DTU 终端也较长时间与网络保持连接，再次进行数据传输时不需要重新连接，而网络容量只有在实际进行传输时才被占用，从而保证了数据交换的实时性。

（2）火灾 GPRS 通信报警器

消防通信报警器采用无线移动 GPRS 网络作为数据交换途径。工作时，根据火灾实际现场情况，按照设定采用频率和时间间隔，以预定的时间间隔向管理中心发送现场的探测状况。数据中心接收并处理报警器发送的数据信息，并以直观的方式呈现给相关人员。这一报警器的结构如图 4-4 所示。

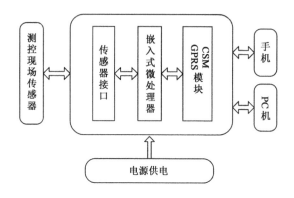

图 4-4 火灾 GPRS 通信报警器的结构

GPRS 通信消防报警器的主要功能有：

①实现火灾信息及各类火灾探头故障信息的远程传送。

②支持手机的中/英文短消息报警功能。

③方便地实现火灾报警器的联网。

④对无人值守的防火单位，可接收报警控制中心发出的联动操作命令，实现现场消防设备的远程启动。

⑤自动上传子站火灾报警系统当前工作状态、当前手动/自动状态、当前值班信息等。

⑥接收监控中心的时钟校时信息，并更改子站火灾报警系统的时钟。

⑦可连接 PSTN 公用电话网，拨打固定电话或移动电话。

⑧可选加心跳包传输，心跳包的间隙时间可由买家自设（所谓心跳包，是指终端与平台之间每间隔一定时间就自动连接通信一次以确保系统处于正常工作状态的巡检功能的一种，如双方某时未通信，则平台报警），可设置 6 个以上的捆绑手机，自动识别来电号码，允许授权用户电话号码实现无话费布、撤防，当 GPRS 网络故障时，自动启动 GSM 语音 + 短信报警。

4.2.2 消防网络的通信协议

1）通信协议

用户信息传输装置与监控中心之间的报警传输网络数据通信协议中，上行方向指从用户信息传输装置到监控中心的数据传输方向；下行方向指从监控中心到用户信息传输装置的数据传输方向；数据单元是具有共同传输原因的信息实体；数据单元的类型是指位于一个应用数据单元开始的信息域，用以识别数据单元的类型和长度，并指明应用数据单元的结构以及信息对象的结构、类型。

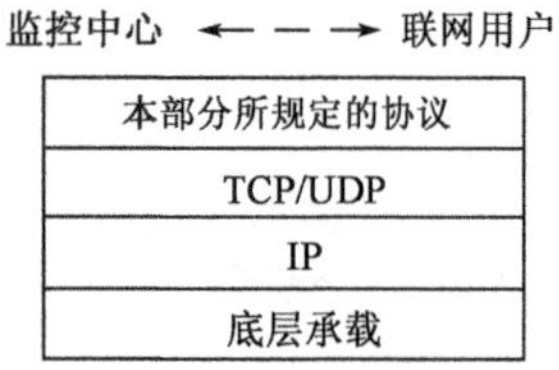

网络通信应该以 RFC 791、RFC 793 和 RFC 768 等协议中所规定的 TCP/IP 或 UDP/IP 网络控制协议作为底层通信承载协议，规定的协议对应于 ISO/OSI 定义的七层协议结构的应用层，如图 4-5 所示。并且，网络应体现通信介质的无关性，即应用层通信协议不依赖于所选用的传输网络。

监控中心 ←--→ 联网用户
本部分所规定的协议
TCP/UDP
IP
底层承载

图 4-5 监控中心与联网用户之间的通信协议栈

通信协议可以分为通信方式、控制命令、信息上传、信息查询、重发机制、数据包结构6部分。消防远程监控系统的用户信息传输装置与监控中心之间的通信方式主要包括控制命令、信息(火灾报警和建筑消防设施运行状态等信息)上传和信息查询等,均采用发送/确认或请求/应答模式进行通信。监控中心向用户信息传输装置发送控制命令,用户信息传输装置对接收到的命令信息进行校验。在校验正确的情况下,用户信息传输装置执行监控中心的控制命令,并向监控中心发送确认命令;在校验错误的情况下,用户信息传输装置舍弃所接收数据并发出否认回答。监控中心接收到用户信息传输装置的确认命令后,完成本次控制命令传输;监控中心在规定时间内未收到确认命令或收到否认回答后,启动重发机制。当发生火灾报警或运行状态改变时,用户信息传输装置主动向监控中心上传信息,监控中心会对接收到的信息进行校验。监控中心向用户信息传输装置发送请求查询命令,用户信息传输装置会对接收到的信息进行校验。通信过程中的校验错误包括校验和错误、不可识别的命令字节、应用数据单元长度超限、启动字符和结束字符错误等。

在发送/确认模式下,发送端发出信息后在规定时间内未收到接收端的确认命令或收到否认回答,应进行信息重发,重发规定次数后仍未收到确认命令,则本次通信失败,结束本次通信。在请求/应答模式下,请求方在发出请求命令后的规定的时间内未收到应答信息或收到否认应答,重发请求命令,重发规定次数后仍未收到应答信息,则本次通信失败,结束本次通信。

每个完整的数据包应由启动符、控制单元、应用数据单元、校验和、结束符组成,其中控制单元包含业务流水号、协议版本号、发送时间标签、源地址、目的地址、应用数据单元长度、命令字节等。

数据定义包括数据单元标识符、信息对象、数据定义细则等。

类型标志为1字节二进制数,取值范围为0~255,具体类型标志定义表参考《城市消防远程监控系统 第3部分:报警传输网络通信协议》(GB/T 26875.3—2011)的表3。信息对象数目为1字节二进制数,其取值范围与数据包类型相关。

建筑消防设施系统状态数据结构如图4-6所示,共4字节。

建筑消防设施部件状态数据结构如图4-7所示,共40字节。

建筑消防设施部件的模拟量值数据结构如图4-8所示,共10字节。模拟量值为2字节有符号整型数,取值范围为-32768~+32767,低字节传输在前。

系统类型标志 (1字节)	系统地址 (1字节)	系统状态 (2字节)

图4-6 建筑消防设施系统状态数据结构

系统类型标志 (1字节)	系统地址 (1字节)	部件类型 (1字节)	部件地址 (4字节)	部件状态 (2字节)	部件说明 (31字节)

图4-7 建筑消防设施部件状态数据结构

系统类型标志(1字节)
系统地址(1字节)
部件类型(1字节)
部件地址(4字节)
模拟量类型(1字节)
模拟量值(2字节)

图4-8 建筑消防设施部件模拟量值数据结构

建筑消防设施操作信息数据结构如图4-9所示,共4字节。

用户信息传输装置操作信息数据结构如图4-10所示,共2字节。

2)基本数据项

消防远程监控系统的监控信息和消防安全管理信息所包含的基本数据项见表4-3。

系统类型标志 (1字节)	系统地址 (1字节)	部件类型 (1字节)	部件地址 (4字节)	部件状态 (2字节)	部件说明 (3字节)

图 4-9 建筑消防设施操作信息数据结构

操作标志 (1字节)	操作员编号 (1字节)

图 4-10 用户信息传输装置操作信息数据结构

消防设施信息数据项 表 4-3

序号	项目名称	序号	项目名称	序号	项目名称
1	设施名称	27	室内消火栓管径	53	喷淋泵流量
2	设置部位	28	水泵接合器数量	54	喷淋泵扬程
3	设施系统形式	29	水泵接合器位置	55	喷淋泵位置
4	投入使用时间	30	稳压泵数量	56	雨淋阀数量
5	探测器数量	31	备用电源形式	57	雨淋阀位置
6	控制器数量	32	灭火器设置部位	58	水雾喷头数量
7	手动报警按钮数量	33	灭火器配置类型	59	水雾喷头位置
8	消防电气控制装置数量	34	灭火器生产日期	60	防护区数量
9	市政给水管网形式	35	灭火器更换药剂日期	61	防护区容积
10	市政进水管数量	36	灭火器数量	62	防护区部位名称
11	市政进水管管径	37	设施服务状态	63	防护区位置
12	消防水池容量	38	生产单位名称	64	灭火剂类型
13	消防水池位置	39	生产单位电话	65	手动控制装置位置
14	消防水箱容量	40	稳压泵流量	66	设施动作方式
15	消防水箱位置	41	稳压泵扬程	67	瓶库位置
16	其他水源供水量	42	气压罐容量	68	钢瓶数量
17	其他水源情况	43	消防水喉数量	69	单个钢瓶容量
18	消防泵房位置	44	报警阀数量	70	维修保养单位电话
19	消防泵数量	45	报警阀位置	71	设施状态
20	消防泵流量	46	水流指示器数量	72	状态描述
21	消防泵扬程	47	水流指示器位置	73	状态变化时间
22	室外消火栓管网形式	48	喷头数量	74	火灾自动报警系统图
23	室外消火栓数量	49	减压阀数量	75	室外消火栓平面布置图
24	室外消火栓管径	50	减压阀位置	76	室内消火栓布置图
25	室内消火栓管网形式	51	竖向分散数量	77	自动喷水灭火系统图
26	室内消火栓数量	52	喷淋泵数量	78	水喷雾灭火系统图

续上表

序号	项 目 名 称	序号	项 目 名 称	序号	项 目 名 称
79	钢瓶间距	92	排烟阀数量	105	消防专用电话位置
80	泡沫泵数量	93	防火阀数量	106	应急照明及疏散指示数量
81	泡沫泵流量	94	正压送风阀数量	107	消防电源设置部位
82	泡沫泵扬程	95	防火门数量	108	消防主电源独立配电柜
83	泡沫数值	96	防火卷帘数量	109	泡沫灭火系统图
84	干粉储罐位置	97	防火门位置	110	干粉灭火系统图
85	防烟分区数量	98	防火卷帘位置	111	防烟排烟系统图
86	防烟分区位置	99	防火门设置部位	112	消防应急广播系统图
87	风机数量	100	备用扩音机功率	113	应急照明及疏散指示系统图
88	风机安装位置	101	扬声器数量	114	消防设施所属单位名称
89	风机风量	102	广播分区数量	115	维修保养单位名称
90	风口设置部位	103	广播分区设置部位	116	气体灭火系统图
91	排烟防火阀数量	104	消防专用电话数量	117	消防计税系统平面布置图

4.2.3 监控指挥中心与软件的功能要求

1）监控指挥中心

（1）组网结构

监控中心系统采用高速以太局域网,通过交互式自适应以太网络交换机,将各接警工作站、通信服务器、数据库服务器的设备连接,遵循 IEEE802.3 标准,采用 TCP/IP 协议进行通信。组网结构主要为星形结构,即多个监控区域的监控器与管理中心以星形进行连接。火灾自动报警监控管理系统具有丰富的网络接口,根据现有环境可以实现灵活组网,同时本系统可以同时兼容多种通信方式,根据联网用户的需要和防火等级不同,终端报警网络监控设备可以同时具备两套以上的通信介质缆线,为消防监控指挥中心与联网单位之间提供快捷、安全的网络互通和资源共享。

（2）功能模块

监控指挥中心是整个消防远程网络系统的核心,系统可以实时接收联网监控装置发送的多种信息,如数据信息、图像、语音信息等,并由值班人员进行处理。对于真实火警信息,在最短的时间通知灭火救援部门。消防联网监控指挥中心的功能模块如图 4-11 所示。根据模块的不同以及操作者的职责,将监控中心系统分为若干个子系统。其中,通信服务系统,用于实现联网监控设备与监控中心之间的信息通信;GIS 接警系统负责火灾、故障等报警信号的接收、确认、传输与处理,另外还包括录音录时、消防地理信息等;视频监视系统负责控制将音频、视频信息的显示、存储;数据库服务系统采用大型关系数据库,如 SQL Server 或 Oracle 等,负责用户管理、用户权限等分配管理,并对系统的基础数据实现录入与管理。

（3）主要技术指标

监控中心应用系统主要技术指标有:带宽不低于 512kbit/s,使用视频系统带宽可以根据

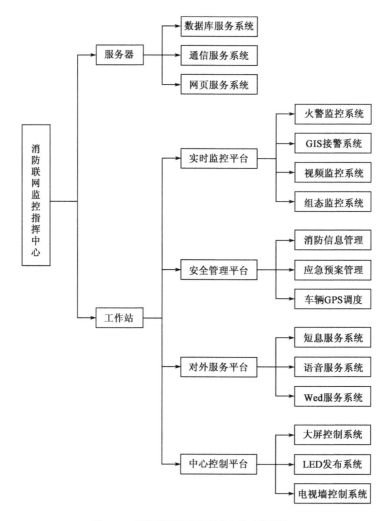

图 4-11 消防联网监控指挥中心的功能模块

实际需要加大;报警采集设备与监控设备之间网络数据传输速率应不小于 10kbit/s;接警监控中心保证接警容量不小于 10 000 个联网监控设备(可扩充到 10 万个);系统支持报警设备的负载均衡;监控中心的信息存储备查时间不应小于 365 日;系统应有统一的时钟管理,日误差不应大于 30ms,而且要每天和北京标准时间自动或手动对时校正;火警通信通道在网络正常情况下不阻塞;系统接收火警的并发量不小于 500 个请求;系统接收火警信息的时间不大于 5s;图像传输延迟小于 1s,每秒不少于 15 帧;前端图像分组轮切,每 2min 将前端图像查看一周,每组在线 15s,画面切换平滑;报警信号和图像推出延时不超过 5s。

(4)系统安全设计

系统的安全设计是指保护用户各类信息的安全和系统的自身防病毒能力与防攻击能力,力争使整个系统在受到非法入侵或产生意外故障时,对系统的破坏达到最小。主要考虑以下内容:

①实时监控网络安全管理,其中包括四级:安全的网络接入层、安全的终端认证、安全的防

火墙过滤、安全的应用系统。

②数据库安全设计,应考虑到软件风险,管理风险和用户行为风险。

③安全备份设计,为保证数据库的安全,应提出合理的安全备份设计,保证数据的存储。

2)软件的功能要求

消防远程监控系统结合当代最先进的火灾报警技术、信息通信及网络技术、计算机控制技术和多媒体显示技术,可完成对联网单位的报警信息显示、电子地图操作、数据查询检索、远程音视频传送、应急预案管理、短信息定制和发送等工作。结合大屏幕、LED 滚动屏、模拟沙盘等辅助多媒体设备的使用,实现对所有联网单位的远程监控。软件功能要求主要包括通信服务器软件功能要求、受理软件功能要求和信息管理软件功能要求三部分,以消防远程监控系统为例,其软件功能架构如图 4-12 所示。

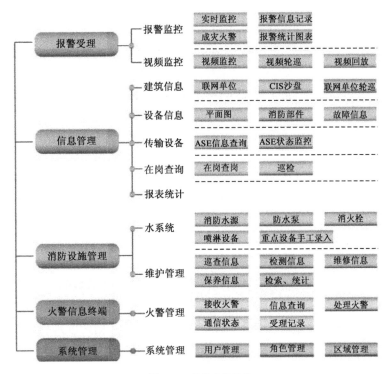

图 4-12 软件功能架构

(1)通信服务器软件的功能要求

通信服务器软件运行或经登录后,应自动进入正常工作状态;符合《城市消防远程监控系统 第 3 部分:报警传输网络通信协议》(GB/T 26875.3—2011)规定的通信协议与用户信息传输装置进行数据通信的有关规定;监视与用户信息传输装置、受理座席和其他连接终端设备的通信连接状态,在通信连接故障时,应能存档并自动通知受理座席;通过备用链路接收用户信息传输装置发送的火灾报警信息,并转发至受理座席;具有配置、退出等操作权限;自动记录、查询启动和退出时间。

(2)报警受理系统的软件功能要求

火警信息终端是设置在消防通信指挥中心或其他接处警中心,用于接收远程监控中心系统发送的联网用户的火灾报警信息终端。火警信息终端的软件通用功能主要有：运行或经登录后，应能自动进入监控受理工作状态；具有文字信息显示界面和地理信息显示界面，分别显示文字信息和地理信息；界面应显示未受理信息、日期和时钟信息、软件版本信息、受理座席和受理员信息、受理员离席或在席状态信息；记录、查询其启停时间和人员登录、注销时间、值班记事等；受理、查询、退出等操作权限；与城市消防远程监控系统的标准时钟同步；具有违规操作提示功能。

系统的报警受理软件的专用功能要求有：接收、显示、记录及查询火灾报警、建筑消防设施等的运行状态信息；接收、显示、记录及查询通信服务器发送的系统告警信息；收到各类信息时，应能驱动声器件和显示界面发出声信号和显示提示。火灾报警信息声提示信号和显示提示应明显区别于其他信息，且显示及处理优先。声信号应能手动消除，当收到新的信息时，声信号应能再启动。信息受理后，相应声信号、显示提示应自动消除；受理用户信息传输装置发送的火灾报警、故障状态信息时，应能显示信息接收时间、用户名称、地址、联系人姓名、电话、单位信息、相关系统或部件的类型、状态等信息，该用户的地理信息、建筑消防设施的位置信息以及部件在建筑物中的位置信息，部件位置在系统平面图中显示应明显；该用户信息传输装置发送的不少于 5 条的同类型历史信息记录；对火灾报警信息进行确认和记录归档。向火警信息终端传送经确认的火灾报警信息，信息内容应包括报警联网用户的名称、地址、联系人姓名、电话、建筑物名称、报警点所在建筑物详细位置、监控中心受理员编号或姓名等；并能接收、显示和记录火警信息终端返回的确认时间、指挥中心受理员编号或姓名等信息，通信失败时应告警；对用户信息传输装置发送的故障状态信息进行核实、记录、查询和统计，并向联网用户相关人员或相关部门发送经核实的故障信息，对故障处理结果应能进行查询；人工向用户信息传输装置发送测试命令，对通信链路、用户信息传输装置进行测试，测试失败应告警，并能记录、显示和查询测试结果。

(3) 信息管理软件功能要求

系统用户是能够利用信息管理软件访问消防远程监控系统信息的人员，包括监控中心用户、公安消防部门用户和联网单位用户。信息管理软件应满足的基本要求有：具有用户权限管理功能，用户权限划分应至少包含的权限级别有信息管理软件用户管理、查询监控中心信息、管理监控中心信息、查询联网单位信息、管理联网单位信息、查询本联网单位信息、管理本联网单位信息、对联网单位值班人员查岗 8 个部分。信息管理软件应具有查岗功能；按用户权限的不同，管理监控中心、联网用户信息的功能；并具有分类检索、统计功能，并能生成相应统计报表等功能。

4.2.4 物联网远程消防监控技术

1) 物联网技术

物联网（The Internet of Things）是新型传感信息交汇网络的全称，是继计算机、互联网、移动通信之后的具有引领性的新一代信息技术。这一技术利用射频识别技术，通过红外感应器、定位系统、激光扫描器、视频采集等信息传感设备，按照约定协议，把有监管需求的任何物品与互联网进行连接，使得信息互联共享，实现智能化识别、定位、跟踪、监控和管理，其优势在于智能处理,利用云计算、模糊识别等各种智能计算技术,对海量的数据和信息进行分析和处理,对物体实施智能化的控制。物联网以感知平台、传输平台、支撑平台和应用平台共同组成核心技术体系,如图 4-13 所示。

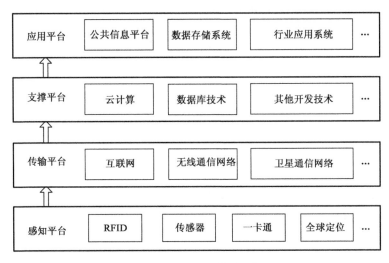

图 4-13　物联网的技术平台

(1) 感知平台

这一平台是物联网的基础,承担信息的采集,把物的物理特征数字化,是物联网中"人与物智慧对话"中面向"物"的一端。传感设备的需求量是整个产业链条中总量最大的环节。感知平台主要涉及 RFID、二维条码、图像采集、传感器网络等末端智能感知技术。

①RFID 即是射频识别技术(Radio Frequency Identification,RFID),又称电子标签。RFID 技术是 20 世纪 90 年代开始兴起,利用射频信号通过空间耦合(交变磁场或电磁场)实现无接触的信息传递,并通过所传递的信息达到识别目的。其原理是标签进入磁场后,如果接收到阅读器发出的特殊射频信号,就能凭借感应电流所获得的能量发送出存储在芯片中的产品信息(即 Passive Tag,无源标签),或者主动发送某一频率的信号(即 Active Tag,有源标签),阅读器读取信息并解码后,送至中央信息系统进行有关数据处理。

射频识别系统至少应包括以下两个部分,一是读写器,二是电子标签(或称射频卡、应答器等)。另外,还应包括天线、主机等。RFID 系统在具体的应用过程中,根据不同的应用目的和应用环境,系统的组成会有所不同,但从 RFID 系统的工作原理来看,系统一般都由信号发射机、信号接收机、发射接收天线组成。

②无线传感器网络 Zigbee 技术。无线传感器网络(WSN)是由大量传感器节点,通过无线通信方式形成的一个多跳的自组织网络系统,其目的是协作感知、采集和处理网络覆盖区域中感知对象的信息。它能够实现数据的采集量化、处理融合和传输应用。它是物联网的另一种数据采集技术,目前无线传感网的标准是 ZigBee。ZigBee 是由 ZigBee Alliance 制定的无线网络协议,是一种近距离、低功耗、低数据速率、低复杂度、低成本的双向无线接入技术,主要适合于自动控制和远程监控领域。

Zigbee 无线传感网类似于 CDMA 和 GSM 网络,其数据传输模块类似于移动网络基站。通信距离从标准的 75m 到几百米、几公里,并且支持无限扩展。Zigbee 技术构成的无线数据传输网络平台最多可达 65 000 个无线数据传输模块组成,在整个网络范围内,每一个 Zigbee 网络数据传输模块之间可以相互通信,每个网络节点间的距离可以从标准的 75m 无限扩展。与移动通信的 CDMA 网或 GSM 网不同的是,Zigbee 网络主要是为工业现场自动化控制数据传输而建立,因而,它必须具有简单、使用方便、工作可靠、价格低的特点。每个 Zigbee 网络节点不仅本身可以作为监控对象,例如其所连接的传感器直接进行数据采集和监控,还可以自动中转别的网络节点传过来的数据资料。

(2) 传输平台

这一平台是把采集到的数据传输到计算中心的一个过程,是将传感器、智能终端连接起来的网络设备。平台包括传感器的通信模块、路由器、交换机、光传输设备、移动通信设备、各类无线基站等这些设备构成的端到端的通信网络。

(3) 支撑平台

这一平台是网络运营的支撑系统,是从计算中心传输到"物"端的智能化控制设备,包括各种类型的计算机和相应的管理软件构成的各类管理平台和业务平台,其中的一个核心技术是云计算。

在信息时代,对信息的有效处理是非常重要的环节。在物联网体系中,有大规模、海量的数据需要处理,因此对数据的处理能力提出了更高的要求。当数据计算量超出自身 IT 架构的计算能力时,一般是通过加大系统硬件投入来实现系统的可扩展性。另外,计算资源的利用率处于一种不平衡的状态,一些应用需要大量的计算资源和存储资源,同时大量的计算设备和存储资源没有得到充分利用。为了节省成本和实现系统的可扩展性,云计算的概念应运而生。

云计算(Cloud Computing)是网格计算(Grid Computing)、分布式计算(Distributed Computing)、并行计算(Parallel Computing)、效用计算(Utility Computing)、网络存储(Network Storage Technologies)、虚拟化(Virtualization)、负载均衡(Load Balance)等传统计算机技术和网络技术发展融合的产物。它旨在通过网络把多个成本相对较低的计算实体整合成一个具有强大计算能力的完美系统,并借助先进的商业模式把这强大的计算能力分布到终端用户手中。通过云计算技术,网络服务提供者可以在数秒之内,处理数以千万计甚至亿计的信息,提供与超级计算机同样强大效能的网络服务。

云计算的一个核心理念就是通过不断提高"云"的处理能力,进而减少用户终端的处理负担,最终使用户终端简化成一个单纯的输入输出设备,并能按需享受"云"的强大计算处理能力。

(4) 应用平台

这一平台是物联网中面向人的一端,用户通过终端设备可以查看、控制另一端的物体。物联网发展最终必然是以数据的智能应用为主体,为用户提供丰富的特定服务,因此应用层是物联网的核心商业价值所在。应用平台里的软件开发、智能控制技术将会为用户提供丰富多彩的物联网应用。这类应用可分为监控型(物流监控、污染监控、火灾监控)、查询型(智能检索、远程抄表)、控制型(智能交通、智能家居、路灯控制)、扫描型(手机钱包、高速公路不停车收费)等。

物联网提高了监控管理的工作效率,使得信息处理不再局限于计算机,任何一部具有上网功能的信息处理设备,如手机、掌上电脑等,都能实时监控到物联网传感器在全天候传输到的数据信号,真正实现无缝隙全天候实时监控。若把物联网技术用于火灾报警与自动消防系统中,对消防安全管理对象,特别是人员密集场所、易燃易爆单位和高层、地下公共建筑等消防安全要求较高的火灾高危单位,具有监测消防设施系统运行状态、消防通道畅通情况、消防人员在岗情况等功能,实现将事件同视频图像实时结合,为消防安全管理提供远程实时监测。

2)物联网消防安全远程监测系统

把消防系统纳入物联网管理是自动消防技术发展的趋势。其有助于消防系统实现"火警受理电脑化、火情判断智能化、信息传输网络化、防消工作一体化、管理模式现代化、状态监测实时化、性能分析定量化、资料统计标准化"的目标。

(1)组网子系统

①物联网人员管理系统能够对消防部门的人事资料进行集成化管理,通过智能识别认证系统对人员的出入、消防设备的使用等进行精确管理,通过对消防部门工作人员的信息进行数据备份,对消防系统进行有效管控,实现消防执勤人员的查岗、签到自动化,提高消防系统人员管理水平。

②物联网消防设备运行监控系统将通过与消防系统建立的数据连接,对消防系统的实时运行情况、数据报告等进行及时收集,根据处理器对各项消防安全系统设定的参数,对消防设备在运行中出现的故障做到及时跟踪处理,对设备的安全运行做到全方位监控,及时排查设备故障。

③消防器材位置监测系统。消火栓、灭火器、水泵接合器等是火灾扑救的重要设备设施,而在工作实践中这些设备设施又最容易被挪用、遮挡、埋压、圈占,是管理盲区频现的领域。系统可通过定位技术(无线通信或视频侦测)对这些器材进行定位管理,当某一设备被挪用、遮挡、埋压、圈占时,发出警报信号,方便管理人员及时进行处理。

④消防通道监测系统。消防车道、安全出口、疏散楼梯、前室、疏散走道等是火灾时人员疏散、消防队扑救的重要通道,在任何情况下都应保持畅通。消防监督人员、单位的消防安全管理人员可通过实时查看消防通道视频画面,检查上述场所所处状态。一旦发现违反法律法规的情况,可第一时间通知单位进行整改,并可随时检查整改情况。确保在火灾状态下疏散和救援行动及时展开,减少人员伤亡。

⑤物联网消防参数预警系统。能够通过传感器发回的数据对火灾情况进行预警和分析,如温度、湿度和烟雾情况等,在具体的环境数据达到系统设定的预警参数后,会立即触发火灾预警机制。在对火场进行救援的过程中,救灾指挥中心可以根据火场内部传回的综合数据对救援方案进行拟定,提高火灾救援的效率。

(2)物联网消防安全远程监测系统的优势

①提高消防监控管理的工作效率。能够使监控人员在第一时间获取监控区域内的各项数据指标,并通过摄像头对图像信息进行即时采集,尤其是对区域内的消防设施的运行故障能够及时知晓,并在第一时间对设备故障进行排查,及时消灭火灾隐患。

②为灭火救援工作提供科学的决策依据。物联网技术在消防系统中的应用为向方救援提供了依据,通过远程图像监测能够对火场内部的情况进行监测,对火势的蔓延情况、人员伤亡

情况等进行了解,帮助消防人员了解火场内部的情况,为制定消防策略提供了科学依据。

③为科学管理提供有效依据。物联网消防远程监控系统,在消防部门所属职能片区内,对传感器以及摄像头采集的信息进行及时备份,并将公共场所中的各项数据指标通过图像文件发送到信息处理器中,就可以对公共场所中的温度、湿度、人流量、安全通道情况等进行综合分析;通过人工智能系统中判断出目前该区域的消防等级;在火险发生时,启动相应的消防应急预案,并对消防线路与消防方法提供建议,使得消防部门的消防人员、车辆配置实现全方位的管理和调度,对科学管理提供了重要的理论依据。

1. 简述火灾报警控制器的一般分类。
2. 简述火灾报警控制器的主要技术功能。
3. 试述火灾自动报警系统设计有哪些要点?
4. 什么是消防远程网络监控系统?其监控中心有哪些功能模块?主要技术指标是什么?
5. 消防远程网络监控系统的软件功能有哪些?
6. 物联网的技术平台分哪几层?什么是RFID、Zigbee和云计算技术?
7. 物联网消防远程监测系统应由哪些子系统组成?

第5章 水灭火系统与装置

随着我国城乡建设的迅速发展,高层建筑和隧道等交通基础设施的功能分区日益复杂,室外消防设备(如消防车、云梯车等)和消防人员接近火灾现场也日益困难。因此,建筑物不仅要求具有火灾自动报警功能,而且还需要与报警相互联动的自动灭火设施。按照《消防联动控制系统》(GB 16806—2006)和《火灾自动报警系统设计规范》(GB 50116—2013)的要求,使用不同的灭火介质,已设计生产出各种自动化程度高和性能优良的灭火系统,如水喷淋、自动跟踪定位射流、气体、热气溶胶以及原位膨胀石墨等自动灭火装置。

据国内外的有关统计资料,喷水系统的灭火成功率为96%。而失败的火灾扑救中,也有81%的案例归咎为报警延误、现场缺水或消防给水设施损坏,使得火灾初期未能及时扑救。自动喷水灭火系统工作性能稳定、计价便宜、维护方便、灭火效率高、使用期长,是实现早期灭火和控制火势蔓延的重要措施。一般应在人员密集、不易疏散、外部增援灭火与救生较困难、性质重要且危险性较大的场所中设置。因此,在水介质适宜使用的消防场所中,水灭火是一种最为有效的手段。

5.1 自动喷水灭火系统

随着科学技术的发展,目前高层建筑设施都普遍采用了新型自动喷水装置,使用火灾自动报警控制器和计算机控制。根据使用环境和技术要求,自动喷水灭火系统分为闭式系统、自动雨淋、水幕和自动喷水—泡沫联用系统。其中,闭式系统分为湿式、干式、预作用和重复启闭预作用四种类型。

5.1.1 自动喷水灭火系统的组件

自动喷水灭火系统的各部分组成如下。

1)洒水喷头

洒水喷头是整个自动喷水系统的重要组成部分,其性质、质量和安装的优劣会直接影响灭火的成败。根据《自动喷水灭火系统》(GB 5135—2003),自动喷淋头一般分为具有释放机构的闭式喷头和无释放机构的开式喷头两大类;也可以根据安装位置和水的分布,分为通用型、直立型、下垂型、边墙型;按照特殊结构形式,分为干式直立喷头、齐平式喷头、嵌入式喷头、隐蔽式喷头、带涂层喷头和带防水罩的喷头等。

闭式喷头的喷水口由热敏感元件组成的释放机构封闭。当设置场所发生火灾,温度达到喷头的公称启动温度范围时,热敏感元件启动,释放机构脱落,喷头开启。在自动喷水系统中,闭式喷头担负着探测火灾、启动系统和喷水灭火的任务,是自动喷水系统的关键组件。按热敏感元件的类型,闭式喷淋头分为易熔元件喷头和玻璃球喷头;或按照灵敏度的技术参数,可分为快速响应喷头、特殊响应喷头和标准响应喷头,参见表5-1。图5-1所示为下垂型热敏感闭式喷头。

玻璃球洒水喷头的公称动作温度分为13档,应在玻璃球工作液中作出相应的颜色标志,易熔元件洒水喷头的公称动作温度分为7档,应在喷头扼臂或相应的位置作出颜色标志,其公称动作温度和颜色见表5-2。

图5-1 下垂型热敏感闭式喷头

洒水喷头灵敏度分类的参数　　　　　　　　　表5-1

喷头类型	响应时间系数(RTI),$(m \cdot s)^{0.5}$	传导系数(C),$(m/s)^{0.5}$
快速响应	RTI≤50	C≤1.0
特殊响应	50＜RTI≤80	C≤1.0
标准响应	80＜RTI≤350	C≤2.0

洒水喷头的公称动作温度和颜色　　　　　　　　表5-2

玻璃球喷头		易熔元件喷头	
公称动作温度(℃)	液体色标	公称动作温度(℃)	轭臂色标
57	橙	57~77	无色
68	红		
79	黄	80~107	白
93	绿		
107	绿	121~149	蓝
121	蓝		
141	蓝	163~191	红
163	紫		
182	紫	204~246	绿
204	黑		
227	黑	280~302	橙
260	黑		
343	黑	320~343	橙

2)报警阀

报警阀的主要作用是接通或者切断水源,传递控制信号至控制系统,并启动水力警铃报警。在自动喷水灭火系统中,控制阀是很重要的组件,每个喷水系统都有两个主阀:一是主控制阀,二是报警阀。主控制阀不论哪一种系统,都可以采用普通闸阀,报警阀有湿式报警阀、干式报警阀、干湿式两用阀、雨淋阀、预作用阀等,可根据不同的喷水系统而采用不同的报警阀。

(1)湿式报警阀

湿式报警阀用于湿式自动喷水灭火系统,其工作原理见图5-2。在未发生火灾时,报警阀前后的管道中充满压力水,阀瓣处于关闭状态,水力警铃不发生报警、压力开关不接通;当阀瓣后侧水压出现明显下降时,阀瓣开启度较大,大量水流通过阀瓣,流向灭火管网喷水灭火,少部分水经报警口流出使水力警铃发出报警信号,同时开启压力开关,给出电接点信号,此时阀门处于工作状态。即湿式报警装置具有水力机械报警和给出电接点信号功能,当水流停止时,阀门靠阀瓣自重自动关闭。

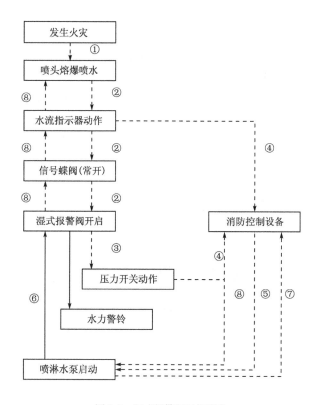

图5-2 湿式报警阀工作原理

(2)干式报警阀

干式报警阀是自动喷水灭火系统中的一种控制阀门。它是在其出口侧充以压缩气体,当气压低于某一定值时能使水自动流入喷水系统并进行报警的单向阀,用于干式自动喷水灭火系统中。干湿式报警阀是由湿式、干式报警阀依次连接而成,在温暖季节用湿式装置,在寒冷冬季用干式装置。雨淋阀用于雨淋、预作用、水幕、水喷雾自动喷水灭火系统。

干式报警阀有差动式和机械式两种。差动式阀门中的气密封座的直径大于水密封座的直径,两个密封座被一个处于大气压的中间室隔离开来。机械式阀门由机械放大机构,使水密封件保持伺应状态。伺应状态是当干式报警阀安装在系统中时,在阀门的出口侧充以预定压力的气体,在阀门的供水侧充以压力稳定的水,而无水流通过报警阀的一种状态。

根据国标《自动喷水灭火系统 第4部分:干式报警阀》(GB 5135—2006)有关规定:干式报警阀进出口公称直径为 50mm、65mm、80mm、100mm、125mm、150mm、200mm、250mm。阀座圈处的直径可以小于公称直径。干式报警阀的额定工作压力应不低于 1.2MPa。干式报警阀与工作压力等级较低的设备配装使用时,允许将阀的进出口接头按承受较低压力等级加工,但在阀上必须对额定工作压力做相应的标记。

(3)干式报警阀的间隙要求

①除阀全开位置外,阀瓣组件与阀体内壁之间的间隙,对于铸铁不应小于 19mm,对于有色金属或不锈钢不应小于 9mm(不包括制动锁和锁止机构)。

②阀在关闭位置,阀瓣组件与阀座内缘之间至少有 3mm 的半径间隙。

③阀座的环形空间深度不应小于 3mm。

④轴与轴套之间的径向间隙不应小于 0.125mm。

⑤阀瓣轴销与阀体支承端面之间的轴向间隙不应小于 0.25mm。

⑥阀体中对阀的开启起主导作用的任何往复运动的导向零件,在活动件进入固定处的最小径向间隙不应小于 0.7mm,阀处于伺应状态时,活动件与固定件的最小径向间隙不应小于 0.125mm。

⑦耐腐蚀的阀瓣导套、轴销、轴承与其他黑色金属零件之间的间距不应小于 3mm。

(4)报警阀的设置要求

自动喷水灭火系统应设报警阀组,保护室内钢屋架等建筑构件的闭式系统应设独立的报警阀组,水幕系统应设独立报警阀或感温雨淋阀。一个报警阀可以带多个喷头,为保证发生火灾时,能够及时报警和及时喷水灭火,报警阀所控制的喷头数量不宜太多。一个报警阀控制的最多喷头数见表 5-3。报警阀的安装高度距地面 1.2m,应设置在方便操作、无冰冻的位置。

一个报警阀控制的最多喷头数　　　　表 5-3

系 统 类 型		危 险 等 级		
		轻危险级	中危险级	严重危险级
		喷头流量		
湿式喷水灭火系统		500	800	1 000
干式喷水灭火系统	有排水装置	250	500	500
	无排水装置	125	250	—

(5)报警阀组应满足的规定

①喷水灭火系统应设报警阀组。保护室内钢屋架等建筑构件的闭式系统,应设独立的报警阀组。水幕系统应设独立的报警阀组或感温雨淋阀。

②串联接入湿式系统配水干管的其他自动喷水灭火系统,应分别设置独立的报警阀组,其控制的喷头数计入湿式阀组控制的喷头总数。

③湿式系统、预作用系统中一组控制的喷头数不宜超过 800 只;干式系统的喷头数不宜超过 500 只。

④每个报警阀组供水的最高与最低位置喷头,其高程差不宜大于 50m。

⑤淋阀组的电磁阀,其入口应设过滤器。并联设置雨淋阀组的雨淋系统,其雨淋阀控制腔的入口应设止回阀。

⑥报警阀组宜设在安全及易于操作的地点,报警阀距地面的高度宜为1.2m。安装报警阀的部位应设有排水设施。

⑦接报警阀进出口的控制阀,宜采用信号阀。当不采用信号阀时,控制阀应设锁定阀位的锁具。

3)水流指示器

水流指示器是用于自动喷水灭火系统中将水流信号转换成电信号的一种报警装置,靠管内压力水流动的推力而动作,从而推动微动开关并发出报警信号,同时起到检测和指示报警区域的作用。

(1)水流指示器的性能参数

①额定工作压力。

②延迟时间,是指由水的流动引起的传动部件开始发出报警信号的时间。

③灵敏度,是指驱动水流指示器发出报警信号的最小水流量。

④水流指示器公称直径为25mm、50mm、65mm、80mm、100mm、125mm、150mm、200mm。

(2)使用特点

水流指示器常用于湿式系统,当被保护区内发生火灾时,喷头开启,喷水灭火,有水流流经装有水流指示器的管道时,管网中的水流推动水流指示器叶片倾斜达到一定角度,动作杆挤压开关使触点闭合,在通电状态下给出电接点信号,指示器会发出报警信号;当水流停止时,叶片及动作杆复位,开关触点断开,电接点信号消除。

当只有一个防火分区,报警阀控制的喷头只设置在同一层内时,可以不设水流指示器,否则这个防火分区和每层均应设置水流指示器,以起到指示、区别着火区域的作用。同理,仓库内顶板下喷头与货架内的喷头也应分别设水流指示器。水流指示器应安装在便于检修的地点,前后应有相当于管径3倍的直线管段。

(3)根据《自动喷水灭火系统设计规范》(GB 50084—2001),水流指示器应满足如下规定:

①报警阀组控制的喷头只保护不超过防火分区面积的同层场所外,每个防火分区、每个楼层均应设水流指示器。

②内顶板下喷头与货架内喷头应分别设置水流指示器。

③当水流指示器入口前设置控制阀时,应采用信号阀。

4)水力警铃

水力警铃是一种全天候的水压驱动机械式警铃,能在喷淋系统动作时发出持续警报,通常作为自动喷水灭火系统的报警阀配套装置。水力警铃由警铃、击铃锤、转动轴、水轮机及输水管等组成。当自动喷水灭火系统的任一喷头动作或试验阀开启后,系统报警阀自动打开,则有一小股水流通过输水管,冲击水轮机转动,使击铃锤不断冲击警铃,发出连续不断的报警声响。当报警阀打开消防水源后,具有一定压力的水流冲动叶轮打铃报警。水力警铃不得由电动报警装置取代。

水力警铃易于安装,通常安装在建筑物外墙上,当水流经湿式报警阀、干式报警阀、预作用阀或雨淋阀至水力警铃时,警铃即鸣响。

水力警铃的工作压力不应小于0.05MPa,并应符合下列规定:

①应设在有人值班的地点附近。

②与报警阀连接的管道,其管径应为20mm,总长不宜大于20m。

5)延迟器

延迟器指可最大限度地减少因水源压力波动或冲击而造成误报警的一种容积式装置。其作用是防止系统发生误报警,主要用于湿式系统,可以防止由于给水管道内的压力波动引起报警阀开启,而导致误报。延迟器为罐式容器,安装在报警阀与水力警铃(或压力开关)之间,报警阀开启报警后,水流需要经过30s左右的时间,充满延迟器以后,才能冲打水力警铃报警。

6)压力开关

压力开关是自动喷水灭火系统的自动报警和自动控制装置。当系统启动时,报警支管中的水压力达到压力开关的动作压力时,触点就会自动闭合或断开,将水流信号转化为电信号,传递给消防控制中心或直接控制和启动消防水泵、电子报警系统或其他电气设备。压力开关应垂直安装在水力警铃前,如果报警管路上安装了延迟器,则压力开关应安装在延迟器之后。

压力开关应符合下列规定:

①雨淋系统和防火分隔水幕,其水流报警装置宜采用压力开关。

②应采用压力开关控制稳压泵,并应能调节启停压力。

7)增压储水设备

自动喷水灭火系统要求增压储水设备满足最不利点喷头的工作压力。对于常高压或临时高压自动喷水灭火系统,需设置气压水罐或高位水箱以满足消防系统在规定时间内的水压和水量的要求。

我国规定自动喷水灭火系统的作用时间为1h,即应满足系统1h的设计流量和压力的要求。故消防水池的容量应不小于1h的消防水量(指完全是自动喷水灭火系统,不包括消火栓系统,消火栓系统的水池按3h的水量计算)。

消防水箱按10min消防水量来计算容积,主要是扑灭初期火灾。对于消火栓系统和自动喷水系统,都是按10min的水量计算。但是,当10min的水量大于$18m^3$时,按$18m^3$计。

气压水罐的容积:对于高度不超过24m的轻、中危险级建筑中设置的湿式、预作用系统,当设置高位水箱有困难时,可采用气压给水设备替代高位水箱,气压给水设备的调节容量应确保消防流量为5L/s时的10min室内消防用水量,以满足扑灭初期火灾的要求。

8)末端试水装置

(1)装置的组成

末端试水装置是由试水阀、压力表、试水喷嘴及保护罩等组成,用于监测自动喷水灭火系统末端压力,并可检验系统启动、报警及联动等功能的装置。其中,试水阀是可通过手动或电动方式控制末端试水装置开启、关闭的阀门。试水喷嘴是指出水流量系数与同楼层或所在防火分区自动喷水系统最小喷头流量系数一致的喷嘴。其额定工作压力是指末端喷水装置在伺应状态或工作状态下允许的最大工作压力。

(2)主要作用

其主要作用是检验系统的可靠性、测试系统能否在开放一只喷头最不利条件下可靠报警,并正常启动。测试水流指示器、报警阀、压力开关、水力警铃的动作是否正常,配水管是否畅通,以及最不利点处的喷头压力等。

(3) 型号与规格

末端试水装置按控制方式,分为手动式末端试水装置(代号 S)和电动式末端试水装置(代号 D);按反馈装置,分为带信号反馈装置式末端试水装置(代号 X)和不带信号反馈装置式末端试水装置(不标注)。

型号规格由产品代号(ZSPM)、性能代号、分类代号等组成如图 5-3 所示。

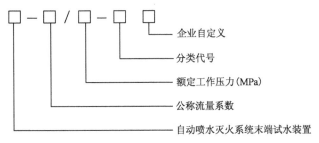

图 5-3 末端试水装置信号规格

示例 1:ZSPM-80/1.2-S 表示公称流量系数 $K=80$、额定工作压力为 1.2MPa 的手动式末端试水装置。

示例 2:ZSPM-80/1.2-DX 表示公称流量系数 $K=80$、额定工作压力为 1.2MPa 的电动带信号反馈装置式末端试水装置。

(4) 末端试水装置应满足下列要求:

①警阀组控制的最不利点喷头处,应设末端试水装置,其他防火分区、楼层的最不利点喷头处,均应设直径为 25mm 的试水阀。

②试水装置应由试水阀、压力表以及试水接头组成。试水接头出水口的流量系数,应等同于同楼层或防火分区内的最小流量系数喷头。末端试水装置的出水,应采取孔口出流的方式排入排水管道,如图 5-4 所示。

9) 喷水管网

喷水管网系统包括引入管、供水干管、配水立管、配水干管、配水管、配水支管,以及报警阀、阀门、水泵接合器等。

(1) 自动喷水管网的布置

①室内消防给水管网应布置成环状,环状管网的进水管不宜少于两条。当其中一条进水管发生故障时,其余的进水管应保证全部的消防水量和水压的要求。为便于检修,环状供水干管应设置分隔阀门,形成若干独立段。

②阀门的布置应保证某段供水管道发生故障或检修时,关闭的报警阀数量不超过 3 个,分隔阀门应设置在便于维修、操作的位置,分隔阀门应经常处于开启状态,并且应有明显的启闭标志。

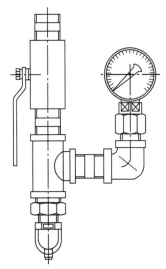

图 5-4 末端试水装置

③阀前管网可为环状和枝状,阀后管网可为枝状(又分为侧边末端进水、侧边中央进水、中央末端进水和中央中心进水等)、环状(一般为一个环)和格栅状(多环环状管)。

④若系统中设有两个及两个以上报警阀组时,阀组前宜设环状管网。

⑤阀组后管网为一般轻危险级时,宜用枝状管网,采用侧边末端进水、侧边中央进水形式均可;中危险级,宜用中央末端进水和中央中心进水枝状或环状管网,民用建筑为降低吊顶空间高度可采用环状管网,其配水干管的管径经水力计算确定;严重危险级和仓库危险级,宜采用环状管网和格栅状管网。

⑥为避免充水时间过长,干式、预作用系统应采用格栅状管网,湿式系统则可以根据实际情况采用任何形式的管网。

⑦如自动喷水系统与消火栓系统合用管道,必须在自动喷水系统的报警阀之前分开。报警阀应设置在距地面0.8~1.5m,没有冰冻危险、维修方便的房间内。

⑧配水立管的主要作用是将供水干管中的水输送到各个楼层的配水干管和配水支管。配水立管最好在配水干管的中间连接,配水管宜在配水干管两侧均匀分布,配水支管宜在配水管两侧均匀分布。

(2)自动喷水管网的安装参数

①配水管道的工作压力不应大于1.20MPa,并不应设置其他用水设施。

②配水管道应采用内外壁热镀锌钢管。当报警阀入口前管道采用内壁不防腐的钢管时,应在该段管道的末端设过滤器。

③系统管道的连接,应采用沟槽式连接件(卡箍)或丝扣、法兰连接。报警阀前采用内壁不防腐钢管时,可焊接连接。

④系统中直径等于或大于100mm的管道,应分段采用法兰或沟槽式连接件(卡箍)连接。水平管道上法兰间的管道长度不宜大于20m;立管上法兰间的距离,不应跨越3个及以上楼层。净空高度大于8m的场所内,立管上应有法兰。

⑤管道的直径应经水力计算确定。配水管道的布置,应使配水管入口的压力均衡。轻危险级、中危险级场所中各配水管入口的压力均不宜大于0.40MPa。

⑥配水管两侧每根配水支管控制的标准喷头数,轻危险级、中危险级场所不应超过8只,同时在吊顶上下安装喷头的配水支管,上下侧均不应超过8只。严重危险级及仓库危险级场所均不应超过6只。

⑦轻危险级、中危险级场所中配水支管、配水管控制的标准喷头数,不应超过表5-4的规定。

配水支管、配水管控制的标准喷头数　　　　表5-4

公称直径(mm)	控制的标准喷头数(只)	
	轻危险级	中危险级
25	1	1
32	3	3
40	5	4
50	10	8
65	18	12
80	48	32
100	—	64

⑧短立管及末端试水装置的连接管,其管径不应小于25mm。

⑨干式系统的配水管道充水时间,不宜大于1min;预作用系统与雨淋系统的配水管道充水时间,不宜大于2min。

⑩干式系统、预作用系统的供气管道,采用钢管时,管径不宜小于15mm;采用铜管时,管径不宜小于10mm。

⑪水平安装的管道宜有坡度,并应坡向泄水阀。充水管道的坡度不宜小于2‰,准工作状态不充水管道的坡度不宜小于4‰。

10)其他配件

其他配件包括快开装置(快速排气装置)、电动自动快速排气阀、火警紧急手动按钮等。快开装置(快速排气装置):用于容积比较大的干式系统,主要是加速器和排气机两种,排气机是直接将空气从排气机口排除,比从喷头排气快,相当于同时开15头排气,加快了开式系统的启动速度。美国的规范规定,干式系统喷头数超过400个的喷水灭火系统,必须采用快开装置。

电动自动快速排气阀主要应用于预作用报警系统,当预作用系统启动时,快速排气阀将管网中所充气体尽快排出,直至水到达排气阀位置时自动关闭。

5.1.2 自动喷水灭火系统的类型

1)湿式自动喷水灭火系统

(1)组成与原理

湿式自动喷水灭火系统简称为湿式系统,是由洒水喷头、报警阀组、水流报警装置(水流指示器或压力开关)等组件和末端试水装置,以及管道、供水设施所组成的闭式系统,如图5-5所示。在准备工作状态时,管道内充满用于启动系统的水压,在发生火灾时,系统能立即喷水实现自动灭火。这一系统具有结构简单、施工和管理维护方便、使用可靠、灭火速度快、控火效率高等优点。但由于其管路在喷头中始终充满水,所以应用受到环境温度的限制,适合安装在室内温度不低于4℃,且不高于70℃能用水灭火的建筑场所内,灭火成功率高于干式系统。

在处于警戒状态时,由消防水箱或稳压泵、气压给水设备等稳压设施维持管道内充水的压力。火灾发生时,当闭式喷头四周气流的温度达到感温元件的温度时,喷头开启喷水;由于火场管网中有水的流动,水流指示器动作,送出信号至控制器,表明起火区域;此时,报警阀后的压力小于阀前压力,阀门自动开启,水流经过报警阀进入管网,同时,延时器充满水,其后续管道内的水流驱动水力警铃发出声响报警信号,水力警铃前的压力开关被水流触发,送出信号至控制器;通过控制器自动启动消防水泵,消防水泵向管网供水,系统的启动完成。开放的喷头将供水按不低于设计规定的喷水强度均匀喷洒,实施灭火。为了保证扑救初期火灾的效果,喷头开放后,要求在持续喷水时间内连续喷水。

(2)控制设计

某高层建筑的1层至17层都设置有自动喷水灭火装置,共17个水流指示器。现根据旁路原理设计了如图5-6所示的水流指示器及压力开关信号控制电路。该电路工作原理为:当火灾发生时,由于环境温度升高,玻璃球喷淋头自动开启喷水灭火,假如使配水干管上的水流指示器 2SLZ 动作时,其常开触点"1-2"闭合(同时常闭触点"1-3"打开),信号指示灯 2HL 亮,B 点电位为交流 220V,报警电笛 BJDD 鸣响报警(手动解除开关 SA 平时处于闭合状态),同时接通联锁继电器 1KA。此时,由于其他各水流指示器均未动作,故常闭触点"1-3"通过接线使信号灯的两端处于等电位状态,信号灯不能点亮,这样就将已动作和未动作的水流指示器区分开来,确定出火灾发生的楼层。

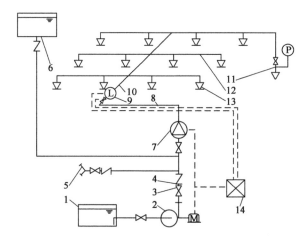

图 5-5 湿式自动喷水灭火系统

1-水池;2-水泵;3-闸阀;4-止回阀;5-水泵接合器;6-消防水箱;7-湿式报警阀组;8-配水干管;9-水流指示器;10-配水管;11-末端试水装置;12-配水支管;13-闭式洒水喷头;14-报警控制器;P-压力表;M-驱动电机;L-水流指示器

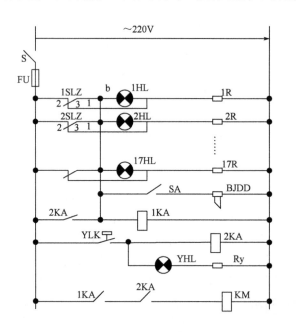

图 5-6 高层建筑水流指示器及压力开关信号电路

随着喷水灭火的进行,管网内水压下降。只有压力开关 YLK 动作时,信号灯 YHL 亮,继电器 2KA 得电,其常开触点闭合。BJDD 继续保持鸣响,同时使 1KA 保持得电,其触点 1KA、

2KA 闭合,中间继电器 KM 通电吸合(图 5-6),使喷淋泵投入运行为管网供水加压,实现了电动消防泵的自动启动。图 5-6 中保险管的熔断电流应当满足各支路电流之和。

对于楼层数不多或仅在高层建筑的其中几层设置喷水灭火系统,则可采用比较简单直观的水流指示器和压力开关信号电路,如图 5-7 所示。以三层设置的喷水灭火系统为例,1SLZ～3SLZ 为 1 层至 3 层的水流指示器的转换接点,YLK 为压力开关接点。而中间继电器 2KA、3KA 除完成本电路报警任务外,还有一对常开触点串联接入中间继电器 KM 的线圈回路之中。在正常情况下,1SLZ～3SLZ 水流指示器的常开触点"1-2"断开,各层信号灯都不亮。常闭触点"1-3"串联接入继电器 1KA 的线圈回路中,使 1KA 得电吸合,其常闭触点断开,切断继电器 2KA 线圈回路。压力开关的常开触点也处于断开状态,所以继电器 3KA 及压力信号灯均断电。在发生火灾时,假设二层在实施喷淋灭火,水流指示器 2SLZ 的"1-3"触点分断,"1-2"触点闭合,2 层信号灯 2HL 亮,继电器 1KA 断电复位,2KA 线圈得电吸合,BJDD 发出火警信号,也为接通中间继电器 KM 线圈回路作准备。当管网中的水压下降到压力开关 YLK 动作值时,YLK 动作,使信号灯 YHL 亮,继电器 3KA 得电吸合,从而使中间继电器 KM 得电,使喷淋泵运行,为管网供水加压。

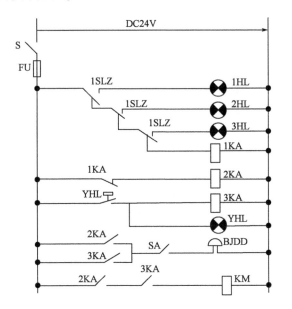

图 5-7　使用水流指示器较少时的信号电路

2)干式自动喷水灭火系统

(1)组成与原理

干式自动喷水灭火系统如图 5-8 所示,系统主要由闭式喷头、管网、干式报警阀、充气设备、报警装置、供水设备等组成。干式系统与湿式系统的区别在于采用干式报警阀组。警戒状态下报警阀后的配水管道内充满压缩空气等有压气体,报警阀前的管路里充满有压力的水。当发生火灾时,火源处温度上升达到开启闭式喷头时,火源上方的喷头开启,首先排出管网中的压缩空气,则报警阀后的管道内压力降低,造成报警阀前、后压力不同,阀前压力大于阀后压力,在压差作用下,干式报警阀的阀瓣开启,水流流向阀后的管网,通过已经开启的喷头喷水灭火,同时有一部分水通过报警阀的环形槽进入信号设施进行报警。

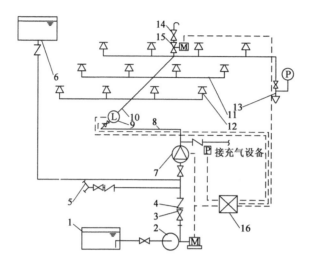

图5-8 干式自动喷水灭火系统

1-水池;2-水泵;3-闸阀;4-止回阀;5-水泵接合器;6-消防水箱;7-干式报警阀组;8-配水干管;9-水流指示器;10-配水管;11-配水支管;12-闭式喷头;13-末端试水装置;14-快速排气阀;15-电动阀;16-报警控制器

(2)干式自动喷水灭火系统的特点

①可用于环境温度低于4℃或高于70℃的建筑物和场所,例如寒冷地区无采暖的地下停车场或冷库等处,同时亦可避免管网水的汽化和冻结的危险,不受环境温度制约,适用于一些不能使用湿式系统的场合。

②干式系统对管道的气密性要求较严格,管网内气压下降到一定值时,就需要补气,提高了设备及维护费用。

③喷淋灭火也相对较迟缓,因为需要一定的时间将管网中的压缩空气排出,压力水才能进入管网。这样,可能会使火势扩大而失去早期灭火时机,造成火灾损失增大。

(3)控制设计

干式系统报警阀后的管网中为保持气压,需要配备空压机等充气设备,其原理如图5-9所示。若由于泄漏等原因,管网内空气压力降低到允许下限值时,YX型电接点压力表的可动电接点K与启动接点P相接触,致使中间继电器KM1线圈通电吸合,这样KM1的常开主触点闭合,气压泵M启动为管网补充压缩空气。随着管网内气压的升高,YX型电接点压力表的可动接点K将向停车接点Q侧偏转。当K与P分开时,由于此时KM1的常开触点已闭合自保持,所以气压泵M继续运转为管网补充压缩空气,使管网空气压力继续升高。这样K继续向Q侧偏转,当管网内空气压力达到允许上限值时,K与停车接点Q相接触,使KM2线圈通电吸合,KM2的常闭触点断开,通过其联锁作用,使KM1、KM2线圈同时断电,则气压泵M停车。如此往复,使管网内的空气压力保持在所要求的压力范围以内。

3)预作用式自动喷水灭火系统

预作用系统采用预作用报警阀组,并由配套使用的火灾自动报警系统启动。处于戒备状态时,配水管道不充水而是维持一定的气压,这同时有助于监测管道的严密性和寻找泄漏点。

处于火警状态时,利用火灾探测器的热敏性能优于闭式喷头的特点,由火灾探测器发出信号,开启预作用阀,排气管网系统充水,成为临时湿式系统。只有当着火点温度达到开启闭式喷头时,才开始喷水灭火。从火灾探测器动作开启预作用阀,到水流流到喷头喷水,其时间应该不超过3min,系统充水时,水流在配水支管中的流速不应小于2m/s,由此可以确定预作用系统管网的最长保护距离。预作用自动喷水灭火系统如图5-10所示。

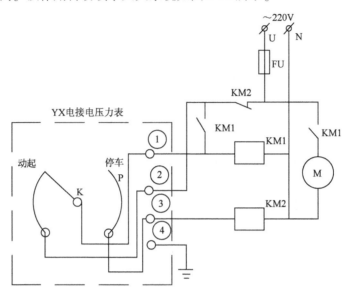

图5-9 管网空气压力电气控制原理

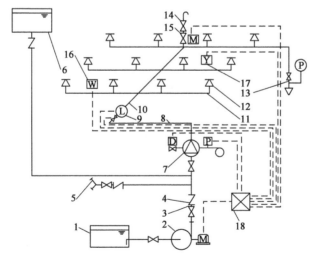

图5-10 预作用自动喷水灭火系统

1-水池;2-水泵;3-闸阀;4-止回阀;5-水泵接合器;6-消防水箱;7-预作用报警阀组;8-配水干管;9-水流指示器;10-配水管;11-配水支管;12-闭式喷头;13-末端试水装置;14-快速排气阀;15-电动阀;16-感温探测器;17-感烟探测器;18-报警控制器

由此可见,预作用式自动喷水灭火系统既克服了干式自动喷水灭火系统所存在的喷水灭火延迟时间较长的缺点,又避免了湿式自动喷水灭火系统存在渗漏而污染室内装修的弊病。因此,在现代建筑的自动喷水灭火系统中,预作用式得到越来越广泛地采用。

4）重复启闭预作用系统

这种系统是在预作用系统的基础上发展起来的一种新的自动喷水灭火系统,能在扑灭火灾后自动关闭报警阀,发生复燃时又能再次开启报警阀恢复喷水。其适用于灭火后要求减少水渍损失,必须及时停止喷水的场所。

通常的闭式自动喷水灭火系统启动后,必须人工关闭,更换喷头以后才能再次启动;开式系统即雨淋系统,必须使雨淋阀复位后,才能再次启动。重复启闭预作用系统的主要特点是不需要人工关闭,不需要更换喷头等,具有自动启动、自动关闭的功能,可以有效地扑灭复燃的火灾。

为了防止误动作,该系统与常规预作用系统的不同之处,则是采用了一种可通过烟、温感传感器控制系统的控制阀,来实现系统的重复启闭,关键部分是一个水流控制阀。水流控制阀接出的排水管上安装有两个电磁阀,电磁阀开启放水,控制水流控制阀的动作;电磁阀受感温探测器控制,可重复使用的感温探测器设置在保护区域上方。感温探测器探测到火灾后,电磁阀开启,系统喷水灭火;当火灾被扑灭,环境温度降低,感温探测器探测到的温度低于设定温度(一般为60℃)时,感温探测器复原,使得电磁阀关闭,停止喷水。如果火灾复燃,温度升高。感温探测器重新开启,并且喷头本身要求具有重复启闭的功能。

5）雨淋式系统

（1）组成与原理

雨淋系统一般由三部分组成:火灾探测控制自动传动系统、自动控制成组作用阀门系统、带开式喷头的自动喷水灭火系统。在实际应用中,雨淋系统有可能有许多不同的组成形式,但工作原理大致相同:发生火灾时,火灾探测传动系统感受到火灾后,控制雨淋阀开启,接通水源和雨淋管网,喷头喷水灭火。由于雨淋系统采用的是开式喷头,所以喷水时是整个保护区域内的喷头同时进行喷水。工作原理见图5-11。

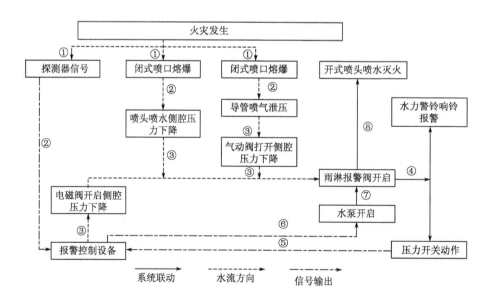

图5-11 雨淋系统、水幕系统、水喷雾系统工作原理

(2)分类

按淋水管的充水与否,雨淋式系统可以分为两种。一种是空管式雨淋系统:平时喷水管网为干管状态,报警阀由湿式报警阀和雨淋阀组成,能有效地防止因水压不稳而造成的系统误动作。另一种是充水式雨淋系统:平时喷水管网内充以静压水,水面低于开式喷头的出口,并由溢流管保持恒定水面。系统管网中经常充满水,能有效提高系统出水灭火的速度,所以充水式雨淋系统多用于对出水灭火速度要求比较高的场合。

(3)使用规定

对适合采用雨淋系统的场所作了规定,包括火灾水平蔓延速度快的场所和室内净空高度超过闭式系统喷头的安装高度的场所。室内物品顶面与顶板或吊顶的距离加大,将使闭式喷头在火场中的开放时间推迟,喷头动作时间的滞后使火灾得以继续蔓延,而使开放喷头的喷水难以有效覆盖火灾范围。上述情况使闭式系统的控火能力下降,而采用雨淋系统则可消除上述不利影响。雨淋系统启动后立即大面积喷水,遏制和扑救火灾的效果更好,但水渍损失大于闭式系统。其适用场所包括舞台葡萄架下部、电影摄影棚等。

雨淋系统的设计基本参数按严重危险级建筑物的要求考虑,即作用面积不小于 $300m^2$,喷水强度不小于 $10 \sim 15L/(min \cdot m^2)$,最不利点喷头出水压力不小于 $0.1MPa$,或满足国标《自动喷水灭火系统设计规范》(GB 50084—2001)的规定。

6)水幕系统

(1)组成与原理

水幕系统是开式自动喷水灭火系统中的一种,沿线状布置喷头将水喷洒成水幕状,发生火灾时主要起冷却、阻火、隔火的作用,是唯一不以灭火为主要目的的系统。水幕系统又可以分为两种:充水式水幕系统和空管式水幕系统。水幕系统与雨淋系统一样,主要由三部分组成:火灾探测传动控制系统、控制阀门系统、带水幕喷头的自动喷水灭火系统。

简单的水幕系统通常只包括水幕喷头、管网、手动闸阀。在易燃易爆场合,应采用自动开启系统,比如火灾探测器与电磁阀联动的开启系统。其中控制阀可以是雨淋阀、电磁阀,也可以是手动闸阀。

水幕系统的作用方式与雨淋系统的工作原理相同,由火灾探测器或者人发现火灾,电动或手动开启控制阀,系统供水通过水幕喷头喷水灭火,如图5-11所示。

该系统主要适用于需要进行水幕保护和防火隔断的部位。一般安装在舞台口、门窗、建筑上的孔洞口处,用以隔断火源,使火灾不能通过这些孔洞蔓延,水幕系统还可以配合防火卷帘、防火幕等一起使用,用来冷却这些防火隔断物,以增强这些防火卷帘、防火幕等的耐火性能。

水幕系统还可以作为防火分区的手段,当建筑物面积超过防火分区的规定要求,必须设防火分区,而工艺要求又不允许设置防火隔断物时,可以采用水幕系统代替防火隔断物。例如在某些生产车间有很长的生产线,车间一端有易燃易爆物,防火要求高,车间另一端防火要求不太高,操作人员比较集中,中间应该设置防火墙进行防火分区,但是生产线不能断开,无法设置防火墙,此时可采用水幕系统代替防火墙。

(2)水幕系统的作用

①冷却作用:水幕喷头单排布置,供水强度不小于 $0.5L/(s \cdot m)$。

②局部阻火作用:用于保护门窗、孔洞等面积不超过 $3m^2$ 的开口部位,用雨淋喷头,单排或双排布置,供水强度不小于1L/(s·m)。

③水幕带:开口部位大于 $3m^2$,可设置水幕带代替防火墙,此时可采用雨淋式喷头或缝隙式水幕喷头,双排布置,两排之间的间距为 0.6~0.8m。地下铁道、地下隧道等作为防火分区的水幕带,喷头至少应布置成3排,水幕带的供水强度不小于2L/(s·m)。

7) 自动喷水—泡沫联用灭火系统

(1) 系统功能

自动喷水—泡沫联用灭火系统,是在通常的自动喷水灭火系统的报警阀后,加装可以供给泡沫混合液的设备,组成既可以喷水又可以喷泡沫的固定式灭火系统。这种灭火系统有3种功能:一是灭火功能;二是预防作用,在出现B类(易燃液体)火灾时,可以预防因易燃液体的沸溢或者溢流而将火灾引到邻近区域,以及防止火灾的复燃;三是在不能扑灭火灾时,控制火灾的燃烧,减少热量的传递,保护暴露在火灾现场中的其他物品不致受到损失。

(2) 使用特点

该系统主要特点是在自动喷水灭火系统的基础上,加入了泡沫灭火剂,利用泡沫来强化灭火效果。根据喷水的先后可以分为两种:一种是先喷水后喷泡沫,另一种是先喷泡沫后喷水。前期先喷水控火,后期喷泡沫灭火剂以强化灭火效果;或者前期喷泡沫灭火,后期喷水冷却,防止复燃。

对于某些对象,如某些水溶性液体火灾,采用喷水和喷泡沫均可达到控灭火目的,但单纯喷水时,虽控火效果好,但灭火时间长,火灾与水渍损失较大;单纯喷泡沫时,系统的运行维护费用较高。另一些对象,如金属设备和构件周围发生的火灾,采用泡沫灭火后,仍需进一步防护冷却,防止泡沫消泡后因金属件的温度高而使火灾复燃。水和泡沫结合,可起到优势互补的作用,可应用于A类(固体表面火灾)、B类(易燃液体火灾)、C类(带电电气设备火灾)火灾的扑灭。我国《汽车库、修车库、停车场设计防火规范》(GB 50067—2014)中规定:大型汽车库宜采用自动喷水—泡沫联用系统。随着我国经济实力的不断增加,该系统还会有很多的用武之地,还可用于柴油发电机房、锅炉房、仓库等处。

工程设计中还可以根据不同被保护对象的化学性质,选择不同性质的泡沫灭火剂,也可以在不同的自动喷水灭火系统的基础上加装泡沫灭火设备,组成不同的自动喷水泡沫联用灭火系统,如在原有的雨淋系统上增加泡沫供给装置,组成泡沫—雨淋系统;在原有的干式自动喷水灭火系统上增加泡沫供给装置,组成泡沫干式系统;在原有的预作用自动喷水灭火系统上增加泡沫供给装置,组成泡沫预作用系统;在原有的水喷雾自动喷水灭火系统上增加泡沫供给装置,组成泡沫灭火水喷雾系统;在原有的闭式自动喷水灭火系统上增加泡沫供给装置,组成泡沫—闭式自动喷水灭火系统等。

以上几种自动喷水灭火系统各有其特点,适用于不同的场合,同时也各有弱点。在进行工程设计时,应根据实际设置场所中的可燃物数量、性质、特点,需要保护的范围等情况,选择相应的自动喷水灭火系统,进行几个方案的比较,然后确定灭火系统的类型。决定性的因素不是建筑的规模,而是建筑物的火灾危险性(火灾危险等级举例见表5-5)和自动扑救初期火灾的必要性。

自动喷喷水系统设置场所的火灾危险等级举例 表 5-5

火灾危险等级		设置场所举例
轻危险级		建筑设计为24m及以下的旅馆、办公楼;仅在走道设置闭式系统的建筑等
中危险级	Ⅰ级	(1)高层民用建筑:旅馆、办公楼、综合楼、邮政楼、金融电信楼、指挥调度楼、广播电视楼(塔)等;(2)公共建筑(含单、多高层):医院、疗养院;图书馆(书库除外)、档案馆、展览馆(厅);影剧院、音乐厅和礼堂(舞台除外)及其他娱乐场所;火车站和飞机场及码头的建筑,总建筑面积小于5 000m²的商场、总建筑面积小于1 000m²的地下商场等;(3)文化遗产建筑:木结构古建筑、国家文物保护单位等;(4)工业建筑:食品、家用电器、玻璃制品等工厂的备料与生产车间等,冷藏库、钢屋架等建筑构件
	Ⅱ级	(1)民用建筑:书库、舞台(葡萄架除外)、汽车停车场、总建筑面积5 000m²及以上的商场、总建筑面积1 000m²及以上的地下商场等;(2)工业建筑:棉毛麻丝及化纤的纺织及制品、木材木器及胶合板、谷物加工、烟草及制品、饮料酒(啤酒除外)、皮革及制品、造纸及纸制品、制药等工厂的备料与生产车间
严重危险级	Ⅰ级	印刷厂、酒精制品、可燃液体制品等工厂的备料与车间等
	Ⅱ级	易燃液体喷雾操作区域、固体易燃物品、可燃的气溶胶制品、溶剂、油漆、沥青制品等工厂的备料及生产车间、摄影棚、舞台"葡萄架"下部
仓库危险级	Ⅰ级	食品、烟酒;木箱、纸箱包装的不燃难燃物品、仓储式商场的货架区等
	Ⅱ级	木材、纸、皮革、谷物及制品、棉毛麻丝化纤及制品、家用电器、电缆、B组塑料与橡胶及其制品、钢塑混合材料制品、各种塑料瓶盒包装的不燃物品及各类物品混杂储存的仓库等
	Ⅲ级	A组塑料与橡胶及其制品;沥青制品等

5.1.3 水泵的联动控制

一般由水流指示器和压力开关直接联动控制喷淋泵,即只要开始喷水灭火,装设在无火区域的配水干管上的水流指示器首先动作,将水流转换成电信号或开关信号送入控制柜;当管网中的水压下降到规定值时,装设在管网上的压力开关动作,将水压转换成电信号或开关信号也送入控制柜;经控制柜将水流报警信号和水压报警信号进行逻辑"与"关系处理后,启动喷淋泵为管网供水加压。

1)喷淋泵和稳压泵的直接启动控制
(1)两台互备的自投喷淋泵控制线路

根据对消防喷淋泵的设置和控制要求,自动水喷淋灭火系统采用两台互为备用的喷淋泵和两台互为备用的稳压泵。图5-12为两台互为备用的自投喷淋泵自耦降压启动控制线路图。图中SP为电接点压力表接点,KT_3、KT_4为电流/时间转换器,其接点可延时动作,并设有公共部分控制电源自动切换电路。

按下自锁按钮SA,中间继电器KA线圈通电,$KA_{(13-14)}$接点闭合,接通1号电源U_1,$KA_{(11-12)}$接点断开,切断2号电源,使控制电路接通1号电源,当1号电源发生故障或停电时,KA线圈断电,其接点$KA_{(11-12)}$复位闭合,为控制电路接通2号电源U_2,从而确保线路正常工作。

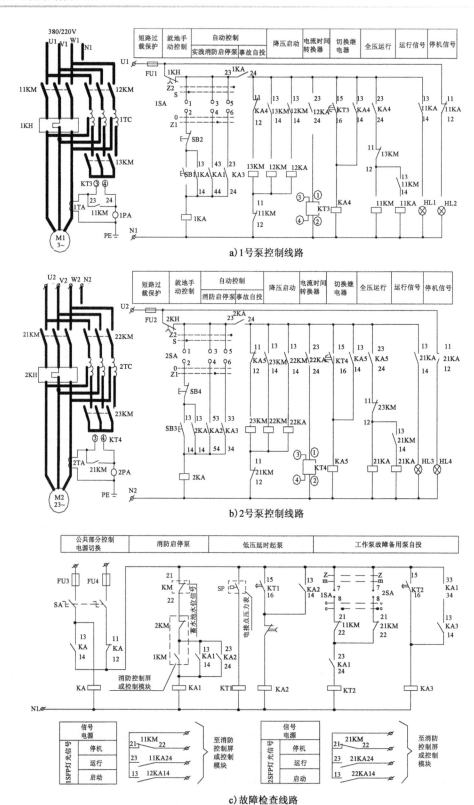

图 5-12 带自备电源的两台互备自投喷淋泵的自耦变压器起动控制线路

设转换开关 1SA 置于 1 号泵运行,2 号泵备用,即 z_1 档位,$1SA_{(3-4)}$、$1SA_{(7-8)}$ 接点闭合。转换开关 2SA 置于 z_2 档位,$2SA_{(5-6)}$ 接点闭合,当消防蓄水池水位不低于下限水位时,$KM_{(21-22)}$ 为闭合状态。当发生火灾时,火灾现场喷淋头动作实施灭火,水流指示器和压力开关动作,经逻辑"与"。若来自消防控制屏或控制模块的常开接点 $1KM_{(3-4)}$ 闭合,即发出开启喷淋泵信号。这时中间继电器 KA_1 线圈得电,其接点 $KA1_{(43-44)}$ 闭合,中间继电器 1KA 线圈得电吸合,故 $1KA_{(23-24)}$ 闭合,从而使接触器 13KM 线圈得电吸合,其主触头闭合使主回路的自耦变压器 1TC 星形连接;同时 $13KM_{(13-14)}$ 接点闭合也使接触器 12KM 线圈得电吸合,其主触头闭合则使 1 号喷淋泵 M_1 接自耦入变压器 1TC 而实现降压启动。另外由于 $12KM_{(13-14)}$ 接点闭合,也使中间继电器 12KA 线圈得电吸合,$12KA_{(23-24)}$ 接点闭合使电流/时间转换器 KT_3 的电压线圈通电,并延时。当 1 号喷淋泵 M_1 接近额定转速时,从主回路电流互感器 1TA 二次回路的电流变化接入 $KT3_{(3-4)}$,使 $KT3_{(15-16)}$ 接点闭合,致使切换继电器 KA4 线圈通电。$KA4_{(13-14)}$ 接点闭合实现自保持;$KA4_{(23-24)}$ 接点闭合,为使接触器 11KM 线圈得电做准备;$KA4_{(11-12)}$ 常闭接点断开,13KM 线圈断电释放,其主触头切断 1TC 的星形连接,同时 $13KM_{(11-12)}$ 接点复位闭合,使 11KM 线圈通电吸合,$13KM_{(13-14)}$ 接点复位断开,也使 12KM 线圈断电,从而使 1TC 被切除,1 号泵(M_1)全电压稳定运行。另外 $11KM_{(13-14)}$ 接点闭合也使 11KA 线圈得电吸合,其接点使停泵信号灯 HL1(绿色)熄灭,运行信号灯 HL2(红色)点亮。由图 5-12 可见,$11KM_{(11-12)}$ 常闭接点断开,也进一步保证了 12KM、13KM 和 12KA 线圈断电,启动过程结束。

在火灾时如出现故障,如 11KM 不动作,即 $11KM_{(21-22)}$ 常闭接点仍闭合,则 K12 线圈通电,经延时其常开触点 $KT2_{(15-16)}$ 闭合,使中间继电器 KA3 线圈得电吸合,$KA3_{(33-34)}$ 接点闭合使中间继电器 2KA 得电,其接点 $2KA_{(23-24)}$ 闭合,23KM 线圈通电。$23KM_{(13-14)}$ 接点闭合使 22KM 线圈得电吸合,从而 2 号喷淋泵接入自耦变压器 2TC 降压启动。与此同时,$22KM_{(13-14)}$ 使中间继电器 22KA 线圈得电吸合,$22KA_{(23-24)}$ 接点闭合使 KT4 线圈通电。

同样经一定延时后,2 号喷淋泵 M_2 接近额定转速,$KT4_{(15-16)}$ 接点闭合,切换继电器 KA5 线圈得电吸合,使 23KM、22KM 和 22KA 线圈先后断电,21KM 线圈通电吸合,从而切除 2TC,2 号泵(M_2)全电压稳定运行,为管网供水加压。另外,$21KM_{(13-14)}$ 接点闭合也使 21KA 线圈得电吸合,其接点使停泵信号灯 2HG 熄灭,运行信号灯 2HR 点亮。$21KM_{(11-12)}$ 常闭接点断开,也保证 22KM、23KM 和 22KA 线圈断电,启动过程结束。当火灾扑灭后,来自消防控制屏或控制模块的闭合触点 $2KM_{(1-2)}$ 断开,KA1、KT2 失电,使 KA3 也失电,2KA、21KM、21KA 等均失电,M_2 停止,2HR 熄灭,2HG 点亮。

将开关 1SA、2SA 至手动"s"档位,如启动电动机 M_2,按下启动按钮 SB3,2KA 通电,使 23KM 线圈通电,22KM 线圈也通电,电动机 M_2 接入 2TC 降压启动,22KA、KT4 线圈通电,经过延时,当 M_2 的电流达到额定电流时,KT4 触头闭合,使 KA5 线圈通电,断开 23KM,接通 21KM,切除 2TC,M_2 全电压稳定运行。同样,21KM 使 21KA 线圈通电,使运行指示灯 2HR 点亮,停机信号灯 2HG 熄灭。

当消防蓄水池的水位达到或低于下限水位时,水位继电器 $KM_{(21-22)}$ 接点断开。同时蓄水池内的水位过低,其压力也随之降低,所以经压力开关(即压力传感器)将水压转变成开关信号或电信号,总线制火灾自动报警系统则通过监视模块将压力信号经回路总线送至报警控制器,再由回路总线上的控制模块联动中间继电器 1KM,使其接点 $1KM_{(3-4)}$ 断开,喷淋泵将无法启动运行。但是,由于消防蓄水池内的水压低而使电接点压力表的水位下限电接点 SP 闭合,时间继电器 KT1 线圈通电延时,经延时到所预先整定的时间后,KT1$_{(15-16)}$ 闭合,中间继电器 KA2 线圈通电,KA2$_{(23-24)}$ 常开接点闭合。由于在延时时间内在向蓄水池中注水,水位已升高,KM$_{(21-22)}$ 接点又恢复闭合,所以使中间继电器 KA1 线圈通电吸合,1KA 线圈通电,根据以上分析,可以重新启动喷淋泵运行,为管网供水加压。这种启动喷淋泵方式也称之为低压延时启泵。

(2) 两台互备的自投稳压泵控制线路

消防管网难免会发生泄漏现象,水压会逐渐下降,当水压下降到规定的下限值时,稳压泵启动补压,当水压达到规定的上限值时,稳压泵停止运转。由此可见,设稳压泵的目的是维持消防管网压力,在电接点压力表的控制下启动和停止稳压泵,以确保水的压力在设计规定的范围之内,以满足正常的消防用水。

两台互备自投稳压泵全电压启动线路如图 5-13 所示。图中的 SP1、SP2 分别为电接点压力表的上限电接点和下限电接点,分别控制高压力延时停泵和低压力延时启泵。另外,当消防蓄水池水位过低时,水位继电器 KA2 的常接点 KA2$_{(31-32)}$ 是断开的,以控制低水位停泵。电接点压力表则安装在网管干管上。

假设将转换开关 1SA 设置在 z_1 位置,2SA 设置在 z_2 位置,其接点 3-4、7-8 和 5-6 均闭合,即 1 号泵为工作泵,2 号泵为备用泵,为稳压泵启动运行做好准备。当水自动喷淋系统管网内水的压力降到电接点压力表的下限值时,SP1 闭合,使时间继电器 KT1 线圈通电,经延时后,其常开接点闭合,使中间继电器 KA1 线圈通电。KA1$_{(43-44)}$ 常开接点闭合,使接触器 KM1 线圈得电吸合,稳压泵 M_1 启动运行,为管网补水加压。同时 KM1$_{(23-24)}$ 接点闭合使中间继电器 1KA 线圈通电,从而使运行信号灯 1 躲点亮,停泵信号灯 1HG 熄灭。

随着稳压泵的运行,管网中的压力不断提高,当压力上升到电接点压力表的上限压力值时,其上限电接点 SP2 闭合,使时间继电器 KT2 通电,其接点经延时断开,KA1 失电释放,使 KM1 线圈失电,使 1KA 线圈失电,稳压泵停止运行,1HR 熄灭,1HG 点亮,如此在电报接点压力表控制之下稳压泵间歇自动运行。如果稳压泵 M_1 故障或过载使过流继电器 KH 动作,接触器 KM1 线圈断电而复位,使时间继电器 KT 通电,经过延时其接点闭合,使中间继电器 KA3 通电,其触头 KA3$_{(33-34)}$ 闭合使接触器 KM2 通电,备用稳压泵 M_2 自动投入运行为管网补水加压。同时 2KA 通电,运行信号灯 2HR 点亮,停泵信号灯 2HG 熄灭。

M_2 运行压力升高,使管网内压力达上限压力值,SP2 闭合,KT2 通电,经延时后其接点断开,使 KA1 线圈断电,KA1$_{(23-24)}$ 断开,KT 断电释放,KA3、KM2、1KA 均失电,M_2 停止运行,2HR 熄灭,2HG 点亮。如将转换开关 1SA、2SA 置于 s 档位,则 1SA(1-2)、2SA(1-2) 接点闭合,这时可通过操作启动按钮 SB1(或 SB3),可实现稳压泵 M_1(或 M_2)启动,而操作停止按钮 SB2(或 SB4),可实现稳压泵 M_1(或 M_2)停机。

2) 喷淋泵的软启动器控制

目前,在自动消防系统中应用较多的启动装置是软启动器,以 ABB-PSTB 型软启动器为例,电路如图 5-14 所示,其中 L_1、L_2、L_3 和 U、V、W 分别为三相电源输入端和输出端。软启动器盘面布局如图 5-15 所示。

LED 灯指示如表 5-6 所示。

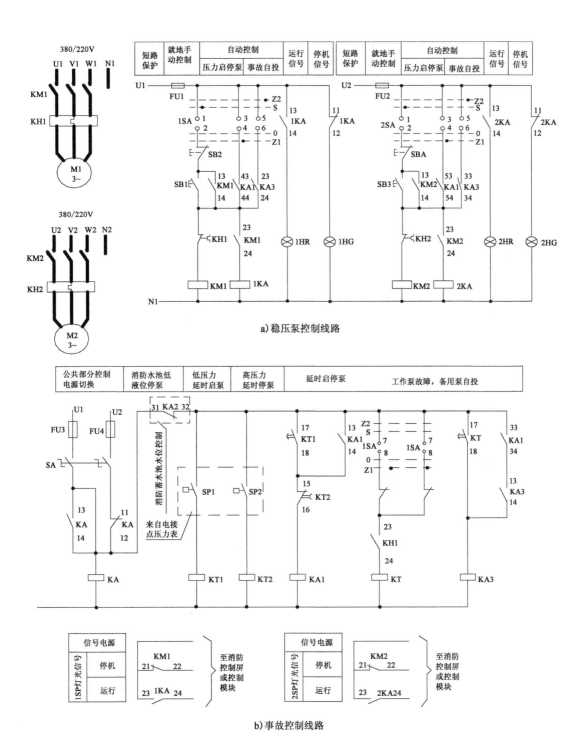

图 5-13 带自备电源的两台互备自投稳压泵全压直接起动控制线路

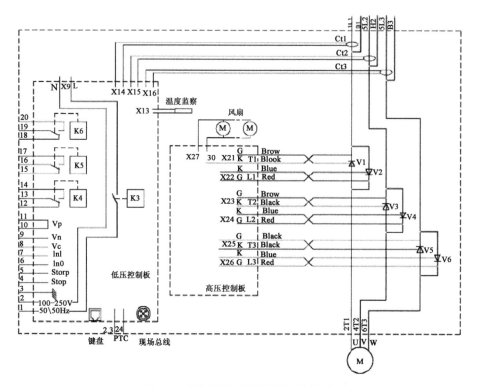

图 5-14 软启动器电路及接线端子板排列

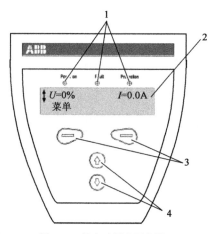

图 5-15 软启动器盘面布局
1-LED 状态显示灯;2-LCD 显示屏;3-选择键;4-菜单操作键

LED 灯指示　　　　表 5-6

LED	颜　色	说　　明
电源	绿色	控制电源电压已接通
故障	红色	故障显示
保护	黄色	保护功能生效
当故障或保护 LED 的灯亮时,LCD 显示屏会显示发生的故障或采取的保护		

自动水喷淋系统一般设置两个喷淋泵,一用一备,互为备用。当主工作泵故障时,备用泵可自动延时投入运行。图 5-16 和图 5-17 所示为采用软启动器起动控制的喷淋泵电气原理。

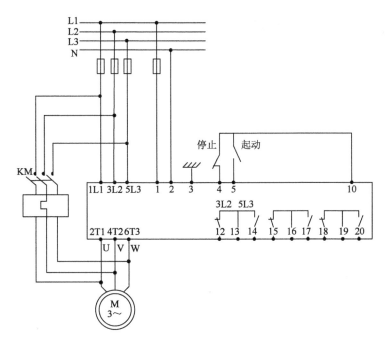

图 5-16 自动喷淋泵软启动器控制主电路

注:$V=100\%V_N$ 为全压输出继电器;05-07 为故障输出继电器输出信号,其中 05-06 常开触点闭合为正常信号,06-07 常闭触点闭合为故障信号;08-10 为运行输出继电器输出信号,启动延时后,08-09 闭合输出信号。

当发生火灾时,自动喷淋头受热,其玻璃球爆裂而自动喷水,该管道内的水流将使相应的水流指示器动作。随着管网内压力的降低,压力开关也动作,通过监视模块转换,并经回路总线将报警信号传送给报警控制器;报警控制器收到以上两个报警信号后,则发出指令,通过其总线上的控制模块使联动继电器 1KA 通电吸合,时间继电器械 3KT 线圈得电,经延时吸合,使继电器 2KA 线圈得电吸合。如将组合转换开关 QA 置于 1 号泵自动、2 号泵备用位置,则继电器 3KA 线圈得电,其回路路径为 U→1FU→2KA(常开触点)→①→②→4KA 常闭触点→3KA(线圈)→3FU→N。故 3KA 常开触点闭合,软启动器的启动输入端 02 与公共端 01 接通 1 号喷淋泵开始启动,转速平稳上升。当接近额定转速时,软启动器中的全压输出继电器动作,接触器 1KM 线圈得电,其触点闭合旁路软启动器,使 1 号喷淋泵电动机全压运行。

当 1 号泵发生过负荷故障时,热继电器 1KH 动作,软启动器的瞬停输入端 04 与 01 断开,使水泵立即停车,同时接触器 1KM 断电。接通时间继电器 1KT 线圈,经过一定的延时其触点闭合,使 2 号喷淋泵启动,投入运行。另外,当 1 号泵或 2 号泵发生过负荷故障时,热继电器 1KH(或 2KH)动作,将使软启动器的 01 端与 04 端断开,发出立即停泵信号,使接触器 1KM(或 2KM)断电复位,1 号喷淋泵(或 2 号喷淋泵)停止运行,05 与 06 接通,故障信号灯 1HL1(或 2HL1)点亮,发出报警信号。如将组合转换开关 QA 置于手动位置,则可通过按钮 1SB1(1SB2)或 2SB1(2SB2)手动启动的喷淋泵。

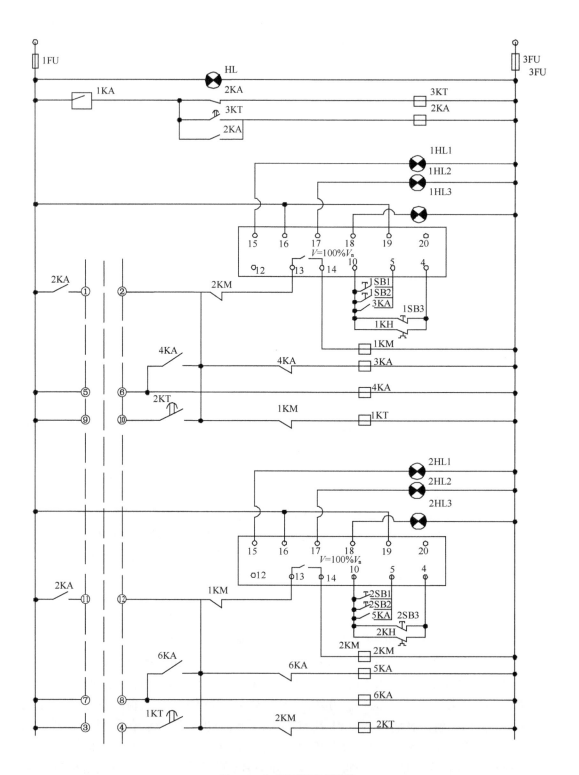

图 5-17 自动喷淋泵控制线路

5.2 室内消火栓灭火系统

5.2.1 消火栓的设置原则

1)室内消火栓简介

室内消火栓系统是将室外消防给水通过管网,加压后输送到建筑物内部消火栓的一套灭火设施系统。这一系统的组件简单、价格便宜、使用方便,目前在各类建筑中使用广泛。

按照《建筑设计防火规范》(GB 50016—2014)规定:建筑层数不超过10层的住宅和建筑高度小于24m的其他民用建筑为低层建筑,超过24m者为高层建筑。对于高层建筑和低层建筑,消防上也相应划分为高、低层建筑消火栓灭火系统。

对于低层建筑,消火栓灭火系统的任务是扑灭建筑物初期火灾。所以给水系统的水量、水压,都是按照扑灭建筑物初期火灾的要求进行设计的,较大的火灾、初期没有扑灭的火灾,要依靠室外的消防车来灭火。

高层建筑消火栓给水系统的设计原则是立足自救。因高层建筑的高度超过了消防车能够直接有效扑灭火灾的高度,高层建筑一旦发生火灾,完全依靠建筑内部的消防给水系统本身的工作来灭火。消防队员到达现场后,一般是首先使用室内消火栓给水系统来控制火灾,而不是首先使用消防车的消防设备。因此高层建筑消防给水,在设计标准和设计原则上与低层建筑的消防给水是不完全相同的,在火灾起始10min 内能保证供给足够的消防水量和水压,这一点与低层建筑的要求是相同的。不同之处是:除此之外,还应该满足火灾起始10min 加3h 以内的消防用水的水量、水压的要求。高层建筑消防给水系统的可靠性要求很高,以保证迅速扑灭初期火灾,不酿成大火。

2)应设置室内消火栓灭火系统的建筑物

下列建筑物应设置室内消火栓灭火系统:

(1)厂房、库房(但耐火等级为1、2级且可燃物比较少的丁、戊类厂房、库房。耐火等级为3、4级且建筑体积不超过3 000m³ 丁类厂房和建筑体积不超过5 000m³ 戊类厂房除外)和科研楼(储存有与水接触能引起燃烧、爆炸的房间除外)。

(2)剧院、电影院、俱乐部(座位超过800 个)和超过1 200 个座位的礼堂、体育馆。

(3)车站、码头、机场建筑物以及展览馆、商店、病房楼、门诊楼、教学楼、图书馆等体积超过5 000m³ 的公共建筑。

(4)超过6 层的塔式住宅、通廊式住宅、底层设有商业网点的单元式住宅和超过7 层以上的单元式住宅。

(5)超过5 层或体积超过10 000m³ 的其他民用建筑。

(6)国家级文物保护单位的重点砖木或木结构的古建筑。

(7)作为下列功能使用的人防建筑工程:作为商店、医院、旅馆、展览厅、旱冰场、体育馆且面积超过300m² 时;作为餐厅、丙类和丁类生产车间、丙类和丁类物品库房使用且面积超过450m² 时;作为电影院、礼堂使用时;消防电梯前室。

(8)停车场、修车库。

3)设置消防水喉的建筑物

有些建筑除设有消火栓系统外,还增设了消防水喉,消防水喉是设在消火栓旁的小消火栓,即小口径自救式消火栓,又名消防软管卷盘。因大的消火栓冲力比较大,非专业消防人员很难操作,所以设小消火栓,以便非专业消防人员也能及时扑灭小规模的初期火灾。如低层和多层建筑中设有空气调节系统的旅馆、办公楼和超过1 500个座位的剧院、礼堂,其闷顶内安装有面灯部位的马道处,宜增设消防水喉;高层民用建筑中的高级旅馆、重要的办公楼,一类建筑中的商业楼、展览馆、综合楼,建筑高度超过100m的高层建筑应增设消防水喉。

(1)耐火等级为1、2级且可燃物比较少的丁、戊类厂房或库房;耐火等级为3、4级且建筑体积不超过3 000m³丁类厂房和建筑体积不超过5 000m³戊类厂房。

(2)室内没有生产、生活给水管道,室外消火栓用水取自储水池且建筑体积不超过5 000m³的建筑物。

(3)居住区人口不超过500人,且建筑物不超过二层的居住小区。

5.2.2 消火栓系统的组成

室内消火栓灭火系统一般由水枪、水带、消火栓(消防水喉)、消防管道(横管、立管)、消防水池、高位水箱、水泵接合器、增压设备和水源等组成,见图5-18。当室外给水管网的水压不能满足室内消防要求时,应当设置消防水泵和水箱等增压设备。室内消火栓灭火系统的主要设备如下。

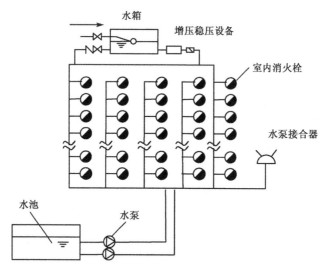

图5-18 室内消火栓灭火系统

1)室内消火栓设备

(1)消火栓箱

消火栓的组件消火栓是由消火栓、水带、水枪和有玻璃门的消火栓箱(图5-19)组成。设置消防水泵的系统,其消火栓箱应设启动水泵的消防按钮。

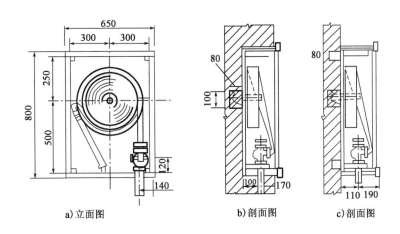

图 5-19 消火栓安装(单位:mm)

水枪一般采用直流式,喷嘴口径有 13mm、16mm、19mm。喷嘴口径 13mm 水枪配 50mm 水带,16mm 水枪可配 50mm 或 65mm 水带,19mm 水枪配 65mm 水带。一般低层建筑室内灌火栓给水系统可选用 13mm 或 16mm 喷嘴口径水枪,但必须根据消防流量和充实水柱长度经计算后确定。高层建筑室内消火栓给水系统,水枪喷嘴口径不应小于 19mm。水带有麻质、化纤之分,口径一般为直径 50mm 和 65mm。水带长度有 15m、20m、25m 和 30m 四种,长度确定根据水力计算后选定。高层建筑水带长度不应大于 25m。

消火栓有单出口和双出口之分,均为内扣式接口的球形阀式龙头。单出口消火栓直径有 50mm 和 65mm 两种,双出口消火栓直径为 65mm。每支水枪最小流量小于 2.5L/s 时,可选直径 50mm 的消火栓;最小流量小于 5L/s 时,宜选用直径 65mm 的消火栓。高层建筑室内消火栓口径应选 65mm。

(2)消防水喉

消防水喉又称自救卷盘,是直径为 25mm 的小口径自救式消火栓设备。它可供商场、宾馆、仓库以及高、低层公共建筑内的服务人员、工作人员和一般人员进行初期火灾扑灭。消防水喉设备根据设置情况,有消防软管卷盘和自救式小口径消火栓设备两种,可安装在消防竖管或生产、生活给水管道上。消防软管卷盘一般由小口径消火栓、输水缠绕软管、小口径水枪等组成;与室内消火栓设备比较,具有操作简便、机动灵活等优点;在商场、仓库和大型剧院均可设置;对于超过 1500 个座位的大型剧院、会堂等可采用消防软管卷盘来扑救。自救式小口径消火栓设备是由消防卷盘与 SN 系列室内消火栓组合形成的一种新式消防设备。设有空调调节系统的旅馆、办公楼和工厂、仓库等均宜设置自救式小口径消火栓设备。

(3)电气控制

在每个消火栓设备上均设有远距离启动消防泵的按钮和指示灯,并在按钮上配有玻璃壳罩。按动方式可分为按下玻璃片型和击碎玻璃片型两种,按触点形式分为常开触点型和常闭触点型两种。一般按下玻璃片型为常开触点形式,击碎玻璃片型为常闭触点形式。为满足动作报警和直接启动消防泵要求,必须具备两对触点。对于功率不大的消防水泵($P_N < 30kW$),可采用直接启动方式,典型消防泵主电路及其控制回路,如图 5-20 所示。

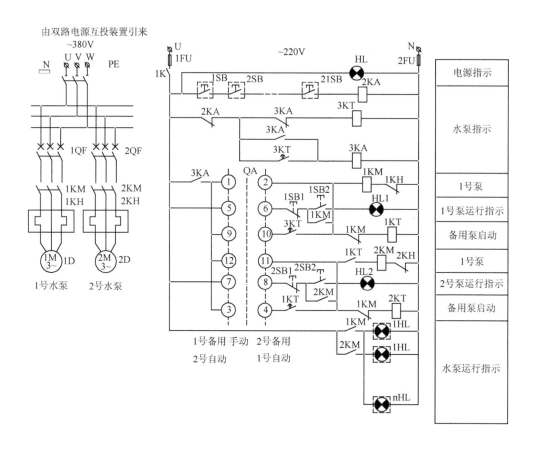

图 5-20 串联式消火栓按钮控制消防水泵电气线路

消火栓按钮采用串联连接,所以须使用普通击碎玻璃片型消火栓按钮 1SB~nSB,但应选用其常开触点。在监控状态下,所有常开触点都是闭合的,故继电器 2KA 通电吸合。设转换开关 QA 在 1 号泵自动、2 号泵备用位置上。当某层发生火灾时,用任一消火栓设备用内的备用小锤将消防按钮上的玻璃罩敲碎,该按钮自动弹起,触点断开,2KA 断电,其常闭触点复位,使时间继电器 3KT 得电。经过延时其常开触点闭合,继电器 3KA 得电吸合,并实现自保持,同时使接触器 1KM 线圈得电吸合,使所有消火栓设备的消火栓按钮信号灯 1HL~nHL 点亮,1 号消防泵投入运行,为消火栓管网供水加压进行喷水灭火,此时消火栓控制柜上的 1 号泵运行指示灯 HL1 也点亮。如果在运行过程中 1 号泵出现故障,使继电器 1KH 动作,1KM 线圈回路断电,则时间继电器 1KT 得电,经过一段时间后 1KT 常开触点闭合,使接触器 2KM 得电吸合,2 号消防泵投入运行,继续为消火栓管网供水加压。同样使所有消火栓设备的消火栓按钮信号灯 1HL~nHL 点亮,消火栓控制柜上的 2 号泵运行指示灯 HL2 点亮。对于功率较大的消防水泵,宜采用 Y/△或自耦变压器降压启动方式,也可采用软启动器启动。

(4)技术性能

消火栓灭火系统技术性能见表 5-7、表 5-8。

自救式小口径消火栓设备技术规格 表 5-7

室内消火栓		输水管和水带				水枪	
栓口直径（mm）	数量（个）	名称	公称压力（Pa）	公称直径（mm）	长度（m）	型号	数量（个）
25	1	胶管	1×10^6	19	25	特制小口径直流开关水枪	1
65	0	衬胶水带	0.8×10^6	65	20	$\phi 19mm$ 直流水枪	1

消防软管卷盘技术性能 表 5-8

消火栓栓口直径（mm）	水枪喷嘴口径（mm）	输入压力（MPa）	有效射程（m）	流量（L/s）	软管			
					口径（mm）	长度（m）	工作压力（Pa）	爆破压力（Pa）
25	6	0.1~1	6.75~15.30	0.2~0.86	19	20、25、30	1×10^6	3×10^6
25	7	0.1~1	6.76~16.20	0.22~1.06	19	20、25、30	1×10^6	3×10^6
25	8	0.1~1	6.77~17.10	0.30~1.26	19	20、25、30	1×10^6	3×10^6

(5) 给水管网

室内消火栓给水管网系统由引入管、消防干管、消防立管以及相应阀门等的管道配件组成。引入管与室外给水管连接，将水引入室内消防系统。高层建筑应设置独立的消火栓给水管道系统，低层或多层建筑的室内消防管道可以独立设置，也可与生活或生产用水系统合用，应根据建筑物性质、使用功能、建筑标准等经过技术经济比较后确定。

(6) 屋顶消火栓

屋顶消火栓即试验用消火栓，供消火栓灭火系统检查和试验之用，以确保室内消火栓系统随时能正常运行。设有室内消火栓的建筑，当为平屋顶时，宜在平屋顶上或屋顶楼梯出屋顶平台附近，设置试验和检验用消火栓，并应设置有压力显示装置。

(7) 水泵接合器

室内消防给水系统应设置水泵接合器。水泵接合器是连接消防车向室内消防给水系统加压供水的装置。一端由消防给水管网水平干管引出，另一端设于消防车易于接近的地方，如图 5-21 所示。当室内消防水泵检修、发生故障或停电时，或者室内消防水量不足（如大面积恶性火灾、火场用水量超过消防水泵的设计供水能力）时，水泵接合器供室外消防车使用。消防车从室外消火栓、室外消防水池或天然水源取水，通过水泵接合器的接口向建筑物内的消防给水管道系统送水加压，使室内消火栓或其他灭火设备得到补充的水量和水压，以扑灭火灾。

水泵接合器有地上式、地下式和墙壁式三种，其型号、规格和比较见表 5-9 和表 5-10。水泵接合器宜采用地上式或墙壁式；当采用地下式水泵接合器时，应有明显标志。

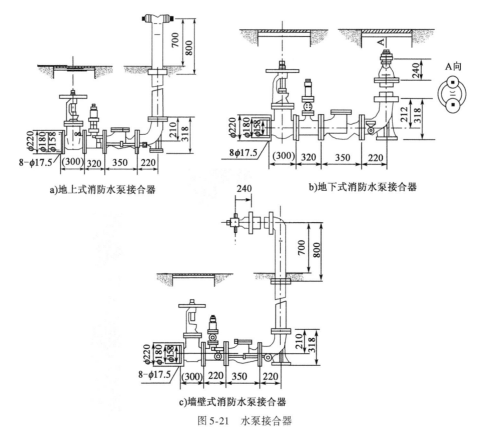

图 5-21 水泵接合器

水泵接合器的型号、规格 表 5-9

型 号	形 式	公称直径(mm)	公称压力(MPa)	进 水 口	
				形式	口径(mm)
SQ100	地上式	100	1.6	内扣式	65×65
SQX100	地下式				
SQB100	墙壁式				
SQ150	地上式	100	1.6	内扣式	80×80
SQX150	地下式				
SQB150	墙壁式				

水泵接合器的比较 表 5-10

类 型	优 点	缺 点	适 用 条 件
地上式水泵接合器	目标明显,使用方便	不利于防冻,不美观	一般情况下采用
地下式水泵接合器	利于防冻、隐蔽	不便使用,目标不明显	寒冷地区(可能结冰的场所)
墙壁式水泵接合器	有装饰作用,易于寻找使用	难以保证与建筑物外墙的距离	一般情况下采用

(8)消防水池

消防水池用于储存火灾持续时间内的室内消防用水量。当市政给水管网或室外天然水源不能满足室内消防用水量要求时,需设置消防水池。消防水池可设置在室外地下或地面上,也可以设置在室内地下室。消防水池可以单独设置,也可以与生活或生产用储水池合用,如室内设有游泳池或水景水池时,可以兼作消防水池使用。

(9)消防水箱

消防水箱的作用,在于满足扑救初期火灾的用水量和水压的要求,一般储存10min的消防用水量。不能经常性保持设计消防水量和水压要求的建筑物,应设置消防水箱或气压水罐。为确保消防水箱在任何情况下自动供水的可靠性,消防水箱一般设置在建筑物顶部,采用重力自流的供水方式。

2)消防水泵

消防水泵在临时高压消防给水系统中设置,发生火灾时启动,用以保证消防所需的压力和水量。设计时应保证在火警5min内开始工作,并在火场断电时仍能正常运转。消防泵房宜设有与消防控制室直接联络的通信设备。

消防水泵宜与其他用途的水泵一起布置在同一水泵房内,水泵房一般设置在建筑底层,其出口宜直通室外;如设在其他的楼层或地下室内,出口宜直通安全出口,以保证在火灾延续时间内人员的进出安全。

消防水泵应设备用泵,其工作能力不应小于一台主泵的能力。符合下列条件之一时,可不设备用泵:①室外消防用水量不超过25L/s的工厂、仓库;②七层至九层的单元住宅;③高度不超过24m且体积不超过5 000m³的库房,耐火等级不低于二级的丁、戊类厂房和库房。

消防泵机组吸水管不应少于两条,当其中一条检修时,其余吸水管的管径按能通过全部用水量确定,采用自灌式引水。高压(或临时高压)消防给水系统的每台消防泵有独立的吸水管。允许从市政管网直接吸水时,应考虑市政管网的最低水压。

消防泵机组应有不少于两条出水主干管直接与环状管网连接,当其中一条损坏时,其余出水管的管径能通过全部用水量。出水管上设检查用的压力表和试水放水阀。

3)消防增压设施

当消防水箱设置高度不能满足消防要求时,设置相应的增压供水设施。消防增压设施一般有增压泵、稳压泵及气压给水设备。

(1)增压泵

当消防水箱设置高度不能满足一、二类高层民用建筑顶层消火栓0.07MPa静水压要求,或不能满足超过100m的高层民用建筑顶层消火栓0.15MPa静水压要求时,应设置增压泵或气压给水设备。

增压泵的作用:当火灾初期,消防水箱供水,其水压不能满足建筑物顶部几层的消火栓水枪充实水柱要求时,用以加压。增压泵由于流量和扬程值不高,且为了节省面积,方便安装,往往采用管道泵。管道泵一般设于建筑物顶层,水泵进出水管直接与管道连接,一般用于临时高压的消火栓给水系统。增压泵作用和消防主泵相仿,出水速度较快,但供水量和持续时间远不如消防主泵。

(2)稳压泵

稳压泵使消防给水管网的压力保持稳定数值,始终处于临战状态,消防用水设备一经使用,即能满足水压、水量要求。当消防水箱的设置高度不能满足喷头水压要求时,可设置稳压泵增压设施,一般用于临时高压的自动喷水灭火系统。

(3)气压给水设备

气压给水设备利用密闭压力水罐内的压缩空气,将罐中的水送到消防给水系统的灭火设备处。其作用相当于消防水箱,即储存扑救初期所需的水量和保证扑救初期火灾所需的水压。气压给水设备是消防给水系统中一种全自动式的局部增压供水设备,罐体的安装高度不受限制,凡应设置消防增压设施的消防给水系统,均可采用气压给水设备。

4)减压节流设备

低层室内消火栓给水系统中,消火栓口处静水压不超过1.0MPa,否则,应采用分区给水系统。消火栓栓口处出水水压超过0.5MPa时应考虑减压,管网内超压部分可采用减压水箱或减压阀等减压设施进行减压,以保证供水安全可靠。

(1)减压阀

减压阀是将水压减低并达到所需值的自动调节阀,其阀后压力可在一定范围内进行调节。按结构形式可分为薄膜式、活塞式和波纹管式三类。一般情况下,阀后压力应小于阀前压力的50%,且进出口压差应大于0.1~0.2MPa。

(2)减压孔板

减压孔板用于减少消火栓前的剩余水头,以保证消防给水系统均衡供水,达到节水和消防水量合理分配的目的。减压孔板只能减掉消火栓给水系统的动压,对于消火栓给水系统的静压不起作用。

(3)减压稳压消火栓

减压稳压式消火栓是一种能自动调节、使栓后压力保持基本稳定的消火栓。减压稳压消火栓的技术参数见表5-11。

减压稳压消火栓的技术参数 表5-11

固定接口	DN65内扣式消防接口	固定接口	DN65内扣式消防接口
试验压力(MPa)	2.4	出水口压力(MPa)	0.3
公称压力(MPa)	1.6	稳压精度(MPa)	±0.05
进水口压力(MPa)	0.4~0.8	流量(L/s)	>5

5.2.3 消火栓的给水方式

消防给水系统管网的服务范围可以是一幢独立的建筑物,也可以是某一区域或小区的多幢建筑。独立系统指某一独立的建筑物内设置有完整的室内消防给水系统,包括消火栓、管网、水泵、水箱、水池、控制系统等,这种系统投资比较大、管理分散、安全可靠性比较好,适用于分散的建筑。区域集中系统,指某一区域或小区有多幢建筑,每一幢建筑中只设有消防管网,而消防泵和控制系统为多幢建筑共用,小区中各建筑同时发生火灾的可能性很小,共用消防泵来保持消防管网所需的水压,或火灾报警后临时加压保证供应消防用水量。这种方式便于集中管理,可以提高设备利用率,适用于建筑密集区域。

进行室内消火栓给水系统工程设计时,首先必须确定一个合理的给水方式,然后进行管道布置、水力计算等。给水系统供水方式的确定主要根据建筑物类型(高层或低层)、建筑物使用功能、室外管网能够提供的水量和水压、室内消火栓系统所需的水量和水压等条件。室内消火栓给水系统的给水方式可以有以下几种类型。

(1)由室外给水管网直接供水的消防给水方式

室外给水管网提供的水量和水压,在任何时候都能够满足室内消火栓给水系统所需要的水量和水压时,则不必设水箱、水泵,直接利用外网水压,系统简单,而且节约能源、降低投资。但应注意:如采用直接从市政给水管网引入室内消防用水的方式,应征得当地自来水公司及市政管理部门的同意。

无加压水泵和水箱的消火栓给水系统如图5-22所示。该方式中消防管道有两种布置形式。一种是消防用水和生活用水合用管网系统,在水表处应设置旁通管。选水表时,要考虑到大流量时水表的过流能力,即能够承受短时间通过较大的消防水量。另一种是消防给水管道单独设置,单独设置可以避免消防管道中的水长期不用、水质恶化,对生活用水产生污染。

(2)设水箱的室内消火栓给水方式

当室外管网压力变化较大,但水量满足要求,一天之内有一定时间能够满足室内消防、生活和生产用水水量和水压要求时,可采用只设水箱的给水方式,见图5-23。这种方式管网和水箱应独立设置,消防水箱存储消防10min的备用水量。

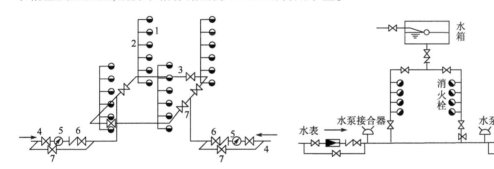

图5-22 无加压水泵和水箱的消火栓给水方式　　图5-23 设水箱的室内消火栓给水方式

1-消火栓;2-消防立管;3-消防干管;4-旁通管;5-水表;6-止回阀;7-闸阀

(3)设水泵和水箱的消火栓给水方式

图5-24所示方法适用于室外给水管网的水压不能满足室内消火栓给水系统所需水压和水量,火灾发生时先由水箱供水灭火。为保证一旦使用消火栓灭火时有足够的消防水量,应设置水箱储备10min室内消防用水量。水箱补水采用生活用水泵,严禁用消防泵给消防水箱补水,以防止消防泵工作时,消防泵出水进入水箱,而不能保证足够的消防用水量,在水箱进入消防管网的出水管上应设单向阀(止回阀)。

消防泵应能保证消防时用水的最大秒流量,而且应保证管网中最不利点消火栓的水压,即确保一旦发生火灾时,各消火栓处的水量、水压能保证灭火需要。

图5-24中水泵接合器用于火灾较大时,消防车可通过水泵接合器向室内消防给水系统补充水量和水压。

(4) 分区供水的室内消火栓给水方式

根据建筑物高度的不同,室内消防给水系统有分区给水和不分区给水的区别。当建筑物高度低于24m时,发生火灾后除启动室内的消火栓系统扑救以外,市政消防车上的水泵出水的水量和水压也可以达到室内任何位置的着火点。当建筑高度高于24m但不超过50m的建筑物发生火灾时,消防车(如解放牌消防车)仍可以从室外消火栓(或消防水池)取水,通过水泵接合器向室内管网加压供水,协助室内消火栓给水系统扑灭火灾。因此建筑高度不超过50m的,可采用不分区的消火栓给水系统。如配备有大型消防车(黄河牌或交通牌等)的城市,建筑高度超过50m但不超过80m时,也可以采用不分区的给水系统。高层建筑竖向分区高度一般宜为45~55m。

当建筑高度超过30m或消火栓处的静水压力超过1.0MPa时,应采用分区给水系统。就消火栓给水系统本身而言,消防分区以消火栓处静水压力不大于1.0MPa为标准划分,是根据消火栓水压和普压钢管的工作压力允许值确定的。分区供水可以采用不同的分区方式。

①串联分区供水系统如图5-25所示,各区分设水泵、水箱间,低区的消防水泵向低区的消防管网和低区上部的水箱供水,高区的消防水泵从低区的水箱中取水,向高区的消防管网和高区的水箱供水。如果有几个区,则依此类推。

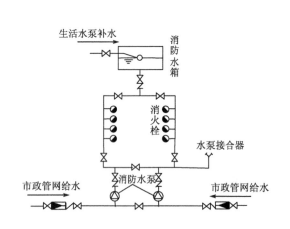

图5-24 设水泵和水箱的消火栓给水方式

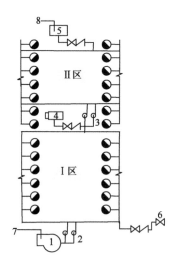

图5-25 串联分区供水方式
1-水池;2-低区消防泵;3-高区消防泵;4-低区水箱1;
5-高区水箱;6-水泵接合器;7-市政管网进水;8-生活水泵补水

串联分区的优点是不需要高压水泵和耐高压管道,水泵接合器能发挥作用,可通过水泵接合器并经各转输层向高区送水灭火。串联分区的缺点是消防水泵分别设置在各楼层,不便于管理;楼层间设置水泵,对建筑结构的要求,对防震、防噪声的要求比较高。另外,一旦高区发生火灾,下面各区的水泵必须联动,逐层向上供水,因此安全可靠性比较高,高层建筑中采用串联分区供水方式的比较多。

②并联分区供水系统如图5-26所示,整个给水管网系统分为竖向两个区,有的高层建筑可能会分更多的区,分别用各自专用水泵供水。水泵一般都集中设置在地下一层或地下二层,

在建筑物底部,方便运行管理,安全可靠性高;每区单设水泵,各区独立。低区设置低扬程水泵,高区设置高扬程水泵,各区消防水箱的位置根据该区最高处的消火栓所需压力来确定,应能保证最高处的消火栓消防射流充实水柱达到13m的要求;水箱由生活给水管道补水,严禁由消防水泵补水,水箱的出水管上设置有止回阀,防止消防水泵启动时,部分水进入水箱分散消火栓处的水量和水压。各区的消防泵均为一用一备;右下位置设有水泵接合器,各区单独设置。并联分区的优点是方便运行管理。并联分区的缺点是高区所需的扬程比较高,需要采用耐高压的消防立管和高扬程的水泵;而且高区的压力比较高。如果消防车没有高压水泵或者消防车的压力不够,高区的水泵接合器就失去作用。并联分区的给水方式一般适用于分区较少的高层建筑,如建筑高度不超100m的高层建筑。

③减压阀分区给水方式的一般做法如图5-27所示,低区和高区管路之间设置有减压阀,水泵将水池中的水送入高区水箱,通过减压阀减压后进入低区。应注意的是:采用减压阀分区给水系统一般不宜超过2个分区,每个分区的减压阀一般不少于两组。两组减压阀并联安装,两个减压阀交换使用,互为备用。

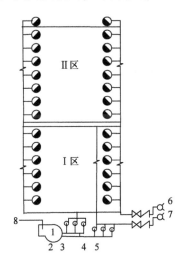

图5-26 并联分区供水方式
1-水池;2-低区水泵;3-低区备用泵;4-高区消防泵;5-高区备用泵;6-低区水泵接台器;7-高区水泵接台器;8-市政给水管道

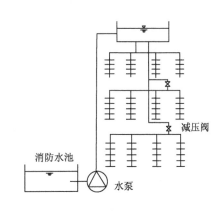

图5-27 减压阀分区给水方式

消防给水系统宜采用比例式减压阀,比例式减压阀的减压比不宜大于3∶1,生活给水系统宜采用可调式减压阀。可调式减压阀宜水平安装,比例式减压阀宜垂直安装。

5.2.4 室内消火栓系统的布置

1)室内消火栓布置

(1)消火栓的布置要求

无论是高层建筑还是低层建筑,凡采用消火栓灭火的建筑物,除无可燃物的设备层以外,其他各层均应设置消火栓,并且应保证同层相邻的两支水枪的充实水柱,能够同时到达室内任何部位;但有些情况可以例外,对于建筑高度不超过24m,而且建筑物体积不大于5 000m³的库房,可按一支水枪的充实水柱到达室内任何部位进行设置。高层建筑物屋顶应设置检查用消火栓,同时可以用于保护本建筑物不受到邻近建筑物的火灾的波及,屋顶消火栓应有防冻措施。

设有专用的消防电梯的建筑物,在消防电梯的前室应设置消火栓。消防电梯前室设置消火栓一般有两种情况:

①当该消火栓仅供消防队员打开消防通道和保证前室安全专用时,即不计入同层消火栓总数时,其水带长度宜小于20m。

②如果该消火栓计入同层消火栓总数时,其布置以及栓体等要求与其他消火栓一致,而且应向暖通专业提出前室加强正压送风和防、排烟的措施。

需要设置消防水喉时,应注意:消防水喉应设在消防主管上,不能接在支管上,支管无法保证足够的消防水量和水压。可以与消火栓接在同一根立管上,也可以单独设置一根立管,接各层的消防水喉。宾馆、办公楼设置消防水喉应设置在走道内,保证有一股水柱到达室内任何位置;影剧院、会堂闷顶内如设置消防水喉,一般应设在走道处,方便使用。消火栓应设置在走道、楼梯附近等明显的、易于取用的地点。同一建筑中消火栓、水带、水枪,以及其他的设备应采用统一规格,设置直接启动水泵的按钮。

室内消火栓栓口距离地面的安装高度应为1.1m,消火栓栓口方向宜向下或与墙面垂直,以便于操作,而且水头损失小。屋顶应设检查用消火栓。

(2)消火栓的布置间距

消火栓的布置间距应通过计算来确定,2个计算依据是:

①所要求的同时到达室内任何部位的水枪射流的股数。

②消火栓的保护半径。

消火栓的保护半径为消火栓水枪射流所能够到达的保护范围,实际上应按照消防队员手握水带实际行走路线以及水枪射流的充实水柱长度计算。

(3)水枪的充实水柱长度

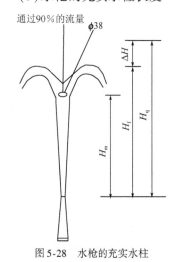

图5-28 水枪的充实水柱

这一长度是指水从水枪喷射出来的消防射流中一段最有效的射流长度。图5-28中,射流顶部已经成为散射状,已经没有灭火能力了,具有一定强度的密实的水柱部分才有灭火能力。充实水柱长度的定义为:水枪射流在26～38mm直径圆断面内,包含全部水量75%～90%的密实水柱长度。

根据试验数据统计,当水枪的充实水柱长度小于7m时,火焰热辐射使消防人员无法接近着火点,达不到有效灭火的目的;当充实水柱长度大于15m,由于射流的反作用力比较大,消防人员无法握住水枪有效地实施灭火。

各类建筑要求的水枪充实水柱长度,设计时可以参照表5-12选用。

各类建筑要求水枪充实水柱长度 表5-12

建筑物类别		充实水柱长度(m)
低层建筑	一般建筑乙类厂房,高于6层的民用建筑,4层厂、库房	≥7
		≥10
	高架库房	≥13
高层建筑	民用建筑高度≥100m	≥13
	民用建筑高度≤100m	≥10
	高层工业建筑	≥10
人防工程内		≥10
停车库、修车库		≥10

(4)消火栓的作用半径

一般可按下式计算:

$$R = L_d + L_s \tag{5-1a}$$
$$L_d = (0.8 \sim 0.9)L \tag{5-1b}$$
$$L_s = \cos 45° H_m = 0.71 H_m \tag{5-1c}$$

式中:R——消火栓作用半径,m;

L_d——水带的敷设长度,m,由于水带在实际使用中会出现弯转曲折,应考虑一定的折减系数,一般为0.8~0.9m;

L——水带的长度,m;

L_s——水枪射流的充实水柱(H_m)在水平面上的投影长度,一般水枪充实水柱的上倾角按45°计算,m;

H_m——水枪充实水柱长度,m。

设计时可以参照表5-13选取R值。

水带长度与消火栓作用半径 表5-13

水带长度L(m)	水枪充实水柱长度H_m(m)	消火栓作用半径R(m)
20	7	25
	10	27
	13	29
25	7	30
	10	32
	13	34

(5)消火栓的布置间距计算

布置消火栓时,其作用半径应按消防队员手握水龙带实际行走路线来计算。消火栓的布置间距应按不同的情况考虑,应当保证1股水柱到达室内同层任何部位。图5-29中,消火栓单排布置且为1股水柱时的消火栓布置间距计算式为:

$$S_1 = 2\sqrt{R^2 - b^2} \tag{5-2}$$

式中:S_1——单排消火栓1股水柱时的消火栓间距,m;

R——消火栓保护半径,m;

b——消火栓最大保护宽度,m。

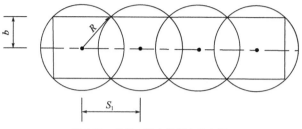

图 5-29　单排 1 股水柱消火栓布置

当要求保证 2 股水柱同时到达室内任何部位时,如消火栓单排布置,其间距如图 5-30 所示,单排 2 股水柱时的消火栓布置,计算式为:

$$S_2 = \sqrt{R^2 - b^2} \tag{5-3}$$

式中:S_2——单排消火栓 2 股水柱时的消火栓间距,m;
　　　R——消火栓保护半径,m;
　　　b——消火栓最大保护宽度,m。

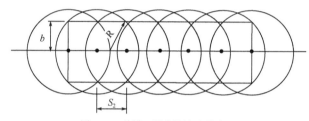

图 5-30　单排 2 股水柱消火栓布置

当消火栓多排布置,并保证 1 股水柱同时到达室内任何部位时,其间距如图 5-30 所示,多排 1 股水柱时的消火栓布置,计算式为:

$$S_3 = \sqrt{2}R \tag{5-4}$$

式中:S_3——多排消火栓 1 股水柱时的消火栓间距,m;
　　　R——消火栓保护半径,m。

当消火栓多排布置,并要求保证 2 股水柱同时到达室内任何部位时,消火栓间距可综合以上各种情况进行布置,如图 5-31 和图 5-32 所示。

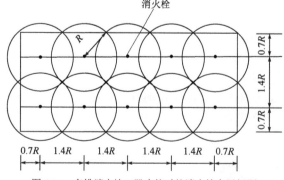

图 5-31　多排消火栓 1 股水柱时的消火栓布置间距

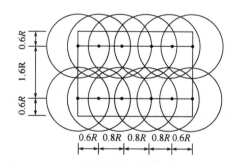

图 5-32　多排消火栓 2 股水柱时消火栓布置间距

(6)最大间距

为保证消火栓有效灭火,相邻两个消火栓之间的最大间距应符合以下规定:高层民用建筑、高层工业建筑、高架库房、甲或乙类厂房的消火栓间距不应大于30m,高层建筑的裙房及多层建筑的消火栓间距不应大于50m。

2)室内消火栓给水管道的布置

室内消防给水管道是保证消防用水的主要设施之一,必须保证供水安全可靠,布置要求有:

(1)至少应设置两条引入管与室外环状给水管网连接,以保证安全供水。当其中一条发生故障时,另一条引入管仍然能够保证全部的消防水量。对于高层建筑,引入管数量不得少于两条;对于7层至9层的单元住宅,引入管可以采用一条;对于多层或低层建筑,室内消火栓超过10个,而且室外消防水量大于15L/s时,引入管至少应设置两条。如在引入管上设置计量设备,不应降低引入管的通水能力;引入管的水流速度一般不应大于2.5m/s。高层建筑的室内消防管道应布置成独立的环状管网,不仅水平管道成环状,立管也应布置成环状,以保证一根管道发生事故时,仍然能够保证消防用水量和水压的要求。7层至9层的单元住宅,布置成环状有困难时,允许布置成枝状管网,或者可以利用室外的管网和引入管共同组成环状。

(2)超过6层的塔楼(采用双阀双出口消火栓的除外)和通廊式住宅,超过5层或体积超过10 000m³的其他民用建筑,超过4层的厂房和库房且室内消防立管为两根或两根以上时,应布置成环状管网,至少每两条立管连成环状;对于18层及18层以下,每层不超过8户,建筑面积小于650m²的塔式住宅,当设置两根消防立管有困难时,允许设置一根立管,但必须采用双阀双出口型消火栓。

(3)消防立管的布置应保证同层相邻两个消火栓的水枪充实水柱同时到达被保护范围内的任何位置。每根消防立管的直径应接通过的消防流量计算确定,但不应小于100mm,对于带有两个及两个以上双阀双栓口的消防立管,其直径应为150mm。

(4)室内消火栓灭火系统与自动喷水灭火系统应分开设置,当分开设置有困难时,或在某些建筑中,只有局部位置设置自动喷水系统时,可以合用消防水泵和部分消防管道,但在自动喷水灭火系统的报警阀之前(沿水流方向)必须分开,以避免因为消火栓漏水而引起报警阀误报,或者因消火栓使用引起报警阀报警,从而引起自动喷水灭火系统喷水,造成不必要的水渍损失。

(5)室内消防管道应合理设置阀门。为便于管道检修,应该采用阀门将消防给水管道分成若干个独立段。阀门的设置,应保证关闭阀门检修管道时,停用的消火栓在同一层中不超过5个,关闭停用的立管不超过1根,如消防立管在4根以上时,可关闭停用2根。室内消防管道上的阀门应处于常开状态,为防止检修管道(或消防设备)后忘开阀门或误关闭,阀门应有明显的启闭标志,以保证水流畅通。

3)水泵接合器的设置

(1)设置水泵接合器的建筑

超过4层的厂房、库房、高层工业建筑、设有消防管网的住宅以及超过5层的其他民用建筑,应该设置水泵接合器,高层建筑的室内消火栓应设水泵接合器。

(2) 数量

水泵接合器的数量,应按室内消防用水量来计算。单个水泵接合器的流量为 10~15L/s,通常可以按表 5-14 选用,一般不少于 2 个;当计算出来的水泵接合器数量少于 2 个时,仍应采用 2 个,以利安全。高层建筑室内消防给水系统采取竖向分区供水时,在消防车供水压力范围内的每个分区均需分别设置水泵接合器。只有采用串联消防给水方式时,可仅在下区设水泵接合器供全楼使用。

(3) 位置

水泵接合器应设置在便于消防车接管道的位置,距建筑物外墙的距离不宜小于 50m,而且周围 15~40m 范围内有可靠的天然水源或有室外消火栓、消防水池可供消防车取水。水泵接合器的间距不宜小于 20m。不同消防分区的水泵接合器集中布置时,或者消火栓系统与自动喷洒系统的水泵接合器集中布置时,应该有明显的标志加以区分,以便于消防队员选择使用。水泵接合器设置数量见表 5-14。

水泵接合器设置数量　　　　　　　　　　表 5-14

室内消防流量 Q(L/s)	水泵接合器		
	单个流量 q(L/s)	直径 DN(mm)	个数(个)
10	10	100	1
15	10	100	2
20	10	100	2
25	15	150	2
30	15	150	2
35	15	150	3

4) 消防水池和水箱

(1) 消防水池

当生活和生产用水量之和达到最大,市政给水管网的水量不能满足室内外消防用水量时;不允许消防水泵从室外给水管网直接抽水时;或室外给水管网为枝状管网,而室内外消防用水量之和超过 25L/s 时,必须设置消防水池。水池的位置可以设在室外,也可以设置在室内。

(2) 消防水箱

消防水箱的作用是满足扑救初期火灾的用水量和水压的要求,对于不能经常保持设计消防水量和水压要求的建筑物,应设置消防水箱。常高压给水系统可不设置消防水箱,设置临时高压给水系统的建筑物,应设置消防水箱或气压给水设备,并应保证消防水箱在任何情况下能够供水。高层建筑消防系统的安全性、可靠性要求比较高,消防给水系统必须独立设置,不得与生产、生活给水系统合用,其目的是保证消防系统随时可以投入使用,迅速扑灭初期火灾。

消防水箱的大小和设置高度,对于消防系统的安全性、可靠性至关重要,应根据计算确定。原则上应保证室内最不利点消火栓或灭火喷头所需的水量、水压,一般要求顶层消火栓处的静水压不应低于 7m 水柱。但是有些情况下不容易做到,若屋顶水箱的液面与最高的屋顶消火栓之间的高差很小,则不足以保证屋顶消火栓所需的水压和水量。当顶层消火栓压力不能保证时,可以采用气压给水装置增压或采用顶层增设小水泵局部增压。

5.3 泡沫灭火系统设计

泡沫灭火系统采用泡沫液为灭火剂,通过泡沫层的冷却、窒息、抑制燃料蒸发等作用来扑灭火灾,多用于扑救非水溶性可燃液体和一般固体火灾。泡沫灭火系统具有安全可靠、经济实用、灭火效率高、无毒等特点,广泛应用于石油化工企业、油库、地下工程、汽车库、各类仓库、煤矿、大型飞机库、船舶等场所。泡沫灭火剂主要有化学泡沫灭火剂和空气泡沫灭火剂两大类,其中的化学泡沫灭火剂主要用在小型手提灭火器内,用于扑救初期火灾,一般较少使用,空气泡沫灭火剂则主要用在大型固定的泡沫灭火系统中。

灭火时,泡沫液与水通过比例混合器后形成泡沫混合液,再经泡沫产生器与空气混合产生泡沫。泡沫覆盖在燃烧物表面或充满灭火空间,以使火灾熄灭。在含有下列物质的场所,不应选用泡沫灭火系统:硝化纤维、炸药等在无空气的环境中,仍能迅速氧化的化学物质与强氧化剂;钾、钠、烷基铝、五氧化二磷等遇水发生危险化学反应的活泼金属和化学物质;未封闭的带电设备。

5.3.1 泡沫灭火系统的组件及类型

1)系统组件

(1)泡沫比例混合器

其功能是使水和泡沫液按一定比例混合成泡沫液,分为负压型和正压型两种,负压型有环泵式、管线式两种,正压型有压力式和平衡压力式两种。

(2)泡沫产生器

该设备是使用泡沫混合液产生空气泡的设备,设计时应选用与系统相配套的产生器。

①低倍数泡沫产生器有液上喷射式和液下喷射式两种。液上式一般安装在被保护液面的上部,利用水射器的原理,使高压混合液通过泡沫产生器时吸入大量空气,形成空气泡沫,带压的泡沫流冲开发生器上的玻璃盖进入灭火现场;液下式又称高背压泡沫产生器。泡沫液从被保护液液面以下压入,利用水射器的原理,使高压混合液通过泡沫产生器时吸入大量空气,形成的带压空气泡沫流入被保护液,并上浮到被保护液的表面。

②中倍数泡沫产生器的泡沫混合液由喷嘴上的四个小孔喷出后汇聚碰撞形成雾状水珠并击碎密封玻璃,喷洒到发泡网上。同时吸入大量空气形成空气泡沫而进入灭火现场。它有固定式、移动式两种。

③高倍数泡沫产生器的发泡倍数大,仅靠混合液的能量产生负压吸入空气不能满足要求。它是通过产生器内的喷嘴组将泡沫混合液喷洒于发泡网上,在风扇的鼓风作用下使空气与发泡网上的泡沫液混合形成大量的空气泡沫。

(3)泡沫喷头

泡沫喷头用于泡沫喷淋系统,喷洒泡沫混合液,根据工作原理分吸气型和非吸气型两种。吸气型喷洒时吸入空气,空气的剪切作用结合金属网的阻挡作用形成泡沫;非吸气型不能吸入空气,喷洒出来的是雾状泡沫混合液。泡沫喷头的工作压力应在标定的工作压力范围内,且不应小于其额定压力的 0.8 倍;非吸气型喷头应符合相应标准的规定,其产生的泡沫倍数不应低于 2 倍。

(4)空气泡沫枪

该设备用于移动式泡沫灭火系统,也叫泡沫管枪。将它的管牙接口与水带相接,通入泡沫混合液后产生并喷射空气泡沫。

(5)空气泡沫钩管

该设备由钩管和空气泡沫产生器两部分组成,常与泡沫消防车配合用于扑救油罐火灾。当油罐壁上的泡沫产生器被火灾破坏后用它来替代,使用时将挂钩挂在池壁上即可。

(6)泡沫炮

该设备可固定安装在被保护场所,也可架设在泡沫消防车上以一定的仰角和射程将泡沫喷射到火灾现场,以达到灭火的目的。

(7)泡沫液储罐

该设备用于储存泡沫液,宜用耐腐蚀材料制作,其安装场所的温度应符合其泡沫液的储存温度要求。当安装在室内时,其建筑耐火等级不应低于二级;当露天安装时,与被保护对象应有足够的安全距离。混合器为环泵式、管线式、平衡压力式时,储罐为常压;混合器为压力式时,储罐也应采用压力式。压力泡沫液储罐应符合有关压力容器的国家法律、法规要求,且应设液位计、进料孔、排渣孔、检查孔和取样孔。泡沫液储罐上应标明泡沫液的种类、型号、出厂及灌装日期。不同种类、不同牌号、不同批次的泡沫液不得混存。

(8)泡沫消防泵

泡沫消防水泵、泡沫混合液泵的选择与设置应符合下列规定:

①只与消防水接触的水泵可用清水泵,与泡沫液接触的泵宜采用耐酸泵。

②当采用水力驱动式平衡式比例混合装置时,应将其消耗的水流量计入泡沫消防水泵的额定流量内。

③当采用环泵式比例混合器时,泡沫混合液泵的额定流量应为系统设计流量的 1.1 倍。

④泵进口管道上,应设置真空压力表或真空表。泵出口管道上,应设置压力表、单向阀和带控制阀的回流管。

2)泡沫灭火系统的类型

(1)按泡沫液发泡性能分类

泡沫体积与其混合液体积之比称为泡沫的倍数,按照系统产生泡沫的倍数不同,泡沫系统分为低倍数泡沫灭火系统、中倍数泡沫灭火系统、高倍数泡沫灭火系统。

①低倍数泡沫灭火系统所采用的泡沫液发泡倍数在 20 倍以下,主要用于扑救原油、汽油、甲醇、丙酮等 B 类火灾,是目前我国扑救油罐、水溶性液体储罐的主要灭火材料。其泡沫液主要有蛋白泡沫液、氟蛋白泡沫液、水成膜泡沫液、抗溶性泡沫液等,可根据扑救对象、灭火方式选用。

低倍数泡沫灭火系统发泡倍数小、泡沫密度大、稳定性好,适用于非水溶性的易燃、可燃液体火灾及一般可燃固体的火灾,但不宜扑救流动的可燃液体或气体的火灾,也不宜与消火栓或水喷雾系统同时使用。

②中倍数泡沫灭火系统所采用的泡沫液发泡倍数为 20~200,其泡沫液分为淡水型、耐海水型、耐温耐烟型等,与高倍数灭火系统通用。其主要用于控制或扑灭易燃、可燃液体、固体表

面火灾和固体内部阴燃火灾,以及扑救立式油罐内的火灾。由于其稳定性比低倍数泡沫灭火系统差,密度小,因而易受风影响、抗复燃能力差,故设计的供给强度大。

③高倍数泡沫灭火系统所采用的泡沫液发泡倍数高于200,其泡沫液分为淡水型、耐海水型、耐温耐烟型。该系统在灭火时可迅速淹没或覆盖整个防护空间,并不受防护面积和容积大小限制,可用来扑救 A 类和 B 类火灾。该系统一般设置在固体物资仓库、易燃液体仓库、贵重仪器设备和物品建筑、有火灾危险的工业厂房等。其不能用在未封闭的带电设备及在无空气环境中仍能迅速氧化的化学物质火灾,也不能用于扑救立式油罐内的火灾。其特点是渗透力强、水渍损失小、灭火效率高。

(2)按系统设置方式分类

根据设备与管道的安装方式不同,泡沫灭火系统可分为固定式泡沫灭火系统、半固定式泡沫灭火系统、移动式泡沫灭火系统、泡沫喷淋系统。

①固定式泡沫灭火系统由固定的泡沫液泵、泡沫液储罐、比例混合器、混合液的输送管、泡沫产生装置等组成,又分液上喷射和液下喷射两种。

②半固定式泡沫灭火系统。根据系统组成又有两种形式,一种是只有泡沫产生器、泡沫混合液管道及管道配件等为固定式,泡沫液泵、泡沫液储罐、比例混合器等为移动式,由消防车提供。另一种是泡沫液泵、泡沫液储罐、比例混合器为固定式,泡沫产生器为移动式,用水带将固定式和移动装置相连。

③移动式泡沫灭火系统由消防水源、泡沫消防车、水带、泡沫枪或泡沫钩管、泡沫管架等组成,也有用消防车的泡沫炮直接喷射,而不需要泡沫钩管、泡沫管架等设备。

④泡沫喷淋系统由固定的泡沫液泵、泡沫液储罐、比例混合器、混合液的输送管、泡沫喷头等组成。它以喷淋或喷雾的形式将泡沫或水成膜泡沫均匀喷洒在被保护对象表面,适用于甲、乙、丙类液体可能泄漏场所的初期保护、扑救初期火灾。

(3)按喷射方式分类

①液上喷射式。该系统的泡沫产生器安装在液面以上,喷射出的泡沫向被保护液面覆盖,以达到灭火目的。其缺点是被保护液爆炸时系统也会受到破坏,故应设缓冲装置。

②液下喷射式。该系统采用高背压泡沫产生器,泡沫管入口设在液面以下,一般由底部进入,泡沫上升到液面以上覆盖被保护对象达到灭火的目的。该系统克服了液上喷射式泡沫易受火焰所产生的气流、热辐射等不利因素的影响,而且被保护液发生爆炸时也不易受到破坏。该系统只能采用氟蛋白或水成膜泡沫液。

(4)按保护范围分类

①全淹没式。该系统是将泡沫充满整个被保护空间,并将泡沫持续到所需时间以阻止空气接近火焰,使其窒息、冷却,从而达到灭火目的。一般将其设计成固定式,适用于大范围的封闭空间及大范围的有阻止泡沫流失的固定围挡结构的场所。

②局部应用式。该系统是用在大范围内的局部封闭空间或大范围内的局部有阻止泡沫流失的固定围挡结构的场所。

5.3.2 泡沫灭火系统的一般设计要点

泡沫灭火系统的选用,应符合相关现行国家标准的规定。具体系统形式的选择应符合现行国家标准《泡沫灭火系统设计规范》(GB 50151—2010)的规定。

1)低倍数泡沫灭火系统的设计

扑救一次火灾的泡沫混合液的设计用量,应按罐内用量、该罐辅助泡沫枪用量、管道剩余量三者之和最大的储罐确定。

(1)泡沫枪。设置有固定式泡沫灭火系统的储罐区,应在其防火堤外设置用于扑救液体流散火灾的辅助泡沫枪,其数量及其泡沫混合液连续供给时间,不应小于表5-15的规定。每支辅助泡沫枪的泡沫混合液流量不应小于240L/min。

泡沫枪数量和连续供给时间 表5-15

储罐直径(m)	配备泡沫枪数(支)	连续供给时间(min)
≤10	1	10
>10~20	1	20
>20~30	2	20
>30~40	2	30
>40	3	30

(2)储罐。储罐可选用固定顶式、外浮顶式或内浮顶式,每类储罐的保护面积应按国标的说明确定。

(3)泡沫产生器的设置、泡沫混合液供给强度及连续供给时间应符合国家标准的规定。

(4)固定式泡沫灭火装置的设置要求。当储罐区固定式泡沫灭火装置的泡沫混合液流量大于或等于100L/s时,系统的泵、比例混合装置及其管道上的控制阀、干管控制阀宜具备遥控操纵功能,所选设备设置在有爆炸和火灾危险的环境时且应符合《爆炸危险环境电力装置设计规范》(GB 50058—2014)的规定。在固定式泡沫灭火系统的泡沫混合液主管道上,应留出泡沫混合液流量检测仪器的安装位置;在泡沫混合液管道上,应设置试验检测口。储罐区固定式泡沫灭火系统与消防冷却水系统合用一组消防给水泵时,应有保障泡沫混合液供给强度满足设计要求的措施,且不得以火灾时临时调整的方式来保障。采用固定式泡沫灭火系统的储罐区,应沿防火堤外侧均匀布置泡沫消火栓。泡沫消火栓的间距不应大于60m,且设置数量不宜少于4个。储罐区固定式泡沫灭火系统宜具备半固定系统功能。固定式泡沫炮系统的设计,应符合现行国家标准《固定消防炮灭火系统设计规范》(GB 50338—2003)的规定。

(5)公路隧道泡沫消火栓箱的设置,应符合下列规定:

①设置间距不应大于50m,软管长度不应小于25m;

②应配置带开关的吸气型泡沫枪,且其泡沫枪在进口压力0.5MPa时,泡沫混合液流量不应低于30L/min,射程不应小于6m;

③泡沫混合液连续供给时间不应小于20min,且宜配备水成膜泡沫液。

2)高倍数、中倍数泡沫灭火系统

(1)全淹没系统

全淹没系统应由固定的泡沫发生器、比例混合装置、固定泡沫液与水供给管路、水泵及其相关设备或组件组成。

①全淹没系统的防护区应是封闭或设置灭火所需的固定围挡的区域。

②全淹没系统应设有自动控制、手动控制、应急机械控制三种方式,消防自动控制设备宜与防护区内的门窗的关闭装置、排气口的开启装置以及生产、照明电源的切断装置等联动。系统自接到火灾信号至开始喷放泡沫的延时不宜超过1min。

③高倍数泡沫淹没深度的确定,当用于扑救A类火灾时,泡沫淹没深度不应小于最高保护对象高度的1.1倍,且应高于最高保护对象最高点以上0.6m;当用于扑救B类火灾时,汽油、煤油、柴油或苯类火灾的泡沫淹没深度应高于起火部位2m;其他B类火灾的泡沫淹没深度应由试验确定。

(2)局部应用系统

局部应用系统的保护范围应包括火灾蔓延的所有区域。对于多层或三维立体火灾,应提供适宜的泡沫封堵设施。对于室外场所,应考虑风等气候因素的影响。高倍数泡沫的保护对象、泡沫供给速率与连续供给时间按国标的要求设定。

3)泡沫—水喷淋系统与泡沫喷雾系统

(1)泡沫—水喷淋系统

该装置是由喷头、报警阀组、水流报警装置(水流指示器或压力开关)等组件,以及管道、泡沫液与水供给设施组成,并能在发生火灾时按预定时间与供给强度向防护区依次喷洒泡沫与水的自动灭火系统。泡沫—水喷淋系统泡沫混合液连续供给时间不应小于10min;泡沫混合液与水的连续供给时间之和应不小于60min。当泡沫液管线埋地铺设或地上铺设长度超过15m时,泡沫液应充满其管线,并应提供检查系统密封性的手段,且泡沫液管线及其管件的温度应保持在泡沫液指定的储存温度范围内。泡沫—水喷淋系统应设置系统试验接口,其口径应分别满足系统最大流量与最小流量要求。泡沫—水喷淋系统的防护区应设置安全排放或容纳设施,且排放或容纳量应按被保护液体最大可能泄漏量、固定系统喷洒量以及管枪喷射量之和确定。

泡沫—水雨淋系统与泡沫—水预作用系统的控制,应符合下列规定:

①系统应同时具备自动、手动功能和应急机械手动启动功能;

②机械手动启动力不应超过180N,且操纵行程不应超过360mm;

③系统自动或手动启动后,泡沫液供给控制装置应自动随供水主控阀的动作而动作,或与之同时动作;

④系统应设置故障监视与报警装置,且应在主控制盘上显示。

(2)泡沫喷雾系统

泡沫喷雾系统的结构如图5-33所示,应设自动、手动和机械式应急操作三种启动方式,在自动控制状态下,灭火系统的响应时间不应大于60s。

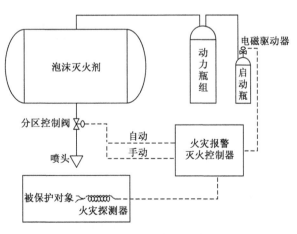

图5-33 泡沫喷雾灭火系统

5.4 水灭火系统的水力计算

5.4.1 室内消火栓给水系统的水力计算

1）消火栓消防水量

消火栓给水系统室外消防用水由消防车取用,主要用于水带、水枪消防设备直接扑灭或控制多层、高层建筑低层部分的火灾,保护多层、高层建筑低层部分或邻近建筑物;消防云梯车、消防曲臂车的带架水枪控制或扑灭多层、高层建筑火灾;通过水泵接合器向室内消防给水管网供水。

(1) 城镇、居住区室外消防水量

城镇、居住区室外消防水量包括居住区、工厂、仓库、堆场、储罐或罐区、民用建筑,其用量见表5-16~表5-18的详细计算,如果与表5-16计算结果不一致,则取较大值。

城镇同一时间内的火灾起数和一起火灾灭火设计流量 表5-16

人数(万人)	同一时间内的火灾起数(起)	一起火灾灭火设计流量(L/s)
$N \leqslant 1.0$	1	15
$1.0 < N \leqslant 2.5$	1	20
$2.5 < N \leqslant 5.0$	2	30
$5.0 < N \leqslant 10.0$	2	35
$10.0 < N \leqslant 20.0$	2	45
$20.0 < N \leqslant 30.0$	2	60
$30.0 < N \leqslant 40.0$	2	75
$40.0 < N \leqslant 50.0$	3	75
$50.0 < N \leqslant 70.0$	3	90
$N > 70.0$	3	100

工厂、仓库、堆场、储罐或罐区、民用建筑同一时间内的火灾次数 表5-17

名 称	基地面积 (10 000m²)	附近居住人数 (万人)	同一时间内的 火灾次数(次)	备注
工厂	≤100	≤1.5	1	按需水量最大的一座建筑物计算
	≤100	>1.5	2	工厂、居住区各一次
	>100	不限	2	按需水量最大的二座建筑物计算
仓库、堆场、储罐或罐 区、民用建筑	不限	不限	1	按需水量最大的一座建筑物计算

(2) 多层民用建筑和工业建筑物的室内消火栓系统用水量

多层民用建筑和工业建筑物室内消火栓系统用水量如表5-19所示。

工厂、仓库、堆场、储罐或罐区、民用建筑室外消火栓一次灭火用水量　　表 5-18

耐火等级	名称及类别		建筑物体积（m³）					
			≤1 500	>1 500～3 000	>3 000～5 000	>5 000～20 000	>20 000～50 000	>50 000
一、二级	厂房	甲、乙	10	15	20	25	30	35
		丙	10	15	20	25	30	40
		丁、戊	10	10	10	15	15	20
	库房	甲、乙	15	15	25	25		
		丙	15	15	25	25	35	45
		丁、戊	10	10	10	15	15	20
	民用建筑		10	15	15	20	25	30
三级	厂房或库房	乙、丙	15	20	30	40	45	
		丁、戊	10	10	15	20	25	35
	民用建筑		10	15	20	25	30	
四级	丁、戊类厂房或库房		10	15	20	25		
	民用建筑		10	15	20	25		

多层民用建筑和工业建筑物室内消火栓灭火系统用水量　　表 5-19

建筑名称	高度、层数、体积或座位数	消火栓用水量（L/s）	同时使用水枪数量（支）	每支水枪最小流量（L/s）	每根竖管最小流量（L/s）
厂房	高度≤24m、体积≤10 000m³	5	2	2.5	5
	高度≤24m、体积>10 000m³	10	2	5	10
	高度>24～50m	25	5	5	15
	高度>50m	30	6	5	15
科研楼、实验楼	高度≤24m、体积≤10 000m³	10	2	5	10
	高度≤24m、体积>10 000m³	15	3	5	10
库房	高度≤24m、体积≤10 000m³	5	1	5	5
	高度≤24m、体积>10 000m³	10	2	5	10
	高度>24～50m	30	6	5	15
	高度>50m	40	8	5	15
车站、码头、机场建筑物和展览馆等	5 001～25 000m³	10	2	5	10
	25 001～50 000m³	15	3	5	10
	>50 000m³	20	4	5	15
商店、病房楼、教学楼等	5 001～10 000m³	5	2	2.5	5
	10 001～25 000m³	10	2	5	10
	>25 000m³	15	3	5	10

续上表

建筑名称	高度、层数、体积或座位数	消火栓用水量（L/s）	同时使用水枪数量（支）	每支水枪最小流量（L/s）	每根竖管最小流量（L/s）
剧院、电影院、俱乐部、礼堂、体育馆等	801～1 200个	10	2	5	10
	1 201～5 000个	15	3	5	10
	5 001～10 000个	20	4	5	15
	>10 000个	30	6	5	15
住宅	7～9层	5	2	2.5	5
其他建筑	≥6层或体积≥10 000m³	15	3	5	10
国家级文物保护单位的重点砖木、木结构的古建筑	体积≤10 000m³	20	4	5	10
	体积>10 000m³	25	5	5	15

注：1. 丁、戊类厂房（仓库）室内消火栓的用水量可按本表减少10L/s，同时使用水枪数量可按本表减少两支。
2. 增设消防水枪设备，可不计入消防用水量。

(3) 高层民用建筑室内外消火栓系统用水量

高层民用建筑室内外消火栓灭火系统用水量，如表5-20所示。

高层民用建筑室内外消火栓灭火系统用水量 表5-20

高层建筑类别	建筑高度（m）	消火栓用水量（L/s）	室内消防用水量(L/s)		
			室内消防总用水量	每根竖管最小流量	每支水枪最小流量
普通住宅	≤50	15	10	10	5
	>50	15	20	10	5
高级住宅，医院，二类建筑的商业楼、展览楼、综合楼、财贸金融楼、电信楼、商住楼、图书馆、书库，省级以下的邮政楼、防灾指挥调度楼、广播电视楼、电力调度楼，建筑高度不超过50m的教学楼和普通的旅馆、办公楼、科研楼、档案楼	≤50	20	20	10	5
	>50	20	30	15	5
高级旅馆，建筑高度超过50m或每层建筑面积超过1 000m²的商业楼、展览楼、综合楼、财贸金融楼、电信楼，建筑高度超过50m或每层建筑面积超过1 500m²的商住楼，中央和省级（含计划单列市）广播电视楼，网局级和省级（含计划单列市）电力调度楼省级（含计划单列市）邮政楼、防灾指挥调度楼藏书超过100万册的图书馆、书库重要的办公楼、科研楼、档案楼建筑高度超过50m的教学楼和普通的旅馆、办公楼、科研楼、档案楼等	≤50	30	30	15	5
	>50	30	40	15	5

注：建筑高度不超过50m。室内消火栓用水量超过20L/s，且设有自动喷水灭火系统的建筑物。

表 5-20 中每支水枪的最小流量是根据灭火实际用水资料统计出来的,每根竖管最小流量值是指当发生火灾时,每根竖管能保证相邻的上下两层(10L/s)或上、中、下三层的水枪(15L/s)同时使用消耗的水量。

(4)汽车库建筑内、外消火栓系统用水量

汽车库建筑内、外消火栓系统用水量按消防用水量最大的一座汽车库、修车库、停车场计算,见表 5-21。

汽车库建筑内、外消火栓灭火系统用水量　　　　表 5-21

名　称	车库类别	车位(辆)	室外消火栓用水量(L/s)	室内消火栓用水量(L/s)
汽车库	Ⅰ	300＜车位	20	10
	Ⅱ	150＜车位≤300	20	10
	Ⅲ	50＜车位≤150	15	10
	Ⅳ	车位≤50	10	5
修车库	Ⅰ	15＜车位	20	10
	Ⅱ	6＜车位≤15	20	10
	Ⅲ	3＜车位≤5	15	5
	Ⅳ	车位≤3	10	5
停车库	Ⅰ	400＜车位	20	10
	Ⅱ	250＜车位≤400	20	10
	Ⅲ	100＜车位≤250	15	
	Ⅳ	车位≤100	10	

(5)人防工程建筑内消火栓灭火系统用水量

人防工程建筑内消火栓灭火系统用水量如表 5-22 所示。

人防工程建筑内消火栓灭火系统用水量　　　　表 5-22

类　别	规　格	同时使用水枪数量(支)	每支水枪最小流量(L/s)	消火栓用水量(L/s)
商场、展览厅、医、旅馆、公共娱乐场所(电影院、礼堂额外)、小型体育场所	体积＜1 500m³	1	5	5
	1 500m³≤体积	2	5	10
丙、丁、戊类生产车间、自行车库	体积≤2 500m³	1	5	5
	2 500m³＜体积	2	5	10
丙、丁、戊类物品库房、图书资料档案库	体积≤3 000m³	1	5	5
	3 000m³＜体积	2	5	10
餐厅	不限	1	5	5
电影院、礼堂	≥800 座	2	5	10

(6)火灾延续时间

火灾延续时间的确定见表5-23。

火灾延续时间 表5-23

名 称	建 筑 类 型	火灾延续时间(h)
低层建筑	居民区、工厂、戊类仓库	≥2
	甲、乙、丙类物品仓库,可燃气体储罐和煤、焦炭露天堆场	≥3
	易燃、可燃材料露天、半露天堆场(不包括煤、焦炭露天堆场)	≥6
	甲、乙、丙类液体储罐: (1)浮顶罐、地下和半地下固定顶立式罐、覆土储罐和直径不超过20m的地上固定顶立式罐	≥4
	(2)直径不小于20m的地上固定顶立式罐	≥6
	液化石油气储罐	≥6
村镇建筑	甲、乙、丙类液体储罐和易燃、可燃材料堆场	≥4
	其他建筑	≥2
汽车库		≥2
人防工程	室内消防水池(容量大于36m³)	≥1

2)消火栓出口的水力计算

(1)消火栓出口所需水压(图5-29)为:

$$H_{Xh} = H_q + h_d + h_k \tag{5-5}$$

式中:H_{Xh}——消火栓口所需水压,kPa;

H_q——水枪喷嘴造成某充实水柱所需之水压,kPa;

h_d——水流通过水龙带的水头损失,kPa;

h_k——消火栓栓口水头损失,一般按20kPa计算。

(2)水枪射流量q_{Xh}与水枪喷嘴压力H_q之间的关系为:

$$q_{Xh} = \sqrt{0.1BH_q} \tag{5-6}$$

式中:q_{Xh}——水枪射流量,L/s;

B——水枪水流特性系数,与水枪喷嘴口径有关,其值可查表5-24。

水枪水流特性系数 表5-24

水枪喷口直径(mm)	13	16	19	22	25
B	0.346	0.793	1.577	2.836	4.728

(3)消火栓水龙带水头损失。水带水头损失按下式计算:

$$h_d = 10A_z L_d q_{Xh}^2 \tag{5-7}$$

式中:h_d——水带的水头损失,kPa;

L_d——水带的长度,m;

A_z——水带阻力系数,见表5-25。

水带阻力系数   表5-25

水带材料	水带直径(mm)		
	50	65	80
麻织	0.015 01	0.004 30	0.001 50
衬胶	0.006 77	0.001 72	0.000 75

【例题 5-1】 已知某低层商店的某层容积为 8 000m³，此层的消火栓箱内配备 SN65mm 消火栓、25m 长衬胶水带和喷嘴直径为 19mm 的水枪，若水枪充实水柱长度为 13m，试计算该层商店所需设置的水枪数目及其消火栓出水口所要求的水压大小。

【解】 由商店某层容积为 8 000m³，由表 5-19 查得需要水柱股数为 2 股，即需要设置两个水枪，水枪流量(即每股水量)$q_{Xh} = 2.5$L/s。

水枪喷嘴口径 $d = 19$mm，则由表 5-24 查得水枪喷嘴流量系数 $B = 1.577$。由式(5-6)可求得水枪喷嘴压力为：

$$H_q = 10q_{Xh}^2/B = 10 \times 2.5^2/1.577 = 39.632 \text{kPa}$$

配用的衬胶水带直径为 65mm，由表 5-25 查得麻织水带的水压阻力系数 $A_z = 0.001\ 72$，水带压力损失可由式(5-7)求得：

$$h_d = 10A_zL_dq_{Xh}^2 = 10 \times 0.001\ 72 \times 25 \times 2.5^2 = 2.6875 \text{kPa}$$

则消火栓出水口所要求的水压力大小为：

$$H_{Xh} = H_q + h_d + h_k = 39.632 + 2.687\ 5 + 20 = 62.319\ 5 \text{kPa}$$

3) 消火栓给水管网的水力计算

(1) 室内消火栓的保护半径可按下式计算：

$$R_0 = k_3L_d + L_s \tag{5-8}$$

式中：R_0——消火栓保护半径，m；

k_3——消防水带弯曲折减系数，宜根据消防水带转弯数量取 0.8~0.9；

L_d——消防水带长度，m；

L_s——水枪充实水柱长度在平面上的投影长度。按水枪倾角为 45°时计算，取 $0.71S_k$m，S_k 为水枪充实水柱长度。

(2) 给水管网的管径和水头损失计算。

①管径的确定。根据给水管道中涉及的流量，按下列公式即可确定管径：

$$Q = \frac{\pi D^2}{4}v \tag{5-9}$$

$$D = \sqrt{\frac{4Q}{\pi v}} \tag{5-10}$$

式中：Q——管道设计流量，m³/s；

D——管道的管径，m；

v——管道中的流速，m/s。

已知管段的流量后，只要确定了流速，即可求得管径。消火栓给水管道中的流速宜采用 1.4~1.8m/s，不宜大于 2.5m/s。

②管道水头损失。每米管道的水头损失应按下式计算：

$$i = 0.0000107 \frac{v^2}{d_j^{1.3}} \tag{5-11}$$

式中：i——每米管道的水头损失，MPa/m；

v——管道内的平均水流速度，m/s；

d_j——管道的计算内径，m，取值应按管道的内径减 1mm 确定。

(3) 减压设施。根据《消防给水及消火栓系统技术规范》(GB 50975—2014) 减压孔板应符合下列规定：

应设在直径不小于 50mm 的水平直管段上，前后管段的长度均不宜小于该管段直径的 5 倍；孔口直径不应小于设置管段直径的 30%，且不应小于 20mm；应采用不锈钢板材制作。

节流管应符合下列规定：

直径宜按上游管段直径的 1/2 确定；长度不宜小于 1m；节流管内水的平均流速不应大于 20m/s。

减压孔板的水头损失，应按下列公式计算：

$$H_k = \xi \frac{v_k^2}{2g} \tag{5-12}$$

式中：H_k——水流通过减压孔板时的水头损失，10^{-2}MPa；

v_k——水流通过减压孔板后的平均流速，m/s；

ξ——减压孔板的局部阻力系数。

4) 节流管的水头损失，应按下式计算：

$$H_g = \zeta \frac{V_g^2}{2g} + 0.00107L \frac{V_g^2}{d_g^{1.3}} \tag{5-13}$$

式中：H_g——节流管的水头损失，10^{-2}MPa；

ζ——节流管中渐缩管与渐扩管的局部阻力系数之和，取 0.7；

V_g——节流管内水的平均流速，m/s；

d_g——节流管的计算内径，取值应按节流管内径减 1mm 确定，m；

L——节流管的长度，m。

减压阀应符合下列规定：应设置在报警阀组入口前；入口前应设过滤器；当连接两个及以上报警阀组时，应设置备用减压阀；垂直安装的减压阀，水流方向宜向下。

5.4.2 闭式自动喷水灭火系统设计基本参数及水力计算

1) 闭式自动喷水灭火系统的基本设计参数

设计应保证建筑物的最不利点喷头有足够的喷水强度，各危险等级的设计喷水强度、作用面积、喷头设计压力不应低于规范的规定。

(1) 民用建筑和工业厂房自动喷水灭火系统设计基本数据见表 5-26。

民用建筑和工业厂房自动喷水灭火系统设计基本数据　　表5-26

火灾危险等级		净空高度（m）	喷水强度[L/(min·m²)]	作用面积（m²）	喷头工作压力（MPa）
严重危险级	Ⅰ级	≤8	12	260	0.1
	Ⅱ级		16		
中危险级	Ⅰ级		6	160	
	Ⅱ级		8		
轻危险级			4		

注：1. 装设网格、栅板类通透性吊顶的场所，系统的喷水强度按表中值的1.3倍取值。
  2. 干式系统的作用面积按表中值的1.3倍取值。
  3. 雨淋系统中每个雨淋阀控制的喷水面积不宜大于表中的数值。
  4. 系统最不利点处喷头最低工作压力不应小于0.05MPa。
  5. 仅在走道设置单排喷头闭式系统，其作用面积按最大疏散距离所对应的走道面积确定。

(2) 仓库的系统设计基本参数见表5-27的规定。

仓库的系统设计基本参数　　表5-27

火灾危险等级	货物最大堆积高度（m）	最大净空高度（m）	喷水强度[L/(min·m²)]	作用面积（m²）	喷头工作压力（MPa）
Ⅰ级	4.5	9	12	200	0.1
Ⅱ级			16	300	
Ⅲ级	3.5	6.5	300	260	

注：系统最不利点处喷头最低工作压力不应小于0.05MPa。

(3) 仓库采用快速响应早期抑制喷头的系统设计基本参数见表5-28。

仓库采用快速响应早期抑制喷头的系统设计基本参数　　表5-28

火灾危险等级	最大净空高度（m）	货物最大堆积高度（m）	配水支管或支管上喷头的间距（m）	系统作用面积内开放的喷头数（只）	喷头最低工作压力（MPa）
仓库危险级Ⅰ、Ⅱ级	9.0	7.5	3.7	12	0.34
仓库危险级Ⅲ级（非发泡类）	9.0	7.5	3.3	12	0.34
仓库危险级Ⅰ、Ⅱ、Ⅲ级（非发泡类）	12.0	10.5	3.0	12	0.50
仓库危险级Ⅲ级（发泡类）	9.0	7.5	3.0	12	0.68

注：表中的数值仅适用于$K=200$的快速早期抑制喷头。

当货架储物仓库的最大净空高度或货物最大堆积高度超过表5-27、表5-28的规定时，仅在顶板设置喷头，将不能满足有效灭控火的需要。在这种情况下，应在距地面4m处设置货架喷头，货架喷头的喷水强度应满足表5-27的要求，并按开放4只喷头确定水量。

2) 喷头的布置要求

(1) 喷头的位置和间距

喷头应布置在顶板或吊顶下易于接触到火灾热气流，并有利于均匀布水的位置。其布置间距要求在保护的区域内任何部位发生火灾时都能得到一定强度的水量。喷头的布置根据天花板、吊顶的装修要求一般可布置成正方形、长方形、菱形三种形式。

正方形布置时参见图5-34a),喷头间距为:
$$A = 2R\cos45° \qquad (5-14)$$

长方形布置时参见图5-34b),喷头间距应为:
$$\sqrt{A^2 + B^2} \leq 2R \qquad (5-15)$$

菱形布置时参见图5-34c),喷头间距为:
$$\begin{cases} A = 4R\cos30°\sin30° \\ B = 2R\cos30°\cos30° \end{cases} \qquad (5-16)$$

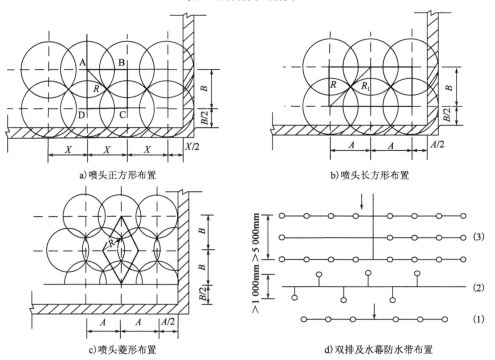

图5-34 喷头布置几种形式

喷头布置应符合下列要求:

①直喷头的布置,包括同一根配水支管上喷头的间距及相邻配水支管的间距,应根据系统的喷水强度、喷头的流量系数和工作压力确定,并不应大于表5-29的规定,且不宜小于2.4m。

同一根配水支管上的喷头的间距及相邻配水支管的间距　　表5-29

喷水强度 [L/(min·m²)]	正方形布置的边长 (m)	矩形或平行四边形 布置的长边边长(m)	一只喷头的最大 保护面积(m²)	喷头与端墙的 最大距离(m)
4	4.4	4.5	20.0	2.2
6	3.6	4.0	12.5	1.8
8	3.4	3.6	11.5	1.7
12~20	3.0	3.6	9.0	1.5

注:1. 仅在走道设置单排喷头的闭式系统,其喷头间距应按走道地面不留漏喷空白点确定。
2. 货架内喷头的间距不应小于2m,并不应大于3m。

②除吊顶型喷头及吊顶下安装的喷头外,直立型、下垂型标准喷头的溅水盘与顶板的距离,不应小于 75mm,不应大于 150mm。

③当在梁或其他障碍物底面下方的平面上布置喷头时,溅水盘与顶板的距离不应大于 300mm,同时溅水盘与梁等障碍物底面的垂直距离不应小于 25mm,不应大于 100mm。

④在梁间布置喷头时,应符合表 5-30 的规定。确有困难时,溅水盘与顶板的距离不应大于 550mm。梁间布置的喷头,喷头溅水盘与顶板距离达到 550mm 仍不能符合表 5-30 规定时,应在梁底面的下方增设喷头。

快速响应早期抑制喷头的溅水盘与顶板的距离(mm) 表 5-30

喷头安装方式	直 立 型		下 垂 型	
	不应小于	不应大于	不应小于	不应大于
溅水盘与顶板的距离	100	150	150	360

直立、下垂型喷头与梁、通风管道的距离 表 5-31

喷头与梁或通风管道的水平距离 A(m)	喷头溅水盘与梁或通风管道的底面的最大垂直距离 B(m)	
	标准喷头	其他喷头
$A < 0.3$	0	0
$0.3 \leq A < 0.6$	0.06	0.04
$0.3 \leq A < 0.9$	0.14	0.14
$0.9 \leq A < 1.2$	0.24	0.25
$1.2 \leq A < 1.5$	0.35	0.38
$1.5 \leq A < 1.8$	0.45	0.55
$A = 1.8$	>0.45	>0.55

⑤密肋梁板下方的喷头,溅水盘与密肋梁板底面的垂直距离不应小于 25mm,不应大于 100mm。

⑥净空高度不超过 8m 的场所中,间距不超过 4m×4m 布置的十字梁,可在梁间布置 1 只喷头,但喷水强度仍应符合表 5-26 的规定。

⑦早期抑制快速响应喷头的溅水盘与顶板的距离,应符合表 5-30 的规定。

⑧图书馆、档案馆、商场、仓库中的通道上方宜设有喷头。喷头与被保护对象的水平距离,不应小于 0.3m,喷头溅水盘与保护对象的最小垂直距离不应小于表 5-32 的规定。

喷头溅水盘与保护对象的最小垂直距离 表 5-32

喷 头 类 型	最小垂直距离(m)	喷 头 类 型	最小垂直距离(m)
标准喷头	0.45	其他喷头	0.90

⑨货架内置喷头宜与顶板下喷头交错布置,其溅水盘与上方层板的距离应符合③的规定,与其下方货品顶面的垂直距离不应小于 150mm。

⑩货架内喷头上方的货架层板,应为封闭层板。货架内喷头上方如有孔洞、缝隙,应在喷头的上方设置集热挡水板。集热挡水板应为正方形或圆形金属板,其平面面积不宜小于 0.12m²,周围弯边的下沿,宜与喷头的溅水盘平齐。

⑪净空高度大于800mm的闷顶和技术夹层内有可燃物时,应设置喷头。

⑫当局部场所设置自动喷水灭火系统时,与相邻不设自动喷水灭火系统场所连通的走道或连通门窗的外侧,应设喷头。

⑬装设通透性吊顶的场所,喷头应布置在顶板下。

⑭顶板或吊顶为斜面时,喷头应垂直于斜面,并应按斜面距离确定喷头间距。尖屋顶的屋脊处应设一排喷头。喷头溅水盘至屋脊的垂直距离,屋顶坡度大于1/3时,不应大于0.8m;屋顶坡度小于1/3时,不应大于0.6m。

⑮边墙型标准喷头的最大保护跨度与间距,应符合表5-33的规定。

边墙型标准喷头的最大保护跨度与间距(m)　　表5-33

设置场所火灾危险等级	轻危险级	中危险级Ⅰ级
配水支管上喷头的最大间距	3.6	3.0
单排喷头的最大保护跨度	3.6	3.0
两排相对喷头的最大保护跨度	7.2	6.0

注:1.两排相对喷头应交错布置。
　　2.室内跨度大于两排相对喷头的最大保护跨度时,应在两排相对喷头中间增设一排喷头。

⑯边墙型扩展覆盖喷头的最大保护跨度、配水支管上的喷头间距、喷头与两侧端墙的距离,应按喷头工作压力下能够喷湿对面墙和邻近端墙距溅水盘1.2m高度以下的墙面确定,且保护面积内的喷水强度应符合表5-26的规定。

直立式边墙型喷头,其溅水盘与顶板的距离不应小于1.0mm,且不宜大于150mm,与背墙的距离不应小于50mm,并不应大于100mm。

水平式边墙型喷头溅水盘与顶板的距离不应小于150mm,且不应大于300mm。

⑰防火分隔水幕的喷头布置,应保证水幕的宽度不小于6m。采用水幕喷头时,喷头不应少于3排;采用开式洒水喷头时,喷头不应少于2排。防护冷却水幕的喷头宜布置成单排。

(2)喷头与障碍物的距离

①直立型、下垂型喷头与梁、通风管道的距离宜符合表5-34的规定。

喷头与邻近障碍物的最小水平距离(m)　　表5-34

c、e 或 $d \leq 0.2$	c、e 或 $d > 0.2$
$3c$、$3e$(c 与 e 取最大值)或 $3d$	0.6

②直立型、下垂型标准喷头的溅水盘以下0.45m,其他直立型、下垂型喷头的溅水盘以下0.9m范围内,如有屋架等间断障碍物或管道时,喷头与邻近障碍物的最小水平距离宜符合表5-34的规定(图5-35)。

③当梁、通风管道、排管、桥架等障碍物的宽度大于1.2m时,其下方应增设喷头(图5-36)。

④直立型、下垂型喷头与不到顶隔墙的水平距离,不得大于喷头溅水盘与不到顶隔墙顶面垂直距离的2倍(图5-37)。

⑤直立型、下垂型喷头与靠墙障碍物的距离,若大于标准喷头的最大保护跨度,或障碍物横截面边长≥750mm时(图5-38),应在靠墙障碍物下增设喷头。

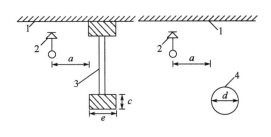
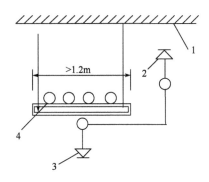

图 5-35 喷头与邻近障碍物的最小水平距离
1-顶板;2-直立喷头;3-屋架等间断障碍物;4-管道

图 5-36 障碍物下方增设喷头
1-顶板;2-直立喷头;3-下垂型喷头;4-排管(或梁、通风管道、桥架等)

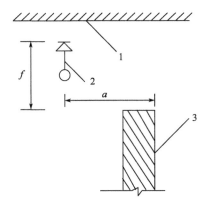
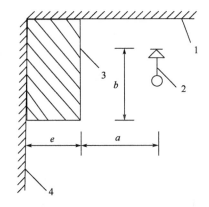

图 5-37 喷头与不到顶隔墙的水平距离
1-顶板;2-直立喷头;3-不到顶隔墙

图 5-38 喷头与靠墙障碍物的距离
1-顶板;2-直立喷头;3-靠墙障碍物;4-墙面

⑥边墙型喷头的两侧 1m 及正前方 2m 范围内,顶板或吊顶下不应有阻挡喷水的障碍物。

3)闭式系统的水力计算——作用面积法

(1)根据被保护对象的性质来确定危险等级,并选择系统类型,布置管网,喷头选型。

(2)初选管径及安装尺寸,并确定系统最不利点和最不利作用面积的部位。

火灾发生时闭式自动喷水灭火系统在失火区上方的喷头开始喷水,因此可以采用作用面积法来进行消防给水系统的水力计算。

作用面一般为正方形或矩形,仅在此面积内的喷头才计算喷水量,各喷头的喷水量均按最不利点喷头的工作压力和流量来考虑。当采用矩形布置时,其长边应平行于配水支管,边长为作用面积平方根的 1.2 倍(假设最不利作用面积为 S,则长边边长 $B=1.2\sqrt{S}$,短边边长 $A=S/B$)。在走道等场所只布置一排喷头时,计算喷头数不宜超过 5 个;开式系统则按每个设计喷水区域内的全部喷头同时动作计算。

轻、中危险级系统水力计算应保证作用面积内平均喷水强度分别不小于 3.0L/(min·

m²)、6.0L/(min·m²)的规定,且其中任意 4 个喷头形成的保护面积内平均喷水强度与该值的偏差不超过 20%;严重危险级系统作用面积内平均喷水强度不小于 10.0L/(min·m²)(生产性建筑)、15.0L/(min·m²)(储存性建筑)的规定。

(3)喷头的出流量。

①根据保护面积和喷水强度求出流量公式为:

$$Q = qS \tag{5-17}$$

式中:Q——喷头出流量,L/min;
q——由危险等级而定的设计喷水强度,L/(min·m²);
S——喷头的保护面积,m²。

②根据喷头处压力求出流量公式为:

$$Q = k\sqrt{10p} \tag{5-18}$$

式中:k——喷头的流量系数;
p——喷头处压力,MPa。

(4)系统设计流量。

①轻、中危险级假定作用面积内,各喷头的喷水量都与最不利点喷头的喷水量相同,则系统设计流量为最不利点喷头流量与作用面积内喷头数量的乘积(由于作用面积内的喷头数量是按要求的喷水强度和保护面积而定的,因此也等于喷水强度与作用面积的乘积)。为确保安全,严重危险级作用面积内每个喷头出流量应按该喷头处的水压计算确定,保证作用面积内任意 4 个喷头保护范围内的平均喷水强度不低于规定值。系统设计流量为作用面积内各喷头出水流量之和。

②由于系统水力计算是以最不利点作用面积为依据的,而火灾发生在最有利点时,喷头的出流量比计算值大,并且采用作用面积法计算时,忽略了管道阻力损失对喷头工作压力的影响,这些因素都使系统的计算设计流量比实际流量低,因此在计算设计秒流量时要乘以 1.15~1.30 的安全系数,则系统设计秒流量为:

$$Q_s = (1.15 \sim 1.30)Q_j \tag{5-19}$$

$$Q_j = n\frac{Q_g}{60} \tag{5-20}$$

式中:Q_s——系统设计秒流量,L/s;
Q_j——计算流量,L/s;
n——最不利作用面积内单个喷头数,个;
Q_g——最不利作用面积内单个喷头出流量,L/min。

③设置货架内喷头的仓库,顶板下喷头与货架内喷头分别计算流量,以二者之和作为系统的设计流量。

④建筑物内有两种或两种以上类型的系统或有不同危险等级的场所时,系统的设计流量应取计算最大值。

⑤设置自动喷水灭火系统的建筑物同时必须设置消火栓灭火系统,则消防系统的总流量应按同时使用计算。如果建筑物内还同时设有水幕等消防系统时,应根据这些系统是否同时

使用来确定消防用水总量。

(5)系统水头损失。沿程水头损失、局部水头损失的计算与消火栓给水系统相同,根据计算值确定系统供水压力。

(6)减压设施的计算。减压孔板、减压阀的水头损失计算同消火栓消防给水系统。节流管的直径宜取上游管段直径的1/2,节流管长度不宜小于1m,管内平均流速不应大于20m/s,其水头损失按下式计算:

$$\Delta p_j = 0.01\zeta \frac{v_j^2}{2g} + 0.000\ 010\ 7 \frac{L}{d_j^{1.3}} \tag{5-21}$$

式中:Δp_j——节流管的水头损失,MPa;
ζ——节流管渐缩管与渐扩管的局部阻力系数之和,取0.7;
v_j——节流管内平均流速,m/s;
d_j——节流管计算内径,取节流管内径减0.001m,m;
L——节流管的长度,m。

(7)校核各管段的流速,超过规定时应放大管径。调整后重新计算系统的设计流量及水头损失,直至符合要求。

(8)消防给水管或消防水泵的工作压力按下式计算:

$$H = h_0 + h_1 + h_2 + h_b + z \tag{5-22}$$

式中:H——消防给水管或消防水泵的工作压力,mH_2O;
h_0——最不利点喷头的工作压力,mH_2O;
h_1——沿程水头损失,mH_2O;
h_2——局部水头损失,mH_2O;
h_b——报警阀水头损失,mH_2O;
z——最不利点喷头与消防给水管或消防水泵的垂直高差,m。

【例5-2】 某七层办公楼,最高层喷头安装标高23.7m。喷头流量系数为1.33,喷头处压力为0.1MPa,设计喷水强度为6L/(min·m²),作用面积为160m²,形状为长方形,按作用面积法进行管道水力计算。

【解】 (1)选择最不利位置,划出作用面积如图5-39所示。
最不利点处作用面积选择矩形,其长边应平行配水支管,其长度不宜小于作用面积平方根1.2倍,即:

$$B \leqslant 1.2\sqrt{S}, B = 1.2\sqrt{160} = 15.18\text{m}$$
$$A = S/B = 160/15.18 = 10.8\text{m}$$

取 $B = 16\text{m}, A = 10.8\text{m}$
实际作用面积为172.8m,共布15个喷头。

(2)每个喷头流量:

$$Q = k\sqrt{10P} = 1.33 \times \sqrt{10 \times 0.1} = 1.33\text{L/s}$$

(3)作用面积内的设计秒流量:

$$Q_s = nQ = 15 \times 1.33 = 19.95\text{L/s}$$

(4)作用面积内平均喷洒水强度:

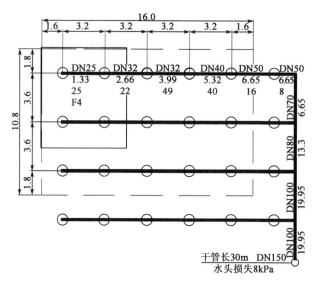

图 5-39 基办公楼的消防喷头作用面积划分示意图

$$\overline{Q} = \frac{60Q_s}{S} = \frac{60 \times 19.95}{172.8} = 6.93 \text{L}/(\text{m}^2 \cdot \text{min}) > 规定 6\text{L}/(\text{m}^2 \cdot \text{min})。$$

(5) 校核最不利点处作用面积内任意 4 个喷头围合范围内的平均喷水强度不小于规定值的 85%。

$$S_0 = (1.6 + 3.2 + 1.6) \times (1.8 + 3.6 + 1.8) = 46.08 \text{m}^2$$

$$Q_g = \frac{60 \times 1.33 \times 4}{4608} = 6.93 \text{L/min} > 6 \text{L/min}$$

4) 闭式系统的水力计算——特性系数法

(1) 从系统设计最不利点喷头开始计算沿程各喷头的压力、流量、管段累计流量、水头损失。当累计流量达到设计流量后管段流量不再增加,仅计算管道的水头损失。

(2) 根据被保护对象的性质确定危险等级,选择系统类型、布置管网、喷头选型。初选管径及安装尺寸,确定系统最不利点喷头的位置。

(3) 根据喷头特性系数和喷头处管网水压值求各喷头的出流量,确定系统设计秒流量。

① 设支管 I 末端的喷头 1 为系统最不利点,则其在工作压力 H_1 时出流量为 $q_1\sqrt{BH_1}$,管段 1-2 间的水头损失为 h_{1-2},则喷头 2 的出流量为 $q_2 = \sqrt{B(H_1 + h_{1-2})}$。同理,喷头 3、喷头 4 的出流量分别为 $q_3 = \sqrt{B(H_1 + h_{1-2} + h_{2-3})}$,$q_4 = \sqrt{B(H_1 + h_{1-2} + h_{2-3} + h_{3-4})}$,支管 I 起端节点 5 处的水压 $H_5 = H_4 + h_{4-5}$,其中 h_{1-2}、h_{2-3}、h_{3-4}、h_{4-5}、h_{5-6} 分别为流量 $Q_{1-2}(q_1)$、$Q_{1-2}(q_1 + q_2)$、$Q_{3-4}(q_1 + q_2 + q_3)$、$Q_{4-5}(q_1 + q_2 + q_3 + q_4)$、$Q_{5-6}(q_1 + q_2 + q_3 + q_4 + q_5)$ 通过管段 1-2、2-3、3-4、5-5、5-6 时的水头损失。

② 用管系特性系数法求各支管的流量,管系特性系数 (B_g) 可根据总输出的节点流量和该节点的压力可按下式计算:

$$B_g = \frac{Q_{(n-1)-n}^2}{H_n} \tag{5-23}$$

式中：B_g——管系流量系数，反应管系的输水性能；
$Q_{(n-1)-n}$——管系总输出节点处的流量；
H_n——管系总输出节点处的压力，MPa。

则支管Ⅰ的管系特性系数为 $B_{g1} = Q_{5-6}^2/H_5$。

③以同样的方法，以支管Ⅱ最末端喷头开始，按其在工作压力时出流量依次计算支管Ⅱ各喷头的流量和各管段的水头损失，并求出支管Ⅱ的管系特性系数 $B_{g2} = Q_{5'-6}^2/H_6$。节点6的水压 $H_6 = H_5 + H_{5-6}$，由于支管Ⅰ与支管Ⅱ水力情况相同，则节点6的流量公式 $Q_6 = Q_{5-6}(1+\sqrt{H_6/H_5})$。

④节点6的总输出量为 $Q_6 = Q_{6-5} + Q_{6-5'}$。它在管段6-7内产生的水头损失为 h_{6-7}；节点7的水压 $H_7 = H_6 + h_{6-7}$；$Q = Q_{6-7} + Q_{7-5''}$。

⑤按支管Ⅰ上节点3的计算工作压力计算支管Ⅲ上节点3″的出流量，并依次计算出支管Ⅲ上节点4″、5″的工作压力和出流量，最终推导出支管Ⅲ的出流量 $Q_{7-5'}$ 和节点7工作压力 $H_{7'}$，$H_{7'}$ 小于 H_7，则支管Ⅲ的实际出流量为 $Q_{7-5''} = Q_{7-5''}\sqrt{H_7/H_{7'}}$。

⑥节点7以后的喷头不在作用面积之内，故节点7之后的管段流量不再增加。系统设计秒流量 $Q_s = Q_6 + Q_{7-5'}$。

(4) 节点7以后的管段按系统设计秒流量计算系统的沿程和局部水头损失。

(5) 系统水头损失。沿程水头损失、局部水头损失的计算与消火栓给水系统相同，应根据计算值确定系统供水压力。

(6) 消防给水管或消防水泵的工作压力计算同作用面积法。

5.4.3 开式自动喷水灭火系统设计基本参数及水力计算

1) 水幕系统
(1) 水幕系统的设计用水量及基本参数见表5-35。

水幕系统基本设计数据   表5-35

水幕类别	喷水点高(m)	喷水强度[L/(s·m)]	工作压力(MPa)	持续喷水时间(h)
防火分隔水幕	≤12	2	0.1	3
防护冷却水幕	≤4	0.5	0.1	3

(2) 管网及管道的设计。

冷却型和防火型水幕的管网布置必须保证最有利点喷头与最不利点喷头流量差不超过20%~25%；当喷水高度不大于4m时，喷水强度不应小于0.5L/(s·m)；喷水高度每增加1m，喷水强度增加0.1L/(s·m)，且总喷水强度不大于1L/(s·m)；每组水幕系统喷头数不超过72个。

防火型水幕系统当水幕作为保护作用或配合防火幕和防火卷帘进行防火隔断时，喷水强度应不小于0.5L/(s·m)；舞台口和孔洞面积超过3m² 的开口部位及防火水幕带的水幕喷水强度应不小于2.0L/(s·m)；每组水幕系统安装喷头数不宜超过72个。

雨淋系统管网布置应采用中部进水，每根配水支管上装设的喷头数不宜超过6个，配水干管一侧所接出的配水支管数不超过6根；雨淋阀处的水压不能满足管网水平管高度4倍的要求时,可用压缩空气代替水充入管网,充气压力与供水压力的关系见表5-36。

充气压力与供水压力的关系　　　　　　　　　　　　　　表5-36

雨淋阀处水压(MPa)	0.35	0.53	0.70	0.88	1.05
传动管充气压(MPa)	0.11~0.18	0.14~0.21	0.18~0.25	0.21~0.32	0.25~0.35

(3)水力计算。

可采用特性系数法进行水力计算,计算过程与闭式自动喷水灭火系统特性系数法相同。消防用水量按同时开放的水幕喷头或同时喷水的雨淋系统喷头实际出水量计算。

2)水喷雾灭火系统

(1)水喷雾系统水喷雾灭火系统设计基本参数。

喷雾强度及持续时间由被保护对象的性质及防护目的确定,一般不小于表5-37所示。

设计喷雾强度与持续喷雾时间　　　　　　　　　　　　　表5-37

防护目的	被保护对象性质		喷雾强度 [L/(min·m²)]	持续时间/h
灭火	固体火灾		15	1
	液体火灾	闪点60~120℃的液体	20	0.5
		闪点高于120℃的液体	13	0.5
	电气火灾	油浸式电力变压器、油开关	20	0.4
		油浸式电力变压器的集油坑	6	0.4
		电缆	13	0.4
防护冷却	甲、乙、丙类液体生产、储存、装卸设施		6	4
	直径20m以下		6	4
	直径20m及以上		6	6
	可燃气体生产、输送、装卸、储存设施和灌瓶间、瓶库		9	6

(2)管网及管道的设计。

宜采用中央中心分配式枝状管网或环状管网,移动式水喷雾灭火系统要求每个喷头的出水量不小于350L/min,喷头数不少于2个,用于扑灭非水溶性高闪点油类要求的水雾供给强度为9.6~7.2L/(min·m²),水滴直径为0.4~0.8m;扑灭非水溶性低闪点液体的火灾时要求喷雾水滴不应大于0.3mm,用于扑灭水溶性液体的火灾时要求水滴直径不应大于0.4mm;用来防护邻近火灾热辐射点燃的火灾危险时,要求对被保护的暴露油冷却设备和储槽、石油或液化石油气储存库、原油、精制酒精等的大型储槽的暴露表面的水雾供给强度应采用9.6L/(min·m²)。

(3)水力计算。

①按被保护对象类型来计算被保护面积,并确定喷雾强度及持续喷雾时间,然后选用喷头。

②水雾锥底圆半径。水雾锥底圆半径按下式计算:

$$R = B\tan\frac{\theta}{2} \tag{5-24}$$

式中:R——水雾锥底圆半径,m;

B——水雾喷头的喷口与保护对象之间的距离,m;

θ——水雾喷头的雾化角,°,取30°、45°、60°、90°、120°。

③水雾喷头的流量。

$$q = k\sqrt{10P} \tag{5-25}$$

式中:q——水雾喷头的流量,L/min;

P——水雾喷头的工作压力,MPa;

k——水雾喷头的流量系数,取值由厂家提供。

④初步计算水雾喷头的数量。

$$N = \frac{SW}{q} \tag{5-26}$$

式中:N——被保护对象的水雾喷头的计算数量,个;

S——被保护对象的保护面积,m²;

W——被保护对象的设计喷雾强度,L/(min·m²)。

⑤根据水雾锥底圆半径、喷头工作压力、保护面积等参数布置喷头及管网。

⑥从最不利点喷头开始,计算各管段的水头损失,求得各喷头在系统动作时的实际压力和流 q_i。

⑦系统计算流量。

$$Q_j = \frac{1}{60}\sum_{i=1}^{n} q_i \tag{5-27}$$

式中:Q_j——系统的计算流量,L/s;

n——火灾时计算分区同时动作的水雾喷头数量,个;

q_i——水雾喷头在实际工作压力下的流量,L/min。

⑧系统设计流量。

$$Q_s = kQ_j \tag{5-28}$$

式中:Q_s——系统的设计流量,L/s;

k——安全系数,取1.05~1.10。

【例5-3】 某燃气直燃机房保护目的为冷却,设计喷雾强度为9L/(min·m²),持续喷雾强度为1h,其保护面积为28.25m²,计算该机房应设的水雾喷头数量及布置间距。

【解】 (1)计算水雾喷头的流量 q:

为了节约投资应选雾化角较大的喷头。其在相同的水压下保护面积较大。水雾喷头选用ZSTWB-16-120型水雾喷头,该喷射器雾化角120°,流量适中,$K=16$。根据喷雾规范要求 $P=0.35$MPa。

$$q = K\sqrt{10P} = 16 \times \sqrt{10 \times 0.35} = 30\text{L/min}$$

(2)计算所需水雾喷头的最小数量 N:

$$N = \frac{SW}{q} = \frac{28.25 \times 9}{30} = 8.475 \approx 9 \text{ 个}$$

(3)计算水雾喷头间距:水雾锥底圆半径 R 为1.21m(B:0.7,θ:120°)。

$$R = B\tan\frac{\theta}{2} = 0.7 \times \tan 60° = 1.21\text{m}$$

当按矩形布置时,水雾喷头之间的距离不应大于 1.4 倍水雾喷头的水雾锥底圆半径;喷头间距应小于 $1.4R = 1.21 \times 1.4 = 1.7 \text{m}$

习 题

1. 自动喷水灭火系统有哪些类型?各自的优缺点是什么?
2. 自动喷水灭火系统的组件有哪些?
3. 简述湿式报警阀与干式报警阀的差异。
4. 什么是重复启闭预作用自动喷水灭火系统?
5. 试述两台互备的自投喷淋泵控制线路的工作过程。
6. 试述喷淋泵的软起动控制过程。
7. 简述室内消火栓灭火系统的组成及其作用。
8. 消防减压设施有哪些?其作用分别是什么?
9. 消火栓的布置间距应如何计算?
10. 低倍数泡沫灭火系统的设计应注意什么?公路隧道泡沫消火栓箱的设置有何要求?
11. 如何确定最不利作用面积的形状?
12. 某学院礼堂设置 1 200 个座位,消火栓箱内配备 SN80mm 消火栓、50m 麻织水带和喷嘴直径为 22mm 的水枪,试确定该应装设水枪的数目及其消火栓出水口所要求的水压值。

第6章 自动跟踪定位射流灭火系统

大空间建筑结构体是指内净高大于 8m 的建筑物,这类建筑的火灾特性与普通建筑有着明显的区别,如蔓延更迅速、人员疏散更困难等。这种大空间场所,由于建筑结构的特殊性和使用功能的具体需要,不宜进行防火、防烟分隔;常规的点型感烟、感温探测器难以发挥效用;而对于在可燃物不是很集中的大空间,或者被水作用后损失很大的场所,大面积安装水喷淋头缺乏可行性和有效性,管网设施的维护也困难;水喷淋系统往往无法满足消防设计的要求,很有必要采用特殊的消防系统设备。这类系统一般利用红外、紫外、数字图像或其他火灾探测装置对烟、温度等的探测进行早期火灾的自动跟踪定位,以水或泡沫等消防供液为喷射介质,并运用自动控制方式实现射流灭火,称为自动跟踪定位射流灭火系统。系统按灭火装置流量大小,分为自动消防炮灭火系统和自动射流灭火系统。这一章以自动消防炮为主要内容。

自动消防炮灭火系统在保留固定消防炮灭火系统基本功能的基础上,实现了没有人工启动或直接干预的情况下,自动完成火灾探测、火灾报警、火源瞄准、喷射灭火剂灭火。以自动消防炮灭火替代多层管网水喷淋系统,技术更加先进,适用于保护火灾危险性较高、面积较大和价值较昂贵等重要场所,不仅能迅速、有效地扑灭火灾,而且有助于维护建筑物整体的功用和美观。

6.1 自动消防炮系统

6.1.1 自动消防炮的定义

自动消防炮以其所喷射的介质而分别称为消防水炮、消防泡沫炮和消防干粉炮。按国标《自动跟踪定位射流灭火系统》(GB 25204—2010)规定:自动消防水炮和消防泡沫炮的喷射流量必须大于 16L/s,消防干粉炮的喷射率必须大于 7kg/s;小于或等于该流量的属于一般的自动射流灭火装置如消防枪。

自动消防炮系统的主要特点是在火灾自动报警并定位着火点位置后,系统将控制消防炮进行定点扑救,对无火区域影响小,使火灾或灭火过程中造成的损失降到最低程度。因此,这一灭火系统具有定位精确、灭火效率高、保护面积大、响应速度快等特点,并可与火灾安全监控系统相配合,形成完整的自动探测—定位—定点灭火系统。消防炮的分类及其适用场所如表 6-1 所示,其中移动式消防炮可安装成轨道式或隐蔽式。按使用功能可分为单用消防炮、两用消防炮、组合消防炮;按泡沫液吸入方式可分为自吸式泡沫炮、非自吸式泡沫炮。消防炮一般具有远程手动、现场手动、现场自动三种灭火方式。

(1)远程手动灭火方式:消防控制室接收到火警信号后,值班人员在消防控制室通过切换现场彩色图像进一步确认,通过消防炮集中控制盘,控制相应的自动消防炮对准火源点,启动消防泵,开启电动阀实施灭火。

(2)现场手动灭火方式:现场人员发现火源点,通过现场控制盘控制相应的消防炮对准火源点,启动消防泵,开启电动阀实施灭火,在灭火的同时,现场控制盘将报警信号传到消防控制室,如图6-1所示。

(3)自动灭火方式:用双波段探测器或光截面探测器将火灾信息传送到信息处理主机,信息处理主机处理后发出火警信号,同时自动启动相应的自动消防炮进行空间自动定位并锁定火源点,自动启动消防泵,自动开启电动阀进行喷射灭火,如图6-2所示。前端水流指示器反馈信号在控制室操作台上显示。当探测的无火时,系统自动关闭消防泵及电动阀,自动消防炮灭火系统停止灭火。流程如图6-3所示。

消防炮分类及其适用场所 表6-1

分类方式	类别	适用范围
按介质	水炮	扑救一般固体可燃物火灾
	泡沫炮	甲、乙、丙类液体火灾,固体可燃物火灾
	水/泡沫两用炮	甲、乙、丙类液体火灾,固体可燃物火灾
	干粉炮	扑救液化石油气、天然气等可燃气体火灾
机动性	移动式	供消防部队使用
	固定式	石油化工、港口码头、大型场馆、机库
控制动力	手动	危险性不大的场所
	电控	有电源的场所
	液控	没有电源的空旷场所,如港口、码头
	气控	没有电源的空旷场所,如港口、码头

图6-1 现场手动式消防炮

图6-2 现场自动式消防炮

6.1.2 自动消防炮的特点和发展趋势

纵观国内外消防炮及其灭火系统的发展现状,在技术方面主要呈现以下特点和趋势。

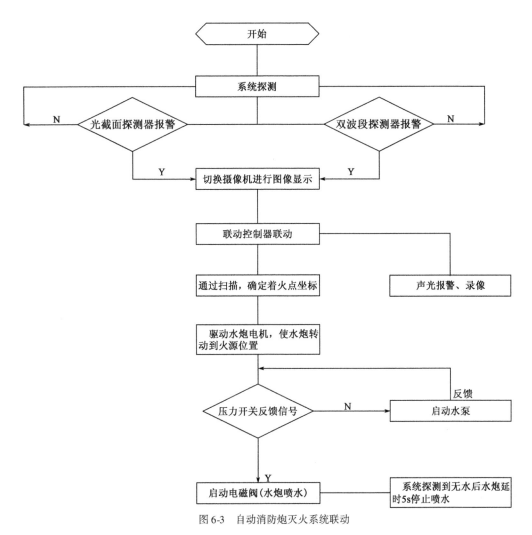

图 6-3　自动消防炮灭火系统联动

（1）流量大

大规模的火灾只有用大流量的灭火剂施救才能快速奏效。国内消防水炮流量从最初的每秒几十升,流量逐年增加,但大都集中在 40~200L/s。国外有好几个厂家早已生产出 10 000L/min 以上的消防水炮。如德国 ALCO 的 390 系列消防炮的流量达到 80 000L/min(1 333L/s)。消防炮的工作实景如图 6-4 所示。

（2）射程远

现代火灾大多具有燃速快、火速猛、火场环境温度高、消防人员不易接近的特点。远距离向火场喷射灭火剂,不仅是快速灭火所必需的,对保护消防人员人身安全也有益。目前我国大流量消防炮的射程大多能达到 120~130m,远的已可达到 210m。工业发达国家先进的消防水炮射程早几年

图 6-4　消防炮工作实景

就已超过200m。

(3) 射高高

高大空间建筑对消防炮的射高也提出了更大的要求。目前,国内消防炮最大射高可达到90~100m,国外生产的消防炮最大射高可达150m。

(4) 远控化

石油化工、码头、油库、机场等易燃易爆场所发生火灾时,往往火势发展迅速,波及面广,且有爆炸危险。因此,消防炮的远控功能非常必要。远控操作的消防炮,可以是固定式的,也可以是移动式的。移动式的如公安部上海消防研究所研制的自行式灭火机器人,固定式的如中国科技大学开发的远控消防炮灭火系统。近几年,随着无线技术的发展,大功率无线遥控器遥控距离可以达到3 000m,普通遥控器也能达到150m,遥控距离对一般火灾场所已经足够。

(5) 智能化

为了减少火灾损失,高大空间建筑的早期火灾探测及灭火尤为重要。这就需要灭火系统能够与火灾自动报警联动,并且具有自动定位瞄准功能。这类系统称为智能灭火系统,它包括智能消防炮灭火系统(流量≤16L/s)和智能灭火装置系统(流量≤16L/s),主要用于室内外重点消防区和大型室内场馆等重点场所的火灾自动监控和快速扑救。采用智能消防水炮系统替代水喷淋系统,能使灭火的有效性和可行性大大提高,同时也保证了建筑物的整体美观。

(6) 高效环保节水化

随着科学技术的快速发展,以及消防部队对于各类灭火救援装备在节水、高效、环保、通用等方面的要求也在不断提高,消防炮技术也在不断地发生变化,逐步呈现以下一些特点:

①部件标准化。部件标准化可提高互换性,降低系统生产成本。

②接口通用化。将炮座按照不同通径形成几种统一规格,喷嘴及接口标准化。

③灭火药剂环保化,如逐步推广应用的环保型轻水泡沫剂等。

6.1.3　自动消防炮系统的组件

自动跟踪定位射流灭火系统一般是指由消防炮和相应配置的系统组件组成的灭火系统,主要由消防炮、探测装置、电动阀、管道、消防泵组、灭火剂、消防液罐、动力源和控制装置等组成,如表6-2所示。

自动跟踪定位射流灭火系统的组成　　表6-2

系统组件	自动消防炮灭火系统	自动射流灭火系统	
		喷射型	喷洒型
自动消防炮	√	×	×
喷射型自动射流灭火装置	×	√	×
喷洒型自动射流灭火装置	×	×	√
探测装置	√	√	√
控制装置	√	√	√
消防泵组与消防泵站	√	√	√
阀门和管道	√	√	√

续上表

系统组件	自动消防炮灭火系统	自动射流灭火系统	
		喷射型	喷洒型
泡沫比例混合装置或泡沫液罐	O	O	O
高位消防水箱或气压稳压装置	√	√	√
水泵结合器	√	√	√

注：√为必配项，×为不配项，O为选配项。

(1) 消防炮

消防炮应带定位器或行程控制，定位器应采用双波段探测器或火焰探测器，并应有接收现场火焰信息，完成自动瞄准火源的功能。定位器的探测距离应与消防炮的射程相匹配。在有腐蚀性的环境，消防炮应满足防腐蚀要求。自动消防炮和喷射型自动射流灭火装置的俯仰和水平回转角应满足使用要求。自动消防炮宜具有直流—喷雾的转换功能，在人群密集的公共场所一旦发生火灾，直流水射流的冲击力可能会对人员和设施造成伤害和损失，直流水炮在消防炮位附近也可能形成喷射死角，因此，推荐选用直流、喷雾两用消防水炮。自动消防炮，喷射型、喷洒型自动射流灭火装置的性能参数应符合表6-3～表6-5的规定。

自动消防炮的性能参数　　　　　　　　　　　　　　　　表6-3

额定流量(L/s)	流量允差	额定工作压力上限(MPa)	额定射程(m)	定位时间(s)	最小/最大安装高度(m)
20	8%	1.0	≥50	≤60	6/30
25			≥50		
30			≥55		
40			≥60		
50			≥65		
60	±6%	1.2	≥70		
70			≥75		
80			≥80		

注：1. 当设计压力或设计流量与表中规定不同时，应根据有关的计算公式进行调整和核算消防炮的射程。
2. 自动消防泡沫炮的射程按表中数据的90%计算。

喷射型自动射流灭火装置的性能参数　　　　　　　　　　　　表6-4

额定流量(L/s)	流量允差	额定工作压力上限(MPa)	射程(m)	定位时间(s)	最大/最小安装高度(m)
2	±8%	0.8	≥8	≤30	3/8
2.5			≥10		
5			≥20		3/20
8			≥25		
10			≥30		6/30
13			≥35		
16			≥40		

喷洒型自动射流灭火装置的性能参数 表6-5

额定流量(L/s)	流量允差	额定工作压力上限(MPa)	最大保护半径(m)	定位时间(s)	最大/最小安装高度(m)
2	±8%	0.4	6	≤30	3/20
2.5					
5					
8					
10			8		3/26
13					
16			10		

消防炮按喷射介质可分为消防水炮(简称水炮)、消防空气泡沫炮(简称泡沫炮)、消防干粉炮(简称干粉炮)三种。按功能可分为单用消防炮、两用消防炮、组合消防炮三种。水炮、泡沫炮和两用炮各流量段的额定工作压力宜分别符合表6-6～表6-8的规定范围，允许水炮、泡沫炮和两用炮各流量的额定工作压力超过表6-6～表6-8的上限值，但不得超过1.6MPa时，相应的射程应增加5m，其余参数不变。干粉炮的性能参数应相应符合表6-9的规定。消防炮俯仰回转角应符合表6-10的规定，水平回转角应符合表6-11的规定。

水泡性能参数 表6-6

流量(L/s)	额定工作压力上限(MPa)	射程(m)	流 量 允 差
20	1.0	≥48	±8%
25		≥50	
30		≥55	
40		≥60	
50		≥65	
60	1.2	≥70	±6%
70		≥75	
80		≥80	
100		≥85	
120		≥90	±5%
150		≥95	
180	1.4	≥100	±4%
200		≥105	

注：具有直流—喷雾功能的水炮，最大喷雾角应不小于90°。

(2)着火点探测器

探测装置应能有效探测和判定保护区内的火源，其探测距离应与灭火装置的射程或保护范围相匹配。探测装置宜采用感烟、感光、感温和图像等的复合探测方式，并满足相应使用环境的防尘、防水等要求，具有抗现场干扰能力。其布置应保证保护区域内无探测盲区。

泡沫炮性能参数   表6-7

泡沫混合液流量（L/s）	额定工作压力上限（MPa）	射程（m）	流量允差	发泡倍数（20℃时）	25%析液时间(min)（20℃时）	泡沫混合比
24	1.0	≥40	8%	6	≥2.5	6%~7%
32		≥45				
40		≥50				
48		≥55				
64	1.2	≥60	6%			
80		≥70				
100		≥75				
120	1.4	≥80	5%			
150		≥85				
180		≥90	4%			
200		≥95				

注：表中泡沫炮，由外部设备提供泡沫混合液，其混合比例应符合6%~7%或3%~4%的要求；配备自吸装置的泡沫炮，可以比表中规定的射程小10%，其混合比也应符合6%~7%或3%~4%的要求。

两用炮的性能参数   表6-8

流量(L/s)	额定工作压力上限(MPa)	射程(m) 泡沫	射程(m) 水	流量允差	发泡倍数（20℃时）	25%析液时间(min)（20℃时）
24	1.0	≥40	45	8%	6	2.5
32		45	50			
40		50	55			
48		55	60			
64	1.2	60	65	6%		
80		70	≥75			
100		75	80			
120	1.4	80	85	5%		
150		85	90			
180		90	95	4%		
200		95	100			

注：表中两用炮，由外部设备提供泡沫混合液，其混合比例应符合6%~7%或3%~4%的要求；配备自吸装置的泡沫/水两用炮，可以比表中规定的射程小10%，其混合比也应符合6%~7%或3%~4%的要求。

双波段图像探测器采用红外CCD和彩色CCD传感器作为探测器件，获取监控现场的红外图像和彩色图像，通过对序列图像的亮度、颜色、纹理、运动等特性进行分析而确认火灾的火焰型火灾探测器。表6-12为双波段探测器技术参数。

干粉炮性能参数 表6-9

有效喷射率(kg/s)	工作压力范围(MPa)	有效射程(m)
10	0.5~1.7	18
20		20
25		30
30		35
35		38
40		40
45		45
50		50

消防炮俯仰回转角 表6-10

按使用方式分类	最小俯角(°)	最大仰角(°)
地面固定式消防炮	-15	+60
常规消防车车载固定式消防炮	-15	+45
举高固定式消防炮	-70	+40

注：移动式消防炮的仰角至少满足+30°~+70°或0°~+45°的范围。

消防炮水平回转角 表6-11

按使用方式分类	水平回转角(°)
地面固定式消防炮 举高固定式消防炮	180
常规消防车车载固定消防炮	270
带有水平回转的移动式消防炮	90

双波段探测器技术参数 表6-12

最大探测距离(m)	30	60	80	100
保护角度(水平角/垂直角)	60°/50°	42°/32°	32°/24°	22°/17°

光截面探测器采用高强度红外发光点阵作为发射器，以高分辨率红外CCD作为接收器，通过分析发射器光斑图像的强度、形状、纹理等特征的变化，来探测火灾烟雾的感烟火灾探测器。光截面探测器应符合表6-13规定。

光截面探测器技术参数 表6-13

探测距离(m)	30	60	100
保护角度(水平角/垂直角)	58°/48°	40°/30°	20°/15°

（3）控制装置

控制装置应具备与火灾自动报警系统和其他联动控制设备自动通信的功能，对消防泵、灭火装置、控制阀门等系统组件进行自动控制、控制室手动控制、现场手动控制的控制功能，对消防泵、灭火装置、控制阀门等系统组件工作状态的监控显示功能及不小于24h现场视频记录的功能。其中手动控制应有防误操作设施。

(4) 消防泵组和消防泵站

消防泵宜选用特性曲线平缓的离心泵。其吸水管上应设真空压力表,出水管上应设压力表,其最大指示压力不应小于消防泵额定工作压力的1.5倍。除此之外,消防泵出水管上应设自动泄压阀和回流管,消防泵吸水口处应设置过滤器,吸水管的布置应有向水泵方向上升的坡度,其上宜设置闸阀,阀上应有启闭标志。

消防泵应设置备用泵组,其工作能力应不小于其中工作能力最大的一台工作泵组。柴油机消防泵房应设置进气和排气的通风装置,室内环境温度应符合柴油机制造厂提出的要求。消防泵站内的电气设备应采取有效的防水、防潮和防腐蚀措施。

消防泵和稳压泵的设置应满足下列规定:

消防泵的流量应满足自动消防炮灭火系统流量的要求,其扬程应满足系统中最不利处消防水炮工作压力的要求;消防泵和稳压泵均应设置备用泵,备用泵的工作能力不应小于其中最大一台工作泵的工作能力。按二级负荷供电的建筑,宜采用柴油机泵作消防备用泵;消防泵、稳压泵应采用自灌式吸水方式。采用天然水源时,水泵的吸水口应采取防止杂物堵塞管网的措施;每组消防泵的吸水管不应少于2根。每组水泵的出水管不应少于2根。消防泵、稳压泵的吸水管段应设控制阀;出水管应设闸阀、止回阀、压力表和直径不小于65mm的试水阀。必要时,应采取控制消防泵出口压力的措施。

(5) 阀门和管道

当消防管道上的阀门口径较大,仅靠一个人的力量难以开启或关闭阀门时,不宜选用仅能手动开启的阀门。因为一旦发生火灾,消防泵要及时启动,如果消防泵启动起来后,泵出口管道上的阀门不能及时开启,那么,一方面影响出水,拖延扑救时间;另一方面易损坏消防泵,所以在这种情况下,控制阀门应具有快速启闭的功能,且密封可靠;参与系统联动的控制阀门,其启闭信号应传至消防控制室。常开或常闭的阀门应设锁定装置。

因此,宜选用电磁阀作为大空间智能型主动喷水灭火系统装置配套的阀门,并应符合以下条件:阀门及内件应采用不锈钢或铜质材料;电磁阀在不通电条件下应处于关闭状态;电磁阀的开启压力应不大于0.04MPa;电磁阀的公称压力应不小于1.6MPa;电磁阀宜靠近智能型灭火装置设置;若电磁阀设置在吊顶内,吊顶在电磁阀的位置应预留检修孔洞。

各种灭火装置配套的电磁阀的基本参数如表6-14所示。

各种灭火装置配套的电磁阀的基本参数 表6-14

灭火装置	安装方式	安装高度	控制喷头(水炮)数	接管管径
大空间智能灭火装置	与喷头分设安装	不受限制	控制1个	DN50
自动扫描射水灭火装置	与喷头分设安装	不受限制	控制1个	DN40
自动扫描射水高空水炮灭火装置	与水炮分设安装	不受限制	控制1个	DN50

管道应选用耐腐蚀材质或进行防腐蚀处理,可采用内外壁热镀锌钢管或符合现行国家或行业标准的涂覆其他防腐材料的钢管,如内壁衬薄壁不锈钢的热镀锌管、消防专用涂塑钢管,以及不锈钢管或铜管等。室内管道的直径不宜大于200mm,大于200mm的宜采用环状管双向供水。管道的直径应经水力计算确定,其布置应使配水管入口的压力趋向均衡。各种配置不

同灭火装置系统的配水管水平管道入口处的压力上限值如表 6-15 所示。

各种配置不同灭火装置系统的配水管水平管道入口处的压力上限值　　表 6-15

灭火装置	型号	喷头处的标准工作压力(MPa)	配水管入口处的压力上限值(MPa)
大空间智能灭火装置	标准型	0.25	0.6
自动扫描射水灭火装置	标准型	0.15	0.5
自动扫描射水高空水炮灭火装置	标准型	0.6	1.0

直径等于或大于 100mm 的架空安装的管道,应分段采用法兰或沟槽式连接件(卡箍)连接。水平管道上法兰(卡箍)间的管道长度不宜大于 20m;立管上法兰(卡箍)间的距离,不应跨越 3 个及以上楼层。高大空间场所内,立管上应采用法兰或沟槽式连接件(卡箍)连接。水平安装的管道宜有不小于 0.2% 的坡度,并应坡向泄水阀。使用泡沫液、泡沫混合液或海水的管道,应设冲洗接口。管道的工作压力不应大于 1.6MPa,当管道压力超过设计工作压力时,应在检修阀前设置减压孔板。

使用泡沫液、泡沫混合液的管道,在适当位置应设冲洗接口。在可能滞留空气的管段的顶端,应设置自动排气阀。在泡沫比例混合装置出口后的泡沫液管道上,宜设旁通的试验接口。

自动消防炮及喷射型自动射流灭火装置的入口前管道上、喷洒型灭火装置的分区或分组供水支管入口前管道上应设有控制阀、手动检修阀和水流指示器。手动检修阀宜采用信号阀。控制阀、手动检修阀应有明显的启、闭标志。控制阀和手动检修阀的启、闭信号和水流指示器信号应反馈到消防控制室。

(6)泡沫比例混合装置和泡沫液罐

泡沫比例混合装置应能在设计流量、压力范围内,自动提供规定混合比例的泡沫混合液。

泡沫液罐是储存泡沫液的压力容器,而泡沫液(蛋白、氟蛋白、水成膜、抗溶性泡沫液等)对金属均有不同程度的腐蚀作用,为了延长储罐的寿命,使泡沫液在短时间内不会变质,泡沫液罐宜采用耐腐蚀材料制作,当采用碳钢材质时,其内壁应防腐蚀处理。与泡沫液直接接触的罐内壁或防腐层对泡沫液的性能不得产生不利影响。

储罐压力式泡沫比例混合装置的罐体上应设安全阀、进料口、排渣口、取样口和入孔,其单罐容积不宜大于 10m³。隔膜型储罐的内胆应满足存储、使用泡沫液时对其强度、耐腐蚀型和存放时间的要求。

(7)高位消防水箱和气压稳压装置

给水系统的水源可由市政管网、企业的生产或消防给水管道供给,也可由消防水池或天然水源供给,并应确保持续喷射时间内的系统用水量。水质应无污染、无腐蚀、无悬浮物。

给水系统宜采用稳高压消防给水系统或高压消防给水系统。稳高压消防给水系统应符合下列规定:应设稳压泵、气压罐,并应与消防泵设在同一泵房内;稳压泵的流量不宜大于 5L/s,其扬程应大于消防泵的扬程。稳压泵给水管的管径不应小于 80mm;气压罐宜采用隔膜式气压稳压装置,其有效调节容积不应小于 600L;给水系统的稳压泵应联动消防泵。稳压泵的关闭和开启,应由压力联动装置控制。稳压泵停止压力值和联动消防泵启动压力值的差值应不小于 0.07MPa。

消防炮给水系统应布置成环状管网。采用稳高压消防给水系统的自动消防炮灭火系统,可不设高位消防水箱。自动消防炮灭火系统采用稳高压消防给水系统或高压消防给水系统时,可不设水泵接合器。严寒与寒冷地区,易遭受冰冻影响的供水设施,应采取防冻保护措施。

采用临时高压给水系统的自动跟踪定位射流灭火系统,应设高位消防水箱,其储水量应符合现行有关国家标准的规定。高位消防水箱的供水,应满足系统最不利点处灭火装置的最低工作压力和流量要求。

建筑物(群)同时设有自动跟踪定位射流灭火系统和自动喷水灭火系统等其他灭火系统时,可共用高位消防水箱。高位消防水箱宜与生活水箱分开设置,应设补水管、溢流管及放空管;宜采用钢筋混凝土、不锈钢、玻璃钢等耐腐蚀材料建造;应定期清扫水箱,入孔、溢流管处应有防止蚊虫进入的措施。在寒冷地区,高位消防水箱可能遭受冰冻,应采取防冻措施。

高位消防水箱的出水管,因符合以下规定:
①应设止回阀。
②轻危险级、中危险级场所的系统,管径不应小于80mm,严重危险级和仓库危险级不应小于100mm。

系统不设高位消防水箱时,应设气压稳压装置。气压稳压装置的稳压管宜采用隔膜式气压罐。稳压装置供水压力应保证最不利点灭火装置的工作压力,稳压泵流量应小于一个最小流量灭火装置工作时的流量,气压罐的有效调节容积应不小于150L。

(8)水泵接合器

系统应设水泵接合器,其数量应按系统的设计流量确定,每个水泵接合器的流量宜按10~15L/s计算。当水泵接合器的供水能力不能满足系统的压力要求时,应采取增压措施。

(9)干粉罐与氮气瓶

干粉罐为压力容器,灭火介质为干粉,工作介质是N_2。当系统工作时,容器会承受较大的气体压力,且各类干粉灭火剂对金属均有一定的腐蚀作用。干粉罐的设计强度应按现行压力容器国家标准设计、制造,并应保证其在最高使用温度条件下的安全强度。

根据干粉的特点,气粉两相流动规律和现有产品的实际性能参数及我国各厂的实践经验,干粉的松密度通常能保证1L干粉罐的容积可充装1kg干粉,本条关于干粉充装密度不应大于1.0kg/L的规定是合理、可行的。因干粉罐属压力容器,需重复使用、加料、检修。

使用高压N_2瓶组,并要求其与干粉罐分开设置,主要依据如下:
①可避免干粉长时间受压和结块;
②可避免干粉罐体长期受压而造成损坏或危害;
③储压式干粉罐内可不必留有较大的空间,安置N_2瓶。

(10)动力源

动力源通常安装在室外现场,受自然环境的影响较大,为了保证消防炮系统的正常使用,要求动力源具有防腐蚀、防雨、密封性能。因动力源往往离火源较近,其本身及其连接管道(如胶管等)需采取有效防火措施进行防火保护,以保证系统的远控功能。

限制动力源与其控制的消防炮的间距,一方面可保证系统运行的可靠性,另一方面可使动力源的规格不会太大,保证经济合理。在规定的灭火剂连续供给时间内,动力源应能连续供给动力,满足调试要求和在紧急情况下使用以及远距离联动控制的要求。

6.2 自动消防炮的设计理论与计算

6.2.1 射程和流量计算

消防炮的布置应使其射流完全覆盖被保护场所及被保护物的要求,可初步设定水炮的数量、布置位置和规格型号,然后再根据系统周围环境和动力配套等条件进行校核与调整。

在工程设计中,考虑到室外布置的水炮的射程可能会受到风向、风力等因素的影响,因此,应按产品射程指标值的 90% 折算其设计射程。另外,在工程设计中,由于动力配套能力、管路附件、炮塔高度等各种因素的影响,水炮的实际工作压力有可能不同于产品的额定工作压力,此时水炮的设计流量与实际射程都会相应变化。其中流量变化与压力变化的平方根成正比。

不同规格的水炮在各种工作压力时的射程的试验数据如表 6-16 所示。

不同规格的水炮在各种工作压力时的射程的试验数据　　　表 6-16

水炮型号	射程(m)				
	0.6MPa	0.8MPa	1.0MPa	1.2MPa	1.4MPa
PS40	53	62	70	—	—
PS50	59	70	79	86	—
PS60	64	75	84	91	—
PS80	70	80	90	98	104
PS100	—	86	96	104	112

由表 6-16 可以看出,水炮工作压力每提高 0.2MPa,相应射程提高 6~11m,而对同一型号的水炮,在规定的工作压力范围内,其射程的变化呈与压力变化的平方根成正比的变化规律。

用于保护室外的、火势蔓延迅速的区域性场所的消防水炮,需具备足够的灭火流量和射程。流量过小的消防水炮在室外环境中容易受到风向和风力等因素的影响而降低射程,满足不了灭火和冷却的使用要求。

消防水炮的设计射程和设计流量应符合下列规定:

(1)消防水炮的设计射程应符合消防炮布置的要求。灭火装置与端墙之间的距离不宜超过同向布置间距的一半。

(2)当设计工作压力与产品的额定工作压力不同时,应在产品规定的工作电压力范围内选用。

(3)在设计工作压力下,消防水炮的射程可按下式确定:

$$D_s = D_e \sqrt{\frac{P_s}{P_e}} \tag{6-1}$$

式中:D_s——消防水炮的设计射程,m;

D_e——消防水炮在额定工作压力时的射程,m;

P_s——消防水炮的设计工作压力,MPa;

P_e——消防水炮的额定工作压力,MPa。

(4)当上述计算的消防水炮设计射程不能满足消防炮布置的要求时,应调整原设计的水炮数量、布置位置、规格型号、消防水炮的设计工作压力等,直至达到要求为止。

(5)自动跟随定位射流灭火系统的计算总流量应为系统中需要同时开启的灭火装置设计流量总和。

消防水炮的设计流量可按下式确定:

$$Q_s = Q_e \sqrt{\frac{P_s}{P_e}} \quad (6\text{-}2)$$

式中:Q_s——消防水炮的设计流量,L/s;
$\quad Q_e$——消防水炮的额定流量,L/s。

6.2.2 消防炮的水力计算

管道内的水流速度宜采用经济流速:铸铁管管内流速不宜大于3m/s;钢管管内流速不宜大于5m/s。必要时可超过5m/s,但不应大于10m/s。

(1)水炮或泡沫炮系统的给水设计流量应按下式计算:

$$Q_Z = \sum N_S Q_S \quad (6\text{-}3)$$

式中:Q_Z——消防炮系统给水设计流量,L/s;
$\quad N_S$——系统中需要同时开启同一类型消防炮的数量;
$\quad Q_S$——每门消防炮的设计流量,L/s,

(2)给水或给泡沫混合液管道总水头损失应按下式计算:

$$\sum h = h_1 + h_2 \quad (6\text{-}4)$$

式中:$\sum h$——水泵出口至最不利处消防炮进口的给水或给泡沫混合液管道水头总损失,MPa;
$\quad h_1$——沿程水头损失,MPa;
$\quad h_2$——局部水头损失,MPa。

(3)管道沿程水头损失应按下式计算:

$$h_1 = iL \quad (6\text{-}5)$$

式中:i——管道单位长度的沿程水头损失,MPa/m,即管道沿程阻力系数;
$\quad L$——计算管道长度,m。

配水管的管道内流速应按下式计算:

$$v = \frac{0.004Q}{\pi d_j^2} \quad (6\text{-}6)$$

式中:v——管道内流速,m/s;
$\quad Q$——所计算配水管内的流量,L/s;
$\quad d_j$——管道计算内径,m,取值应按管道的内径减1mm确定。

当采用镀锌钢管时,每米管道的水头损失应按下式计算:

$$i = \frac{0.000\,010\,7v^2}{d_j^{1.3}} \quad (6\text{-}7)$$

当采用其他类型的管道时,每米管道的水头损失可按该管道相关的计算公式计算。

(4)管道的局部水头损失宜采用当量长度法计算。

各种管件和阀门的当量长度见《自动消防炮灭火系统技术规程》(CECS 245—2008)附录A。附录A中没有的阀门或材料,可由生产厂家提供其当量长度。

水流指示器的当量长度取0.02MPa。

减压孔板的管道的局部水头损失按下式计算:

$$h_2 = 0.01 \sum \xi \frac{v_s^2}{2g} \tag{6-8}$$

式中:v_s——减压孔板后管道内水的平均流速,m/s;

ξ——局部阻力系数,其取值见该规程附录B。

(5)管道内的平均流速按下式计算:

$$v_s = 0.04 \frac{Q_g}{\pi d_j^2} \tag{6-9}$$

式中:v_s——减压孔板后管道内水的平均流速,m/s;

Q_g——管道内的设计流量,L/s;

d_j——管道的计算内径,m,取值按管道的内径减1mm确定。

(6)单位长度管道的水头损失按下式计算:

$$i = 105 \frac{Q_g^{1.85}}{C_h^{1.85} d_j^{4.87}} \tag{6-10}$$

式中:i——单位长度管道的水头损失,kPa/m;

Q_g——管道内的设计流量,m³/s;

d_j——管道的计算内径,m,取值按管道的内径减1mm确定;

C_h——海澄—威廉系数,见表6-17。

常见管道的海澄—威廉系数   表6-17

名　　称	海澄—威廉系数 C_h
塑料管、内衬(涂)塑管	140
钢管、不锈钢管	130
衬水泥、树脂的铸铁管	130
普通钢管、铸铁管	100

(7)水泵扬程或系统入口的供水压力H应按下式计算:

$$H = 0.01Z + \sum h + P_s \tag{6-11}$$

式中:H——水泵扬程或系统入口的供水压力,MPa;

P_s——消防炮的设计工作压力(MPa);

Z——最不利处消防炮入口与消防水池最低水位或给水系统入口管水平中心线之间的高程差,m(1m = 0.01MPa)。当消防水池的最低水位或给水系统入口管水平中心线高于最不利处消防炮入口时,Z应取负值。

6.2.3 自动消防炮的控制问题

在系统的火灾监控开关开启后,有效分割出火灾疑似区域,通过紫外火焰探测、红外火焰探测和图像探测获取火灾的特征信息,对每个疑似区域进行火灾识别判定;为了确保判断的准确性,可以辅助采用测温装置(如测温枪),综合判断是否存在火灾;并计算火焰质心坐标;引导消防炮系统开始灭火动作;根据反馈射流落水点位置信息,闭环控制消防炮的俯仰角和水平角,实现准确灭火。

消防炮控制子系统具有位置闭环以及自动跟踪定位灭火等功能,有效地解决了消防炮自身存在的空行程、过行程、机械运动精度(水平运动和垂直运动轨迹不垂直等)、机械积累误差以及水炮安装精度等因素对水炮定位精度的影响。其可以自动跟踪定位着火点位置,根据消防炮转动角度的大小,实现炮体的加速、匀速或者减速运动;精确定位后,消防炮开始喷出灭火介质,准确灭火。水炮本身有三套传动装置:水平旋转、垂直旋转、水柱状/雾状的调节,即水炮的俯仰角和水平旋转角满足使用要求,其直流—喷雾具有无级转换功能。实际设计中,自动消防炮存在以下控制问题。

(1)自动消防炮的转角控制

自动消防炮的回转角和俯仰角的控制精度是决定系统灭火性能的关键问题之一,所用的执行机构一般分为电动机驱动和机械传动两部分。电动机可以选用直流、步进或交流永磁电动机等。机械传动主要采用蜗轮—蜗杆传动调节其回转角和俯仰角,而蜗轮—蜗杆的传动效率低、误差大。如啮合齿之间会产生较大的间隙,造成回程误差。可以采取误差补偿措施和闭环控制提高消防炮的定位精度。

常用的改进方法是采用磁性双限位开关确定起始零位,采用旋转编码器记录炮转过的角度(图6-5)。根据现场情况,分别在消防炮运转范围的上下左右四个极限点安装磁性限位开关,在炮的回转和俯仰轴上各安装一只旋转编码器(其角度精度可精确到0.01°)。安装时要保持消防炮水平回转轴严格与水平面垂直,这样可以保证消防炮回转角的控制精度。消防炮上电后开始自检,分别在上下左右四个方向上转动,通过旋转编码器,记录水炮四个方向上的行程大小。可通过几次往复转动取平均值,以减少误差。有了极限点,可以通过旋转编码器记录转过的角度任意设定水炮的零点。根据图像型火灾探测系统确定的火场质心位置,容易通

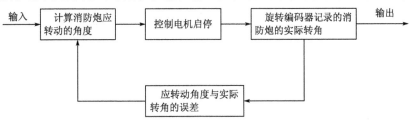

图6-5 消防炮转动角度闭环控制原理

过坐标位置关系,确定出消防炮应该转动的角度,形成闭环控制。

(2)消防炮射流落点位置闭环(终点识别)

通过消防炮预期的水射流落点位置确定的回转角和俯仰角,由转动角度的闭环智能控制可使消防炮的水射流到达着火部位附近。但是,这种调节的精度仍然有待提高,见图6-6。因为消防炮的射程和轨迹的影响因素众多,大致可分为三类:①输入能量,即射流初始速度和射流初始仰角,而初始速度是由消防炮进口的压力和流量决定的;②结构参数,消防炮的结构原因造成炮头出口处的射流存在涡旋和速度梯度;③外界因素的影响,如水流重力和风阻的影响等。这些因素会使消防炮的射流轨迹发生变形,落点位置与预期有偏离,降低灭火效果。同时,由于理论计算模型计算得到的俯仰角本身也带有一定的误差。为此,必须对水射流落点位置进行闭环智能控制。

图6-6揭示了消防炮水射流落点与火场的位置关系,从而可通过水射流落点的中心与火场质心的相对位置关系确定调节量,做到基于消防炮水射流的闭环智能控制。可以采用的措施有:①将一只摄像头设置在消防炮管上,当现场发现火情后,调节消防炮的回转角,逐步使火源的视频图像的质心处于监视显示器的中轴位置,并实时计算火源质心与射流落点的距离,进行调节。②水等消防介质是透明的,其落点位置一般难以判别。但是,当射流落点进入着火区时,火场的温度会迅速降低,在红外图像中,原先存在的高温区面积将减小。一般而言,火势是蔓延的,或者被限制在一定范围内(如油池火或独立可燃物着火),火场高温区(比如高于400℃的区域,在红外图像上表现为超过灰度阈值的区域)的面积是增加的或保持不变。对火源质心建立坐标关系,通过火场高温区的面积变化,判断水射流落点与火源质心的位置关系。如图4-6所示的射流落点在火场偏左下角的位置,从而由这一位置关系调节消防炮的射程和角度,使射流落点中心与火场质心重合,从而达到高效灭火的目的。如果消防炮水柱不能覆盖整个高温区,则需要在高温区进行消防炮的扫射,以彻底扑灭火灾。

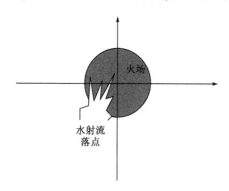

图6-6 消防炮水射流落点与火场的关系

消防炮系统智能控制流程如图6-7所示,输入原始数据过程要输入现场的环境变量、消防炮的相关参数,控制电机的相关参数等。如果已知现场可燃物的存放位置,可将该位置与火源的位置及消防炮的对应角度输入,为及时灭火赢得宝贵时间。系统初始化就是确定系统中某些待定系数和系统的调零。火情监视、判断、识别和定位实现的是第5章相关研究的功能。消防炮水平回转的闭环控制的实现见前一节。

图6-7所示的控制流程中,得到火源质心与消防炮的距离后即启动消防泵,使主管路中充满水,可提高系统响应时间。启泵的同时进行消防炮俯仰角的计算,启泵后开启消防炮控制阀。俯仰角计算完成后,立即启动消防炮的调节(调节过程见上节的仿真),水射流逐渐射出并随消防炮的调节接近火源质心。第一次完成俯仰角调节后需要等待约5s,以使水射流稳定,便于摄像头摄制现场的高温区图像。当现场无高温区时通常需交叉往返喷射,以降低火场附近温度,防止复燃。喷射完毕即停止系统,恢复至初始化后的状态。

第 6 章　自动跟踪定位射流灭火系统

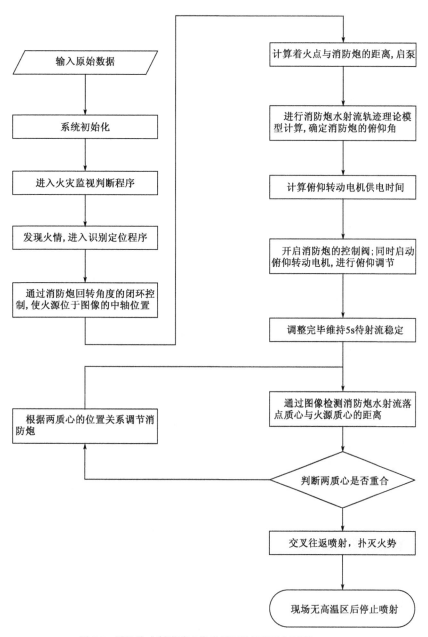

图 6-7　消防炮水射流落点位置闭环的智能控制流程

6.3　消防炮系统的一般设计要点

6.3.1　一般规定

自动跟踪定位射流灭火系统的管网宜独立设置。

当自动跟踪定位射流灭火系统的管网与自动喷水灭火系统或消火栓系统的管网合并设置

时,必须满足以下条件:

(1)系统设计水量、水压及一次灭火用水量应满足两个系统同时工作的设计水量、水压及一次灭火用水量的要求。

(2)两个系统应能独立运行,互不影响。

系统供水管道设计应满足设计流量、压力和启动至喷射的时间等要求,应与生产、生活用水管道分开,也不宜与泡沫混合液的共计管道合用。寒冷地区的湿式供水管道应设防冻保护措施,干式管道应设排除管道内积水和空气措施,宜设置自动排气阀。

固定消防水炮系统和泡沫炮系统的消防水源不仅包括河水、江水、湖水和海水,而且还包括消防水池或消防水罐、水箱。消防水源的容量不应小于规定灭火时间和冷却时间内需要同时使用的灭火装置的用水量及供水管网内充水量之和。消防水泵的供水流量、压力应能满足系统中同时使用的灭火装置的流量、压力要求。

自动跟随定位射流灭火系统扑救 B 类火灾时宜采用低倍数泡沫液,泡沫液的选择应符合现行国家标准《泡沫灭火系统设计规范》(GB 50151—2010)的相关规定。泡沫炮和水炮系统从启动至消防炮喷出泡沫、水的时间包括泵组的电机或柴油机启动时间,真空引水时间,阀门开启时间及灭火剂的管道通过时间等。干粉炮系统从启动至干粉炮喷出干粉的时间,主要取决于从储气瓶向干粉罐内充气的时间和干粉的管道通过时间。泡沫炮和水炮系统从启动至消防炮喷出泡沫、水的时间不应大于 5min。干粉炮系统的驱动气体从高压氮气瓶经减压阀减压后向干粉罐内充气,干粉罐内充满氮气后,氮气驱动干粉罐内的干粉流向干粉管道、阀门,经干粉炮喷出。从系统启动到干粉炮喷出干粉的总的时间间隔需要 90~110s,完全可在 2min 内完成喷射。

用电设备供电电源的设计应符合现行国家标准《建筑设计防火规范》(GB 50016—2014)、《供配电系统设计规范》(GB 50052—2009)等规范的相关规定。电器设备的布置,应满足带电设备安全防护距离的要求,并应符合现行国家标准《电气设备安全设计导则》(GB/T 25296—2010)和现行行业标准《电业安全工作规程》(GB 26164—2010)的规定。电缆敷设应符合现行国家标准《低压配电设计规范》(GB 50054—2011)的规定。防雷设计应符合现行国家标准《建筑物电子信息系统防雷技术规范》(GB 500343—2012)的规定。安装在腐蚀场所的电器设备和线路的防腐性,应能满足防腐要求。

6.3.2 消防炮系统的布置与设计

1)系统选择

自动消防水炮灭火系统可用于一般固体可燃物火灾扑救。而自动消防泡沫炮灭火系统可用于加工、储存、装卸、使用甲(液化烃除外)、乙、丙类液体等场所的火灾扑救和固体可燃物火灾扑救。自动消防炮灭火系统宜采用感烟和感焰的复合火灾探测器,也可采用同类型或不同类型火焰探测器组合进行探测。在大空间建筑物内使用自动消防炮灭火系统时,宜选用双波段探测器、火焰探测器、光截面探测器、红外光束感烟探测器等火灾探测器。

自动消防炮灭火系统的选用应符合下列要求:

①有人员活动的场所,应选用带有雾化功能的自动消防炮灭火系统;

②高架仓库和狭长场所,宜选用轨道式自动消防炮灭火系统;

③有防爆要求的场所,应采用具有防爆功能的自动消防炮灭火系统;
④有隐蔽要求的场所,应选用隐蔽式自动消防炮灭火系统。
2)火焰探测器的选型与设置
(1)光截面探测器、红外光束感烟探测器的选型和设置应符合下列要求:
①应根据探测区域大小选择探测器的种类和型号;
②发射器和接收器之间的光路不应被遮挡,发射器和接收器之间的距离不宜超过100m;
③相邻两只光截面发射器的水平距离不应大于10m;
④相邻两组红外光束感烟探测器的水平距离不应大于14m;
⑤光截面探测器距侧墙的水平距离不应小于0.3m,且不应大于5m;
⑥探测器的光束轴线至顶棚的垂直距离不应小于0.3m。
(2)双波段探测器、火焰探测器的选型和设置应符合下列要求:
①应根据探测距离选择探测器的种类和型号;
②应根据探测器的保护角度确定设置方法和安装高度;
③当双波段探测器、火焰探测器的正下方存在盲区时,应利用其他探测器消除探测盲区;
④探测器的安装位置至顶棚的垂直距离不应小于0.5m;
⑤探测器距侧墙的水平距离不应小于0.3m。
另外,探测器的安装位置应避开强红外光区域,避免强光直射探测器镜面。
3)设置场所
下列场所宜设置自动消防炮灭火系统:建筑物净空高度大于8m的场所;有爆炸危险性的场所;有大量有毒气体产生的场所;燃烧猛烈,产生强烈热辐射的场所;火灾蔓延面积较大,且损失严重的场所;使用性质重要和火灾危险性大的场所;灭火人员难以接近或接近后难以撤离的场所。

自动消防水炮灭火系统和自动消防泡沫炮灭火系统不得用于扑救下列物品的火灾:遇水发生爆炸或加速燃烧的物品;遇水发生剧烈化学反应或产生有毒有害物质的物品;洒水将导致喷溅或沸溢的液体;带电设备等。

根据设置场所的净空高度、平面布局等条件,可选用多种不同型号的灭火装置组合布置。灭火装置布置应能使射流完全覆盖被保护场所及被保护物,且应满足灭火强度及冷却强度的要求。

4)与常规系统的衔接
由于空间造型复杂,对同一功能区域,几种消防探测与灭火技术往往要交叉使用,消防炮的布置数量不应少于2门,布置高度应保证消防炮的射流不受阻挡,并应保证2门消防炮的水流能够同时到达被保护区域的任一部位。如歌剧厅的观众区为大空间,但其二层楼座区域的净高较低,对射的线性光束易被观众遮挡而造成误报警,故此位置火灾探测设备改为5个感烟探测器。同样,考虑到该楼座挑檐将可能造成水炮局部盲区,故该区域也增设常规水喷淋管网。现场手动控制盘应设置在消防炮的附近,并能观察到消防炮动作,且靠近出口处或便于疏散的地方。消防炮的固定支架或安装平台应能满足消防炮喷射反作用力的要求,并应保证支架或平台不影响消防炮的旋转动作。

作为提供区域性消防保护的室外消防炮系统,应具有使其灭火介质的射流完全覆盖整个防护区的能力,并满足该区被保护对象的灭火和冷却要求。室外布置的消防炮的射流受环境风向的影响较大,应避免在侧风向,特别是逆风向时的喷射。因此,在工程设计时应将消防炮位设置在被保护场所的主导风向的上风方向。

同时,对于不同探测技术采集到的火情信息需要互通共用。通过485通讯协议和联动模块,实现了大空间的火灾自动报警系统与常规系统的资源共享。

而当诸如可燃液体储罐区、石化装置或大型油轮等灭火对象具有较高的高度和较大的面积时,或在消防炮的射流受到较高大的建筑物、构筑物或设备等障碍物阻挡,致使消防炮的射流不能完全覆盖灭火对象,不能满足要求时,应设置消防炮塔,消防炮塔的高度应满足使用要求。当消防炮的射流没有任何建筑物、构筑物或设备等障碍物阻挡,灭火对象的高度较低且面积较小,在地面布置的消防炮能完全满足要求时,可不设置消防炮塔。

5)与装饰设计的配合

作为美学和声学建筑结合体,其内部装饰设计是各系统配合的重点。如歌剧厅两侧墙体设计为凹凸起伏的不规则条状,大空间探测设备的具体位置需要根据装饰设计进行调整,而且其材质、颜色与墙体反差较大。在实际过程中,将符合消防规范要求的点位设计和设备实物提前给装饰设计方,并与其充分协商,从既满足功能实现又符合整体效果角度出发,由装饰设计单位采取调整条状分割、将设备置于条状体凹面等方法,明确了前端探测设备的具体安装位置,并将设备颜色改为与装饰体基本一致。

6)隐蔽装置的定制

由于隐蔽式水炮基本是根据现场情况定制,因此需要严格按照标准规范要求明确定制设计的参数,避免集成后的系统无法达标。如升降式水炮从接收指令到定位之间,多了垂直升降和炮嘴就位的时间。另外还有配套的水路存在密封等环节。

自动扫描射水高空水炮间的布置间距不宜小于10m,喷头(水炮)应平行或低于天花、梁底、屋架和风管底设置。自动扫描射水高空水炮的布置间距及水炮与边墙间的距离最大不应超过表6-18的规定。

自动扫描射水高空水炮的布置间距及水炮与边墙间的距离　　表6-18

灭火装置型号 布置方式	标　准　型			
	喷头间距		喷头与边墙的距离	
	$a(m)$	$b(m)$	$a/2(m)$	$b/2(m)$
矩形布置	28.2	28.2	14.1	14.1
	25	31	12.5	15.5
	20	34	10	17
	15	37	7.5	18.5
	10	38	5	19

7)电源与布线的要求

(1)电源及配电

系统的供电电源应采用消防电源。系统控制装置的供电电源应设SPD电涌保护器,系统供电电源的保护开关不应采用漏电保护开关,但可采用具有漏电报警功能的保护开关。

(2)布线

灭火系统的布线应符合现行国家标准《火灾自动报警系统设计规范》(GB 50116—2013)的要求。传输、消防控制、通信和报警的线路当采用明敷时,应采用金属管或封闭式金属线槽保护,并应在金属管或金属线槽上采取防火与接地保护措施;当采用暗敷时,以采用金属管或经阻燃处理的硬质塑料管保护,并应敷设在非燃料体的结构层内,其保护厚度不宜小于30mm。

从探测装置到消防控制室的传输电缆中间不应有接头,当探测和控制信号传输距离较远时,宜采用光缆传输。室外电缆宜采用铠装型电缆。

(3)消防控制室

消防控制室的设计应符合现行国家标准《建筑设计防火规范》(GB 50016—2014)、《火灾自动报警系统设计规范》(GB 50116—2013)的相关规定。

消防控制室应能对消防泵组、灭火装置等系统组件进行自动和手动操作,并应有下列控制和显示功能:消防泵组的运行、停止和故障;控制阀的开启、关闭和故障;灭火装置的工作状态和报警信号;消防水池和消防水箱的水位信号;当接到报警信号后,应能发出声光报警。

消防控制室的布置应满足以下要求:当消防控制室没有屏幕墙时,操作台的背面距墙不应小于1.0m;当设有屏幕墙时,屏幕墙背面距墙的净距离不小于1.0m,正面与操作台的距离,应保证消防值班人员能清楚地看到屏幕墙上最低排的显示器,且屏幕墙与操作台的间隔不小于1.0m;操作台正面距墙不应小于1.5m。

8)自动跟踪定位射流灭火系统的工程划分

自动跟踪定位射流灭火系统分部工程、子分部工程、分项工程按表6-19划分。

自动跟踪定位射流灭火系统分部工程、子分部工程、分项工程划分 表6-19

分部工程	序号	子分部工程	分项工程
自动跟踪定位射流灭火系统	1	进场检验	管材、电缆及配件
			泡沫液
			系统组件
	2	系统组件安装与施工	灭火装置
			探测装置
			控制装置
			消防泵组与消防泵站
			阀门和管道
			泡沫比例混合装置和泡沫液罐
			水泵接合器
	3	系统试压与冲洗	水压试验
			冲洗
	4	系统调试	手动功能调试
			主电源和备用电源切换调试

续上表

分部工程	序号	子分部工程	分项工程
自动跟踪定位射流灭火系统	4	系统调试	消防泵组功能调试
			稳压泵调试
			泡沫比例混合装置调试
			灭火装置调试
			探测装置调试
			各联动单元联动功能调试
			系统喷射功能调试
	5	系统验收	系统施工质量验收
			系统功能验收

习　题

1. 什么是自动跟踪定位射流灭火系统？
2. 简述自动消防炮系统的特点和发展趋势。
3. 自动消防炮系统的组件有哪些？
4. 如何完成消防炮的转角控制和射流终点识别？
5. 简述火焰探测器的选型与设置。
6. 简述消防炮系统布置应注意的事项。

第7章 自动气体灭火系统

气体灭火系统根据灭火介质的不同,主要有卤代烷1211、卤代烷1311、七氟丙烷、二氧化碳、新型惰性气体、卤代烃类哈龙替代介质、IG-541混合气体、水蒸气等灭火系统。其中,七氟丙烷、低压二氧化碳、水蒸气和IG-541等气体的毒副作用小,而且灭火效能强、钢瓶使用量少、占用空间小,是较为理想的灭火介质。此外,气溶胶的物质形态具有良好的灭火效能,也在自动气体灭火装置中日益得到应用。

7.1 气体灭火系统概述

气体灭火系统有着广泛的应用,适用于扑救下列火灾:
(1)电气火灾;
(2)固体表面火灾;
(3)液体火灾;
(4)灭火前能切断气源的气体火灾。
气体灭火系统不适用于扑救下列火灾:
(1)硝化纤维、硝酸钠等氧化剂或含氧化剂的化学制品火灾;
(2)钾、镁、钠、钛、锆、铀等活泼金属火灾;
(3)氢化钾、氢化钠等金属氢化物火灾;
(4)过氧化氢、联胺等能自行分解的化学物质火灾;
(5)可燃固体物质的深位火灾。
需要注意的是,热气溶胶预制灭火系统不应设置在人员密集场所、有爆炸危险性的场所及有超净要求的场所。除电缆隧道(夹层、井)及自备发电机房外,K型热气溶胶预制灭火系统不得用于电子计算机房、通信机房等场所。

7.1.1 气体灭火系统的分类

气体灭火系统,按其对防护对象的保护形式可以分为全淹没系统和局部应用系统两种形式;按系统气体压力分为自压式和内储压式;按其装配形式又可以分为管网灭火系统和预制灭火系统;在管网灭火系统中又可以分为单元独立和组合分配系统。
(1)全淹没系统

全淹没灭火系统是指在规定的时间内,向防护区喷射一定浓度的气体灭火剂,并使其均匀地充满整个防护区的灭火系统。全淹没灭火系统的喷头均匀布置在防护区的顶部,火灾发生时,喷射的灭火剂与空气的混合体,迅速在此空间建立有效的扑灭火灾的灭火浓度,并将灭火剂浓度保持一段所需要的时间,即通过灭火剂气体将封闭空间淹没实施灭火。各类气体灭火剂均适用于此系统。

(2) 局部应用灭火系统

局部应用灭火系统指在规定时间内以设计喷射率向具体保护对象直接喷放灭火剂,在保护对象周围形成局部高浓度,并持续一定时间的灭火系统。局部应用灭火系统的喷头均匀布置在保护对象的四周,火灾发生时,将灭火剂直接而集中地喷射到保护对象上,使其笼罩整个保护对象外表面,即在保护对象周围局部范围内达到较高的灭火剂气体浓度实施灭火。CO_2是唯一可用于全淹没灭火系统,也可用于局部应用灭火系统的气体灭火剂。

(3) 自压式气体灭火系统

自压式气体灭火系统是指灭火剂瓶组中的灭火剂依靠自身压力进行输送的灭火系统。

(4) 内储压式气体灭火系统

内储压式气体灭火系统是指灭火剂在瓶组中利用惰性气体进行加压储存,系统动作时灭火剂靠瓶组内的冲压气体进行输送的灭火系统。

(5) 管网灭火系统

管网灭火系统是指灭火剂从储存容器需经由管网(干管及支管)输送至喷放组件(喷嘴)才能实施喷放的气体灭火系统。其中一套灭火剂储存装置只保护一个防护区或保护对象的灭火系统为单元独立系统;而用一套灭火剂储存装置保护两个及两个以上(≤8个)防护区或保护对象的灭火系统为组合分配系统。

(6) 预制灭火系统

预制灭火系统是指按一定的应用条件,将灭火剂储存装置和喷放等组件预先设计、组成成套且具有联动控制功能的灭火系统。

(7) 单元独立系统

单元独立系统是指用一套灭火剂储存装置保护一个防火区的灭火系统。一般来说,用单元独立系统保护的防护区在位置上是单独的,离其他防护区较远不便组合,或是两个防护区相邻,但有同时失火的可能。对于一个防护区包括两个以上封闭空间,也可以用一个单元独立系统来保护,但设计时必须做到系统储存的灭火剂能满足这几个封闭空间灭火的需要,并能同时供给它们各自所需的灭火剂量。当两个防火区需要的灭火剂量较多时,也可采用两套或数套单位独立系统保护一个防火区,但设计时必须做到这些系统同步工作。

(8) 组合分配系统

组合分配系统是指用一套灭火系统储存装置,同时保护两个或两个以上防护区或保护对象的气体灭火系统。组合分配系统的灭火剂设计用量是按最大的一个防火区或保护对象来确定的,如组合中某个防火区需要灭火,则通过选择阀、容器阀等控制,定向释放灭火剂。这种灭火系统的优点使存储容器数和灭火剂用量大幅度减少,有较高应用价值。

7.1.2 气体灭火系统的组件和控制要求

1）气体灭火系统的组件

气体灭火系统一般由灭火剂瓶组、驱动气体瓶组、容器阀、选择阀、单向阀、驱动装置、集流管、连接管、喷嘴、安全泄放装置、检漏装置、信号反馈系统、低泄高封阀、储存装置和管道及管道附件等组件构成。不同的气体灭火系统其结构形式和组件数量不尽相同。

（1）瓶组

如图7-1所示，瓶组按用途分为灭火剂瓶组、驱动气体瓶组、加压气体瓶组。灭火剂瓶组一般包括容器、容器阀、灭火剂等。驱动气体瓶组和加压气体瓶组一般包括容器、容器阀、驱动气体（加压气体）、压力显示器等。

（2）容器阀

如图7-2所示，容器阀是指安装在灭火剂储存容器出口的控制阀门，其作用是平时用来封存灭火剂，火灾时自动或手动开启释放灭火剂电磁瓶头阀。该阀安装在启动钢瓶上，用以密封瓶内的启动气体。火灾时，控制器发出灭火指令，打开电磁阀，启动气体释放打开灭火剂储存容器上的容器阀及相应的选择阀。

图7-1 灭火剂瓶组驱动气体瓶组

图7-2 容器阀

（3）选择阀

如图7-3所示，选择阀是组合分配系统中用来控制灭火剂释放到起火防护区的阀门。选择阀平时都是关闭的，选择阀的启动方式有气动式和电动式。无论电动式或是气动式选择阀，均应设手动执行机构，以便在自动失灵时，仍能将阀门打开。该选择阀是一种气动快开阀，其工作原理为当控制气体推动驱动气缸活塞，带动曲柄动作，使转轴旋转，主阀处于可开启状态，在灭火剂压力作用下主阀打开，释放灭火剂，应急时，可直接扳动手柄打开选择阀，释放灭火剂。组合分配系统中的每个防护区应设置控制灭火剂流向的选择阀，其公称直径应与该防护区灭火系统的主管道公称直径相等。选择阀的位置应靠近储存容器，且便于操作。选择阀应设有标明其工作防护区的永久性铭牌。

（4）单向阀

如图7-4所示，单向阀是用来控制介质流向的。单向阀分为液流单向阀和气流单向阀。液流单向阀可防止灭火剂回流到空瓶或从卸下的储瓶接口处泄漏灭火剂。气流单向阀用以控制启动气体来开启相应阀门。

图7-3 选择阀

图7-4 液流单向阀气流单向阀

(5)驱动装置

如图7-5所示,驱动装置用于驱动容器阀、选择阀使其动作,可分为气动型驱动器、引爆型驱动器、电磁型驱动装置、机械型驱动器和燃气型驱动器等类型。

(6)集流管

如图7-5所示,集流管是将多个灭火剂瓶组的灭火剂汇集一起,再分配到各防护区的汇流管路。

(7)连接管

连接管可分为容器阀与集流管间连接管和控制管路连接管。容器阀与集流管间连接管按材料分为高压不锈钢连接管和高压橡胶连接管。

(8)喷嘴

如图7-6所示,喷嘴应有生产单位或商标、喷嘴型号、代号或等效单孔直径。七氟丙烷灭火系统、三氟甲烷灭火系统用喷嘴代号、等效孔口尺寸应符合表7-1规定。喷孔横截面积小于 $7mm^2$ 的喷嘴应安装过滤网,网孔边长不应大于喷孔直径的60%,过滤网总面积应大于喷孔横截面的10倍。防止喷孔被外界物质堵塞用的保护帽,应在 $0.01\sim0.3MPa$ 压力范围内与喷嘴脱离,且不应影响喷嘴正常喷射并对人员不造成损伤。

电磁驱动装置

图7-5 驱动装置及集流管　　　　　　　　图7-6 喷嘴

(9)安全泄放装置

如图7-7所示,安全泄放装置装于瓶组和集流管上,以防止瓶组和灭火剂管道非正常受压时爆炸。瓶组上的安全泄放装置可装在容器上或容器阀上。安全泄放装置可分为灭火剂瓶组安全泄放装置、驱动气体瓶组安全泄放装置和集流管安全泄放装置。

喷嘴代号及等效孔口   表7-1

喷嘴代号a	等效单孔直径(mm)	喷嘴代号a	等效单孔直径(mm)
1	0.79	9	7.14
1.5	1.19	9.5	7.54
2	1.59	10	7.94
2.5	1.98	11	8.73
3	2.38	12	9.53
3.5	2.78	13	10.32
4	3.18	14	11.11
4.5	3.57	15	11.91
5	3.97	16	12.70
5.5	4.37	18	14.29
6	4.76	20	15.88
6.5	5.16	22	17.46
7	5.56	24	19.05
7.5	5.95	32	25.40
8	6.33	48	38.10
8.5	6.75	64	50.80

注：a 喷嘴代号允许每增加1号，等效单孔直径增加0.79375mm的比例向系列外延伸。

(10) 检漏装置

检漏装置用于监测瓶组内介质的压力或质量损失，包括压力显示器、称重装置和液位测量装置等。

(11) 信号反馈装置

如图7-8所示，信号反馈装置是安装在灭火剂释放管路或选择阀上，将灭火剂释放的压力或流量信号转换为电信号，并反馈到控制中心的装置。常见的是把压力信号转换为电信号的信号反馈装置(压力开关)。

图7-7 安全泄放装置

图7-8 信号反馈装置

(12) 低泄高封阀

如图7-9所示,低泄高封阀是为了防止系统由于驱动气体泄漏的累积而引起系统的误动作而在管路中设置的阀门。它安装在系统启动管路上,正常情况下处于开启状态,只有进口压力达到设定压力时才关闭,其主要作用是排除由于气源泄漏积聚在启动管路内的气体。

(13) 储存装置

消防灭火剂储存容器长期处于充压工作状态,它是气体灭火系统的主要组件之一,对系统能否正常工作影响很大。灭火剂储存容器既要储存灭火剂,同时又是系统工作的动力源,为系统正常工作提供足够的压力。

根据《气体灭火系统设计规范》(GB 50370—2005),储存装置应符合下列规定:

管网系统的储存装置应由储存容器、容器阀和集流管等组成;七氟丙烷和IG541预制灭火系统的储存装置,应由储存容器、容器阀等组成;热气溶胶预制灭火系统的储存装置应由发生剂罐、引发器和保护箱(壳)体等组成。

容器阀和集流管之间应采用挠性连接。储存容器和集流管应采用支架固定。储存装置上应设耐久的固定铭牌,并应标明每个容器的编号、容积、皮重、灭火剂名称、充装量、充装日期和充压压力等。

管网灭火系统的储存装置宜设在专用储瓶间内。储瓶间宜靠近防护区,并应符合建筑物耐火等级不低于二级的有关规定及有关压力容器存放的规定,且应有直接通向室外或疏散走道的出口。储瓶间和设置预制灭火系统的防护区的环境温度应为 -10~50℃。

储存装置的布置,应便于操作、维修及避免阳光照射。操作面距墙面或两操作面之间的距离,不宜小于1.0m,且不应小于储存容器外径的1.5倍。储存容器、驱动气体储瓶的设计与使用应符合国家现行《气瓶安全监察规程》(TSG R0006—2014)及《压力容器安全技术监察规程》的规定。储存装置的储存容器与其他组件的公称工作压力,不应小于在最高环境温度下所承受的工作压力。在储存容器或容器阀上,应设安全泄压装置和压力表。组合分配系统的集流管,应设安全泄压装置。安全泄压装置的动作压力,应符合相应气体灭火系统的设计规定。

(14) 管道及管道附件

如图7-10所示,管道及管道附件应符合下列规定:

①输送气体灭火剂的管道应采用无缝钢管。其质量应符合现行国家标准《输送流体用无缝钢管》(GB/T 8163—2008)、《高压锅炉用无缝钢管》(GB 5310—2008)等的规定。无缝钢管内外应进行防腐处理,防腐处理宜采用符合环保要求的方式。

②输送气体灭火剂的管道安装在腐蚀性较大的环境里,宜采用不锈钢管。其质量应符合现行国家标准《流体输送用不锈钢无缝钢管》(GB/T 14976—2012)的规定。

图7-9　低泄高封阀

图7-10　高压管件

③输送启动气体的管道,宜采用铜管,其质量应符合现行国家标准《拉制铜管》(GB 1527—2006)的规定。

④管道的连接,当公称直径小于或等于80mm时,宜采用螺纹连接;大于80mm时,宜采用法兰连接。钢制管道附件应内外防腐处理,防腐处理宜采用符合环保要求的方式。使用在腐蚀性较大的环境里,应采用不锈钢的管道附件。

⑤系统组件与管道的公称工作压力,不应小于在最高环境温度下所承受的工作压力。系统组件的特性参数应由国家法定检测机构验证或测定。

气体灭火系统中部件的型号编制。依次由系统的类别代号、部件代号、主参数、生产单位自定义四部分组成。其部件代号和主参数如表7-2所示。编制方式如图7-11所示。

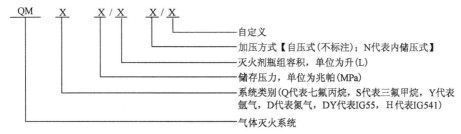

图7-11 气体灭火系统中部件的型号编制

示例:QMQ4.2/90N,代表内储压式,灭火剂瓶组容量为90L,储存压力为4.2MPa的七氟丙烷气体灭火系统。

部件代号和主参数　　　　　　　　　　　　　　　表7-2

部件名称		部件代号	主参数1		主参数2	
			名称	单位	名称	单位
灭火剂瓶组		MP	容积	L	储存压力	MPa
驱动气体瓶组		QP	容积	L	储存压力	MPa
容器		R	容积	L	公称工作压力	MPa
容器阀		RF	公称通径	mm	公称工作压力	MPa
全淹没喷嘴		PT	喷嘴代号	—	进口公称通径	mm
局部应用喷嘴		PTJ	喷嘴代号	—	进口公称通径	mm
选择阀		XZ	公称通径	mm	公称工作压力	MPa
灭火剂流通管路单向阀		YD	公称通径	mm	公称工作压力	MPa
驱动气体流通管路单向阀		QD	公称通径	mm	公称工作压力	MPa
集流管		JG	公称通径	mm	公称工作压力	MPa
连接管		RG	公称通径	mm	公称工作压力	MPa
安全泄放装置		AX	泄放压力	MPa		
驱动装置	气动型	QQ	驱动力	N		
	电磁型	DQ	驱动力	N		
	引爆型	YQ	驱动力	N		
	机械型	JQ	驱动力	N		

续上表

部件名称		部件代号	主参数1		主参数2	
			名称	单位	名称	单位
驱动装置		燃气型	RQ	产气量	L	
检漏装置	称重型	CZ	最大称重质量	kg		
	液位型	YW	最大测量高度	mm		
	压力型	YJ	最大测量压力	MPa		
信号反馈装置		XF	动作压力	MPa	公称工作压力	MPa
减压装置	孔板型	JYB	孔口直径	mm	公称通径	mm
	减压阀型	JYF	进口压力	MPa	出口压力	MPa
低压高封阀		DG	关闭压力	MPa	公称工作压力	MPa

2) 操作与控制

采用气体灭火系统的防护区,应设置火灾自动报警系统,其设计应符合现行国家标准《火灾自动报警系统设计规范》(GB 50116—2013)的规定,并应选用灵敏度级别高的火灾探测器。

管网灭火系统应设自动控制、手动控制和机械应急操作三种启动方式。预制灭火系统应设自动控制和手动控制两种启动方式。采用自动控制启动方式时,根据人员安全撤离防护区的需要,应有不大于30s的可控延迟喷射;对于平时无人工作的防护区,可设置为无延迟的喷射。灭火设计浓度或实际使用浓度大于无毒性反应浓度(NOAEL浓度)的防护区和采用热气溶胶预制灭火系统的防护区,应设手动与自动控制的转换装置。当人员进入防护区时,应能将灭火系统转换为手动控制方式;当人员离开时,应能恢复为自动控制方式。防护区内外应设手动、自动控制状态的显示装置。

自动控制装置应在接到两个独立的火灾信号后才能启动。手动控制装置和手动与自动转换装置应设在防护区疏散出口的门外便于操作的地方,安装高度为中心点距地面1.5m。机械应急操作装置应设在储瓶间内或防护区疏散出口门外便于操作的地方。

气体灭火系统的操作与控制,应包括对开口封闭装置、通风机械和防火阀等设备的联动操作与控制。设有消防控制室的场所,各防护区灭火控制系统的有关信息,应传送给消防控制室。气体灭火系统的电源,应符合现行国家有关消防技术标准的规定;采用气动力源时,应保证系统操作和控制需要的压力和气量。组合分配系统启动时,选择阀应在容器阀开启前或同时打开。

3) 安全要求

防护区应有保证人员在30s内疏散完毕的通道和出口。防护区内的疏散通道及出口,应设应急照明与疏散指示标志。防护区内应设火灾声报警器,必要时,可增设闪光报警器。防护区的入口处应设火灾声、光报警器和灭火剂喷放指示灯,以及防护区采用的相应气体灭火系统的永久性标志牌。灭火剂喷放指示灯信号,应保持到防护区通风换气后,以手动方式解除。

防护区的门应向疏散方向开启,并能自行关闭;用于疏散的门必须能从防护区内打开。灭火后的防护区应通风换气,地下防护区和无窗或设固定窗扇的地上防护区,应设置机械排风装置,排风口宜设在防护区的下部并应直通室外。

储瓶间的门应向外开启,储瓶间内应设应急照明;储瓶间应有良好的通风条件,地下储瓶间应设机械排风装置,排风口应设在下部,可通过排风管排出室外。经过有爆炸危险及变电、配电室等场所的管网、壳体等金属件应设防静电接地。有人工作防护区的灭火设计浓度或实际使用浓度,不应大于有毒性反应浓度(Lowest Observed Adverse Effect Level,LOAEL浓度)。

防护区内设置的预制灭火系统的充压压力不应大于2.5MPa。灭火系统的手动控制与应急操作应有防止误操作的警示显示与措施。热气溶胶灭火系统装置的喷口前1.0m内,装置的背面、侧面、顶部0.2m内不应设置或存放设备、器具等。设有气体灭火系统的场所,宜配置空气呼吸器。

7.2 七氟丙烷气体灭火系统

7.2.1 七氟丙烷气体灭火系统的类型

1)有管网七氟丙烷灭火系统

有管网七氟丙烷灭火系统由瓶组架、灭火剂储瓶、容器阀、高压软管、液体单向阀、集流管、安全阀、集散管、选择阀、压力信号器、灭火剂输送管道、喷嘴、启动瓶、驱动器、启动管道、启动气体单向阀等组成,是一种智能型自动灭火系统。根据不同应用场所使用要求,可组成单元独立系统、组合分配系统,采用全淹没灭火方式,实现对单防护区和多防护区的灭火保护,技术先进、灭火效率高、维护方便。系统具有自动、手动和机械应急操作三种启动方式。

(1)单元独立系统

单元独立系统是指用一套灭火剂储存装置,保护一个防护区的灭火系统,用于有特殊要求的场所和独立的防护区。

当防护区发生火灾时,火灾报警灭火控制器发出指令打开启动瓶,释放启动气体。启动气体通过启动管路,打开灭火剂储瓶容器阀,释放灭火剂。灭火剂经高压软管、液体单向阀、集流管、灭火剂输送管道、喷嘴向防护区喷放,实施灭火。

单元独立系统结构如图7-12所示。

(2)组合分配系统

组合分配系统是指用一套灭火剂储存装置通过管网的选择分配,保护两个或两个以上的防护区。组合分配系统除采用启动气体单向阀和选择阀组合分配控制外,其余与单元独立系统相同。

组合分配系统适用于两个以上的防护区保护,它的特点是每个防护区均设置自己的启动瓶和选择阀,而储存灭火剂的瓶组是共用的(按最大的防护区计算),为多区组合保护,减少了一次性投资。

当任意一个防护区发生火灾时,火灾报警灭火控制器会发出指令打开与此防护区相对应的启动瓶,释放启动气体,启动气体通过启动管路打开该防护区的选择阀和相应的灭火剂储瓶容器阀,灭火剂经高压软管、液体单向阀、集流管、连接管、集散管、已打开的选择阀及灭火剂输送管道向防护区喷放。启动气体只会打开对应防护区的选择阀,确保灭火剂不进入其他防护区,同时启动气体单向阀限制了启动气体只能流向对应数量的灭火剂储瓶容器阀。

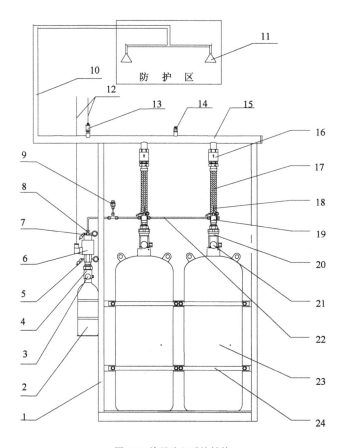

图 7-12 单元独立系统结构

1-灭火剂储瓶瓶组架;2-启动瓶;3-启动瓶压力表;4-启动瓶容器阀;5-电磁驱动器保险销;6-启动瓶电磁驱动器;7-机械应急启动保险销;8-机械应急启动按钮;9-低泄高封阀;10-灭火剂输送管道;11-喷嘴;12-接火灾报警灭火控制器;13-压力信号器;14-安全阀;15-集流管;16-液体单向阀;17-高压软管;18-机械应急启动手柄;19-气动驱动器;20-灭火剂储瓶容器阀;21-灭火剂储瓶压力表;22-启动管路;23-灭火剂储瓶;24-储瓶抱箍

组合分配系统结构如图 7-13 所示。

2) 柜式灭火装置

柜式七氟丙烷灭火装置也称为无管网灭火装置、预制灭火装置,由灭火剂瓶组、容器阀、电磁型驱动装置、金属软管、信号反馈装置、喷嘴、柜体等组成,不需安装灭火剂输送管道,不需设置专用的储瓶间。装置设置在防护区内,当火灾发生时,直接向防护区喷射灭火剂,灭火剂无管路损失,灭火速度更快、效率更高。装置具有自动、手动两种启动方式。灭火装置结构如图 7-14 和图 7-15 所示,分为单瓶组柜式灭火装置和双瓶组柜式灭火装置。

3) 悬挂式气体灭火装置

(1) 如图 7-16 所示,悬挂式七氟丙烷气体灭火装置(电磁型)由灭火剂储瓶、容器阀、喷嘴、电磁型驱动装置、信号反馈装置、悬挂支架等组成,不需安装灭火剂输送管道,不需设置专用的储瓶间,采用悬挂或壁挂式安装,当火灾发生时,直接向防护区喷射灭火剂,灭火剂无管路损失,灭火速度更快、效率更高。装置具有自动、手动两种启动方式。

第7章 自动气体灭火系统

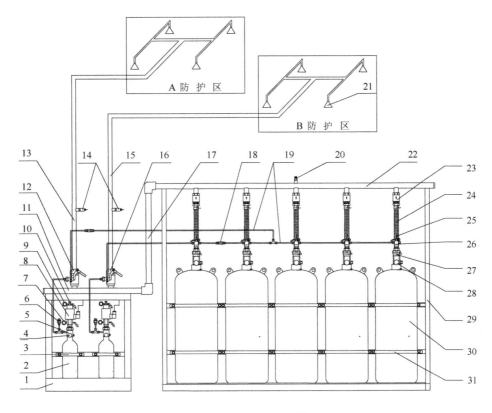

图7-13 组合分配系统结构

1-启动瓶瓶组架;2-启动瓶;3-启动瓶抱箍;4-启动瓶压力表;5-启动瓶容器阀;6-低泄高封阀;7-电磁驱动器保险销;8-启动瓶电磁驱动器;9-机械应急启动保险销;10-机械应急启动按钮;11-集散管;12-A区选择阀;13-A区灭火输送管道;14-A、B区压力信号器;15-B区灭火输送管道;16-B区选择阀;17-连接管;18-启动气体单向阀;19-启动管路;20-安全阀;21-喷嘴;22-集流管;23-液体单向阀;24-高压软管灭火剂储瓶瓶组架;25-机械应急启动手柄;26-气动驱动器;27-灭火剂储瓶容器阀;28-灭火剂储瓶压力表;29-灭火剂储瓶组架;30-灭火剂储瓶;31-储瓶抱箍

(2)悬挂式七氟丙烷气体灭火装置(感温型)由灭火剂储瓶、感温释放组件、悬挂支架、压力表等组成,不需安装灭火剂输送管道,不需设置专用的储瓶间,不用与火灾报警系统联动,采用悬挂或壁挂式安装。当火灾发生时,感温玻璃球破裂,感温释放组件开启,直接向防护区喷射灭火剂,灭火剂无管路损失,灭火速度更快、效率更高。悬挂式七氟丙烷气体灭火装置结构图如图7-17所示。

7.2.2 七氟丙烷灭火系统的关键组件

1)系统组件的专用要求

根据国标《气体灭火系统设计规范》(GB 50370—2005),七氟丙烷灭火系统组件应符合下列专用要求:

(1)储存容器或容器阀以及组合分配系统集流管上的安全泄压装置的动作压力,应符合下列规定:

— 215 —

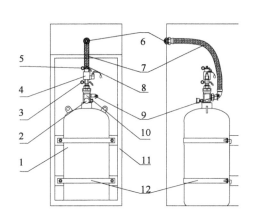
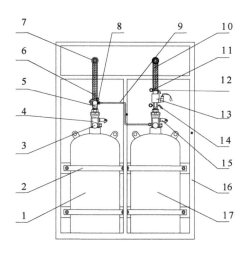

图 7-14 单瓶组柜式灭火装置

1-灭火剂储瓶;2-压力表;3-电磁驱动器保险销;4-电磁驱动器;5-机械应急启动保险销;6-喷嘴;7-高压软管;8-机械应急启动按钮;9-压力信号器;10-容器阀;11-单瓶组柜体;12-储瓶抱箍

图 7-15 双瓶组柜式灭火装置

1-灭火剂储瓶(从动瓶);2-储瓶抱箍;3-压力表;4-容器阀;5-气动驱动器;6-机械应急启动手柄;7-喷嘴;8-机械应急启动保险销(从动瓶);9-启动管路;10-高压软管;11-机械应急启动按钮;12-机械应急启动保险销(主动瓶);13-电磁驱动器;14-电磁驱动器保险销;15-压力信号器(装在高压软管上,参考单瓶组柜式灭火装置图);16-双瓶组柜体;17-灭火剂储瓶(主动瓶)

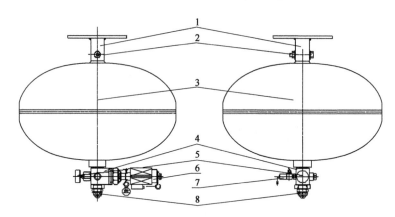

图 7-16 悬挂式七氟丙烷气体灭火装置(电磁型)

1-悬挂支架;2-固定螺母;3-灭火剂储瓶;4-容器阀;5-压力表;6-电磁型驱动装置;7-信号反馈装置;8-喷嘴

①储存容器增压压力为 2.5MPa 时,应为 (5.0 ± 0.25) MPa(表压);

②储存容器增压压力为 4.2MPa,最大充装量为 $950 kg/m^3$ 时,应为 (7.0 ± 0.35) MPa(表压);最大充装量为 $1120 kg/m^3$ 时,应为 (8.4 ± 0.42) MPa(表压);

③储存容器增压压力为 5.6MPa 时,应为 (10.0 ± 0.5) MPa(表压)。

(2)增压压力为 2.5MPa 的储存容器宜采用焊接容器;增压压力为 4.2MPa 的储存容器,可采用焊接容器或无缝容器;增压压力为 5.6MPa 的储存容器,应采用无缝容器。

(3)在容器阀和集流管之间的管道上应设单向阀。

2)关键组件

下面以有管网的七氟丙烷灭火系统为例,介绍了七氟丙烷灭火系统的几个关键组件:

(1)灭火剂瓶组

①灭火剂储瓶充装、封存七氟丙烷灭火剂和增压氮气。储瓶喷漆颜色为红色,有多种型号和尺寸可供选择,如图7-18和表7-3所示。

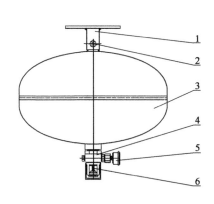
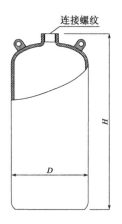

图7-17 悬挂式七氟丙烷气体灭火装置(感温型)　　　图7-18 灭火剂储瓶
1-悬挂支架;2-连接螺母;3-灭火剂储瓶;4-感温释放组件;5-压力表;6-感温元件

灭火剂储瓶主要技术参数　　　表7-3

灭火剂名称	七氟丙烷(HFC-227ea)						
储瓶容积(L)	40	70	90	100	120	150	180
储瓶高度 H(mm)	780	930	1 140	1 280	1 425	1 380	1 630
储瓶外径 D(mm)	300	350				400	

②容器阀又称瓶头阀、瓶头控制阀,自带压力表接口和安全泄压装置等机构,安装在灭火剂储瓶的瓶口,用于密封七氟丙烷药剂和增压氮气,如图7-19所示。

③气动驱动器安装在灭火剂储瓶的容器阀上,驱动气体推动气动驱动器内活塞,推动闸刀刺破容器阀上动作膜片,开启灭火剂储瓶如图7-20所示。

机械手动:拉出机械应急启动保险销,压下机械应急启动手柄,可实现机械手动。

(2)单向阀

①启动气体单向阀用于组合分配系统,安装在启动管路中,控制启动气体的流动方向,使启动气体只能打开相应防护区的灭火剂储瓶。安装时要注意箭头方向(箭头方向表示气体流向),如图7-21所示。

②液体单向阀安装在高压软管和集流管之间,使灭火剂只能单向流动,同时防止灭火剂从集流管中倒流。灭火剂单向阀必须垂直安装,注意阀上箭头方向(箭头方向表示灭火剂流向),如图7-22所示。

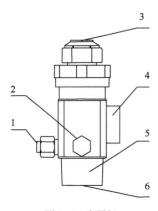

图 7-19 容器阀

1-压力表接口;2-安全泄压装置;3-驱动器接口;4-高压软管接口(灭火剂出口);5-灭火剂储瓶接口(与储瓶相连);6-虹吸管接口

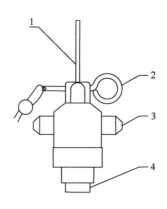

图 7-20 气动驱动器

1-机械应急启动手柄;2-机械应急启动保险销;3-启动管接口;4-容器阀接口

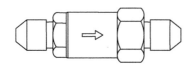

图 7-21 启动气体单向阀

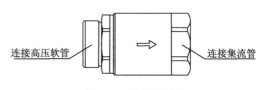

图 7-22 液体单向阀

(3)选择阀

用于组合分配系统中,安装在集散管上,控制灭火剂流动方向,保证灭火剂进入发生火灾的防护区。其主要技术参数如表 7-4 所示。

选择阀主要技术参数　　　　　表 7-4

部件型号	启动压力(MPa)	手动开阀力(N)	公称通径(mm)
QXZ25-PL	0.6	≤150	DN25
QXZ32-PL	0.6	≤150	DN32
QXZ40-PL	0.6	≤150	DN40
QXZ50-PL	0.6	≤150	DN50
QXZ65-PL	0.6	≤150	DN65
QXZ80-PL	0.6	≤150	DN80
QXZ100-PL	0.6	≤150	DN100
QXZ125-PL	0.6	≤150	DN125
QXZ150-PL	0.6	≤150	DN150

机械手动:在启动瓶组不能正常工作的紧急情况下,用力拉动选择阀上的机械应急启动手柄,可实现机械手动启动,如图 7-23 所示。

(4)安全阀

安装在集流管上,当管道中压力大于安全阀允许值时,阀内安全膜片爆破泄压,保证系统安全,如图 7-24 所示。

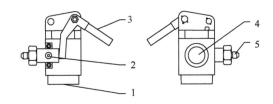
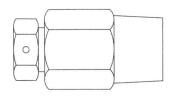

图7-23 机械手动选择阀

1-集散管接口;2-启动气体出口(通过启动管路与灭火剂储瓶容器阀相连);3-机械应急启动手柄;4-灭火剂输送管道接口;5-启动气体入口(通过启动管路与启动瓶容器阀相连)

图7-24 安全阀

(5)启动瓶组

由启动瓶、容器阀、电磁驱动器组成,充装启动气体(氮气),火灾发生时,通过自动、手动或机械应急操作方式打开容器阀,瓶中的启动气体从开启的容器阀释放出来,通过启动管路开启选择阀和灭火剂储瓶,如图7-25所示。

①启动瓶电磁驱动器安装在启动瓶容器阀上,电磁驱动器上的闸刀刺破容器阀上的密封膜片,释放启动气体,如图7-26所示。

机械手动:拔出机械应急启动保险销,用力按下机械应急启动按钮,可实现机械手动启动。

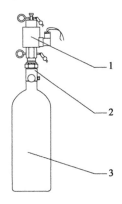
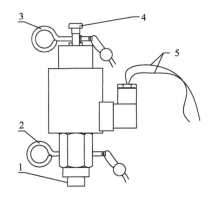

图7-25 启动瓶组

1-启动瓶电磁驱动器;2-启动瓶容器阀;3-启动瓶

图7-26 启动瓶电磁驱动器

1-容器阀接口;2-电磁驱动器保险销;3-机械应急启动保险销;4-机械应急启动按钮;5-启动线路

②启动瓶容器阀安装在启动瓶上,自带压力表接口和安全泄压装置等机构,用以密封启动瓶内的启动气体(氮气),如图7-27所示。

(6)压力信号器

安装在灭火剂输送管道上(组合分配系统安装在选择阀后)。当释放灭火剂时,管路内灭火剂压力推动信号器内的活塞使微动开关接通,反馈信号到消防控制中心,显示该防护区已释放灭火剂实施灭火,如图7-28所示。

(7)瓶组架

①启动瓶瓶组架用来固定启动瓶组,防止启动瓶工作时晃动或移位。瓶组架可选择表7-5所示尺寸,也可以按工程实际设计制作。

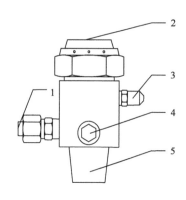

图7-27 启动瓶容器阀

1-压力表接口;2-驱动器接口(接电磁驱动器);3-启动管路接口;4-安全泄压装置;5-启动瓶接口(与启动瓶相连)

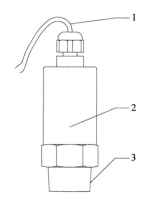

图7-28 压力信号器

1-控制器接线(与火灾报警灭火控制器连接);2-信号器本体;3-灭火剂输送管道接口

启动瓶主要尺寸参数　　　　　　　　　　　　表7-5

瓶组架型号	QQPJ-PL						
安装启动瓶数量	2	3	4	5	6	7	8
瓶组架长度(mm)	600	800	1 000	1 200	1 400	1 600	1 800
瓶组架宽度(mm)	300						

②灭火剂储瓶瓶组架是用来固定灭火剂储瓶,防止灭火剂储瓶工作时晃动或移位。储瓶较多时,可设计成双排瓶组架。其主要尺寸参数如表7-6所示。

灭火剂储瓶主要尺寸参数　　　　　　　　　　表7-6

瓶组架型号	QMPJ-PL						
储瓶容积(L)	40	70	90	100	120	150	180
瓶组架高度(mm)	1 410	1 540	1 810	1 900	2 000	2 000	2 200
单个储瓶所占长度(mm)	400	500	500	500	500	550	550
瓶组架宽度(mm)	500						

(8)集流管、集散管及连接管

集流管安装在灭火剂储瓶瓶组架顶部位置,用于汇集从各灭火剂储瓶释放出来的灭火剂,向防护区输送。如图7-29所示,集散管用于组合分配系统中,在集散管上安装对应防护区的选择阀。连接管用于集流管与集散管之间的连接。

(9)启动管路及管件

用于启动气体的输送,启动管路为铜管,管接件采用扩口式管接件,如图7-30所示。

(10)灭火剂输送管道

灭火剂输送管道采用内外热镀锌无缝钢管。

当灭火剂输送管道 $DN \leqslant 100mm$ 时宜采用螺纹连接, $DN > 100mm$ 时宜采用法兰连接。管道数量、尺寸规格、安装等根据工程实际设计制作。其规格如表7-7所示。

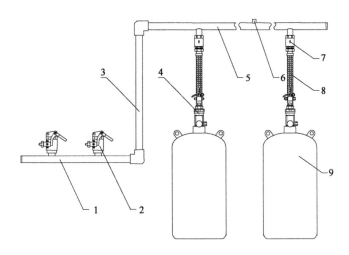

图 7-29 集流管、集散管和连接管
1-集散管;2-选择阀;3-连接管;4-容器阀;5-集流管;6-安全阀接口;7-灭火剂单向阀;8-高压软管;9-灭火剂储瓶

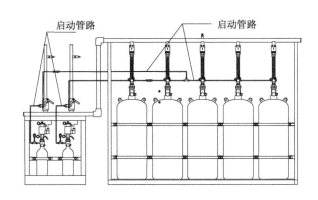

图 7-30 启动管路及管件

灭火剂输送管道规格 表 7-7

灭火剂输送管道规格（4.2MPa）											
公称直径(mm)	15	20	25	32	40	50	65	80	100	125	150
外径(mm)	22	27	34	42	48	60	76	89	114	140	168
管道壁厚(mm)	3	3.5	4.5	4.5	4.5	5	5	5.5	6	6	7
灭火剂输送管道规格（5.6MPa）											
公称直径(mm)	15	20	25	32	40	50	65	80	100	125	150
外径(mm)	22	27	34	42	48	60	76	89	114	140	168
管道壁厚(mm)	3	4	4.5	5	5	5.5	7	7.5	8.5	9.5	11

(11)灭火剂输送管道连接件

管道连接件是灭火剂输送管道上的高压连接件,内外表面均通过镀锌处理,主要有直通、三通、异径三通和弯头等,规格齐全,可以根据工程实际需要选定,主要型号规格如表 7-8 所示。

管道连接件规格　　　　　　　　　　　　　　　　　　　　表 7-8

弯头	DN15~DN100	管件口径可以根据客户要求定制
锻钢焊接弯头	DN100~DN150	
正三通	DN15~DN100	
锻钢焊接正三通	DN100~DN150	
中大三通	DN15~DN100	
锻钢焊接中大三通	DN65~DN150	
中小三通	DN15~DN100	
锻钢焊接中小三通	DN65~DN150	管件口径可以根据客户要求定制
直通管箍	DN15~DN100	
异径直通	DN15~DN100	
锻钢焊接异径直通	DN65~DN150	
活接	DN15~DN100	
高压法兰	DN40~DN150	
补芯	DN15~DN100	
外丝	DN15~DN100	
堵头	DN15~DN100	

(12)喷嘴

安装在灭火剂输送管道末端,均衡布置在防护区内,用于喷洒并雾化灭火剂,使其均匀充满在防护区内。其主要技术参数如表7-9所示。

喷嘴主要技术参数　　　　　　　　　　　　　　　　　　　表 7-9

喷嘴规格代号 NO	等效单孔直径(mm)	等效孔口面积(mm^2)	接管管径(DN)
1	0.79	0.49	25
1.5	1.19	1.11	
2	1.59	1.98	
2.5	1.98	3.09	
3	2.38	4.45	25
3.5	2.78	6.06	
4	3.18	7.94	
4.5	3.57	10.00	
5	3.97	12.39	
5.5	4.37	14.97	
6	4.76	17.81	32
6.5	5.16	20.90	
7	5.56	24.26	
7.5	5.95	27.81	
8	6.35	31.68	
8.5	6.75	35.74	

续上表

喷嘴规格代号 NO	等效单孔直径(mm)	等效孔口面积(mm²)	接管管径(DN)
9	7.14	40.06	40
9.5	7.54	44.65	
10	7.94	49.48	
11	8.73	59.87	
12	9.53	71.29	
13	10.32	83.61	
14	11.11	96.97	50
15	11.91	111.29	
16	12.70	126.71	
18	14.29	160.32	
20	15.88	197.94	
22	17.46	239.48	
24	19.05	285.03	
32	25.40	506.24	

注：喷嘴的保护高度和保护半径应符合下列规定：
　　喷头安装高度小于1.5m时，保护半径不宜大于4.5m；喷头安装高度不小于1.5m时，保护半径不应大于7.5m。

3）其他组件

（1）虹吸管

装在储瓶中，上端螺纹与容器阀连接，用于灭火剂和增压氮气进出的管道。

（2）高压软管

用于容器阀和灭火剂单向阀之间的连接，形成柔性结构，输送灭火剂和缓冲压力。

（3）启动瓶

充装和封存启动气体(氮气)，火灾发生时，启动瓶中的启动气体通过启动管路打开相应的选择阀和灭火剂储瓶容器阀，释放灭火剂。

启动瓶容积有3L、4L、5L、7L、8L、27L和40L等规格，启动气体(氮气)充装压力为6MPa（20℃）。

（4）低泄高封阀

安装在启动管路中，防止启动瓶缓慢漏气，造成气体在启动管路内压力积聚而引起灭火系统误动作。

7.2.3 七氟丙烷灭火系统的设置

1）七氟丙烷气体灭火剂钢瓶的设置

在高层建筑和建筑群体中，如果各灭火分区彼此相邻或相距较近，七氟丙烷气体钢瓶宜集中设置，即采用管网灭火系统，由管路分配将灭火剂输送至保护区。可见，钢瓶可跨区公用，集中供给七氟丙烷灭火剂，但在钢瓶间需设置钢瓶分盘，在分盘上设置放气区灯及声、光报警等装置。若各灭火分区彼此相距较远,七氟丙烷钢瓶宜分区设置。由于无集中钢瓶间,故可不设钢瓶分盘,但在每个灭火分区内应独自设置一个现场分盘,在现场分盘上也需要设置区灯、放气灯和声、光报警装置等。另外,在钢瓶分盘或现场分盘上一般应设置备用继电器,其触点可供在放气之前的延时过程中,关闭保护区内的电动门窗、进风阀、回风阀及风机等。

为了确保钢瓶间安全、可靠地供应七氟丙烷灭火剂,钢瓶间的结构应采用阻燃材料,并要有较大的耐火极限,钢瓶间的上、下层及相邻房间也不应存放易燃易爆物品。为了便于对钢瓶间内设备进行维护或操作,钢瓶间的面积应能满足所安装设备之间留出通道的需要,如表7-10和图7-31所示。一般钢瓶间的面积为$15\sim25m^2$,在钢瓶间内装设电气控制系统时,还应考虑空调设施或通风换气装置。

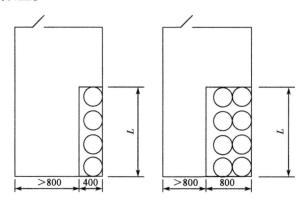

图7-31 钢瓶间由钢瓶布置(尺寸单位:mm)

钢瓶间尺寸参考表 表7-10

钢瓶个数		长度L(mm)	高度H(mm)
单排	双排		
2	4	680	约2 000
3	6	970	
4	8	1 260	
5	10	1 550	
6	12	1 840	

2)七氟丙烷自动灭火系统的工作原理

七氟丙烷自动灭火系统按设备布置形式分有固定式灭火系统、半固定式灭火系统和移动式灭火系统;按其用途分有全充满式灭火系统和局部应用灭火系统;按保护区域分有组合分配系统和单元独立系统。当建筑物内或建筑物内存在多个需要保护的区域时,可以将几个保护区域组合起来,共同建立一套灭火剂储存装置,这样建立起来的系统称为组合分配系统;相对而言,如果每个保护区域单独装设一套储存装置,称为单元独立系统。

全充满式灭火系统,就是采取管网组合分配方式,将钢瓶间的钢瓶通过管网与设置在建、构筑物内的喷头连接起来,火灾时能向室内均匀施放七氟丙烷灭火剂,并达到灭火浓度的系统。在无人居住或人员在30s内能撤离的计算机房、贵重设备和精密仪器室、变配电室、书库、档案库、资料室和地下室等容积在规定范围以内,且密闭性较好的房间,宜采用全充满式灭火系统。而局部应用灭火系统,即为单元独立灭火系统,在建筑物内设置固定喷头和移动式喷枪,并通过管网与钢瓶间的钢瓶相连接。在火灾发生时,能向起火部位施放七氟丙烷灭火剂,并达到灭火浓度。在建筑空间较大,不易形成全室火灾的局部火险点,如易燃、可燃液体容器和可燃气体设备的敞口部位、重要设备、机组等部位,宜设置局部应用灭火系统。

在应用七氟丙烷自动灭火系统时,气体灭火分区的划分应符合下列规定:①灭火分区应以固定的封闭空间来划分;②当采用管网灭火系统时,一个灭火分区的防护面积不宜大于 $500m^2$,容积不宜大于 $2\,000m^3$;当采用无管网灭火装置(将储存灭火剂的容器、阀门和喷头等组合在一起的灭火装置)时,一个灭火分区的防护面积不宜大于 $100m^2$,容积不宜大于 $300m^3$,且设置的无管网灭火装置的数量不应超过 8 组。

(1)七氟丙烷自动灭火系统的基本控制方式

以最常用的全充满七氟丙烷自动灭火系统为例,主要以物理方式和化学方法灭火。七氟丙烷一般是由灭火自动报警系统、灭火控制系统和灭火系统三大部分组成,其灭火系统由七氟丙烷灭火剂存储装置(钢瓶间)、管网和喷头三部分组成,如图 7-32 所示,主要技术参数在表 7-11 中列出。

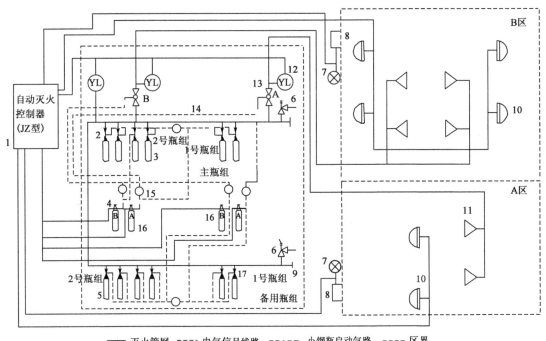

图 7-32 采用气体启动的七氟丙烷自动灭火系统布置

1-自动灭火控制器;2-瓶头阀;3-主灭火剂储瓶;4-启动阀;5-备用灭火剂储瓶;6-溢流安全阀;7-门灯;8-紧急启动切断按钮;9-法兰堵板;10-火灾探测器;11-喷头;12-压力反馈装置;13-选择阀;14-汇集管;15-全路单向阀;16-启动小钢瓶;17-单向阀

七氟丙烷自动灭火系统一般应根据防火分层划分保护区域(如 A 区、B 区),为每个区域都有报警信号道,为了防止由于探测器产生的误报警而可能引起误喷洒灭火剂,故应采用两类探测器,并取逻辑"与"控制。即当一类探测器(如感烟探测器)报警时,报警控制器只发出相应的火灾报警信号,而不喷洒灭火剂。当另一类探测器(感温探测器)也报警时,报警控制器才发出灭火指令信号。经理论和实践证明,采用两类探测器按分配比例组合方法可以大大降低误喷洒灭火剂的概率。因为一组中的一类探测器误报警的可能性较大,属于偶然事件,而在短时间内出现两类探测器都误报警的可能性是非常小的。目前工程上常用的有四区、二十四区总线制七氟丙烷自动灭火系统,如图 7-33 所示,其系统动作参见图 7-34。

七氟丙烷自动灭火系统主要技术参数　　　　　表 7-11

形式		固定式	使用电源	主电源	AC220V、50Hz
充装压力		2.5MPa、4.2MPa		备用电源	DC24V
钢瓶容积(L)	灭火剂储瓶	40、70、90、100、120	启动方式	电启动	DC12V ~ 28.8V(60Ω)
	启动小钢瓶	3、20		气动启动	气体压力≥0.35MPa
				应急机械手动启动	机械操作力≤50N
灭火剂充装密度		≤1 150kg/m³	启动气源	使用气体	N_2
储瓶间环境温度		0 ~ 50℃		工作压力	10MPa
保护区环境温度		≥0℃		灭火剂喷射时间	≤10s
最大单区保护面积		500m²		选择阀安装高度	≈1 500mm
最大单区保护容积		2 000m³		汇集管安装高度	≤2 400mm

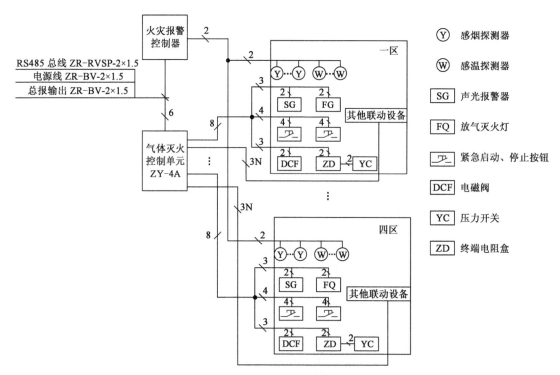

图 7-33　四区总线制七氟丙烷自动灭火系统

注:1. 未标注线均为 1.5mm。
　　2. ZY-4A 型至灭火区现场的控制线和输入线中的工作地线(即 DC24 的负极)可以共线。
　　3. 3N 线是指三对无源常开、常闭转换触点控制线(供选择使用),当需要有源输出时,将常开触点与 DC24V 外控电源线串联后输出即可。
　　4. 终端电阻盒与压力开关并联连接。

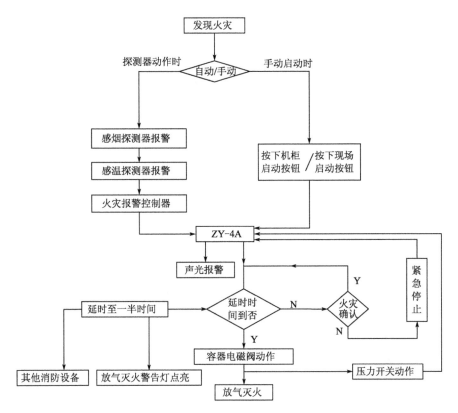

图 7-34 七氟丙烷自动灭火系统动作程序

图 7-33 中 ZY-4 型气体灭火控制器可实现对四个区的气体灭火控制,每个区的基本气体灭火功能有:①用于启动小钢瓶的电磁阀的控制线,输出最大值为 1.5A/24V,控制器时刻监视该线是否开路(故障);②用于启动现场声光警报器的控制线,输出最大值为 500mA/24V;③用于启动放气警报灯的控制线,输出最大值为 500mA/24V;④提供三对无源常开/常闭转换触点,用于控制该区其他联动设备,触点容量为 3A、AC250V、DC250V;⑤用于接收现场紧急启动按钮和现场紧急停止按钮的状态输入线;⑥用于接收压力开关的状态输入线,以反馈气体是否被释放的状态,控制器时刻监视该线是否开路(故障)。火灾报警控制器则进行动态跟踪 ZY-4A 的运行状况,若发生放气灭火事件,则将放气灭火的启动原因、发生的时间等作为数据记录永久地保存下来,为事后分析起因提供原始凭证。

值得注意的是,本系统采取将两类探测器的报警信号采取逻辑"与",虽然降低了报警的误报率,但却延误了执行灭火的时间,使火势可能增大。此外,采取逻辑"与"的两类探测器损坏,整个系统将处于瘫痪状态,而无法自动投入灭火工作,尤其是只使用两只不同类型的探测器时更是如此。所以,对于面积较小的保护区,如果设计结果只需要感烟、感温探测器共两只,则从系统工作的可靠性出发,应适当增加各类探测器的个数,如感烟、感温探测器分别选用两只,再对两类探测器的输出信号取逻辑"与"。一般来说,对于大面积的保护区,因为安装的火灾探测器数目较多,这个问题可以不考虑。

另外,每个灭火区域还设有灭火驱动道,并设有紧急启动/切断盒 8 和门灯 7,以及手动/

自动转换开关。七氟丙烷自动灭火系统的启动方式有四种:气动启动、电动启动、电动/手动启动及应急机械/手动启动。对某一灭火系统,可根据设计要求采用其中任意两种或两种以上的启动方式。所介绍的图7-32～图7-34七氟丙烷气动自动灭火系统,只有当任一灭火分区的信号道内两种探测器同时报警时,控制柜才由火灾"报警"立即转变为灭火"警报"。在警报情况下,①控制柜上的两种探测器报警信号灯亮;②在消防值班室内发出快变调"警报"音响,同时对报警的火灾现场也发出声、光"警报";③假设控制器上的转换开关置于"自动"位置上,报警控制器将立即发出指令延时20～30s开启钢瓶,如果在此时间内有人按下紧急切断按钮,则只发出"警报"而不开启钢瓶,不向报警区域释放七氟丙烷灭火剂,否则待延时到20～30s后,将使钢瓶分盘按预先给定组合分配方式,自动开启钢瓶瓶头阀和选择阀,通过管路向报警的火灾现场释放七氟丙烷灭火剂,实现自动灭火;④钢瓶开启并开始对火灾现场释放七氟丙烷灭火剂后,瓶头阀上的一对常开触点闭合,使灭火分区门上的"危险""已充满气""请勿入内"等字样的警告标志灯点亮,对于总线制火灾报警系统,则多采用报警探测器通过总线上的控制模块联动警告标志灯点亮;⑤"警报"一开始,控制柜上的电子钟停走,记录首次"警报"发出时间,同时外控触点闭合,自动关停风机和关闭门窗等;⑥当工作方式置于手动位置时,控制柜只能发出灭火"警报"、而不能对钢瓶间发出释放七氟丙烷灭火剂的指令,此时要靠消防值班人员操作紧急启动按钮来完成开启钢瓶灭火的指令。为了防止误操作,按下紧急启动按钮后,也要延时20～30s后才能开启钢瓶灭火;⑦灭火结束后,开启排烟、排气装置,及时进行清理火灾现场。

(2)主要设备功能及系统工作原理

全充满式七氟丙烷灭火系统及设备布置如图7-32所示。钢瓶间内主要设备连接如图7-35所示,在钢瓶间内设置七氟丙烷储瓶和高压启动小钢瓶,均由不锈钢板或低碳钢板制成。

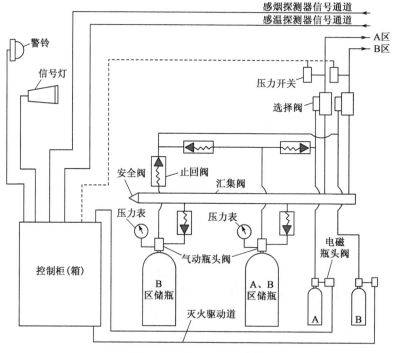

图7-35 钢瓶间主要设备连接

在储瓶内充装七氟丙烷灭火剂,其充装比(即七氟丙烷灭火剂在容器中所占的容积与容器总容积之比)一般不应超过90%,实际使用的充装比为60%~75%。储瓶(ZP40、ZP70、ZP90、ZP120)的工作压力为8MPa(81.6kgf/cm^2),最大充装七氟丙烷的密度为1150kg/m^3。七氟丙烷在常温下的蒸气压力不大,故需要增加动力气体维持七氟丙烷系统应有的压力,以便及时扑灭火灾。增压的气体应干燥,且不易溶于七氟丙烷气体内,如氮气(N_2)容易干燥,在七氟丙烷内的溶解度很低,所以常用氮气作为增压气体。对于大型七氟丙烷自动灭火系统,常将七氟丙烷储瓶与增压气体—氮的储瓶分开,在灭火时再将氮气储瓶中的高压氮气通过减压阀、减压调压阀等保护装置进入七氟丙烷储瓶。在氮气压力作用下,使七氟丙烷灭火剂通过选择阀、管路等喷洒到被保护区域。而对于中小型七氟丙烷自动灭火系统,则常将七氟丙烷储瓶与增压气体—氮气的储瓶合用,如图7-35中的B区储瓶,A、B区储瓶中的七氟丙烷灭火剂与氮气储瓶是分开的。

在启动小钢瓶(ZP3、ZP20型)中充有高压氮气,容量分为3L和20L两种,工作压力为10MPa(102kgf/cm^2),用于开启储瓶组和选择阀等。在小钢瓶上安装有电磁瓶头阀,靠电磁瓶头阀产生电磁力驱动瓶头阀门(也可手动)释放瓶内高压氮气。

选择阀A、B采用铜、不锈钢等金属材料制成,由阀体活塞、弹簧及密封圈等零件组成,用以控制七氟丙烷灭火剂的流动去向。在七氟丙烷自动灭火系统中,选择阀是用于控制灭火剂喷向指定保护区的控制元件,一般为气动阀或电磁阀。为了防止选择阀失灵,还应备有手动开关,用手动开关来释放七氟丙烷灭火剂至被保护区。在非自动七氟丙烷灭火系统中,则采用手动选择阀向被保护区释放灭火剂。

止回阀和安全阀都安装在汇集管上,其中止回阀用于系统启动小钢瓶的操纵回路上,控制启动气体的流动路线,从而控制某保护区域指定的选择阀、储气瓶头阀按指令打开,使七氟丙烷灭火剂按要求流向被保护区域。由此可见,止回阀只允许气体向一个方向流动,而不能向相反的方向流动,故止回阀又叫单向阀。单向阀的最大工作压力为15MPa,开启压力为0.015MPa,工作温度为-20~+55℃。安全阀的主要功能是当选择阀因故未能按规定指令开启或管路堵塞时,可能会造成汇集管内压力过高。这时安全阀内安全膜片将被自动冲破泄压,从而保护系统的汇集管等零部件不受损坏。当汇集管充装压力为2.5MPa。时,安全阀的泄放压力设定为(6.8±0.34)MPa;当充装压力为4.2MPa时,安全阀的泄放压力设定为(8.8±0.44)MPa。

汇集管是各储瓶至各保护区主管道之间的主要连接件,瓶组内灭火剂全部在此汇合,按照规定指令分配设定的保护区。每个系统的汇集管随着储瓶数量、规格、系统本身的特殊要求而变化。汇集管最大工作压为8.0MPa,如上所述,当充装压力为2.5MPa时,安全阀泄放压力为(6.8±0.34)MPa;当充装压力为4.2MPa时,安全阀泄放压力为(8.8±0.44)MPa。

压力开关也称为压力反馈装置,安装在选择阀的出VI管道上,利用系统灭火剂排放时管道内的压力将信号反馈给控制器,以确认系统是否正常运行。FK20型压力开关的工作压力范围为0.35~8MPa。例如,当某被保护区发生火灾,相应的配气干管中有七氟丙烷灭火剂通过时,干管上的压力开头检测到气体压力而动作,及时向总控室发送释放灭火剂的回馈信号。

感烟、感温探测器信号道,按上述分配原则,将感烟探测器和感温探测器布设在被保护区内,经过回路总线与总控室内的控制柜相连接,使火警信号及时通过相应的信号道传送给控制柜(箱)。当控制柜接收到两种火警信号时,其电子钟停走,记录下首次灭火"警报"发出的时间,并向被保护区和总控制室发出声、光"警报"信号。与此同时,联动控制关停风机设备、关闭电动门窗等装置,并发出"执行灭火"指令。但"执行灭火"指令发出后须经 20~30s 后才能够执行,目的是使消防值班人员有一定时间确认报警现场是否发生火灾,根据实际情况确定是否需要实施喷洒七氟丙烷灭火剂。若不需要喷洒灭火剂时,可手动操作紧急切断按钮,停止自动设备运转。另外,在延时时间内,关闭被保护区门窗,关停风机,及时撤离疏散火区内的人员等。例如在图 7-35 中,设将转换主令开关置于"自动"位置上,若接收到 B 保护区的两种火警信号后,控制器便同时向总控室和被保护区发出声、光"警报"信号,发出"执行灭火"指令并开始延时计时。在这期间,消防值班人员确认火情和组织火灾现场人员迅速撤离。经 20~30s 延时时间后,小钢瓶 B 的电磁瓶头阀得电开启,释放瓶内高压氮气,在高压氮气作用下,打开选择阀 B、B 区储瓶和 A、B 区储瓶上的气动瓶头阀,从而使储瓶内七氟丙烷灭火剂在储瓶内增压氮气的作用下,通过气动瓶头阀、止回阀进入汇集管,再通过选择阀 B 和配气干管喷洒到发生火灾的 B 保护区。七氟丙烷灭火剂流过配气干管时途经压力开关,所以压力开关动作,即将向 B 区喷洒灭火剂的信号回馈至控制柜,表明七氟丙烷自动灭火系统已开始执行喷洒七氟丙烷灭火剂进行灭火。

如果控制柜上的转换指令开关置于"手动"位置上,则控制柜只发出灭火声、光警报信号,而不对七氟丙烷灭火系统发出执行灭火指令,这时需要手动启动七氟丙烷灭火系统。但手动启动后,仍然要延时 20~30s 后,才使小钢瓶上的电磁瓶头阀得电打开,释放瓶内高压氮气。在高压氮气的作用下,打开选择阀和储瓶上的气动瓶头阀,实施向发生火灾的被保护区喷洒七氟丙烷灭火剂进行灭火。

如在接收到火灾探测器发出火警信号的 20~30s 延时时间内,未发现火情,或者火势不大,可用一般手提式小型灭火器扑救时,应立即按动紧急切断按钮,以停止执行灭火。若消防值班人员发现被保护区内有较大火情,而控制柜并未向七氟丙烷灭火装置发出灭火指令时,则可按动手动启动按钮,迫使控制柜向被保护区发出火灾声、光警报,通知保护区内人员紧急疏散,同样延时 20~30s 后,启动七氟丙烷灭火系统向发生火灾的被保护区喷洒七氟丙烷灭火剂,实施灭火。

为了避免由于火灾探测器误报警或其他干扰因素的影响而引起七氟丙烷灭火系统误喷洒灭火剂,一般要求在消防控制室内有值班人员时,应将转换指令开关置于"手动"位置,而在值班人员暂时离开消防控制室时,才将转换主令开关置于"自动"位置上。

对于保护区域不便组合,或两个被保护区相距较远时,选用单元独立的七氟丙烷自动灭火系统为宜。该系统也是由火灾自动报警系统、灭火控制系统和灭火系统三部分组成,如图 7-36 所示。

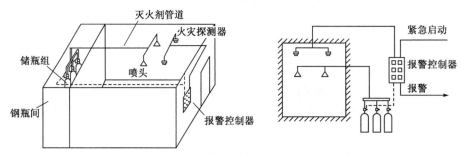

图 7-36 单元独立七氟丙烷灭火系统

7.2.4 七氟丙烷灭火装置的一般计算

设计规定有爆炸危险的 B、C 类(即可燃液体、气体)火灾的被保护区,应采用惰化设计浓度。其浓度不小于被保护物浓度的 1.1 倍;A 类(固体)火灾和无爆炸危险的 B、C 类火灾的被保护区应采用灭火设计浓度不小于被保护物浓度的 1.2 倍。部分可燃物的灭火设计浓度见表 7-12 和表 7-13。

可燃物的七氟丙烷灭火浓度 表 7-12

可 燃 物	灭火浓度(%)	可 燃 物	灭火浓度(%)
甲烷	6.2	异丙醇	7.3
乙烷	7.5	丁醇	7.1
丙烷	6.3	甲乙酮	6.7
庚烷	5.8	甲基异丁酮	6.6
正庚烷	6.5	丙酮	6.5
硝基甲烷	10.1	环戊酮	6.7
甲苯	5.1	四氢呋喃	7.2
二甲苯	5.3	吗啉	7.2
乙腈	3.7	汽油(无铅,7.8%乙醇)	6.5
乙基醋酸酯	5.6	航空燃料汽油	6.7
丁基醋酸酯	6.6	2 号柴油	6.7
甲醇	9.9	喷气式发动机燃料 -4	6.6
乙醇	7.6	喷气式发动机燃料 -5	6.6
乙二醇	7.8	变压器油	6.9

可燃物的七氟丙烷惰化浓度 表 7-13

可 燃 物	惰化浓度(%)	可 燃 物	惰化浓度(%)
甲烷	8.0	丙烷	11.6
二氯甲烷	3.5	1 - 丁烷	11.3
1.1 二氟乙烷	8.6	戊烷	11.6
1 -氯 -1.1 -二氟乙烷	2.6	乙烯氧化物	13.6

另外,固体表面火灾的灭火浓度为 5.8%;图书、档案、票据和文物资料库等防护区,灭火设计浓度宜采用 10%;油浸变压器室、带油开关的配电室和自备发电机房等防护区,灭火浓度宜采用 9%;通信机房和电子计算机房等防护区,灭火设计浓度宜采用 8%;防护区实际应用的浓度不应大于灭火设计浓度的 1.1 倍。

1)防护区的泄压口面积计算

$$F_x = 0.15 \frac{Q_x}{\sqrt{P_f}} \tag{7-1}$$

式中:F_x——泄压口面积,m^2;
Q_x——灭火剂在防护区的平均喷放速率,kg/s;

P_f——围护结构承受内压的允许压强,Pa。

2) 防护区灭火设计用量或惰化设计用量计算

$$W = K \frac{V}{S} \frac{C_1}{(100 - C_1)} \tag{7-2}$$

式中：W——灭火设计用量,kg;

C_1——灭火设计浓度或惰化设计浓度,%;

S——灭火剂过热蒸汽在101kPa大气压和防护区最低环境温度下的比容,m³/kg;

V——防护区的净容积,m³;

K——海拔高度修正系数,可按表7-14规定取值。

海拔高度修正系数 表7-14

海拔高度(m)	修 正 系 数	海拔高度(m)	修 正 系 数
-1 000	1.130	2 500	0.735
0	1.000	3 000	0.690
1 000	0.885	3 500	0.650
1 500	0.830	4 000	0.610
2 000	0.785	4 500	0.565

灭火剂过热蒸汽在101kPa大气压和防护区最低环境温度下的比容,应按下式计算：

$$S = K_1 + K_2 T \tag{7-3}$$

式中：T——防护区最低环境温度,℃;

K_1——0.1269;

K_2——0.000 513。

3) 储存用量

系统的储存用量应为防护区灭火设计用量(或惰化设计用量)、七氟丙烷钢瓶内的灭火剂剩余量和管道内的灭火剂剩余量之和。

$$W_0 = W + \Delta W_1 + \Delta W_2 \tag{7-4}$$

式中：W_0——系统储存量,kg;

ΔW_1——储存容器内的灭火剂剩余量,kg;

ΔW_2——管道内的灭火剂剩余量,kg。

根据《气体灭火系统设计规范》(GB 50370—2005)储存容器内的剩余量,可按储存容器内引升管管口以下的容器容积量换算；均衡管网和只含一个封闭空间的非均衡管网,其管网内的剩余量均可不计；防护区中含两个或两个以上封闭空间的非均衡管网,其管网内的剩余量,可按各支管与最短支管之间长度差值的容积量计算。

储存容器可按下式确定：

$$V = \frac{W_s}{\eta n} \tag{7-5}$$

式中：V——钢瓶容积,m³;

η——钢瓶的充装密度,kg/m;

n——钢瓶的个数。

4)管网设计流量的计算

在管网设计中应尽量布置成均衡系统,即各个喷头的设计流量相等,管网上的第一个分流点至各喷头的管道损失差不应超过20%,管道容积不应超过储存罐充装容积的80%。

主干管平均设计流量,应按下式计算:

$$Q_w = \frac{W}{t} \tag{7-6}$$

式中:Q_w——主干管平均设计流量,kg/s;
t——灭火剂设计喷放时间,s。

支管平均设计流量,应按下式计算:

$$Q_g = \sum_1^{N_g} Q_c \tag{7-7}$$

式中:Q_g——支管平均设计流量,kg/s;
N_g——安装在计算支管下游的喷头数量,个;
Q_c——单个喷头的设计流量,kg/s。

5)喷放"过程中点"

七氟丙烷设计用量喷放50%时的容器压力和该点瞬时流量的平均值进行管网计算,即:

$$P_m = \frac{P_0 V_0}{V_0 + \frac{W}{2\gamma} + V_p} \tag{7-8}$$

$$V_0 = nV_b\left(1 - \frac{\eta}{\gamma}\right) \tag{7-9}$$

式中:P_m——过程中点时储存容器内压力,MPa,绝对压力;
P_0——灭火剂储存容器增压压力,MPa,绝对压力;
V_0——喷放前,全部储存容器内的气相总容积,m³;
γ——七氟丙烷液体密度,kg/m³,20℃时为1 407 kg/m³;
V_p——管网管道的内容积,m³;
n——储存容器的数量,个;
V_b——储存容器的容量,m³;
η——充装密度,kg/m³。

6)管网的阻力损失

当采用镀锌钢管时,其阻力损失可按下式计算:

$$\frac{\Delta P}{L} = \frac{5.75 \times 10^5 Q^2}{\left(1.74 + 2 \times \lg\frac{D}{0.12}\right)^2 D^5} \tag{7-10}$$

式中:ΔP——计算管段阻力损失,MPa;
L——管道计算长度,为计算管段中沿程长度与局部损失当量长度之和,m;
Q——管道设计流量,kg/s;
D——管道内径,mm。

7) 管道阻力损失

先按图 7-37 初选管道管径,其流量为管道的平均设计流量,管道阻力损失应控制为 0.003～0.02MPa/m。

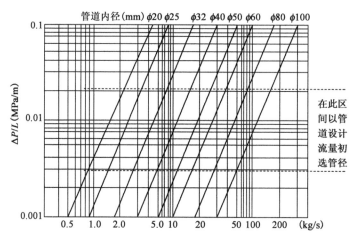

图 7-37　镀锌钢管阻力损失与七氟丙烷流量的关系曲线

8) 喷头工作压力和高程压头计算

$$P_c = P_m - \left(\sum_1^{N_d} \Delta P \pm P_h\right) \tag{7-11}$$

式中:P_c——喷头工作压力,MPa,绝对压力;

$\sum_1^{N_d} \Delta P$——系统流程阻力总损失,MPa;

N_d——流程中计算管段的数量;

P_h——高程压头,MPa。

喷头的喷嘴面积也可从七氟丙烷喷头流量曲线图 7-38 中查询。高程压头按下式计算：

$$P_h = 10^{-6} \gamma H g \tag{7-12}$$

式中:H——过程中点时,喷头高度相对储存容器内液面的位差,m。

9) 喷头工作压力

七氟丙烷气体灭火系统的喷头工作压力的计算结果,应符合下列规定：

一级增压储存容器的系统 $P_c \geq 0.6$(MPa,绝对压力);

二级增压储存容器的系统 $P_c \geq 0.7$(MPa,绝对压力);

三级增压储存容器的系统 $P_c \geq 0.8$(MPa,绝对压力)。

$P_c \geq \dfrac{P_m}{2}$(MPa,绝对压力)。

10) 喷头等效孔口面积计算

$$F_c = \frac{Q_c}{q_c} \tag{7-13}$$

式中:F_c——喷头等效孔口面积,cm²;

q_c——等效孔口单位面积喷射率,[kg/(s·cm²)]。

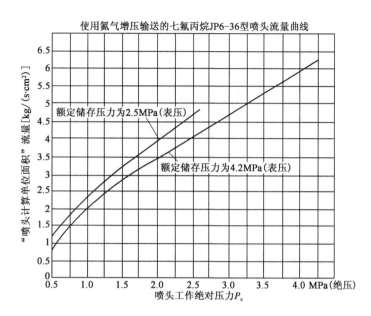

图 7-38 七氟丙烷喷头的单位面积流量与其工作压力的关系曲线

喷头规格的实际孔口面积，由储存容器的增压压力与喷头孔口结构等因素决定，并经试验确定。喷头规格应符合表 7-15 的规定。

喷头规格和等效孔口面积　　　　　表 7-15

喷头规格代号	等效孔口面积(cm^2)	喷头规格代号	等效孔口面积(cm^2)
8	0.316 8	18	1.603
9	0.400 6	20	1.979
10	0.494 8	22	2.395
11	0.598 7	24	2.850
12	0.712 9	26	3.345
14	0.969 7	28	3.879
16	1.267		

注：扩充喷头规格，应以等效孔口的单孔直径 0.793 75mm 倍数设置。

以上简单介绍了七氟丙烷灭火装置的一般计算方法。对于一些特殊重要保护场所，还须注意适当提高七氟丙烷的灭火设计浓度。例如图书、档案、文物资料库等被保护区的七氟丙烷灭火设计浓度应不低于 10%，油浸式变压器、带油开关的配电室和柴油发电机房等被保护区不低于 8.3%，通信机房和电子计算机房等被保护区不低于 8%。如在同一被保护区内存放有几种可燃物时，则应选取其中最大的灭火设计浓度或惰化浓度。另外，所设计的七氟丙烷装置还应满足通信机房和电子计算机房等防护区的喷放时间不宜大于 7s；在其他防护区的喷放时间不应大于 10s。

七氟丙烷灭火时的浸渍时间（即在被保护区内喷洒灭火剂后的灭火设计浓度持续时间）应符合下列规定：①扑救木材、纸张、织物类等固体火灾时，不宜小于 20min；②扑救通信机房、电子计算机房等防护区火灾时,不应小于3min;③扑救其他固体火灾时,不宜小于10min;④扑救气体和液体火灾时,不应小于1min。

【例题7-1】 已知长安大学建筑智能化实验室高3.2m、长10m、宽6m,要求采用七氟丙烷灭火系统保护。

【解】 (1)建筑智能实验室内设有火灾自动报警试验装置、门禁监控系统、电话通信、有线电视、计算机网络和广场照明控制等试验装置,故可按电子计算机房处理,取灭火设计浓度$C=8\%$,灭火剂喷放时间$t=7s$。该实验室实际容积为:

$$V = 3.2 \times 10 \times 6 = 192 m^3$$

(2)实验室的灭火剂设计用量的计算。

七氟丙烷在20℃下的过热蒸气比容,由式(7-3)得,

$$S = K_1 + K_2 T = 0.1269 + 0.000513 \times 20 = 0.13716 m^3/kg$$

则在该实验室内的七氟丙烷灭火剂设计用量由式(7-2)求得,

$$W = K \frac{V}{S} \frac{C_1}{(100 - C_1)} = 0.885 \times \frac{192}{0.13716} \times \frac{8}{100 - 8} = 107.73 kg$$

由于该实验室地处西安地区,故海拔高度修正系数按$k=0.885$选取。

(3)七氟丙烷灭火剂钢瓶的选择。

根据实验室内七氟丙烷灭火剂的设计用量$W=107.73kg$,故选用JP-100/54储气钢瓶2个,钢瓶增压压力$P_0=4.3MPa$(绝对压力)。

(4)喷头的选择布置。

选用JP型喷头,其保护半径$R=5cm$。选用2个喷头,并按保护区平面均匀喷洒布置喷头。

(5)绘出系统管网计算图,如图7-39所示。

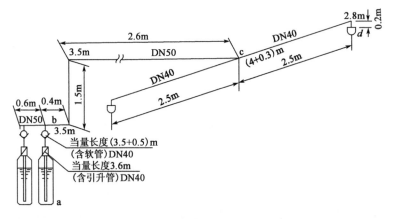

图7-39 建筑智能化实验室七氟丙烷灭火系统管网计算图

(6)管网管道平均设计流量的计算。

主干管设计流量按式(7-6)计算,取$M=W=107.73kg$,七氟丙烷灭火剂喷放时间取$t=7s$,则$Q_w=W/t=107.73/7=15.39kg$

支管设计流量计算：

钢瓶出流管：$Q_g = Q_w/2 = 15.39/2 = 7.7 \text{kg/s}$

(7) 估算管网管道直径。

根据管道平均设计流量，从图7-37和推荐设计流量，初选管径区间值。从而求得各管段的管径，并将结果标注在管网计算图上。

(8) 计算充装密度。

七氟丙烷钢瓶内的剩余量可按容器内引升管管口以下容器容积量计算，约占容量充装量的2.5%。在表7-16中列出部分七氟丙烷钢瓶的型号规格，以供参考选用。

七氟丙烷钢瓶的型号规格 表7-16

型号	容积(L)	公称工作压力(MPa)	外径D(mm)	高度H(mm)	瓶重(kg)	瓶口连接尺寸	材料
JR-70/54	70	5.4	273	1 530	82	M80×3(阳)	锰钢
JR-100/54	100	5.4	366	1 300	100	M80×3(阳)	16MnV
JR-120/54	120	5.4	350	1 600	130	M80×3(阴)	锰钢

选用JR-100/54七氟丙烷钢瓶，其容积为100L，在20℃时，七氟丙烷灭火剂的液体密度为$\gamma = 1407 \text{kg/m}^3$，则充装量为：

$$W_m = 100 \times 0.001 \times 1407 = 140.7 \text{kg} (1\text{L} = 0.001\text{m}^3)$$

两个钢瓶内总的剩余量为：

$$W_2 = 2.5\% \times 2W_m = 2.5\% \times 2 \times 140.7 = 7.047 \text{kg}$$

管网内的剩余量$W_1 = 0$，充装密度η由式(7-4)、式(7-5)计算得：

$$\eta = W_s/(Vn) = (W + W_1 + W_2)/(Vn) = (107.73 + 7.04)/(2 \times 0.1) = 573.85 \text{kg/m}^3$$

(9) 计算全部储气气态总容积，由式(7-9)计算得：

$$V_0 = nV_b\left(1 - \frac{n}{\gamma}\right) = 2 \times 0.1 \times (1 - 573.85/1407) = 0.118 \text{m}^3$$

(10) 计算"过程中点"储瓶内压力，设管网内容积忽略不计，则：

$$P_m = \frac{P_0 V_0}{V_0 + \dfrac{W}{2\gamma} + V_p} = \frac{4.3 \times 0.118}{0.118 + \dfrac{107.73}{2 \times 1407} + 0} = 3.24 \text{MPa}$$

(11) 计算管路阻力损失。

a—b段：以钢瓶出流管设计流量$Q_p = 7.7 \text{kg/s}$及$\phi 40$，查图7-37得：

$$(\Delta P_{ab}/L)_{ab} = 0.0086 \text{MPa/m}$$

计算长度$L_{ab} = 3.6 + 3.5 + 0.5 = 7.6 \text{m}$，

$$(\Delta P_{ab}/L)_{ab} L_{ab} = 0.0068 \times 7.6 = 0.0517 \text{MPa/m}$$

b—c段：主干管设计流量$Q_T = 15.39 \text{kg/s}$及$\phi 50$，查图7-37得：

$$(\Delta P/L)_{bc} = 0.009 \text{MPa/m}$$

计算长度 $L_{bc} = 0.3 + 4.0 + 4.0 + 3.5 + 1.5 + 3.5 + 26 = 39.20 \text{m}$

$$(\Delta P/L)_{bc} L_{bc} = 0.009 \times 39.2 = 0.3528 \text{MPa/m}$$

c—d 段：以支管设计流量 $Q_s = 7.7 \text{kg/s}$ 及 $\phi 40$，查图 7-37 得：

$$(\Delta P/L)_{cd} = 0.0068 \text{MPa/m}$$

计算长度 $L_{cd} = 4 + 0.3 + 2.5 + 2.8 + 0.2 = 9.8 \text{m}$

$$(\Delta P/L)_{cd} L_{cd} = 0.0068 \times 9.8 = 0.0666 \text{MPa/m}$$

求得管路总损失：

$$\sum \Delta P = \Delta P_{ab} + \Delta P_{bc} + \Delta P_{cd} = 0.0517 + 0.3528 + 0.0666 = 0.4711 \text{MPa}$$

(12) 计算高程压头。

所谓高程是指喷头安装高度相对于"过程中点"钢瓶液面的位差。取 $H = 2.8\text{m}$，按式(7-12)计算高程压头为：

$$P_h = 10^{-6} \gamma H g = 10^{-6} \times 1407 \times 2.8 \times 9.81 = 0.0386 \text{MPa}$$

(13) 计算喷头工作压力，由式(7-11)计算得：

$$P_c = P_m - (\sum \Delta P \pm P_h) = 3.240 - (0.4711 + 0.0386) = 2.73 \text{MPa}$$

(14) 校验。

$P_c \geq 0.5 \text{MPa}$（绝对压力）

$P_c \geq P_m/2 = 3.24/2 = 1.62 \text{MPa}$（绝对压力）

故均满足设计要求。

(15) 喷头计算。

按喷头工作压力 $P_c = 2.73 \text{MPa}$，从图 7-37 查得喷头计算单位面积流量 $q_c = 4.3 \text{kg/}(\text{s} \cdot \text{cm}^2)$。由图 7-37 可见，喷头的平均设计流量等于支管设计流量，即 $Q_c = Q_s = 7.7 \text{kg/s}$，则由式(7-13)求得喷头孔口面积 F_c 为：

$$F_c = \frac{Q_c}{q_c} = \frac{7.7}{4.3} = 1.79 \text{cm}^2$$

可根据有关设计手册，选用适宜的型号。

7.3 低压二氧化碳灭火系统

二氧化碳的临界温度为 31.4℃，临界压力为 7.4MPa（绝对压力），其固、液、气三态共存温度为 -56.5℃，压力为 2.52MPa（绝对压力），二氧化碳灭火系统分高压存储和低压存储二氧化碳两种方式，高压存储温度为 0~49℃，即属于常温存储方式，低压存储温度为 -20~18℃。

二氧化碳的灭火机理是使可燃物的燃烧因缺氧而窒息，同时还有冷却灭火功效。灭火时，从储罐喷洒出的二氧化碳压力突然下降，故由液态转变成气态；又因焓降的关系，温度也会急剧下降，当其达到 -56.5℃以下时，气态二氧化碳有一部分变为干冰（固态），干冰吸收其周围的热量而升华，即产生冷却灭火作用。二氧化碳蒸发潜热为 577kJ/kg，为水蒸发潜热的 1/10；在喷洒过程中转变成固态的比例与其储存的温度有关，如低温存储二氧化碳的固态成分最高可达 46%。另外，释放出来的二氧化碳比重较空气比重大，可稀释燃烧物周围空气中氧含量，使可燃物燃烧因缺氧而窒息。

低压二氧化碳灭火系统可用于扑救:灭火前可切断气源的气体火灾;液体火灾或石蜡、沥青等可熔化的固体火灾;固体表面火灾及棉麻毛及其织物、纸张等部分固体深位火灾;电器火灾。广泛适用于浸渍槽、熔化槽、轧制机、纺织机、发电机、印刷机、油浸变压器、油开关、大型发电机、液压设备、烘干设备、干洗设备、除尘设备、炊事灶具、喷气生产线、电器老化间、水泥流程中的煤粉仓、船舶的机舱与货舱、纸张库、棉花库、食品库、中草药库、皮毛库、电子计算机房、数据储存间、图书库房、银行金库及电缆隧道等场合。二氧化碳灭火系统不得用于扑救的火灾有:硝化纤维、火药等含氧化剂的化学制品火灾;钾、钠、镁、钛等活泼金属火灾;氢化钾、氢化钠等金属氢化物的火灾。

系统经济效益明显、灭火效果好,是目前国内最为理想的卤代烷灭火系统的替代品之一。

7.3.1 低压二氧化碳灭火系统的组件

1)分类与型号

低压 CO_2 灭火剂以液态形式储存在带有绝热结构储罐中,通过制冷机组使储罐内 CO_2 的温度维持在 $-20 \sim -18℃$,具有占地面积少、储存容量大、可间歇喷射等特点,适用于保护区较大、灭火剂用量较多、需要不间断保护的各种非人员密集场所。按灭火剂储存容器的结构形式可分为立式(以代号 L 表示)、卧式(以代号 W 表示),按灭火剂储存容器的保温绝热措施可分为真空绝热型(以代号 K 表示)、填充发泡物绝热型(以代号 P 表示)、其他绝热型(以代号 Q 表示)。按灭火方式可分为局部应用系统与全淹没应用系统,按结构分为有管网输送灭火系统和无管网输送灭火系统。管网输送灭火系统又可分为单元独立系统和组合分配系统。

型号编制方法如图 7-40 所示。

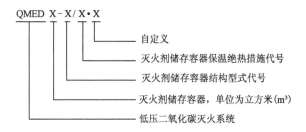

图 7-40　低压二氧化碳灭火系统的型号编制方法图

2)系统组件

管网输送灭火系统由储存容器、容器阀、高压软管、液体单向阀、气体单向阀、集流管、安全阀、选择阀、压力开关、输送灭火剂的管道及管道附件、喷嘴、启动钢瓶、固定支架及火灾报警控制系统中的火灾探测器、火灾报警控制器、灭火驱动盘、声光报警装置、放气门灯、紧急启动、停止按钮等组件构成。二氧化碳的组合分配式与单元独立式灭火系统的组件构成示意图分别如图 7-41 和图 7-42 所示。

(1)灭火器储存装置

低压二氧化碳灭火系统的储存装置的设计压力均应不小于 2.5MPa,储存装置上连接总控阀的检修阀应能在 $-56.6 \sim 50℃$ 范围内正常工作,储存装置上的其他部件为 $-23 \sim 50℃$。储

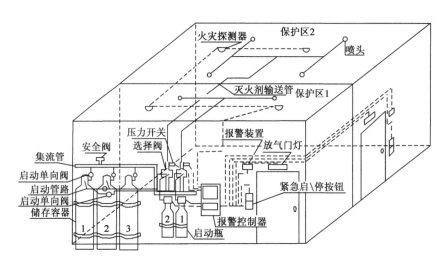

图 7-41 组合分配式气体灭火系统

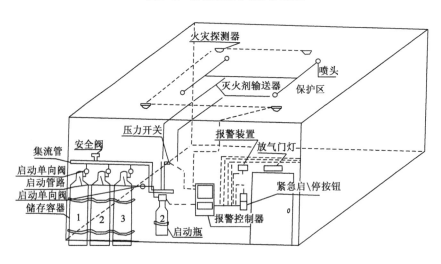

图 7-42 单元独立式灭火系统

存装置由灭火剂及其储存容器(钢瓶)、容器阀(瓶头阀)等组成,用于储存灭火剂和控制灭火剂的释放。

(2)容器阀(瓶头阀)

容器阀具有平时封装钢瓶、火灾时能排放灭火剂的作用。此外,还能通过它充装灭火剂和安装防爆安全阀。

容器阀上主要包括充装阀(截止阀或止回阀)、释放阀(截止阀或闸刀阀)和安全膜片三个部分。按其启动方式,二氧化碳灭火系统的容器阀分为气动瓶头阀、机械式闸刀瓶头阀、电爆瓶头阀、气动闸刀式瓶头阀、气动活门式瓶头阀五种结构形式。

①气动瓶头阀。它由启动气瓶提供的启动气体通过操纵管进入阀体才能开启,因此还必须与先导阀和电磁门配合使用。平时,电磁阀关住启动气瓶中的高压气体,报警控制器在接收火灾信号后,发出信号使电磁阀动作。这时启动气瓶中的高压气体便先后开启先导阀和安装

在二氧化碳钢瓶上的气动阀,使二氧化碳喷出。

②机械式闸刀瓶头阀。开启时,只需将手柄上的钢丝绳牵动,闸刀杆便旋入并切破工作膜片,放出二氧化碳。气动活塞开启瓶头阀的操纵系统是拉环与活塞杆连接在一起,当气动活塞移动时,带动拉环移动,从而牵动钢丝绳,实现开启二氧化碳钢瓶的动作。

③电爆瓶头阀。平时它处于闭合状态。通电时,阀内雷管爆炸,推动活塞,使杠杆旋转带动活门而开启。因雷管涉及爆炸品,一般不宜使用。

④气动闸刀式瓶头阀。它利用铜作膜片将灭火剂封闭于钢瓶内,发生火灾时,启动钢瓶释放的高压气体由其上部的进气接头导入,迫使活塞下移,带动闸刀扎破铜膜片,瓶内灭火剂即可经排放接头进入灭火通道。

⑤气动活门式瓶头阀。它采用背压活门,由软质材料密封。发生火灾时,启动钢瓶释放的高压气体由其上部的进气接头导入,迫使活塞下移,推开阀杆活门,排放灭火剂。

(3)选择阀

在组合分配系统中,选择阀是用来控制灭火剂的流向,使灭火剂能通过管道释放到预定防护区或保护对象的阀门。选择阀和防护区一一对应。

选择阀的种类按启动方式分电动式和气动式两种。电动式采用电磁先导阀或直接采用电动机开启;气动式则是利用启动气体的压力,推动汽缸中的活塞,将阀门打开。

由于选择阀平时处于关闭状态,因此,在灭火时,选择阀应在容器阀开放之前开启,或与容器阀同时开启。无论采用哪种启动方式的选择阀,均应设有手动操作机构,以便在系统自动控制失灵时,仍能将选择阀打开。

(4)压力开关

压力开关可以将压力信号转换成电信号,一般设置在选择阀后,以判断各部位的动作正确与否。虽然有些阀门本身带有动作检测开关,但压力开关检测各部件的动作状态则最为可靠。另外,压力开关的动作信号可作为放气门灯的启动信号。压力开关的工作压力不应小于 2.5MPa。

(5)安全阀

安全阀一般设置在储存容器的容器阀上及组合分配系统中的集流管部分。在组合分配系统的集流管部分,由于选择阀平时处于关闭状态,在容器阀的出口处至选择阀的进口端之间形成一个封闭的空间,因而在此空间内容易形成一个危险的高压区。为防止储存容器发生误喷射,在集流管末端应设置一个安全阀或泄压装置,当压力值超过规定值时,安全阀自动开启泄压以保证系统安全。

(6)喷嘴

喷嘴安装在管网的末端用来向保护区喷洒灭火剂,同时也是用来控制灭火剂的流速和喷射方向的组件,它是气体灭火系统的一个关键组件。

(7)管道及附件

二氧化碳灭火系统的管道及附件主要有高压软管、液路单向阀、气路单向阀、集流管启动管路、灭火剂输送管路及各种管道连接件等。

高压软管是连接容器阀与集流管的重要部件,它允许储存容器与集流管之间的安装存在一定的误差。另外,由于它上部带有止回阀,以防止无关的储存容器误喷。气路单向阀主要用于控制启动气体的流向,以保证打开对应的灭火剂储存容器。集流管是用于汇集多个灭火剂储存容器所释放出来的灭火剂。灭火剂输送管路及管道连接部件主要用于将灭火剂输送到指定的保护区。

7.3.2 低压二氧化碳灭火系统的联动控制

(1)联动控制

低压二氧化碳灭火系统的联动控制包括火灾报警显示,灭火介质的自动释放灭火,切断被保护区的送、排风机,关闭门窗等。

火灾报警由安装在保护区域的火灾报警控制器来实现。灭火介质的释放同样由火灾探测器控制电磁阀,实现灭火介质的自动释放。系统中设置两路火灾探测器(感温、感烟),由两路信号的"与"关系,再经过大约30s的延时,自动释放灭火介质。联动控制系统关系灭火效果的好坏,是保护人身、财产安全的重要措施。

当被保护区发生火灾,产生烟雾、高温和光辐射时,使感烟、感温、感光等探测器探测到火灾信号,探测器将火灾信号转变成电信号传送到火灾报警控制器,火灾报警控制器自动发出声光报警并在逻辑判断后,经一定的延时后向灭火设备控制器发出系统启动信号,灭火设备控制器启动驱动电磁阀,进而打开通向发生火灾的保护区的选择阀,之后(或同时)打开储存装置上的总控阀,系统按预先设定的释放时间释放灭火剂到保护区内,同时安装在管道上的信号反馈装置动作,信号传送到火灾报警控制器,由火灾报警控制器启动保护区外的释放警示灯和警铃,系统按预先设定的释放时间达到后,关闭总控阀和选择阀。系统控制程序图如图7-43所示。

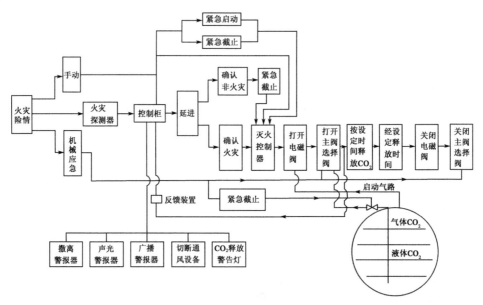

图7-43 低压二氧化碳灭火系统控制程序图

二氧化碳管网上的压力由压力开关(传感器)监测,一旦压力不足或过大,报警控制器将发出指令开大或关小钢瓶阀门,加大或减小管网中的二氧化碳压力。二氧化碳释放过程的自动控制如图 7-44 所示。

二氧化碳灭火系统的手动控制也是十分必要的。当发生火灾时,用手直接开启二氧化碳容器阀,或将放气开关拉动,即可喷出二氧化碳灭火。这个开关一般装在房间门口附近墙上的一个玻璃面板箱内,火灾时将玻璃面板击破,就能拉动开关,喷出二氧化碳气体,实现快速灭火。这一过程的控制如图 7-45 所示。

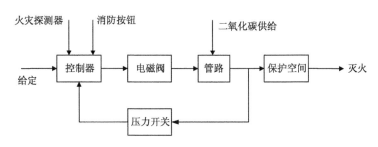

图 7-44　二氧化碳释放过程的自动控制

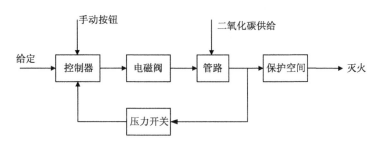

图 7-45　二氧化碳释放过程的手动控制

(2)系统使用的注意事项

在使用时,应首先将灭火器提到起火地点,放下灭火器,拔出保险销,一只手握住喇叭筒往上扳 70°~90°。使用时,不能直接用手抓住喇叭筒外壁或金属连接管,防止手被冻伤。在使用二氧化碳灭火器时,在室外使用,应选择上风方向喷射;在室内窄小空间使用的,灭火后操作者应迅速离开,以防窒息。

装有二氧化碳灭火系统的保护场所(如变电所或配电室),一般都在门口加装选择开关,可就地选择自动或手动操作方式。当有工作人员进入里面工作时,为防止意外事故,即避免有人在里面工作时喷出二氧化碳影响健康,必须在入室之前把开关转到手动位置,离开时关门之后复归自动位置。同时,也为了避免无关人员乱动选择开关,宜用钥匙型转换开关。

7.4　热气溶胶灭火系统

7.4.1　热气溶胶灭火装置

热气溶胶灭火装置是使气溶胶发生剂通过燃烧反应,产生热气溶胶灭火剂的装置。通常,其由引发器、气溶胶发生剂和发生器、冷却装置(剂)、反馈元件、外壳及与之配套的火灾探测装置和控制装置组成。

一般地，按灭火装置安装方式可分为落地式灭火装置、悬挂式灭火装置；按灭火装置喷口温度高低可分为限温型灭火装置、非限温型灭火装置；按灭火装置产生热气溶胶灭火剂的种类可分为S型热气溶胶灭火装置、K型热气溶胶灭火装置。

下面对热气溶胶灭火装置的术语进行简单的介绍。

防护区：满足全淹没灭火系统要求的有限封闭空间；全淹没灭火系统：在规定的时间内，向防护区喷放设计规定用量的灭火剂，并使其均匀地充满整个防护区的灭火系统；管网灭火系统：按一定的应用条件进行设计计算，将灭火剂从储存装置经由干管支管输送至喷放组件，实施喷放的灭火系统；预制灭火系统：按一定的应用条件，将灭火剂储存装置和喷放组件等预先设计、组装成套且具有联动控制功能的灭火系统；组合分配系统：用一套气体灭火剂储存装置通过管网的选择分配，保护两个或两个以上防护区的灭火系统；灭火浓度：扑灭某种火灾所需气体灭火剂在空气中的最小体积百分比；灭火密度：扑灭单位容积内某种火灾所需固体热气溶胶发生剂的质量；惰化浓度：有火源引入时，能抑制空气中任意浓度的易燃可燃气体或易燃可燃液体蒸气的燃烧发生所需的气体灭火剂，在空气中的最小体积百分比；浸渍时间：在防护区内维持设计规定的灭火剂浓度，使火灾完全熄灭所需的时间；泄压口：灭火剂喷放时，防止防护区内压超过允许压强，泄放压力的开口；过程中点：喷放过程中，当灭火剂喷出量为设计用量50%时的系统状态；无毒性反应浓度（NOAEL浓度）：观察不到由灭火剂毒性影响产生生理反应的灭火剂最大浓度；有毒性反应浓度（LOAEL浓度）：能观察到由灭火剂毒性影响产生生理反应的灭火剂最小浓度。

1）热气溶胶灭火装置的主要特点

（1）气溶胶的扩散没有方向性，无论喷射方向或喷口的位置如何，在很短的时间内能很快扩散到保护空间的各部分，以全淹没的方式灭火，并可以绕过障碍物在火灾空间有较长的驻留时间，灭火效率高；在喷射期间，喷口处应无明火或火星，喷射期间或喷射后应无残渣外溢，喷射结束后，外壳不会出现变形、烧穿或壳体表面引燃等现象。

（2）灭火剂点燃后燃烧事件短、燃烧速度快，灭火速度快，灭火剂用量少。

（3）毒性和腐蚀性小，对臭氧层无耗损。ODP、ALT、GWP均为0，是绿色环保型的灭火剂，是卤代烷的理想替代物。

（4）因为含能材料本身燃烧时可提供能量，不需要采用耐压容器，具有良好的稳定性，可长期储存。

2）热气溶胶灭火装置的适用范围

（1）适用范围

①甲、乙、丙类液体火灾，如烃类（包括汽油、煤油、柴油等油品）、醇类、酮类、酯类、苯及其他有机溶剂等；

②可燃固体物质表面火灾，如纸张、木材、织物等的表面火灾；

③电气设备火灾，如发电机、变压器、旋转电气设备及其他电子设备等；

④灭火前能切断电源的气体火灾。

（2）不适用范围

①无空气依旧能燃烧的易燃化学物质，如硝化纤维、硝酸甘油酯、火药、硝酸钾等化学物质

与强氧化剂的火灾；

②活泼金属、金属氢化物等物质，如钾、钠、镁、钛、镐、铀、氢化钾、氢化钠等的火灾；

③过氧化氢、联氨等能自行分解的化学物质；

④可燃固体物质的深位火灾；

⑤不应设置在人员密集场所、有爆炸危险性的场所及有超净要求的场所；

⑥K 型及其他型热气溶胶预制灭火系统不得用于电子计算机房、通信机房等场所。

3）热气溶胶灭火装置的系统组成和主要构成

灭火系统主要包括三部分：气溶胶灭火装置、气体灭火控制装置和火灾探测报警装置，如图 7-46 所示。

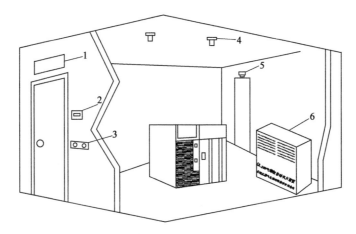

图 7-46　气溶胶灭火系统直观立面图

1-放气指示灯；2-气体灭火控制器；3-紧急停止按钮；4-探测器；5-声光报警器；6-QL200 灭火装置

(1) 灭火装置主要由引发器、气溶胶发生剂和发生器、冷却装置（剂）、反馈元件、箱体等组成。

①引发器一般有电子引发器或热引发器两种，能通过电、热、化学、机械等方法给气溶胶发生剂提供燃烧反应所必需的初始能量的部件。灭火装置中的电引发器采用电点火头作引发元件时，应至少采用两个电引发元件。电引发器的工作电压不应大于 DC24V，启动电流不应大于生产单位使用说明书上的公布值，安全电流为通以 150mA 电流，持续 5min，不应动作。热引发器不应有发霉、损伤、明显油污、剪断处散头的现象，其燃烧速度不应小于 3s/m；在传火时不应有断火、透火、外壳燃烧及爆声；在温度为 20℃±5℃、深度为 1m 的静水中浸泡 4h，燃烧速度应能符合上述两条的要求；将热引发器在温度为 55℃±2℃的恒温箱中放置 2h 或在温度为 -20℃±2℃的条件下放置 2h，不应有黏结或外壳破裂现象，取出后其燃烧性能应符合上述第二条的要求，具有抗水性能、耐高温性能、耐低温性能等。

②气溶胶发生剂是由氧化剂、还原剂及添加剂组成的固体化学混合药剂。氧化剂提供燃烧时所需要的氧；还原剂在烟火药燃烧时产生所需要的热量和产生所需的气体产物；添加剂则使药剂具有一定的可塑强度并起还原剂的作用。此外还有一些附加成分，用以产生灭火所需的固体微粒和惰性气体成分。氧化剂和还原剂是组成灭火剂的基础。灭火装置充装气溶胶发生剂的质量大于 1kg 时，在 20℃±5℃的试验条件下，其喷射时间不应大于 120s；灭火装置充

装气溶胶发生剂的质量小于等于 1kg 时,在 20℃ ±5℃ 的试验条件下,其喷射时间不应大于 40s;采用电引发器的灭火装置充装额定质量的气溶胶发生剂,在 20℃ ±5℃ 的试验条件下,其喷射滞后时间不应大于 5s。

S 型热气溶胶是由含有硝酸锶和硝酸钾复合氧化剂的固体气溶胶发生剂经化学反应所产生的灭火气溶胶。其中复合氧化剂的组成(按质量百分比)硝酸锶为 35% ~ 50%,硝酸钾为 10% ~ 20%。K 型热气溶胶是由以硝酸钾为主氧化剂的固体气溶胶发生剂经化学反应所产生的灭火气溶胶。固体气溶胶发生剂中硝酸钾的含量(按质量百分比)不小于 30%。S 型热气溶胶灭火系统用于扑救电气火灾后不会造成对电器及电子设备的二次损坏,故可用于扑救电气火灾,而 K 型热气溶胶灭火系统喷放后的产物会对电器和电子设备造成损坏。

气体溶胶发生剂和热气溶胶灭火剂(S 型和 K 型)的主要性能如表 7-17 ~ 表 7-19 所示。

气溶胶发生剂主要性能 表 7-17

项目	技术指标
发气量(mL/g)	≥300
含水率(%)	≤2.0
吸湿率(%)	≤5.0
热安定性:试验前后发气量变化量(mL/g)	±10
撞击感度(%)	0
静电感度(%)	0
摩擦感度(%)	0
密度(g/cm³)	厂方公布值 ±0.1

热气溶胶灭火剂主要性能(S 型) 表 7-18

项目	技术指标
电绝缘性(kV)	≥3.00
毒性	试验结束后小鼠不应丧失逃离能力,试验结束后 3d 之内小鼠不应死亡
降尘率(g/m³)	≤0.8
固态沉降物吸湿性(m/m)	≤0.5
固态沉降物绝缘强度(MΩ)	≥20
水溶液 pH 值	7.0 ~ 8.5
固态沉降物腐蚀性	黄铜板颜色无明显变化

热气溶胶灭火剂主要性能(K 型) 表 7-19

项目	技术指标
电绝缘性(kV)	≥3.00
毒性	试验结束后小鼠不应丧失逃离能力,试验结束后 3d 之内小鼠不应死亡
降尘率(g/m³)	≤9.0
固态沉降物吸湿性(m/m)	≤0.8
固态沉降物绝缘强度(MΩ)	≥1
水溶液 pH 值	7.0 ~ 9.5

③发生器一般是用于盛放引发器、引燃剂、气溶胶发生剂的组件。

④冷却装置(剂)一般由消焰冷却室和冷却室组成,冷却室内一般装有具有吸热降温作用的冷却剂。冷却剂是安装在灭火装置内部,在热气溶胶灭火剂通过喷口之前有效地降低其温度的介质或装置。

⑤反馈元件将灭火装置启动信号反馈给气体灭火控制器或启动器,控制器或启动器输出释放反馈信号使释放显示灯亮,警示人员切勿进入防护区。

⑥箱体只起保护装饰作用,根据不同型号一个箱体可装数个发生器。

(2)报警装置包括感烟探测器、感温探测器、放气指示灯、声光报警盒、紧急启停按钮等。

(3)控制装置一般均具有双回路火警探测报警功能,提供故障报警输出、火警报警输出,可储存火警、操作记录等。控制装置的基本性能应符合《固定灭火系统驱动、控制装置通用技术条件》(GA 61—2010)中的相关要求,还应具有"检修开关",在灭火装置检修期间,此开关动作应能切断启动线路。开关的状态应在控制装置上用光信号显示,灯光颜色应为黄色。此外,控制装置应具有对灭火装置电引发器进行定期巡检的功能,巡检周期应可调,并能对电引发器的断路和短路故障进行报警。

7.4.2 热气溶胶灭火装置的控制方式与系统设计

1) 热气溶胶灭火系统的控制方式

(1) 自动控制

自动控制装置应在接到两个独立的火灾信号后才能启动,等同我国国家标准《火灾自动报警系统设计规范》(GB 50116—2013)的规定。但是,采用哪种火灾探测器组合来提供两个独立的火灾信号,则必须根据防护区及被保护对象的具体情况来选择。当感烟或感温二项探测器中任何一个探测到火灾信号时,控制器即发出声光预警信号;当两个探测器都感测到火灾信号后,控制器即发出火警声光报警,同时关闭窗并指令风机停运,关闭空调系统。但是,对于通信机房和计算机房,一般用温控系统维持房间温度在一定范围;当发生火灾时,起初防护区温度不会迅速升高,感烟探测器会较快感应。此类防护区在火灾探测器的选择和线路设计上,除考虑采用温—烟的两个独立火灾信号的组合外,更可考虑采用烟—烟的两个独立火灾信号的组合,而提早灭火控制的启动时间。在预定的延时间(30s)内,火灾现场人员撤离。延迟时间结束,灭火系统自动启动,释放出气溶胶进行灭火,并向控制器返回信号。

(2) 手动控制

无论有无火警信号,只要确认防护区有火灾,通过按动控制器的紧急启动按钮,即可执行灭火功能。在延迟时间内,只要确认防护区内无火情发生或火情已被扑灭,亦可通过按动启动控制器或防护区内的紧急停止按钮,即可令灭火系统停止启动。对于有人工作的防护区,一般采用手动控制方式较为安全。

具有联动功能的灭火装置在自动、手动启动方式下,应能正常启动,状态显示应准确。相同规格的灭火装置同时进行联动试验时,其喷出热气溶胶灭火剂的时间差不应超过 2s。不同规格的灭火装置不应联动使用。

2)气溶胶自动灭火系统的设计

防护区的要求:

(1)防护区应以固定的单个封闭空间划分。防护区的划分,是从有利于保证全淹没灭火系统实现灭火条件的要求方面提出来的。不宜以两个或以上封闭空间划分防护区,即使它们所采用灭火设计浓度相同,甚至有部分连通,也不宜那样去做。这是因为在极短的灭火剂喷放时间里,两个及两个以上空间难于实现灭火剂浓度的均匀分布,会延误灭火时间或造成灭火失败。对于含吊顶层或地板下的防护区,各层面相邻,管网分配方便,在设计计算上比较容易保证灭火剂的管网流量分配,为节省设备投资和工程费用,可考虑按一个防护区来设计,但需保证在设计计算上细致、精确。

采用管网灭火系统时,一个防护区的面积不宜大于 800m^2,且容积不宜大于 3 600m^3;采用预制灭火系统时,一个防护区的面积不宜大于 500m^2,且容积不宜大于 1 600m^3。

(2)防护区的环境温度范围为 -20~55℃,环境相对湿度不大于 95%。当防护区的环境温度范围和相对湿度超出上述范围时,应在灭火装置上做出明显永久性标识,下述相关性能要求和试验方法也应按实际温度范围作相应调整。

(3)防护区门、窗及围护结构的耐火极限不应低于 0.50h,吊顶的耐火极限不应低于 0.25h。防护区围护结构承受内压的允许压强,不宜低于 1 200Pa。防护区应设置泄压口,因为气体灭火剂喷入防护区内,会显著地增加防护区的内压,如果没有适当的泄压口,防护区的围护结构将可能承受不起增长的压力而遭破坏。有了泄压口,一定有灭火剂从它流失。在灭火设计用量公式中,对于喷放过程阶段内的流失量已经在设计用量中考虑;而灭火浸渍阶段内的流失量却没有包括。对于浸渍时间要求 10min 以上,而门、窗缝隙比较大,密封较差的防护区,其泄漏的补偿问题可通过门风扇试验进行确定。由于七氟丙烷灭火剂比空气重,为了减少灭火剂从泄压口流失,泄压口应开在防护区净高的 2/3 以上,即泄压口下沿不低于防护区净高的 2/3。防护区设置的泄压口,宜设在外墙上,泄压口面积按相应气体灭火系统设计规定计算。七氟丙烷灭火系统在通讯机房和电子计算机房等防护区,设计喷放时间不应大于 8s;在其他防护区,设计喷放时间不应大于 10s。而热气溶胶预制灭火系统在通信机房、电子计算机房等防护区,灭火剂喷放时间不应大于 90s,喷口温度不应大于 150℃;在其他防护区,喷放时间不应大于 120s,喷口温度不应大于 180℃。

(4)对防护区的封闭要求是全淹没灭火的必要技术条件,因此不允许除泄压口之外的开口存在。全淹没方式是以灭火浓度为条件的,所以单个喷头的流量是以单个喷头在防护区所保护的容积为核算基础。故喷头应以其喷射流量和保护半径二者兼顾进行合理配置,满足灭火剂在防护区里均匀分布,达到全淹没灭火的要求。喷放灭火剂前,防护区内除泄压口外的开口应能自行关闭。如必须开口时,则开口应为开口面积与防护区内部表面积之比小于或等于 0.3%,且应设置自动关闭装置。当设置自动关闭装置确有困难时,应加大灭火剂设计用量给予流失补偿。流失补偿量计算:开口面积比允许开口标准每增加 0.1%,增加设计用量的 25%。

(5)在灭火系统启动之前,防护区的通风、换气设施应自动关闭,影响灭火效果的生产操作应停止进行。灭火后,防护区应及时进行通风换气,换气次数可根据防护区性质考虑。通信机房、计算机机房可按 5 次/h。排风管不能与通风循环系统相连。

(6)防护区气溶胶灭火装置应均匀分散布置。两个或两个以上的防护区采用组合分配系统时,一个组合分配系统所保护的防护区不应超过8个。组合分配系统的灭火剂储存量,应按储存量最大的防护区确定。灭火系统的灭火剂储存量,应为防护区设计用量与储存容器的剩余量和管网内的剩余量之和。

(7)一个防护区设置的预制灭火系统,其装置数量不宜超过10台。当同一防护区内的预制灭火系统装置多于1台时,必须能同时启动,其动作响应时差不得大于2s。单台热气溶胶预制灭火系统装置的保护容积不应大于160m³;设置多台装置时,其相互间的距离不得大于10m。采用热气溶胶预制灭火系统的防护区,其高度不宜大于6.0m。另外,热气溶胶预制灭火系统装置的喷口宜高于防护区地面2.0m。

(8)热气溶胶灭火系统,其药剂用量是其他气体的1/5左右,又是固体常压储存,在体积质量上轻巧了许多;在多台联动方面,采用电信号直接启动多台装置,有效地提高了可靠性,为在同一防护区内使用较多台数的热气溶胶灭火装置提供了可能。采用热气溶胶预制灭火系统的防护区,其面积和容积的规定是参考《卤代烷1301灭火系统设计规范》(GB 50163—92)的规定,并结合我国热气溶胶技术的现状确定的。热气溶胶灭火剂在实施灭火时所产生的气体量比七氟丙烷和IG541要少50%以上,再加上喷放相对缓慢,不会造成防护区内压力急速明显上升,所以,当采用热气溶胶灭火系统时可以放宽对围护结构承压的要求。

3)热气溶胶灭火剂灭火用量计算

(1)火剂灭火用量应为设计灭火用量和流失补偿量之和。

(2)灭火剂用量按下式计算:

$$G = aVK_1K_2 \tag{7-14}$$

式中:G——灭火剂设计灭火用量,kg;

a——灭火剂单位体积设计用量,kg/m³,即1m³灭火空间需要灭火剂的用量,取0.1 kg/m³;

V——防护区净容积,m³;

K_1——系数,当$V<500$m³时,$K_1=1$,当$V\geqslant500$m³时,$K_1=1.20$;

K_2——系数,当防护区内灭火装置所保护的是通信机房、通信基站、变(配)电室、发电机房、电缆夹层、电缆井、电缆沟、计算机房等时,$K_2=1$,可燃液体$K_2=1.1$,文物、档案、图书、资料等$K_2=1.3$。

根据灭火剂用量的计算结果,确定在同一个防护区配置灭火装置的规格及数量。

气溶胶灭火装置可按充装灭火药剂量设计为不同规格,工程设计时,应根据灭火系统的特点,确定灭火装置在防护区的具体位置;对于有精密仪器场所,应考虑灭火装置喷口尽量不要正对精密仪器门或其他开口。

4)热气溶胶自动灭火系统的安全要求与注意事项

(1)防护区内应有能在延时30s内使该区人员疏散完毕的通道与出口,在疏散走道与出口处,应设火灾事故照明和疏散指示标志。防护区内应设火灾声报警器,必要时,可增设闪光报警器。

(2)防护区的入口处应设火灾声、光报警器和灭火剂喷放指示灯,以及防护区采用的相应气体灭火系统的永久性标志牌。灭火剂喷放指示灯信号,应保持到防护区通风换气后,以手动方式解除;报警时间不宜小于灭火时间,也应能手动切除报警信号。灭火系统的手动控制与应急操作应有防止误操作的警示显示与措施。

(3)储瓶间的门应向外开启,储瓶间内应设应急照明;储瓶间应有良好的通风条件,地下储瓶间应设机械排风装置,排风口应设在下部,可通过排风管排出室外。

(4)在经常有人的防护区内的灭火系统应装有切断自动控制系统的手动装置。

(5)灭火后的防护区应通风换气,地下防护区和无窗或固定窗户的地上防护区,应设机械排风装置,排风口宜设在防护区的下部并应直通室外。

(6)防护区的门应向疏散方向开启,并能自动关闭,在任何情况下均应能从防护区内打开。

(7)热气溶胶灭火系统装置的喷口前1.0m内,装置的背面、侧面、顶部0.2m内不应设置或存放设备、器具等。气溶胶灭火装置及其组件与带电设备间的最小间距应大于0.2m,其外壳应接地。

(8)气溶胶灭火装置与控制器的连接,应在竣工验收后,经检查控制器输出端口无电信号,方可接通气溶胶灭火装置投入使用。

(9)有人工作防护区的灭火设计浓度或实际使用浓度,不应大于有毒性反应浓度(LOAEL浓度),其内设置的预制灭火系统的充压压力不应大于2.5MPa。

7.5 其他气体灭火系统

7.5.1 水蒸气灭火系统

1)适用范围与特点

适用范围:

(1)使用蒸汽的甲、乙类厂房和操作温度等于或超过本身自燃点的丙类液体厂房。

(2)单台锅炉蒸发量超过2t/h燃油、燃气锅炉房,油泵房,重油罐区,露天生产装置区和重质油品库房等处。

(3)火柴厂的火柴生产部门。

特点:

(1)蒸汽灭火系统最显著的特点是比较经济,它是以生产或生活用蒸汽锅炉作为蒸汽源,通过设置简单的管道系统即可实施灭火。蒸汽灭火系统都为手动启动,没有复杂的控制设施,平时维护管理较为简单。

(2)蒸汽用途较广,在石油化工企业内以及有蒸汽源的燃油锅炉房、汽轮发电机房等场所,不仅作为传导热能的介质使用,还常用以置换生产设备内的可燃气体,特别是作为灭火剂广泛使用。为此,常设置蒸汽灭火系统。

(3)蒸汽灭火系统设备简单、安装方便、使用灵活、维修容易。

(4)由于本身具有一定热焓,因而灭火时不会像水、泡沫等冷却型灭火剂那样,对高温设备可能产生骤冷的破坏应力,故常用蒸汽扑救高温设备火灾。

(5)蒸汽灭火后不留残迹,对被保护设备、器材及物质等无污染;但冷凝水仍有一定的水渍损失,不能用于扑救电气设备、精密仪表、文物档案及其他贵重物品火灾。

(6)蒸汽灭火系统由于灭火效率比其他气体灭火系统低,在许多场合被哈龙替代气体、二氧化碳等气体灭火系统取代。目前较少将蒸汽用于全淹没灭火系统。但为保护生产装置而设置蒸汽灭火系统,是比较合适的。

(7)蒸汽冷却作用小,不宜用于扑救体积和面积较大的火灾。另外,对遇蒸汽发生剧烈化学反应和爆炸事故的生产工艺装置和设备,如二硫化碳设备,不宜采用蒸汽灭火系统。

2)蒸汽灭火系统的类型

(1)蒸汽灭火系统按灭火方式分为全淹没灭火系统和局部应用灭火系统。全淹没灭火系统是通过建立蒸汽灭火浓度实现灭火,保护整个空间;局部应用灭火系统保护某一局部区域或设备,采用直接喷射灭火方式,布置管网时,也仅在被保护设备的上方或周围设置蒸汽管道。

(2)蒸汽灭火系统按设备安装方式分类,有固定式和半固定式两种类型。

①固定式蒸汽灭火系统。固定式蒸汽灭火系统多采用全淹没式灭火方式,用于扑救整个房间、舱室的火灾,使着火燃烧房间惰性化灭火。

固定式蒸汽灭火系统常用于生产厂房、油泵房、油船舱室、甲苯泵房等场所。对建筑物容积不大于 $500m^3$ 的保护空间,灭火效果较理想。

固定式蒸汽灭火系统,一般由蒸汽源、输汽干管、支管、配汽管等组成。蒸汽源一般为生产或生活用的蒸汽锅炉,或者为蒸汽分配箱。配汽管则通过其上均匀开设的一系列小孔释放蒸汽灭火。

②半固定式蒸汽灭火系统。半固定式蒸汽灭火系统用于扑灭局部火灾,利用蒸汽的冲击力量吹散可燃气体,并瞬间在火焰周围形成蒸汽层扑灭火灾。例如用于露天生产装置区的高大炼制塔、地上可燃气体储罐和可燃液体储罐、厂房内局部的油品设备等。蒸汽扑救闪点大于 45℃、罐壁未破裂的可燃液体储罐火灾有良好的灭火效果。因此,地上式可燃液体储罐区宜设置半固定式灭火系统。

半固定式蒸汽灭火系统一般由蒸汽源、输气干管、支管、接口短管等组成。接口短管上可设简易的橡胶管,在条件许可时,宜在橡胶管的前端,设置蒸汽喷枪。发生火灾时,由灭火人员操作蒸汽喷枪实施灭火。

3)蒸汽灭火系统的组件

(1)蒸汽源。由于灭火蒸汽要处于经常战备状态。蒸汽灭火系统不宜设置独立的灭火蒸汽锅炉,所以,灭火蒸汽的蒸汽源常为工业锅炉或民用锅炉。这样,在设计时要考虑到,蒸汽源能否满足灭火需要。当灭火蒸汽用量较大而锅炉的供气量较小时,为满足灭火要求可采取的措施之一就是将保护空间分成数个较小的空间。对于大多数蒸汽灭火系统来说,蒸汽分配箱即为其蒸汽源,蒸汽分配箱具有的蒸汽压力即为其蒸汽源的压力。

(2)蒸汽管线。蒸汽灭火管线包括输气干管、支管和配气管。输气干管、支管主要用来输送灭火蒸汽;配汽管用途是将灭火蒸汽均匀分配在保护空间。蒸汽灭火系统的蒸汽管线应符合高压蒸汽的有关要求。

(3)接口短管。在半固定式蒸汽灭火系统中,常设置有接口短管。它是为了连接软管与蒸汽喷枪在蒸汽管线上预留的接口。发生火灾时,可方便就近从接口短管接出软管及蒸汽喷枪实施灭火。接口短管的长度为150~250mm;在室内及露天生产装置区,短管的直径一般为20mm,在重油罐区,短管的直径应根据储罐容积确定,见表7-20。

重油罐区短管直径　　　　表7-20

储罐容积(m³)	最小管径(mm)	储罐容积(m³)	最小管径(mm)
<1 000	40	>5 000	80
1 000~5 000	50		

(4)控制阀门。为了保护蒸汽灭火系统按设计要求正常工作,在蒸汽管线上应设置必要的阀门。这些阀门常采用截止阀或闸阀。在分配箱上输汽管线出口处,要设置总阀门,用以开启或关闭灭火蒸汽管线。对于同时保护几个房间的固定式蒸汽灭火系统,在分配管上要设置选择阀(释放阀),用以开启或关闭发生火灾的蒸汽管。在接口短管上,应设置手动阀,该手动阀可直接安装在接口短管上或安装在蒸汽支管上。所有的控制阀门均需要有明显的颜色标志,便于识别和操作。

(5)蒸汽喷枪。蒸汽喷枪是供灭火人员操作使用的灭火器材,其灭火蒸汽由接口短管通过橡胶管等软管输送。

4)蒸汽灭火系统的设计

(1)蒸汽灭火浓度的计算。将蒸汽施放到燃烧区,使燃烧区的含量降低到一定限度,燃烧就不能继续进行。从实验得知,汽油、煤油、柴油和原油等的蒸汽灭火体积浓度不宜小于35%,即每立方米空间应有不小于0.35m³的蒸汽。

厂房、库房、泵房、舱室、地下洞室等的整个空间内,需要的灭火蒸汽量,可按下列公式计算。

$$W = 0.284V \tag{7-15}$$

式中:W——灭火最小蒸汽量,kg;

V——室内空间体积,m³;

0.284——每m³空间内需要的蒸汽量,kg。

蒸汽灭火除了需要一定的蒸汽量外,还应有一定的供给强度,才能达到灭火效果。汽油、煤油、柴油的生产厂房和库房内,如果所有门、窗、孔、洞均被封闭,则蒸汽的供给强度不应小于0.001 5kg/(s·m³);除窗户、照明、通风天窗外,其他均被封闭的,蒸汽的供给强度不应小于0.003kg/(s·m³);房间体积较大时,宜采用较大的供给强度,例如封闭性良好的保护空间采用0.002kg/(s·m³);封闭性较差的保护空间采用0.005kg/(s·m³)。蒸汽灭火延续时间不宜超过3min,即应在3min内使燃烧区空间的蒸汽量达到灭火浓度。

(2)蒸汽管线的计算。

①配汽管线:防护区建筑物或舱内的配汽管线数量及其最小直径,可按表7-21确定。

保护空间内配汽管线的最少数量及其最小直径　　　　　　　　　表 7-21

保护空间体积 (m^3)	配汽管最少数量 (根)	配汽管最小直径(mm)			
		供给强度[$kg/(s \cdot m^3)$]			
		0.0015	0.002	0.003	0.005
<25	1	20	20	25	32
25~150	1	25	25	32	40
>150~450	1	32	32	40	70
>450~850	2	32	32	40	70
>850~1 700	2	32	40	70	70
>1 700~3 850	3	40	40	70	70
>3 850~5 400	4	40	40	70	70

②输汽干管、配汽支管：灭火蒸汽管线的蒸汽源，可为蒸汽锅炉房或蒸汽分配箱。输汽干管和支管的直径可按表 7-22 确定。

输汽干管和支管的直径　　　　　　　　　表 7-22

保护空间体积 (m^3)	干管或支管的直径(mm)			
	蒸汽供给强度[$kg/(s \cdot m^3)$]			
	0.0015	0.002	0.003	0.005
<25	20	20	25	32
>25~150	25	25	32	4
>150~450	32	32	50	70
>450~850	50	50	70	100
>850~1 700	50	70	70	100
>1 700~3 850	70	70	80	125
>3 850~5 400	70	80	100	150

蒸汽灭火管道压力损失的计算。蒸汽灭火管道的压力损失可按下列公式计算：

$$H = 0.45 \frac{L}{d^{5.3}} - \frac{G^2}{P} ZT \tag{7-16}$$

式中：H——蒸汽管道的压力损失，$10^6 Pa$；

L——蒸汽管道的长度，m；

G——蒸汽流量，kg/s；

d——蒸汽管道的直径，m；

P——蒸汽压力，$10^6 Pa$，当蒸汽管道不太长时，可采用蒸汽源的压力；

Z——蒸汽的压缩系数，$P=1\times10^7 \sim 3.5\times10^7 Pa$、饱和蒸汽温度 $T=200℃$ 时，$Z=1 \sim 0.83$；当饱和蒸汽压力 $P=1\times10^6 \sim 9\times10^6 Pa$、饱和蒸汽温度 $T=300℃$ 时，$Z=1 \sim 0.7$；

T——蒸汽温度，在不同蒸汽压力下，饱和蒸汽温度和压力的关系为 $T=100P^{0.25}$，式中 T 为饱和蒸汽温度，℃，P 为饱和蒸汽压力，$10^6 Pa$。

由于蒸汽灭火管道都较短，在实际设计时，其压力损失一般可以略去不计。可根据灭火蒸汽量和蒸汽的流速来选择管径。

5）蒸汽灭火系统的设计要求

（1）灭火用的蒸汽源不应被易燃、可燃液体或可燃气体所污染。生产、生活和消防合用蒸汽分配箱时，在生产或生活用的蒸汽管线上，应设置单向阀和阀门，以防止其管线内的蒸汽倒流。

（2）灭火蒸汽管线蒸汽源的压力不应小于0.6MPa。

（3）输气干管和支管的长度不应超过60m（即从蒸汽源到保护房间的距离）。当总长度超过60m时，宜设置灭火蒸汽分配箱，以保证蒸汽灭火效果。

6）蒸汽式灭火设备的合理配置

要达到良好的灭火效果，及时扑灭火灾，应合理地布置蒸汽灭火设备。

固定式蒸汽灭火装置在防护区空间内配置排放蒸汽的配汽管。配汽管的设置地点能使蒸汽均匀地排放到防护区空间内。配汽管一般靠近建筑物（或舱室），室内宜靠近四周墙壁处。为便于清扫，配汽管离地面高度一般为200~300mm。油船舱室内布置的配汽管距最高液面一般不小于100mm，以防引起燃烧液体喷溅。配汽管上的排汽孔应钻成一直线，其孔面积之和应等于配汽管内截面积。配汽管上排汽孔直径可为3~5mm，排汽孔的中心距可为30~80mm。排汽孔的位置应使蒸汽水平方向喷射。排气孔的直径宜从进气端开始，由小逐渐增大，使喷出蒸汽均匀有力。配汽管不宜过长，长度较长的配汽管最好采用两端进汽。

防护区的蒸汽控制阀，宜设在建筑物室外便于操作的地方。如控制阀设在室内，阀门的手轮应设在建筑物外墙上，阀杆穿过墙壁的孔洞应严密封堵。阀门手轮的位置离门、窗、孔、洞的距离不应小于1m，以利于安全。

半固定式蒸汽灭火管接口短管的数量，应保证有一股蒸汽射流到达室内或露天生产装置区被保护对象的任何部位。泵房、框架、容器、反应器等处接口短管直径可采用20mm；接口短管上连接的橡胶管长度可采用15~20mm。地上式可燃液体储罐区设置的蒸汽灭火接口短管，每个接口短管保护的油罐数量不宜超过4个。接口短管直径按被保护油罐的最大容量决定：油罐容量大于5 000m³时，接口短管直径采用80mm；油罐容量为1 000~5 000m³时，采用50mm；油罐容量小于1 000m³时，采用40mm。

蒸汽灭火管线内不应积聚冷凝水。蒸汽输汽干管、配汽支管以及配汽管，应有不小于0.003的坡度，在管道低洼处设放水阀，以排除凝结水。

7）蒸汽灭火系统的管理与使用

（1）系统的管理。平时应使蒸汽灭火系统始终处于战备状态，以便能及时地扑灭初期火灾。为此，应加强蒸汽灭火系统的维护管理。蒸汽灭火系统的管理保养应注意以下几点：①蒸汽灭火系统的输气管道应保持良好，且应经常充满蒸汽；②排除冷凝水的设备应保持正常工作，管内不积存冷凝水；③保温设施、补偿设施、支座等应保持良好，无损坏；④管线上阀门应灵活好用，不漏气；⑤短管上橡胶管连接应可靠，完好整洁；⑥筛孔管应畅通，配汽管应整洁卫生。

（2）系统的使用。设有固定灭火系统的房间（或舱室），一旦发生火灾，应自动或人工关闭室内一切可以关闭的机械或自然通风的孔洞门窗，人员立即撤离着火房间，然后开启蒸汽灭火管（打开选择阀）使整个房间充满蒸汽，进行灭火。

室内或露天生产装置内的设备泄漏可燃气体或易燃液体时，应打开接口短管的开关，对着火源喷射蒸汽,进行灭火。若露天生产装置起火,风速较大时,灭火人员应站立在着火部位的上风方向进行灭火,以保障人身安全。

可燃液体储罐区内的储罐发生火灾时,应立即在短管上接出橡胶输汽管,将橡胶管的另一端绑扎在蒸汽挂钩上或绑扎在泡沫室的泡沫输送管上,这些准备工作完成后,打开接口短管的阀门,向油罐液面上施放蒸汽,进行灭火。必须指出的是,在使用蒸汽扑灭油罐火灾的同时,应积极准备泡沫进攻。当蒸汽不能扑灭可燃液体油罐火灾时,应停止喷射蒸汽,改用泡沫灭火设备扑救火灾。

7.5.2 IG-541 灭火系统

1)系统组件

IG-541 灭火系统由瓶组架、灭火剂储瓶、容器阀、高压软管、单向阀、集流管、安全泄放装置、选择阀、信号反馈装置、灭火剂输送管道、减压装置、喷嘴、驱动气体瓶组、电磁型驱动装置、驱动管道等组成,根据不同应用场所使用要求,可组成单元独立系统、组合分配系统。

一般采用全淹没灭火方式,实现对单防护区和多防护区的灭火保护,是近年来发展起来的一种新型气体灭火系统。

(1)单元独立系统是指用一套灭火剂储存装置,保护一个防护区域的灭火系统,用于有特殊要求的场所和独立的防护区。

当防护区火灾发生时,火灾报警灭火控制器发出指令打开驱动气体瓶组,释放驱动气体。驱动气体通过驱动管路,打开灭火剂瓶组容器阀,释放灭火剂。灭火剂经高压软管、单向阀、集流管、灭火剂输送管道、喷嘴向防护区喷放,实施灭火。

单元独立系统结构如图 7-47 所示。

(2)组合分配系统指用一套灭火剂储存装置通过管网的选择分配,保护两个或两个以上的防护区。组合分配系统除采用单向阀和选择阀组合分配控制外,其余与单元独立系统相同。

组合分配系统适用于两个以上的防护区保护,它的特点是每个防护区均设置自己的驱动气体瓶组和选择阀,而储存灭火剂的瓶组是共用的(按最大的防护区计算)。为多区组合保护,减少了一次性投资。

当任意一个防护区发生火灾时,火灾报警灭火控制器会发出指令,打开与此防护区相对应的驱动气体瓶组,释放驱动气体,驱动气体通过驱动管路打

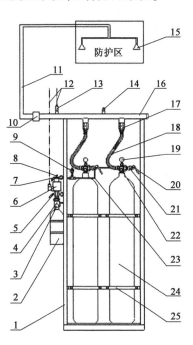

图 7-47 单元独立系统结构

1-灭火剂瓶组架;2-驱动气体瓶组;3-压力表;4-容器阀;5-电磁型驱动装置保险销;6-电磁型驱动装置;7-机械应急启动保险销;8-机械应急启动按钮;9-低泄高封阀;10-减压装置;11-灭火剂输送管道;12-接火灾报警灭火控制器;13-信号反馈装置;14-安全泄放装置;15-喷嘴;16-集流管;17-单向阀;18-高压软管;19-灭火剂瓶组压力表;20-机械应急启动手柄;21-驱动器;22-灭火剂瓶组容器阀;23-驱动管路;24-灭火剂储瓶;25-瓶组抱箍

开该防护区的选择阀和相应的灭火剂瓶组容器阀,灭火剂经高压软管、单向阀、集流管、已打开的选择阀及灭火剂输送管道向防护区喷放。驱动气体只会打开对应防护区的选择阀,确保灭火剂不进入其他防护区,同时驱动管路上的单向阀限制了驱动气体只能流向对应数量的灭火剂瓶组容器阀。

(3) IG-541 气体灭火设备主要技术参数如表 7-23 所示。

IG-541 气体灭火设备主要技术参数 表 7-23

产品型号规格	QMH15/(储瓶容积)PL		
灭火剂储瓶容积(L)	70	80	90
灭火剂储存压力	15MPa(20℃)		
最大工作压力	17.2MPa		
灭火剂充装密度	0.211 15kg/L		
工作启动电源	DC24V		
灭火技术方式	全淹没		
灭火剂喷射时间	≤60s		
启动方式	自动、手动、机械应急操作		
驱动气体	氮气		
驱动气体充装压力	6MPa(20℃)		
使用环境温度	0~50℃		

注:IG-541 气体灭火设备型号表示:如 QMH15/70PL。
　　QM——气体灭火系统;
　　　H——灭火剂类型为 IG-541 混合气体灭火剂;
　　　15——储存压力为 15MPa;
　　　70——灭火剂储瓶容积为 70L。

2) IG-541 自动灭火系统

(1) 工作原理

当保护区发生火灾,燃烧所产生的烟雾、高温或光辐射,使感烟、感温、感光等探测器探测到火灾,发出火灾报警信号并立即输入到报警灭火控制器。经过控制器的鉴别判断并被确认后,按下列顺序动作:立即启动保护区域报警装置,发出声、光报警信号,同时关闭防火门、通风口,关闭空调系统;在实施消防灭火的区域打开疏散指示标志和事故照明灯,为人员逃生提供帮助;启动灭火装置,在预定的延迟时间(一般为 30s)结束后,打开电磁阀、选择阀、单向阀,向保护区喷放灭火剂,同时在保护区门外启动放气指示装置。灭火剂经过管道、喷嘴喷放至相应的保护区,并达到一定的浓度迅速灭火。

(2) 动作流程

灭火系统动作流程如图 7-48 所示。

(3) 灭火系统控制方式

管网灭火系统应设自动控制、手动控制和机械应急操作三种启动方式。预制灭火系统应设自动控制和手动控制两种启动方式。灭火设计浓度或实际使用浓度大于无毒性反应浓度(NOAEL 浓度)的防护区和采用热气溶胶预制灭火系统的防护区,应设手动与自动控制的转换装置。当人员进入防护区时,应能将灭火系统转换为手动控制方式;当人员离开时,应能恢复为自动控制方式。防护区内外应设手动、自动控制状态的显示装置。

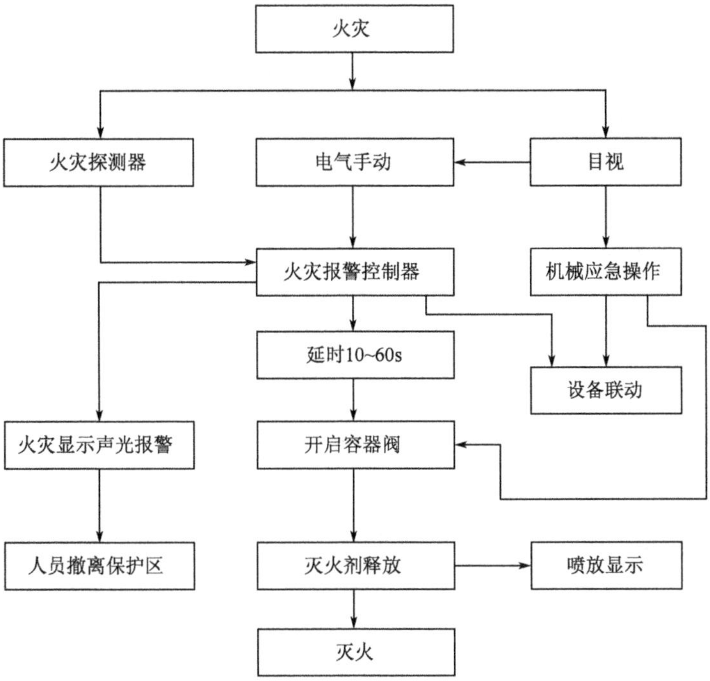

图 7-48　IG-541 气体自动灭火系统动作流程

自动控制装置应在接到两个独立的火灾信号后才能启动。手动控制装置和手动与自动转换装置应设在防护区疏散出口的门外便于操作的地方,安装高度为中心点距地面 1.5m。机械应急操作装置应设在储瓶间内或防护区疏散出口门外便于操作的地方。

①自动控制。气体灭火系统的操作与控制,应包括对开口封闭装置、通风机械和防火阀等设备的联动操作与控制。当保护区发生火情时,火灾探测器将火灾信号送往报警灭火控制器,报警灭火控制器发出声、光报警信号,同时发出联动指令,关闭联动设备(关闭防火门、空调系统、通风口,并指令风机停止运转,在进行消防灭火的区域打开"疏散区域"的信号)。根据人员安全撤离防护区的需要,应有不大于 30s 的可控延迟喷射,发出灭火指令后,开启电磁阀,此时,启动气体打开相应的选择阀、瓶头阀,释放 IG-541 气体灭火剂,经过管道、喷嘴将灭火剂喷射到相应的保护区,并达到一定的浓度迅速灭火。对于平时无人工作的防护区,可设置为无延迟的喷射。平时无人工作防护区,对于本灭火系统通常的保护对象来说,可包括变压器室、开关室、泵房、地下金库、发动机试验台、电缆桥架(隧道)、微波中继站、易燃液体库房和封闭的能源系统等。对于有人工作的防护区,一般采用手动控制方式较为安全。

②电气手动控制。当转换开关置于"手动"位置时,灭火设备处于手动状态。在该状态下,探测器发出火灾信号,控制主机启动警铃和声光报警器,通知火灾发生,但并不启动灭火设备。此时按下防护区外或控制器上的"手动启动"或"紧急启动"按钮,可以启动灭火设备。注意:无论控制器处于自动或手动状态,按下"紧急启动"和"手动启动"按钮,都可启动灭火设备。

③机械应急启动控制。当保护区发生火情,且报警灭火控制器不能发出灭火指令时,应立

即通知人员撤离现场,关闭联动设备。然后拔除与保护区相应的电磁阀上的止动簧片,压下电磁阀手柄,即可打开电磁阀,启动释放气体实施灭火。

实施机械应急操作具体步骤:手动关闭联动设备,并切断电源;拔出相应防护区驱动气体瓶组电磁型驱动装置上的"机械应急启动保险销",按下机械应急启动按钮,电电磁型驱动装置打开驱动气体瓶组释放驱动气体,启动灭火设备。

④紧急停止控制。当发生火灾报警,在延时时间内发现不需启动灭火系统时,可按下手动控制盒或报警灭火控制器上的紧急停止按钮,即可阻止控制器灭火指令的发出。

3) IG-541自动灭火系统的技术特性

(1)适用火灾类型

IG-541混合气体灭火系统适用于扑灭以下类型的火灾:①A类可燃固体表面火,例如木材和纤维类材料的表面火灾;②B类可燃液体火灾,例如正庚烷、汽油燃烧引起的火灾;③带电设备火灾,例如计算机房、控制室、变压器、油浸开关、电路断路器、循环设备、泵和电动机等场所或设备的火灾;④灭火前能切断气源的气体火灾。

IG-541混合气体灭火系统不适用于扑灭以下类型的火灾:D类可燃金属火灾,如钠、钾、镁、钛和锆等金属引起的火灾;含有氧化剂的化合物,如硝酸纤维的火灾;金属氢化物的火灾等等。

(2)适用的消防保护场所

IG-541混合气体灭火系统特别适用于:必须使用不导电的灭火剂实施消防保护的场所;使用其他灭火剂易产生腐蚀或损坏设备、污染环境、造成清洁困难等问题的消防保护场所;保护区内经常有人工作而要求灭火剂对人体无任何毒害的消防保护场所。

IG-541混合气体灭火系统广泛适用于:计算机房、通信程控机房、控制中心、贵重设备室、文物资料珍藏库、图书馆和档案库、数据存储间、高档写字楼、发电机房、油浸变压器室、变电室、电路断路器、循环设备、液压设备、烘干设备、除尘设备、喷漆生产线等场所和设备的消防保护。

(3)适用的灭火方式

IG-541混合气体灭火系统适用的灭火方式为全淹没方式。

4) IG-541混合气体灭火系统计算一般公式

(1)防护区的泄压口面积宜按下式计算:

$$F_x = 1.1 \frac{Q_x}{\sqrt{P_f}} \tag{7-17}$$

式中:F_x——泄压口面积,m^2;

Q_x——灭火剂在防护区的平均喷放速率,kg/s;

P_f——围护结构承受内压的允许压强,Pa。

(2)设计用量应符合下列规定:

①防护区灭火设计用量或惰化设计用量应按下式计算:

$$W = K \frac{V}{S} \ln\left(\frac{100}{100 - C_1}\right) \tag{7-18}$$

式中:W——灭火设计用量,kg;

C_1——灭火设计浓度或惰化设计浓度,%;
V——防护区净容积,m^3;
S——灭火剂气体在101kPa大气压和防护区最低环境温度下的比容,m^3/kg;
K——海拔高度修正系数。

②灭火剂气体在101kPa大气压和防护区最低环境温度下的比容,应按下式计算：

$$S = K_1 + K_2 T \tag{7-19}$$

式中:T——防护区最低环境温度,℃;
K_1——0.6575;
K_2——0.0024。

③系统灭火剂储存量,应为防护区灭火设计用量及系统灭火剂剩余量之和,系统灭火剂剩余量应按下式计算：

$$W_s \geq 2.7V_0 + 2.0V_p \tag{7-20}$$

式中:W_s——系统灭火剂剩余量,kg;
V_0——系统全部储存容器的总容积,m^3;
V_p——系统管网管道容积,m^3。

(3)管网计算应符合下列规定：
①管道流量宜采用平均设计流量。
主干管、支管的平均设计流量,应按下列公式计算：

$$Q_w = \frac{0.95W}{t} \tag{7-21}$$

$$Q_g = \sum_1^{N_g} Q_c \tag{7-22}$$

式中:Q_w——主干管平均设计流量,kg/s;
t——灭火剂设计喷放时间,s;
Q_g——支管平均设计流量,kg/s;
N_g——安装在计算支管下游的喷头数量,个;
Q_c——单个喷头的平均设计流量,kg/s。

②管道内径宜按下式计算：

$$D = 24 \sim 36\sqrt{Q} \tag{7-23}$$

式中:D——管道内径,mm;
Q——管道平均设计流量,kg/s。

③灭火剂释放时,管网应进行减压。减压装置宜采用减压孔板。减压孔板宜设在系统的源头或干管入口处。

④减压孔板前的压力,应按下式计算：

$$P_1 = P_0 \left(\frac{0.525V_0}{V_0 + V_1 + 0.4V_2} \right)^{1.45} \tag{7-24}$$

式中:P_1——减压孔板前的压力,MPa,绝对压力;
P_0——灭火剂储存容器充压压力,MPa,绝对压力;

V_0——系统全部储存容器的总容积,m^3;

V_1——减压孔板前管网管道容积,m^3;

V_2——减压孔板后管网管道容积,m^3。

⑤减压孔板后的压力,应按下式计算:

$$P_2 = \delta P_1 \tag{7-25}$$

式中:P_2——减压孔板后的压力,MPa,绝对压力;

δ——落压比(临界落压比:$\delta=0.52$)。一级充压(15MPa)的系统,可在$\delta=0.52\sim0.60$中选用;二级充压(20MPa)的系统,可在$\delta=0.52\sim0.55$中选用。

⑥减压孔板孔口面积,宜按下式计算:

$$F_k = \frac{Q_k}{0.95\mu_k P_1 \sqrt{\delta^{1.38} - \delta^{1.69}}} \tag{7-26}$$

式中:F_k——减压孔板孔口面积,cm^2;

Q_k——减压孔板设计流量,kg/s;

μ_k——减压孔板流量系数。

⑦系统的阻力损失宜从减压孔板后算起,并应按下列公式计算,压力系数和密度系数,应依据计算点压力确定。

$$Y_2 = Y_1 + ALQ^2 + B(Z_2 - Z_1)Q^2$$

$$A = \frac{1}{0.242 \times 10^{-8} D^{5.25}} \tag{7-27}$$

$$B = \frac{1.653 \times 10^7}{D^4}$$

式中:Q——管道设计流量,kg/s;

L——计算管段长度,m;

D——管道内径,mm;

Y_1——计算管段始端压力系数,10^{-1}MPa·kg/m^3;

Y_2——计算管段末端压力系数,10^{-1}MPa·kg/m^3;

Z_1——计算管段始端密度系数;

Z_2——计算管段末端密度系数。

(4)IG541混合气体灭火系统的喷头工作压力的计算结果,应符合下列规定:

①一级充压(15MPa)系统,$P_c \geq 2.0$(MPa,绝对压力);

②二级充压(20MPa)系统,$P_c \geq 2.1$(MPa,绝对压力);

(5)喷头等效孔口面积,应按下式计算:

$$F_c = \frac{Q_c}{q_c} \tag{7-28}$$

式中:F_c——喷头等效孔口面积,cm^2;

q_c——等效孔口面积单位喷射率,kg/(s·cm^2)。

(6)计算说明。IG-541混合气体灭火系统泄压口面积是该防护区采用的灭火剂喷放速率及防护区围护结构承受内压的允许压强的函数。喷放速率小,允许压强大,则泄压口面积小;

反之,则要求泄压口面积大。泄压口面积可通过计算得出。由于 IG541 灭火系统喷放过程中,初始喷放压力高于平均流量的喷放压力,约高出平均流量喷放压力 1 倍。推算结果,初始喷放的峰值流量约是平均流量的 $\sqrt{2}$ 倍。因此,条文中的计算公式是按平均流量的 $\sqrt{2}$ 倍求出的。

习　题

1. 简述气体灭火系统及其分类。
2. 有管网七氟丙烷灭火系统由哪些组件组成?
3. 七氟丙烷灭火装置的一般设计步骤是什么?
4. 某计算机房高 3.5m、长 8m、宽 6m,试设计选择七氟丙烷灭火装置。
5. 低压二氧化碳灭火系统的控制流程是什么? 使用时应注意哪些事项?
6. 简述热气溶胶灭火装置的主要特点,其灭火装置怎样构成?
7. 什么是 IG-541 灭火系统? 适用于那些场合? 计算时应注意哪些事项?

第8章 防火与减灾系统

在火灾自动报警与消防工程中,防火与减灾系统是非常重要的。首先,防火与减灾设备的联动控制对火场中的财产和人员的生命安全起着必要的保护作用,这类设备主要有防排烟系统、防火卷帘门、自动防火门、空调系统、消防电梯、火灾事故广播、应急照明、安全疏散诱导、消防警铃、消防通信、自备发电机和电源控制等。其次,城市的消防远程监控技术将入网单位内的火灾自动报警等消防设施的运行状况,通过现代网络技术进行联网监控和管理,并与城市的119消防调度指挥中心接警,对火灾现场周边区域的建筑、燃气、配电、交通、人员和各类重要设施进行统一的灭火组织和调度。这样,由自动报警、自动灭火、防灾减灾、系统网络监控、消防档案管理和综合调度指挥等组成一个完整的城市智能消防控制系统。

8.1 防排烟控制系统

建筑物发生火灾后,烟气在建筑物内不断流动传播。据测定分析,烟气中含有一氧化碳、二氧化碳、氟化氢、氯化氢等多种有毒成分,高温缺氧也会对人体造成危害。同时,烟气有遮光作用,使人的能见距离下降,这给疏散和救援活动造成了很大的障碍。日本、英国对火灾中造成人员伤亡的原因的统计结果表明,由于一氧化碳中毒窒息死亡或被其他有毒烟气熏死者一般占火灾总死亡人数的40%～50%,最高达65%以上。因此,根据国家《建筑设计防火规范》(GB 50016—2014)的要求,建筑物应设置防排烟设施,阻止烟气向防烟分区以外扩散,以确保建筑物内人员的顺利疏散、安全避难和为消防人员创造有利的扑救条件。

对火灾区域实行排烟控制,使火灾产生的烟气和热量能迅速排除,以利于人员的疏散和扑救;对非火灾区域及疏散通道等,应迅速采用机械加压送风防烟措施,使该区域的空气压力高于火灾区域的空气压力,阻止烟气的侵入,控制火势的蔓延。如美国西雅图市的某大楼的防烟、排烟系统采用了计算机控制,当收到烟气或热感应器发出的信号后,计算机立即命令空调系统进入火警状态,火灾区域的风机立即停止运行,空调系统转而进入排烟动作。同时,非火灾区域的空调系统继续送风,并停止回风与排风,使非火灾区处于正压状态,以阻止烟气侵入。这种防烟、排烟系统对减少火灾损失是很有效的。

防烟、排烟系统的设计理论就是根据火灾烟气的流动规律,通过防排烟设施的联动,完成对烟气控制的理论。防排烟设施主要包括正压风机、排烟风机、正压送风阀、防火阀、排烟阀、防火卷帘和防火门等。

8.1.1 火灾烟气的性质

1) 火灾烟气的允许极限浓度

烟气的光学浓度就是光线通过烟层后的减光系数。为了使火灾中人们能够看清疏散楼梯间的门和疏散标志,保障疏散安全,需要确定疏散时人们的能见距离不得小于某一最小值。这个最小的允许能见距离叫做疏散极限视距,一般用 $D_{\min}$ 表示。

对于不同用途的建筑,其内部的在住人员对建筑物的熟悉程度是不同的。例如,住宅楼、教学楼、生产车间等建筑,其内部人员基本上是固定的,因而对建筑物的疏散路线、安全出口等是很熟悉的;而各类旅馆、百货大楼的绝大多数人员是非固定的,所以对建筑物的疏散路线、安全出口等是不太熟悉的。因此,对于非固定人员集中的高层旅馆、百货大厦等建筑,其疏散极限视距要求为 $D_{\min}=30\mathrm{m}$;对于内部基本上是固定人员的住宅楼、宿舍楼、生产车间等的疏散极限视距为 $D_{\min}=5\mathrm{m}$。

所以,要看清疏散通道上的门和反光型标志,要求烟的允许极限浓度为 $C_{s\min}$。

对于熟悉建筑物的人: $C_{s\min}=0.2\sim0.4\mathrm{m}^{-1}$,平均为 $0.3\mathrm{m}^{-1}$。对于不熟悉建筑物的人: $C_{s\min}=0.07\sim0.13\mathrm{m}^{-1}$,平均为 $0.1\mathrm{m}^{-1}$。火灾发生时,房间烟的减光系数根据实验取样检测,一般为 $C_s=25\sim30\mathrm{m}^{-1}$,当火灾房间有黑烟喷出时,室内烟的减光系数即为这一数值。就是说,为了保障疏散安全,无论是熟悉建筑物的人,还是不熟悉建筑物的人,烟在走廊里的浓度只允许为起火房间内烟浓度的 1/300~1/100 的程度。

2) 烟气流动的基本计算公式和方法

烟气流动的基本规律是:由压力高处向压力低处流动,如房间为负压,则烟火就会通过各种洞口进入;相反,就会迫使烟火无法进入。火灾中的烟气与空气的流动,基本上可以用通风计算的方法进行计算。

(1) 流体流动方程

在分析建筑物内的气体流动时,流体能量守恒可用伯努利方程来表示。定流动中,取某一流线或流管来分析,有下式成立:

$$\frac{1}{2}\rho v_1^2 + P_1 + mgZ_1 = \frac{1}{2}\rho v_2^2 + P_2 + mgZ_2 \tag{8-1}$$

式中: v——气流速度,m/s;

Z——从基准面算起的高度,m;

P——高度 Z 绝对压力,Pa,从外部垂直作用于流管的断面。

(2) 连续方程式

流体流动时,沿流向质量守恒,流动是连续的。在总流中选取 1、2 两断面,则可得出反映两断面间流动空间的质量平衡的连续性方程为:

$$\rho_1 Q_1 = \rho_2 Q_2 \tag{8-2}$$

式中: ρ——气流密度,kg/m³;

Q——气体流量,m³/s。

(3) 烟的密度与压力

即使非常浓的烟气,与同温同压的空气的密度相比,差别只有百分之几。所以,可近似地认为烟的密度与空气的密度相同。而且,在建筑物的防烟设计中,烟气流动的动力是建筑物内的气压差。与大气压相比,气压差是很微小的。因此,假设烟的密度不随高度变化,可近似地将烟气密度看作绝对温度 $T(\mathrm{K})$ 的函数。

$$\rho = \frac{353}{T} \tag{8-3}$$

假设某一基准高度处的绝对压力为 p_0,离开基准高度 $Z(\mathrm{m})$ 上方的一点压力 p 为:

$$p = p_0 - g\int_0^Z \rho(Z)\mathrm{d}Z \tag{8-4}$$

根据上述假定,密度不随高度变化而变化,则可简化为:

$$p = p_0 - \rho g Z \tag{8-5}$$

(4) 压力差和中性面

假设相邻的充满静止空气的两个房间(图 8-1),在两个房间内高度为 Z 处的室内压力 p_1、p_2 由式(8-6)表达如下:

$$\begin{cases} p_1 + \rho_1 g Z = p_{01} \\ p_2 + \rho_2 g Z = p_{02} \end{cases} \tag{8-6}$$

式中:p_0——基准高度处的压力(Pa),下标分别代表房间的编号,则此两房间的压力差 Δp 为:

$$\Delta p = p_1 - p_2 = (p_{01} - p_{02}) - (\rho_1 - \rho_2)gZ \tag{8-7}$$

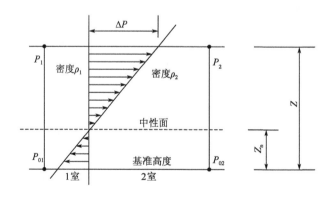

图 8-1 压力差与中性面

某一基准高度(一般设地平面或一层地面)处的静压力与温度,可用高度来表示。在此,两个房间的压力相同($\Delta p = 0$)之高度称为中性面,在两个房间之间有开口的情况下,根据在中性面上下的位置关系,其烟气流动的方向是相反的。中性面的高度 $Z_\mathrm{n}(\mathrm{m})$ 由下式求出:

$$Z_\mathrm{n} = \frac{p_{01} - p_{02}}{(\rho_1 - \rho_2)g} \tag{8-8}$$

(5) 开口处的烟气流动计算

在开口处的两侧有压力差时,会发生气流流动。与开口壁的厚度相比,开口面积很大的孔洞(如门窗洞口)的气体流动,称为孔口流动。这一现象的分析模式如图 8-2 所示。从开口 A 喷出的气流发生缩流现象,流体截面成为 A',若设 $A'/A = \alpha$,则流量 $m(\text{kg/s})$ 为:

$$m = \alpha A \rho v \tag{8-9}$$

根据伯努利方程 $p_1 = p_2 + \frac{1}{2}\rho v^2$,因为开口内外的压力差为 $\Delta p = p_1 - p_2$,则开口处的烟气流量:

$$m = \alpha A \sqrt{2\rho \Delta p} \tag{8-10}$$

(6) 门口处的烟气流动计算

在门洞等纵长开口处,当两个房间有温差时,其压力差是不同的,烟气流动随着高度的不同而异。以中性面为基准,测定高度 h 处的压力 Δp_h 为:

$$\Delta p_h = |\rho_1 - \rho_2| g h \tag{8-11}$$

如图 8-3 所示,当开口宽为 B,$\rho_1 > \rho_2$ 时,中性面以上的 H 范围内房间 2 向房间 1 的流量 m,取微小区间 $\mathrm{d}h$ 的积分:

$$m = \int_0^h \alpha A_h \sqrt{2\rho_2 \Delta p_h} \mathrm{d}h = \alpha B \sqrt{2\rho_2(\rho_1 - \rho_2)g} \int_0^H H^{1/2} \mathrm{d}h = (2/3)\alpha B \sqrt{2\rho_2(\rho_1 - \rho_2)} H^{1.5} \tag{8-12}$$

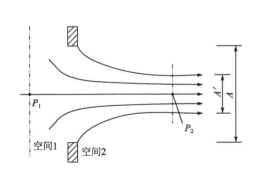

图 8-2 开口处的气流

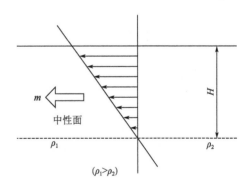

图 8-3 有温差时的烟气流动

推而广之,可将气流量与中性面、开口高度及位置关系分类,从相邻两个房间的密度差与压力差,整理出开口处流量的计算结果,见表 8-1。

开口两侧有温差时的流量计算　　　　表 8-1

判别条件		模 型	流量计算式
$P_j = P_i$	$P_j \leqslant P_i$		$m_{ij} = \alpha B(H_u - H_1) \sqrt{2\rho_i \Delta p}$ $m_{ji} = 0$
	$P_j > P_i$		$m_{ji} = \alpha B(H_u - H_1) \sqrt{2\rho_i \Delta p}$ $m_{ij} = 0$

续上表

判别条件		模 型	流量计算式
$P_j > P_i$	$Z_n \leq H_1$		$m_{ij} = (2/3)\alpha B \sqrt{2g\rho_i \Delta p} |(H_u - Z_n)^{1.5} - (H_1 - Z_n)^{1.5}|$ $m_{ji} = 0$
	$H_1 < Z_n < H_u$		$m_{ij} = (2/3)\alpha B \sqrt{2g\rho_i \Delta p}(H_u - Z_n)^{1.5}$ $m_{ji} = (2/3)\alpha B \sqrt{2g\rho_j \Delta p}(H_1 - Z_n)^{1.5}$
	$H_u \leq Z_n$		$m_{ij} = 0$ $m_{ji} = (2/3)\alpha B \sqrt{2g\rho_j \Delta p} |(Z_n - H_1)^{1.5} - (Z_n - H_u)^{1.5}|$
$P_j < P_i$	$Z_n \leq H_1$		$m_{ij} = 0$ $m_{ji} = (2/3)\alpha B \sqrt{2g\rho_j \Delta p} |(Z_n - H_1)^{1.5} - (Z_n - H_u)^{1.5}|$
	$H_1 < Z_n < H_u$		$m_{ij} = \alpha B \sqrt{2g\rho_i \Delta p}(Z_n - H_1)$ $m_{ji} = \alpha B \sqrt{2g\rho_j \Delta p}(H_u - Z_n)$
	$H_u \leq Z_n$		$m_{ij} = (2/3)\alpha B \sqrt{2g\rho_i \Delta p} |(H_u - Z_n)^{1.5} - (H_1 - Z_n)^{1.5}|$ $m_{ji} = 0$

注:Z_n 为中性面高度,m,且 $Z_n = (\rho_i - \rho_j)/[(\rho_i - \rho_j)g]$;$\alpha$ 为流量系数,通常取 0.7;H_u、H_1 分别为开口的上端和下端高度;p 为压力;ρ 为密度,kg/m³。

3) 烟气在建筑内的流动

(1) 烟气在火灾房间的流动

着火房间发生的烟气从起火点向上升腾,当遇到顶棚后向四周水平扩散,由于受到四周墙壁阻挡和冷却,有沿墙向下流动的趋势。烟气不断产生,上部烟层逐渐增厚,达到门窗开口以下时,通过开启的门窗洞口向室外和走廊扩散。如果门窗是关着的,烟层继续加厚,等到室内温度升高到一定温度(一般为 200~300℃)时,门窗上的玻璃破碎,烟气从门窗缺口处喷向室外和走廊。

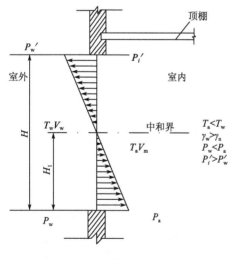

图 8-4 窗孔的压力分布

当房门关闭,且当其他孔洞与走廊相通,外墙上的窗开启时,窗孔压力分布如图 8-4 所示,窗的中部存在一个中和界,中和界以上室内压力大于室外;中和界以下室外压力大于室内。烟气从中和界以上排至室外,室外空气从中和界以下流入室内,形成对流。当室外布风,窗处于迎风面时,由于房间并非绝对密闭,中和界将上升;如窗处在背风面,中和界下降。

当房间通向走廊的门开启,情况就变得复杂,窗的排烟情况将与建筑物的烟囱效应、防排烟方式、室外风向、风速、火灾程度等因素有关。

(2) 烟气在走廊内的流动

从房间内流向走廊的烟气,开始贴附在天棚下流动,由于冷却和周围空气混合,烟层变厚。靠近天棚和墙面的烟气易被冷却,先沿墙下降;随着流动路线的增长,和周围空气混合作用的加剧,烟气温度逐渐下降失去浮力,最后只在走廊中心剩下一个回形空间。

从烟气在走廊的流动状态可以看出,在发烟地点附近排出效果好,其次是在烟气的层流区排出。按走廊的宽度设长条形排烟口效果好,否则只将流经排烟口的烟和附近的烟气排走,稍远一点的没有被排出,仍继续向前流动。

(3)烟气在建筑竖井内的流动

①烟囱效应。

冬季取暖或发生火灾而产生的烟气充满建筑物,室内温度高于室外温度时,就会引起烟囱效应。这时建筑的下部室内压力较低,外部的冷空气流入;与此相反,上部压力较高,高温烟气流向外部。这种烟囱效应,对于电梯竖井或楼梯间等竖向高度很大的空间,尤其突出。日本曾在东京海上大厦中进行过火灾试验。火灾室设在大楼的第四层,点火 2min 后,由室内喷出的烟气很快就进入相距 30m 的楼梯间。3min 后,烟就已充满整个楼梯间,并进入各层走廊中。5～7min 后,上面三层走廊均形成对疏散有危险的状态。试验表明,烟气上升速度比水平流动速度大得多,一般可达到 3～5m/s。我国对内天井式建筑也进行过大型火灾试验。平常状态下,天井因风力或温度差形成负压而产生抽力。当天井内某房间起火后,大量热烟由于抽力作用进入天井,并向上排出。天井内温度随之升高,冷风则由天井向其他开启的窗户流入补充。试验证明:当天井高度越大和天井内温度越增至高时,抽力就越大,烟的流动速度也会由初期的 1～2m/s 增至 3～4m/s,最盛时 3～5m/s,轰燃时可达 9m/s。

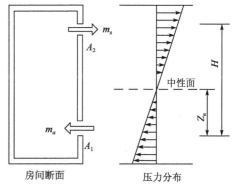

图 8-5 烟囱效应的机理

图 8-5 所示模型中,分析只有上下两处开口的空间,假设其内部充满了烟气,这时流入内部的空气量为 m_a,流出的空气量为 m_s,则根据伯努利方程有:

$$m_a = \alpha A_1 \sqrt{2g\rho_a(\rho_a - \rho_s)Z_n} \tag{8-13}$$

$$m_s = \alpha A_2 \sqrt{2g\rho_a(\rho_a - \rho_s)(H - Z_n)} \tag{8-14}$$

式中:H——上下开口之间的垂直距离,m;

Z_n——下部开口与中性面的垂直距离,m。

在稳定状态下,空间内的压力满足质量守恒定律,即 $m_a = m_s$,因此可得:

$$\frac{Z_n}{H - Z_n} = \frac{(\alpha A_2)^2 \rho_s}{(\alpha A_1)^2 \rho_a} \tag{8-15}$$

$$m_a^2 = m_s^2 = 2g(\rho_a - \rho_s)\frac{(\alpha A_1)^2(\alpha A_2)^2 \rho_s}{(\alpha A_1)^2 \rho_a + (\alpha A_2)^2 \rho_s} \tag{8-16}$$

②竖井的开口条件与中性面的位置。

当竖井的顶部和底部的两个开口面积相等($A_1 = A_2$),室内外温度差不太大时,中性面的位置在建筑物的中间(式8-12)。当中性面上下的门窗洞口均匀分布时,这一结论也是成立的。

此外,若上部开口比下部开口大($A_1<A_2$),中性面就会向下移动;上部开口比下部开口小($A_1>A_2$)时,中性面就会向下移动,如图8-6所示。所以当下部开口较大时,即使压差很小,也会出现大量的烟气流。

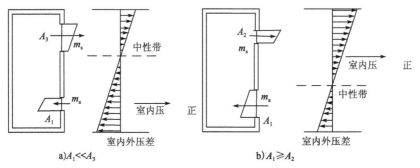

图8-6 烟囱效应与开口大小

③烟气在竖井内的流动。

如上所述,建筑物高度越大,烟囱效应就越突出。因此,竖井对火灾时烟气传播产生巨大影响。在取暖季节,竖井内部都会产生上升气流。在建筑物的低层部分,火灾初期产也会乘着上升的气流向顶部升腾。

图8-7所示是通过实验研究高层建筑竖井内烟气的扩散情况。为了研究方便,忽略了外部风的影响。这样,在竖井的下部,压力低于室外气压,而在上部的压力却高于室外气压,各个房间的压力处于大气压力与竖井压力之间。从整体来看,以建筑高度中部为界,新鲜空气从下部流入,而烟气则从上部排出。假设火灾房间的窗户受火灾作用而破坏,出现大的通风口后,火灾房间的压力就与大气压相接近,其窗口也有部分烟气排出;而且火灾房间与竖井压差变大,涌入竖井的烟气将会更加剧烈。

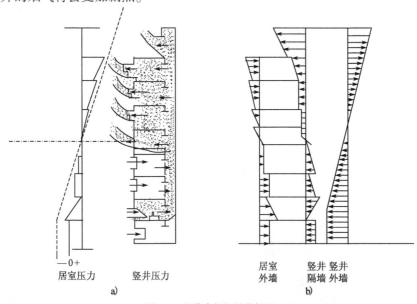

图8-7 竖井内烟气扩散情况

8.1.2 防烟设计

烟气控制的主要目的是在建筑物内创造无烟或烟气含量极低的疏散通道或安全区;烟气控制的实质是控制烟气合理流动,也就是使烟气不流向疏散通道、安全区和非着火区,而向室外流动。基于以上目的,通常采用两种原理对烟气进行控制,即防烟与排烟。防烟通常用到的主要方法有隔断或阻挡以及加压防烟。

墙、楼板、门等都具有隔断烟气传播的作用。为了防止火势蔓延和烟气传播,各国的法规中对建筑内部间隔作了明文规定,规定了建筑中必须划分防火分区和防烟分区。所谓防火分区是指用防火墙、楼板、防火门或防火卷帘等分隔的区域,可以将火灾限制在一定局部区域内(在一定时间内),不使火势蔓延。当然防火分区的隔断同样也对烟气起了隔断作用。所谓防烟分区是指在设置排烟措施的过道、房间中,用隔墙或其他措施(可以阻挡和限制烟气的流动)分隔的区域。

根据《建筑设计防火规范》(GB 50016—2014)的规定,建筑的下列场所或部位应设置防烟设施:
① 防烟楼梯间及其前室;
② 消防电梯间前室或合用前室;
③ 避难走道的前室、避难层(间)。

建筑高度不大于50m的公共建筑、厂房、仓库和建筑高度不大于100m的住宅建筑,当其防烟楼梯间的前室或合用前室符合下列条件之一时,楼梯间可不设置防烟系统:
① 前室或合用前室采用敞开的阳台、凹廊;
② 前室或合用前室具有不同朝向的可开启外窗,且可开启外窗的面积满足自然排烟口的面积要求。

1) 防火防烟分区

防火和防烟分区需满足以下规定:

(1) 高层建筑内应采用防火墙划分防火分区,每个防火分区允许最大建筑面积,不应超过表8-2的规定。

不同耐火等级建筑的防火分区最大允许建筑面积 表8-2

名称	耐火等级	防火分区的允许最大建筑面积(m^2)	备注
高层民用建筑	一、二级	1 500	对于体育馆、剧场的观众厅,防火分区的最大允许面积可适当增加
单、多层民用建筑	一、二级	2 500	
	三级	1 200	—
	四级	600	
地下或半地下建筑(室)	一级	500	设备用房的防火分区最大允许建筑面积不应大于1 000m^2

注:1. 表中规定的防火分区最大允许建筑面积,当建筑内设置自动灭火系统时,可按本表的规定增加1.0倍;局部设置时,防火分区的增加面积可按该局部面积的1.0倍计算。
2. 裙房与高层建筑主体之间设置防火墙时,裙房的防火分区可按单、多层建筑的要求确定。

（2）建筑内设置自动扶梯、敞开楼梯等上、下层相连通的开口时，其防火分区的建筑面积应按上、下层相连通的建筑面积叠加计算；当叠加计算后的建筑面积大于表8-2的规定时，应划分防火分区。

建筑内设置中庭时，其防火分区的建筑面积应按上、下层相连通的建筑面积叠加计算；当叠加计算后的建筑面积大于表8-2的规定时，应符合下列规定：

①与周围连通空间应进行防火分隔：采用防火隔墙时，其耐火极限不应低于1.00h；采用防火玻璃墙时，其耐火隔热性和耐火完整性不应低于1.00h，采用耐火完整性不低于1.00h的非隔热性防火玻璃墙时，应设置自动喷水灭火系统进行保护；采用防火卷帘时，其耐火极限不应低于3.00h；与中庭相连通的门、窗，应采用火灾时能自行关闭的甲级防火门、窗；

②高层建筑内的中庭回廊，应设置自动喷水灭火系统和火灾自动报警系统；

③中庭应设置排烟设施；

④中庭内不应布置可燃物。

（3）一、二级耐火等级建筑内的营业厅、展览厅，当设置自动灭火系统和火灾自动报警系统，并采用不燃或难燃装修材料时，其每个防火分区的最大允许建筑面积应符合下列规定：

①设置在高层建筑内时，不应大于4 000 m^2；

②设置在单层建筑或仅设置在多层建筑的首层内时，不应大于10 000 m^2；

③设置在地下或半地下时，不应大于2 000 m^2。

2）防烟方案设计比选

为了防止烟尘扩散到楼梯间内，高层建筑的楼梯间外通常设置一过渡空间，这样不仅有利于保持楼梯间的正压，也可以暂时容纳疏散的人流，这个空间称为前室，如与电梯厅共用就称合用前室。因为它有隔火防烟避火的作用，实际上是内部的避难区。

防烟设计必须保证疏散的安全，按疏散路线次序，走道作为第一安全区，前室为第二安全区，楼梯间为第三安全区。为了保证疏散通道的安全，确保楼梯间隔火防烟，设计时应尽量在远离楼梯的部位把烟排除。

通常把堵烟装置设计在可能发生火灾的房门口，如图8-8中F-C之间的门D_f、走道门D_c、前室门D_1和楼梯间的门D_s共4处。进风口的位置选在走道S_c、前室S_1和楼梯间S_s处。排烟的位置选在起火部位E_f、走道E_c和前室E_1三个地方。

（1）F形防烟方案：F方案堵烟部位在起火点门口，起火点的烟通过排烟口和排烟塔全部向外排出，堵烟措施是从防火门和走道上向起火点加压送风。这个方案火灾影响范围最小，但无法确定具体的着火点，如果在所有房间设排烟系统则投资过于高昂。

（2）C形防烟方案：通过走道上的防火门或顶棚的防烟垂壁堵住烟，从E_f和E_c排烟，经过S_c、S_1和S_s进风口向走道加压送风，防烟效果更可靠。

（3）L形防烟方案：这是在防烟楼梯的前室防火堵烟，通常用乙级防火门和前室或楼梯的加压送风，由E_f和E_c的排烟管道散烟，保证前室楼梯间的安全可靠，这是比较常用的一种方案。

（4）S形防烟方案：把堵烟位置放在楼梯间门口，对楼梯间加压送风，封闭防火门，但在人员出入时会带进烟尘，带来隐忧。

不论哪种方案，为了保障人员的安全，在人员活动疏散的空间，烟浓度不能超过起火点烟

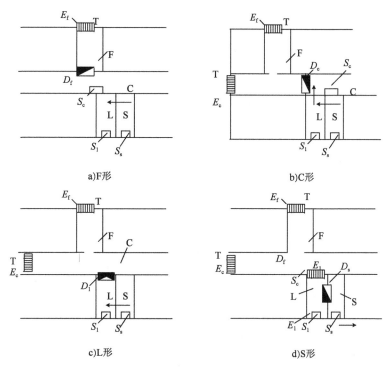

F—起火房间；S—楼梯间；C—走道；T—排烟塔；L—前室；▢ 进风口；▢ 弥散烟气；
▥ 排烟口；← 气流方向；◤ 堵烟口

图 8-8 几种防烟方案的比较

浓度的 1/100 和 1/300。

3）加压防烟

加压防烟是用风机把一定量的空气送入一房间或通道内，使室内保持一定的压力或门洞保持一定的流速，以避免烟气侵入。图 8-9 是加压防烟的两种情况：其中图 a）是当门关闭时房间内保持一定的正压，空气从门缝或其他缝隙中流出，以防止烟气进入；图 b）是当门开启时，送入加压区的空气以一定风速从门洞流出，阻止烟气进入。当流速较低时，空气可能从上部流入室内。由上述两种情况分析可以看出，为了阻止烟气流入被加压的房间，必须达到：①门开启时，门洞有一定向外的风速；②门关闭时，房屋内有一定正压值，这也是设计加压送风系统的两条原则。

加压送风是有效的防烟措施，在《建筑设计防火规范》(GB 50016—2014) 有以下规定。

(1) 下列部位应设置独立的机械加压送风的防烟设施。

①不具备自然排烟条件的防烟楼梯间、消防电梯间前室或合用前室。

②采用自然排烟措施的防烟楼梯间，不具备自然

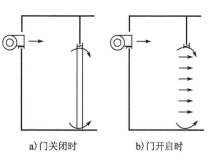

图 8-9 加压防烟

排烟条件的前室。

③带裙房的高层建筑防烟楼梯间及其前室、消防电梯间前室或合用前室,当裙房以上部分利用可开启外窗进行自然排烟,裙房部分不具备自然排烟条件时,其前室或合用前室应设置局部机械加压送风系统。

④封闭避难层(间)。

(2)加压送风系统的设置方式见表8-3。

加压送风系统的设置方式　　　　　　　表8-3

组合关系	加压送风系统方式
不具备自然排烟条件的楼梯间与其前室	仅对楼梯间加压
采用自然排烟的前室或合用前室与不具备自然排烟条件的楼梯间	仅对楼梯间加压
采用自然排烟的楼梯间与不具备自然排烟条件的前室或合用前室	对前室或合用前室加压
不具备自然排烟条件的楼梯间与合用前室	对楼梯间、合用前室加压
不具备自然排烟条件的消防电梯间前室	对前室加压
封闭避难层(间)	对封闭避难层(间)加压

对不具备自然排烟条件的防烟楼梯间进行加压送风,其前室可不送风的主要理由是:从防烟楼梯间加压送风后的排泄途径来分析,防烟楼梯间与前室除中间隔开一道门外,其加压送风的防烟楼梯间的风量只能通过前室与走廊的门排泄,因此对防烟楼梯间加压送风的同时,也可以说是对其前室进行间接的加压送风。两者可视为同一密封体,其不同之处是前室受到一道门的阻力影响,使压力、风量受节流。

(3)高层建筑防烟楼梯间及其前室、合用前室和消防电梯间前室的机械加压送风量应由计算确定,或按表8-4~表8-7的规定确定。当计算值和本表不一致时,应按两者中较大值确定。

防烟楼梯间(前室不送风)的加压送风量　　　　　　　表8-4

系统负担层数	加压送风量(m^3/h)	风道断面面积(m^{-2})
<20层	25 000~30 000	0.46~0.55
20~32层	35 000~40 000	0.65~0.74

防烟楼梯间及其合用前室的分别加压送风量　　　　　　　表8-5

系统负担层数	送风部位	加压送风量(m^3/h)	风道断面面积(m^{-2})
<20层	防烟楼梯间	16 000~20 000	0.30~0.38
	合用前室	12 000~16 000	0.23~0.30
20~32层	防烟楼梯间	20 000~25 000	0.38~0.47
	合用前室	18 000~22 000	0.34~0.41

消防电梯间前室的加压送风量　　　　　　　表8-6

系统负担层数	加压送风量(m^3/h)	风道断面面积(m^{-2})
<20层	15 000~20 000	0.27~0.38
20~32层	22 000~27 000	0.41~0.50

防烟楼梯间采用自然排烟,前室或合用前室不具备自然排烟的送风量　　　表 8-7

系统负担层数	加压送风量(m³/h)	风道断面面积(m⁻²)
<20 层	22 000 ~ 27 000	0.41 ~ 0.50
20 ~ 32 层	28 000 ~ 32 000	0.52 ~ 0.60

(4) 层数超过 32 层的高层建筑,其送风系统及送风量应分段设计。

(5) 剪刀楼梯间可合用一个风道,其风量应按两个楼梯间风量计算,送风口应分别设置。但当剪刀楼梯合用一个前室时,两座楼梯应分别设加压送风系统。

(6) 封闭避难层(间)的机械加压送风量应按避难层净面积每平方米不小于 30m³/h 计算。

(7) 机械加压送风的防烟楼梯间和合用前室,宜分别独立设置送风系统,当必须共用一个系统时,应在通向合用前室的支风管上设置压差自动调节装置。

(8) 机械加压送风机的全压,除计算最不利环管道压头损失外,尚应有余压。其余压值应符合下列要求:

① 防烟楼梯间为 40 ~ 50Pa;

② 前室、合用前室、消防电梯间前室、封闭避难层(间)为 25 ~ 30Pa。

(9) 楼梯间宜每隔 2 ~ 3 层,设一个加压送风口,风口宜采用自垂式百叶风口或常开百叶风口,当采用常开式百叶风口时,应在加压风机的压出管上设置止回阀。

前室的加压送风口应每层设 1 个,每个风口的有效面积按 1/3 系统总风量确定,风口可为常闭型,也可为常开百叶式风口。当风口为常闭型时,发生火灾只开启着火层及其上、下层共三层的风口。风口应设手动和自动开启装置,并应与加压送风机的启动联锁,当每层风口设计为常开百叶风口时,应在加压风机的压出管上设置止回阀。

(10) 机械加压送风机可采用轴流风机或中、低压离心风机,风机位置应根据供电条件、风量分配均衡、新风入口不受火、烟威胁等因素确定。

(11) 机械加压送风系统采用金属风道时,风速不应大于 20m/s;采用内表面光滑的混凝土等非金属材料风道时,风速不应大于 15m/s。风道漏风量应小于 10%。

(12) 正压送风口的风速不宜大于 7m/s。

4) 加压送风量的计算

(1) 垂直疏散通道加压送风量的计算

加压送风的两条原则:门启时,门洞有一定的向外风速;门关闭时,室内有一定正压值;加压防烟的基本计算公式就基于这两条原则。

① 压差法。当门关闭时,保持一定压差所需的风量为:

$$V_p = \mu A_c \left(\frac{2\Delta p}{\rho}\right)^n \tag{8-17}$$

式中:V_p——按压差法计算的加压风量,m³/s;

A_c——门缝、窗缝等的缝隙面积,m²;

Δp——加压区与非加压区的压差,Pa;

μ——流量系数,取 0.6 ~ 0.7;

ρ——空气密度,kg/m³;

n——指数,0.5 ~ 1.0,一般取 0.5。

如果取 $\mu = 0.65, \rho = 1.2\text{kg/m}^3$，则上式变为：

$$V_p = 0.839 A_e \sqrt{\Delta p} \tag{8-18}$$

Δp 大，防烟性能好，但太大会引起开门困难。因此最大正压差应有限制。国外研究表明，老、弱、妇、幼开门力为 133N。门为 $0.8\text{m} \times 2.0\text{m}$，且有 $45\text{N} \cdot \text{m}$ 的弹簧力矩，则允许最大压差为 96Pa。我国有人研究认为最大压差 Δp 可以为 $80 \sim 135\text{Pa}$。最小压差应能防止烟气通过门缝渗入。我国《高层民用建筑设计防火规范》规定：Δp 为 $25 \sim 50\text{Pa}$。

对于加压区有多个门或窗，其缝隙面积可简单叠加。当加压区的空气流通路上有串联缝隙。如图 8-10 所示，缝隙 $A_1 A_2 A_3$ 为串联，这时加压区 Δp 分别消耗于三个缝隙处。根据式(8-18)可以导出有效流通面积(或称当量流通面积)为：

$$A_e = \left(\frac{1}{A_1^2} + \frac{1}{A_2^2} + \frac{1}{A_3^2} \right)^{-\frac{1}{2}} \tag{8-19}$$

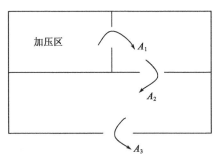

图 8-10　串联缝隙

如果流通路上串联两个面积 A_1 和 A_2，当 $A_1 \gg A_2$ 时，$A_e \approx A_2$。一般说，$A_2/A_1 \leq 0.2$ 时，即可认为 $A_e \approx A_2$，其误差不到 2%。

门缝、窗缝等缝隙面积按(缝隙)×(缝长)进行计算。而缝宽在系统设计时是一个不确定值，它与门缝的形式、加工质量、安装质量、使用情况等因素有关。因此只能按一般情况进行估计。建议缝宽如下：疏散门 $2 \sim 4\text{mm}$，电梯门 $5 \sim 6\text{mm}$；单层木窗和钢窗 0.7mm，双层木窗和钢窗 0.5mm，铝合金推拉窗 0.35mm，铝合金平开窗 0.1mm。上述窗缝宽是根据有关文献的数据按式(8-18)计算，并取整后的数值。

四种类型标准门的漏风面积见表 8-8。

表 8-8　四种类型标准门的漏风面积

门 的 类 型	高×宽(m×m)	缝隙长(m)	漏风面积(m²)
开向正压间的单扇门	2×0.8	5.6	0.01
从正压间向外开启的单扇门	2×0.8	5.6	0.02
双扇门	2×1.6	9.2	0.03
电梯门	2×1.6	8	0.06

注：对于大于表中尺寸的门，漏风面积按实际计算。

门缝宽度：疏散门 $0.002 \sim 0.004\text{m}$，电梯 $0.005 \sim 0.006\text{m}$。

如防烟楼梯间有外窗，仍采用正压送风时，其单位长度可开窗缝的最大漏风量($\Delta p = 50\text{Pa}$)据窗户类型直接确定：

单层木窗　　15.3　$\text{m}^3/(\text{m} \cdot \text{h})$

双层木窗　　10.3　$\text{m}^3/(\text{m} \cdot \text{h})$

单层钢窗　　10.9　$\text{m}^3/(\text{m} \cdot \text{h})$

双层钢窗　　7.6　$\text{m}^3/(\text{m} \cdot \text{h})$

②风速法。为维持门洞一定风速所需的风量应为：
$$V_v = (\sum A_d)v \tag{8-20}$$
式中：V_v——按门洞风速法计算的加压风量，m³/s；

$\sum A_d$——所有门洞的面积，m²。

门洞风速的大小与着火地点的火灾强度、烟气在走道内的流速等的因素有关；如果室内无任何消防措施，火灾时，窗户未爆裂前烟气在走廊内的流速可达每秒几米。但是在现代的高层建筑中，防火规范要求没有自动喷水灭火系统；走道内有自然排烟或机械排烟系统，因此烟气侵入前室或楼梯间门洞的风速不会太大。已有的研究报告建议门洞风速也相差甚远，

各国法规也不一致，例如，英国为 0.5~0.75m/s；澳大利亚为 1.0m/s；美国为 0.25~1.25m/s（有自动灭火装置）；我国规定为 0.75~1.20m/s。

(2) 防烟楼梯间加压系统的计算

设有一栋 n 层建筑的防烟楼梯间，其中 m 层的楼梯间门（一道门）及其前室的门（二道门）都开启，其余 $n-m$ 层的一、二道门都关闭，只对楼梯间送风加压，确定加压送风量，如图 8-11 所示。

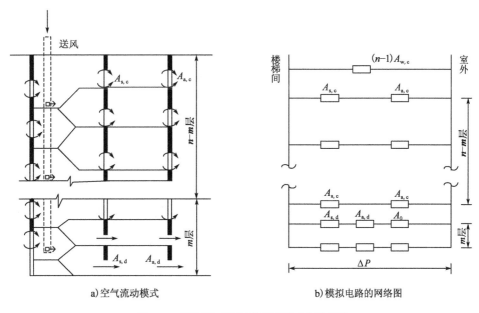

a) 空气流动模式　　　　b) 模拟电路的网络图

图 8-11　楼梯间加压时空气流动模式和网络图

图 8-11a) 表示楼梯间加压送风后，送入楼梯间的空气流动模式，其中 m 层疏散门是打开的，画于最下面 2 层示意，而其余的门都关闭，实际开门或关门的楼层是任意的，图中画法不影响问题的分析。图中的 $A_{s,d}$、$A_{a,d}$ 分别表示楼梯间和前室门洞的面积；$A_{s,c}$、$A_{a,c}$ 分别表示楼梯间和前室门的缝隙面积；$A_{w,c}$ 表示窗户缝隙面积，A_0 表示内走道经房间流向室外的当量流通面积。为了简化计算，作如下假定：①楼梯间上下的压力相等；②空气进入走廊后，通过走道的窗、房间的窗流向室外，$A_{s,c}$（或 $A_{a,c}$）<<A_0；③门洞和缝的阻力系数一样。根据流动模式可画出模拟电路的网络图，见图 8-11b）。图中电阻相当于流通面积的倒数（图中直接标为面积），电压相当于压差，电流相当于风量。由图 8-12 可见，送入楼梯间的空气量主要要通过两条路

线流向室外:第一条路线,经 m 层开启的一、二道门洞和房间窗缝;第二条路线通过楼梯间的窗缝;第三条路线经 $n-m$ 层楼梯间和前室关着门的缝和房间门窗缝,由于房间门窗缝 $A_0 \ll A_{s,c}$(或 $A_{a,c}$),因此在模拟电路图上省略了 A_0,总风量应当是三条路的风量之和。计算步骤如下。

①通过开启门洞的风量用公式(8-20)进行计算,即

$$V_1 = mA_{a,d}v \tag{8-21}$$

②分别求出三条路的当量流通面积。

第一条线路当量流通面积为:

$$A_{e,1} = m\left(\frac{1}{A_{s,d}^2} + \frac{1}{A_{a,d}^2} + \frac{1}{A_0^2}\right)^{-\frac{1}{2}} \tag{8-22}$$

第二条线路当量流通面积为:

$$A_{e,2} = (n-1)A_{w,c} \tag{8-23}$$

第三条线路当量流通面积为:

$$A_{e,3} = (n-m)\left(\frac{1}{A_{s,d}^2} + \frac{1}{A_{a,d}^2}\right)^{-\frac{1}{2}} \tag{8-24}$$

③求第二条路线和第三条路线的风量。

由于这三条路线是并联路线,它们的风量分别与其流通面积成正比,因此有

$$V_2 = \frac{A_{e,2}}{A_{e,1}}V_1 \quad V_3 = \frac{A_{e,3}}{A_{e,1}}V_1 \tag{8-25}$$

④总风量。

$$V = V_1 + V_2 + V_3 \tag{8-26}$$

考虑到漏风及不可预见的原因,系统加压的风量增加 10% 富余量。

上述的计算方法,实质上是用门洞风速法计算出基本风量后,再附加其他通路上的渗风量,下面讨论上述计算公式中的取值问题。

楼梯间和前室门同时开启的层数 m 的取值,对计算风量起着至关重要的影响。同时开门数是一个很难确定的随机事件,它与疏散人数、疏散时间、门宽、建筑层数等因素有关。一般认为,某层起火,该层的人群将首先通过前室和楼梯间的门经楼梯到底层,再经过这层的两道门,通往室外,因此最少应取 $m=2$。我国《建筑设计防火规范》(GB 50016—2014)的条文说明中推荐:20 层以下,取 $m=2$;大于等于 20 层,取 $m=3$。通过概率分析,上述取值是适宜的。

由走道、房间通向室外的流通面积 A_0,如果是打开的门、窗则可以在计算中不予考虑,即式(8-22)中 A_0 可忽略;如果门窗是关闭的,A_0 等于与楼梯间相通的所有房间门、窗的缝隙面积之和。一般说按后者计算所得的风量比前一种的结果大得多。对于高层建筑,都有自然排烟或机械排烟,因此一旦起火,可认为窗是打开的,底层通向室外的门也是打开的,或是说排烟系统已经启动,因此由楼梯间流到走道的空气的出路是畅通的,走廊内无背压,即流入走道相当于流到室外。

门扇开启时的净面积一般小于门洞的加积。疏散门都是弹簧门,打开到 90°的情况很少;

而且人通过时遮挡一部分面积,因此实际净流通面积也就是门洞的70%左右。但从设计安全和方便起见,可就取门洞的面积。

【例8-1】 有一栋18层建筑,楼梯间和前室门的宽×高为1.6m×2m,楼梯间有1.5m×1.5m的铝合金推拉窗,求加压风量。

【解】 (1)按式(8-10)求通过开启门洞的风量:

$$V_1 = 2 \times 2 \times 1.6 \times 0.7 = 4.48 \text{m}^3/\text{s}$$

(2)取疏散门的缝宽为3mm,窗缝取0.35mm,从走道到室外的空气流动通道畅通,即 A_0 足够大,因此有:

$$A_{e,1} = 2 \times \left[\frac{1}{(1.6 \times 2)^2} + \frac{1}{(1.6 \times 2)^2}\right]^{-\frac{1}{2}} = 4.34 \text{m}^2$$

$$A_{e,2} = (18 - 1) \times (1.5 \times 2 + 1.5 \times 3) \times 0.35 \times 10^{-3} = 0.0357 \text{m}^2$$

$$A_{s,c} = A_{a,c} = (2 \times 3 + 1.6 \times 2) \times 0.003 = 0.0276 \text{m}^2$$

$$A_{e,3} = (18 - 2)\left[\frac{1}{0.0276^2} + \frac{1}{0.0276^2}\right]^{-\frac{1}{2}} = 0.312 \text{m}^2$$

(3)求其他通路的渗风量。

$$V_2 = \frac{0.0375}{4.35} \times 4.48 = 0.037 \text{m}^3/\text{s}$$

$$V_3 = \frac{0.312}{4.35} \times 4.48 = 0.309 \text{m}^3/\text{s}$$

(4)求总加压风量。

$$V = (V_1 + V_2 + V_3) \times 1.10 = (4.48 + 0.035 + 0.309) \times 1.10 = 5.3 \text{m}^3/\text{s}$$

(5)用压差法计算加压风量。

当门全关闭时,则空气流通面积为:

$$A_e = 0.0357 + 18 \times \left(\frac{1}{0.0276^2} + \frac{1}{0.0276^2}\right)^{-\frac{1}{2}} = 0.387 \text{m}^2$$

$$V_p = 1.25 \times 0.839 \times 0.387 \times (50)^{\frac{1}{2}} = 2.87 \text{m}^3/\text{s}$$

由此例可见,用压差法计算得的风量远小于用门洞风速法计算的风量;一旦门打开,系统阻力减小,系统风量增加,但通过门洞的风速仍达不到防烟的要求。因此,以门洞风速法计算风量,再考虑其他缝隙的漏风量的计算方法是比较适宜的。

(3)前室加压系统的分析

电梯间前室或只对楼梯间前室的加压系统与防烟楼梯间的加压系统相比要复杂一些。下面就电梯间前室的加压进行分析,图8-12a)是电梯间前室加压系统的空气流动模型,其中有 m 层的前室门被开启,而其余的 $n-m$ 层的前室门是关闭的。在每层前室内均设有加压送风口,送风口面积为 A_0。送风口有两种形式,即常开型风口和常闭型风口。若用常闭型风口,当发生火灾时,着火层及其上一层(和下一层)的风口自动开启,以使加压送风的空气集中用于着火层及邻层,防止烟气侵入疏散通道。计算得到的加压总风量比常开型风口的系统略小一些。

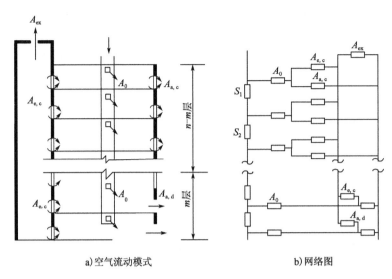

a) 空气流动模式　　　　b) 网络图

图 8-12　电梯间前室加压系统

这种系统的弊端是:当系统运行,某前室的风口开启而前室门尚未开启时,前室内正压升高,以致打不开前室的门;常闭型风口有一套自控控制系统,必须经常维护,如常年闲置而未加维护,火灾时有可能失控。由此可见,常闭型风口存在一定不安全的隐患。用常开型风口的系统,系统运行时,风量将按流通管路阻力的大小进行分配。当所有前室门都关闭时,则每层得到大致相等的风量;当某层的前室门开启时,这层流通阻力减小,会有大量空气从这层涌出,保证了门洞具有一定的风速。因此可以保证在任何层的前室门开启(在设计允许的开门数以内)时,获得足够量的空气量。这种系统中每层的送风口通常按系统的 1/3 风量,并不小于一个门洞所需的风量进行选取,出风速度不宜太大。

图 8-12 是常开型风口的加压送风系统。因此,加压风量将被送到每层的前室中,这时大量的空气将送入 m 层开门的前室,并从门洞流出。设电梯前室的门洞面积为 $A_{a,d}$,门缝面积为 $A_{a,c}$,电梯井排气孔面积为 A_{ex};(无特殊说明,一般取 $A_{ex}=0.1m^2$),送风口为 A_0,电梯门的门缝面积为 $A_{e,c}$。当电梯门打开时,电梯轿厢四周的缝是空气流通面积,它与电梯门缝面积并不相等,为简单起见,认为它的面积仍为 $A_{e,c}$。根据空气流动的模式,可以画出网络图,如图 8-12b)所示,其中通过门洞、门缝、风口等的阻力特性仍用相应的流通面积表示,而在送风管内的阻力特性用 S_1、S_2、$\cdots S_{n-1}$ 表示。

送风管的空气主要由三条路线流到室外:第一条路线经送风管、送风口(A_0)、门开启的前室的门洞($A_{a,d}$)、走道,最后排到室外,并认为向外的出口是畅通的;第二条路线经送风管、送风口(A_0)到门关闭的前室,从这里分两路,一部分空气经前室的门缝($A_{a,c}$)、走廊,再排到室外;另一部分空气,即第三条路线,经过电梯门缝 $A_{e,c}$ 进入电梯井,经电梯井的排气孔 A_{ex} 排出一部分,另有一部分将从开门的前室排到室外。后一部分空气流向的原因是,门开启的前室的压力不大(如果门洞风 1m/s,门两侧的压差也就 1.4Pa),电梯井内的压力通常会高于前室,因此电梯井内空气会有一部分通过开启门洞的前室排到室外。

上述的流动模式假定了电梯井内为一等压区。由于送风管内有阻力存在,并非等压区,而且开门的前室位于送风管的哪个位置,都对风量分配有影响。因此,解这问题比防烟楼梯间的加压系统要复杂些,需要利用流量平衡与回路压力平衡的原则,用计算机进行求解。作为简化的一种手算法,将送风管认为是等压的,并且是串联路上忽略流通面积大的阻力,则可以像防烟楼梯间的相类似的方法进行计算。

这里分析了防烟楼梯间和电梯井前室的加压送风的流动规律。至于楼梯间前室、合用前室等的加压系统,它们各有一定的特殊性,也有与上面分析相类似的特点。

(4)封闭避难层(间)加压送风量的计算

当火灾发生时,为了阻止烟气入侵,对封闭避难层(间)设置加压送风设施,不但可以保证避难层内一定的正压值,而且也是为避难人员的呼吸需要提供室外新鲜空气。《建筑设计防火规范》(GB 50016—2014)规定,封闭避难层(间)的机械加压送风量应按封闭避难层(间)净面积每平方米不小于 $30\text{m}^3/\text{h}$ 计算。

5)加压防烟系统的正压区超压问题

防烟楼梯间、前室、合用前室等加压防烟,其风量都是按 2 层或 3 层的门同时开启,保证门洞一定风速并附加其他层的漏风设计的,通常比按压差法计算的风量大得多。那么如此大的风量在疏散门都关闭时造成的正压不能简单地根据风量公式(8-20)来确定。图 8-13 中曲线 3 为风机特性,设计工况下的工作点为 A,曲线 1 即为设计工况下(2 层或 3 层的疏散门开启)的管路特性;曲线 2 为所有疏散门都关闭时的管路特性,B 为新的工作点。由于管路特性 1 是在门开启情况下的特性,而门洞的阻力在总阻力中占的比重很小,因此曲线 1 相当于送风管路从空气入口到送风口(包括送风口阻力)的管路特性。曲线 2 相当于原来的送风管路再加上正压区漏风通路的管路特性。这样,$P_B - P_C$ 即是在所有疏散门关闭时正压区的正压值。

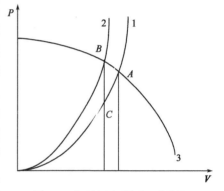

图 8-13 加压送风系统的工作特性

下面通过实例来说明估算楼梯间内门全关闭时正压值的步骤。

【例 8-2】 [例 8-1]的防烟楼梯间加压送风系统,风量为 $5.3\text{m}^3/\text{s}$,根据管理的阻力选用 4-79 型 No.8C 风机一台,转速为 800r/min,风压为 470Pa,求该楼梯间门全关闭时的正压值。

【解】 (1)根据式(8-17),可以得到楼梯间内门全关闭时的漏风量与正压值的关系。所有门窗缝已在上例中计算得到,为 0.387m^2,代入式(8-17)得:

$$V_1 = 0.839 \times 0.387 \Delta p^{\frac{1}{2}} = 0.325 \Delta p^{\frac{1}{2}} \tag{8-27}$$

(2)若该楼梯间的墙为现浇混凝土,扣除门、窗面积后的墙体面积为 $1\,276\text{m}^2$,则可根据式(8-27)求出通过墙体的漏风量与楼梯间内正压值的关系,即:

$$V_2 = 1\,276 \times 5.8 \times 10^{-5} \Delta p^{0.57} = 0.074 \Delta p^{0.57} \tag{8-28}$$

(3)楼梯间的漏风量应为:

$$V_3 = V_1 + V_2 = 0.325 \Delta p^{\frac{1}{2}} + 0.074 \Delta p^{0.57}$$

为方便下面分析,将上式改写成如下形式的计算式:

$$V = 0.397 \Delta p^{0.516}$$

或
$$\Delta p = 5.99 V^{1.94} \qquad (8-29)$$

(4) 将加压送风系统设计工况下的管路特性写成 $p=SV^2$ 形式。根据设计工况下的风量及系统阻力,可求出 S 值,本例 $S=18.3$,因此管路特性(图 8-13 中曲线 1)的方程为:

$$p = 1.83 V^2 \qquad (8-30)$$

(5) 由于空气通过开门的门洞阻力很小,上式也可以看作不计门洞阻力的管路系统的特性,因此将式(8-29)和式(8-30)相加,即为楼梯间门全关时加压送风系统的管路特性(图 8-13 中曲线 2),它为:

$$p = 1.83 V^2 + 5.99 V^2 \qquad (8-31)$$

(6) 利用风机的特性曲线与式(8-31)的管路特性曲线,即可求得楼梯间的门全关闭时的工作点(图 8-13 中曲线 B 点)。当无风机特性曲线时,可利用风机样本中给出的风量和风压值回归风机特性曲线。本例所选用的风机在风量 $3.68\sim5.3\mathrm{m}^3/\mathrm{s}$ 内的回归特性曲线方程为:

$$p = 509 + 103 V - 20.0 V^2 \qquad (8-32)$$

解式(8-31)和式(8-32)的联立方程,得 $V=4.72\mathrm{m}^3/\mathrm{s}$,$p=529\mathrm{Pa}$。利用式(8-29)可求得此时楼梯间内的正压值为:

$$\Delta p = 5.99 \times 4.72^{1.94} = 122\mathrm{Pa}$$

此值已超过一般允许的最大正压值。

(7) 若风机选择不当,选用了 4-79 型 No.8C 风机,转速为 1 120r/min,风量在 $5.3\mathrm{m}^3/\mathrm{s}$ 时的全压为 1 162Pa。这时即使在设计工况下,实际运行风量超过设计风量很多。用上述同样的方法,可以求出门全关闭楼梯间内的正压值,为 239Pa,大大超过了允许的最大正压值。

由上例可以看出,为防止正压区室门关闭时正压值过大,应做到正确计算系统的阻力,合理选择风机,忌选用压力过大的风机;对室内正压值进行估算,如过高,应采取措施。防止超过最大压差的措施有如下几种。

(1) 设置泄压阀(又称余压阀)。

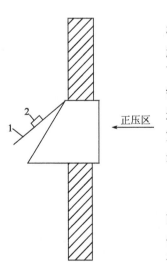

图 8-14 泄压阀
1-阀板;2-重锤

泄压阀的原理如图 8-14 所示。利用重锤的力矩与作用在阀板上的压力差平衡的原理,保持正压区一定的正压值。当压力超过设定值时,阀板被推开排风;小于设定值时阀板在重锤作用下关闭。压差设定值可通过改变重锤位置进行调整。泄压阀按需要泄出的多余空气量,进行选择。余压阀排出的空气可排到通向室外的竖井中去,或建筑内部区域,或直接排到室外。排到室内时,应在泄压阀上串联一防火阀(在 70℃ 时自动关闭,防止烟气进入正压区)。排到室外时,注意风力、风向的影响。

(2) 风机变频调节风量。

利用微差控制器,根据正压区的正压比值,控制变频续置。改变风机电机的转速,从而改变风机的特性,保持正压区的正压值。这种方法调节的质量高,尤其设计不合适时,可以进行自动调整,但是初期投资大。

(3) 其他方法调节风量。

在风机入口处设导叶式调节阀或其他节流型调节阀,或使风机压出的部分风量旁通回吸入段等,可以调节加压送风系统的风量。风量的调节也是根据正压区的正压值。节流型调节阀或旁通路上的调节阀均应采用有较好调节性能的多叶调节阀,以保证系统有较好的调节质量。

8.1.3 排烟设计

1)机械排烟设置

根据《建筑设计防火规范》(GB 50016—2014)设置机械排烟的部位时,应符合下列规定与要求:

(1)厂房或仓库的下列场所或部位应设置排烟设施:

①丙类厂房内建筑面积大于300m^2且经常有人停留或可燃物较多的地上房间,人员或可燃物较多的丙类生产场所;

②建筑面积大于5 000m^2的丁类生产车间;

③占地面积大于1 000m^2的丙类仓库;

④高度大于32m的高层厂房(仓库)内长度大于20m的疏散走道,其他厂房(仓库)内长度大于40m的疏散走道。

(2)民用建筑的下列场所或部位应设置排烟设施:

①设置在一、二、三层且房间建筑面积大于100m^2的歌舞娱乐放映游艺场所,设置在四层及以上楼层、地下或半地下的歌舞娱乐放映游艺场所;

②中庭;

③公共建筑内建筑面积大于100m^2且经常有人停留的地上房间;

④公共建筑内建筑面积大于300m^2且可燃物较多的地上房间;

⑤建筑内长度大于20m的疏散走道。

(3)地下或半地下建筑(室)、地上建筑内的无窗房间,当总建筑面积大于200m^2或一个房间建筑面积大于50m^2,且经常有人停留或可燃物较多时,应设置排烟设施。

(4)机械排烟方式:

机械排烟可分为局部排烟和集中排烟两种方式。局部排烟是在每个需要排烟的部位设置独立的排烟风机,直接进行排烟;集中排烟是将建筑物划分为若干个区,在每个区内设置排烟风机,通过排烟风道排烟。

局部排烟方式投资大,而且排烟风机分散,维修管理麻烦。一般与通风换气相结合,即平时兼作通风换气使用。

2)房间与走道的排烟

(1)设置机械排烟设施的部位,其排烟风机的风量应符合下列规定:

担负一个防烟分区排烟或净空高度大于6.00m的不划防烟分区的房间时,应按每平方米面积不小于60m^3/h计算(单台风机最小排烟量不应小于7 200m^3/h)。担负两个或两个以上防烟分区排烟时,应按最大防烟分区面积每平方米不小于120m^3/h计算。

中庭体积小于17 000m^3时,其排烟量按其体积的6次/h换气计算;中庭体积大于17 000m^3时,其排烟量按其体积的4次/h换气计算,但最小排烟量不应小于102 000m^3/h。车库应按换气次数不小于6次/h计算确定。

（2）排烟口应设在顶棚上或靠近顶棚的墙面上，且与附近安全出口沿走道方向相邻边缘之间的最小水平距离不应小于1.50m。设在顶棚上的排烟口，距可燃构件或可燃物的距离不应小于1.00m。排烟口平时应关闭，并应设有手动和自动开启装置。

（3）防烟分区内的排烟口距最远点的水平距离不应超过30m。在排烟支管上应设有当烟气温度超过280℃时，能自行关闭的排烟防火阀。

（4）走道的机械排烟系统宜竖向设置，房间的机械排烟系统宜按防烟分区设置。

（5）排烟风机可采用离心风机或采用排烟轴流风机，并应在其机房入口处设当烟气温度超过280℃时，能自动关闭的排烟防火阀。排烟风机应保证在280℃时，连续工作30min。

（6）机械排烟系统中，当任一排烟口或排烟阀开启时，排烟风机应能自行启动。

（7）排烟管道必须采用不燃材料制作。安装在吊顶内的排烟管道，其隔热层应采用不燃烧材料制作，并应与可燃物保持不小于150mm的距离。

（8）机械排烟系统与通风、空气调节系统宜分开设置。若合用时，必须采取可靠的防火安全措施，并应符合排烟系统要求。

（9）设置机械排烟的地下室，应同时设置送风系统，且送风量不宜小于排烟量的50%。

（10）排烟风机的全压应按排烟系统最不利环管道进行计算，其排烟量应增加漏风系数。

（11）高层建筑如有条件，机械排烟系统可与排风系统合用，但应采取可靠的安全措施：系统风量应满足排烟量；烟气不能通过如过滤器加热器等设备；排烟口应设有排烟防火阀或远动排烟防火阀；风管材质及厚度应按排烟风道要求制作。机械排烟和排风合用系统如图8-15所示。

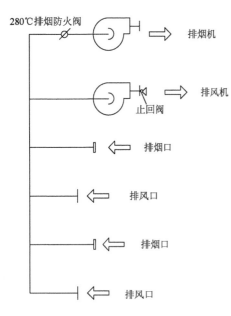

图8-15 机械排烟和排风合用系统

3）机械排烟系统的设计

（1）机械排烟量的计算

机械排烟量可按上述（1）条设计规定进行计算，对于每个排烟口排烟量的计算及排烟风管各管段风量分配的示例见表8-9，其排烟系统如图8-16所示。

排烟风管风时计算举例　　　　　　表8-9

管　段　间	负担防烟区	通过风量(m³/h)	备　　注
A_1-B_1	A_1	$Q_{A_1} \times 60 = 22\ 800$	
B_1-C_1	A_1,B_1	$Q_{A_1} \times 120 = 45\ 600$	
C_1-①	A_1-C_1	$Q_{A_1} \times 120 = 45\ 600$	一层最大 $Q_{A_1} \times 120$
A_2-B_2	A_2	$Q_{A_2} \times 60 = 28\ 800$	
B_2-①	A_2,B_2	$Q_{A_2} \times 120 = 57\ 600$	二层最大 $Q_{A_2} \times 120$

续上表

管 段 间	负担防烟区	通过风量(m³/h)	备 注
①-②	$A_1-C_1\ A_2,B_2$	$Q_{A_2}\times 120=57\,600$	一、二层最大 $Q_{A_2}\times 120$
A_3-B_3	A_3	$Q_{A_3}\times 60=13\,800$	
B_3-C_3	A_3,B_3	$Q_{B_3}\times 120=30\,000$	
C_3-D_3	A_3,B_3C_3	$Q_{B_3}\times 120=30\,000$	
D_3-②	$A_3,B_3C_3D_3$	$Q_{B_3}\times 120=30\,000$	三层最大 $Q_{B_3}\times 120$
②-③	$A_1-C_1A_2,B_2A_3-D_3$	$Q_{A_3}\times 120=57\,600$	前三层最大 $Q_{A_2}\times 120$
A_4-B_4	A_4	$Q_{A_4}\times 60=22\,800$	
B_4-C_4	A_4,B_4	$Q_{A_4}\times 120=45\,600$	
C_4-③	A_4-C_4	$Q_{A_4}\times 120=45\,600$	四层最大 $Q_{A_4}\times 120$
③-④	$A_1-C_1A_2,B_2A_3-D_3A_4-C_4$	$Q_{A_4}\times 120=57\,600$	全体最大 $Q_{A_4}\times 120$

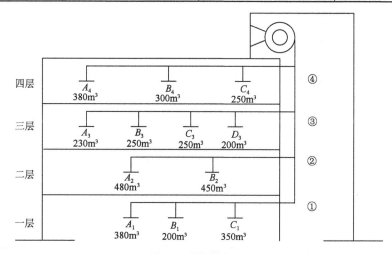

图 8-16 排烟系统原理

一个排烟系统可以负担若干个防烟分区,其最大排烟量为 60 000m³/h,最小排烟量为 7 200m³/h。选择排烟风机应附加漏风系数,一般采用 10%～30%。排烟系统的管段应按系统最不利条件考虑,也就是按最远两个排烟口同时开启的条件计算。

(2)排烟系统的布置

排烟系统的布置除满足上述设计条件规定中有关要求外,还应注意:

①排烟气流应与机械加压送风气流合理组织,并尽量考虑与疏散人流方向相反;

②为防止风机超负荷运转,排烟系统竖直方向可分成数个系统,不过不能采用将上层烟气引向下层的风道布置方式;

③每个排烟系统设有排烟口的数量不宜超过 30 个,以减少漏风量对排烟效果的影响;

④独立设置的排烟系统可兼作平时通风排气用。

(3)排烟风机、排烟风道的设计要求。

①排烟风机。用于排烟的风机主要有离心风机和轴流风机,还有自带电源的专用排烟风

机。排烟风机应有备用电源,并应有自动切换装置;排烟风机应耐热,变形小,使其在排送280℃烟气时连续工作30min,仍能达到设计要求。

普通离心风机:在风机的耐热性能与变形等方面,离心风机比轴流风机优越。经有关试验表明,在排送280℃烟气时连续工作30min是完全可行的。其不足之处是风机体形较大,占地面积大。

轴流风机:使用轴流风机排烟,其电动装置应安装在风管外,或者采用冷却轴承的装置,目前国内已经生产专用排烟轴流风机,其设置方便,占地面积小。

自带电源的专用排烟风机:利用蓄电池为电源的专用排烟风机,其蓄电池的容量应能使排烟风机持续运行30min,对自带发电机的排烟风机,应在其风机设有排除余热的全面通风系统。

排烟风机设置要求如下所列。

a. 应设置在该排烟系统最高排烟口的上部,并宜设在耐火极限不小于2h的隔墙隔开的机房内,机房的门应采用耐火极限不低于0.6h的防火门。

b. 为了方便维修,排烟风机外壳至墙壁或设备的距离不宜小于60cm。试排烟风机与排烟道的连接方式应合理。实践证明,排烟风机与排烟风道连接方式不正确,常常会引起风机的性能显著下降。因此,在设计中如果采取的连接方式有引起风机性能降低的可能时,则选择的风量、风压要留有一定的余量。

c. 排烟风机与排烟口应设有联锁装置。当任何一个排烟口开启时,排烟风机即自动启动,即一经报警,确认发生火灾时,由手动或由消防控制室遥控开启排烟口,则排烟风机立即投入运行,同时立即关闭着火区的通风空调系统。

d. 排烟风机应设在混凝土或钢架基础上,但可不设减振装置。风机吸入口管道上不应设有调节装置。

② 排烟风道。

设计排烟风道不应穿越防火分区。竖直穿越各层的竖风道应用耐火材料制成,并宜设在管道井或采用混凝土风道。

另外,排烟风道因排出火灾时烟气温度较高,除应采用金属板、不燃玻璃、混凝土等非金属不燃性材料制作外,还应安装牢固,排烟时温度升高不致变形脱落,并应具有良好的气密性。排烟风道的厚度可按表8-10中高压系统选取。

金属风道厚度　　　　　　　　　表8-10

风速分区	长方形风管长边(mm)	圆形风管直径(mm)		板厚(mm)
		直管	管件	
低速风道	<450	<500	—	0.5
	450~700	500~700	<200	0.6
	>700~1 500	>700~1 000	200~600	0.8
	1 500~2 000	1 000~1 200	600~800	1.0
	—	<1 200	<800	1.2
高速风道	<450	<450		0.8
	450~1 200	450~700	<450	1.0

要确定一排烟风道的风量,风道内通过的风量,应按该排烟系统各分支风管所有排烟口中最大排烟口的两倍计算;当采用金属风管时,排烟风速不应超过20m/s;当采用混凝土砌块、石板等其他非金属材料风道时,排烟风速不应超过15m/s;当某个排烟系统各个排烟口风量都小于3 600m³/h时,其排烟总量可按7 200m³/h计算,其余各支管的风量均按各自担负的风量计算。

排烟道构造要求如下所列。

a. 排烟风道外表面与木质等可燃构件的距离不应小于15cm,或在排烟道外表面包有厚度不小于10cm的保温材料进行隔热。

b. 排烟风道穿过挡烟隔墙时,风道与挡烟墙之间的空隙应用水泥砂浆等不燃材料严密填塞。

c. 排烟风道与排烟风机的连接,宜采用法兰连接或采用不燃烧的软性材料连接。

d. 需要隔热的金属排烟道必须采用不燃保温材料,如矿棉、玻璃棉、岩棉、硅酸铝等材料。

e. 烟气排出口的材料,可采用1.5mm厚钢板或用具有同等耐火性能的材料制作。

f. 烟气排出口的位置,应根据建筑物所处的条件(风向、风速、周围建筑以及道路等情况)考虑确定,既不能将排出的烟气直接吹在其他火灾危险性较大的建筑物上,也不能妨碍人员避难和灭火活动的进行,更不能让排出烟气再被通风或空调设备等吸入。此外,必须避开有燃烧危险的部位。

4) 防排烟控制技术

当建筑物发生火灾时,必须随着火灾的发展,明确掌握何时使排烟设备动作以及在同一时间内使用哪些设备动作。对于小型排烟设备,因平时没有监视人员,所以不可能设置集中控制室,一般都是在发生火灾的火场附近进行局部操作。

在大型的排烟设备中,虽然可以在火灾现场附近操作,但从全局看,有必要使排烟设备系统地动作,并能局部控制。如果把排烟设备的顺序号搞错,就有可能把烟气引进疏散通道或其他部位的危险。因此,有必要设置消防控制室,配备专门的监视人员对排烟进行控制和监视。

对各种排烟装置的控制方式和程序,其要求如下。

(1) 不设消防控制室的机械排烟控制程序

① 排烟口和排烟风机联锁,基本的控制程序,如图8-17所示。

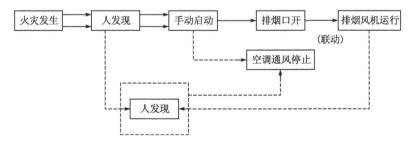

图8-17 基本排烟程序

② 火灾报警动作后,活动挡烟垂壁动作,并有信号到值班室,同时排烟口和排烟风机启动,如图8-18所示。

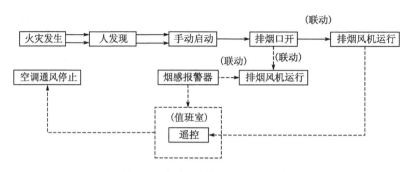

图 8-18 自动活动挡烟垂壁动作程序

③火灾时,火灾报警器动作,同时风管内带易熔片的防火阀关闭,切断火源,防止火势沿风管蔓延,如图 8-19 所示。

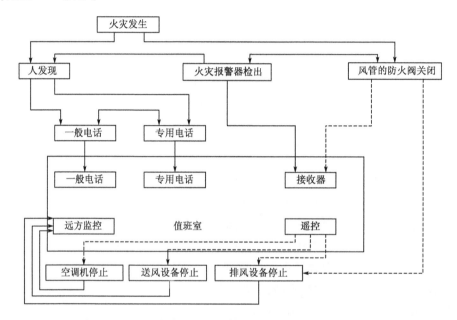

图 8-19 设有火灾感烟探测器风管内有易熔片的防火阀程序控制

④火灾时,火灾报警器通过控制线路关闭防火阀,如图 8-20 所示。

(2)设有消防控制室的机械排烟的控制程序

①火灾时,火灾报警器动作后,排烟、排烟风机、通风及空气调节系统的通风机均由消防控制室集中控制,如图 8-21 所示。

②火灾时,火灾报警器动作后,消防控制室仅控制排烟口,由排烟联动排烟风机、通风机及空气调节系统的通风机,如图 8-22 所示。

5)防、排烟系统设计举例

防排烟系统,都是由送排风管道、管井、防火阀、门开关设备、送、排风机等设备组成。防烟系统设置形式为楼梯间正压。机械排烟系统的排烟量与防烟分区有着直接的关系。高层建筑的防烟设施应分为机械加压送风的防烟设施和可开启外窗的自然排烟设施。高层建筑的排烟设施应分为机械排烟设施和可开启外窗的自然排烟设施。以某建筑地下一层为例,介绍防排

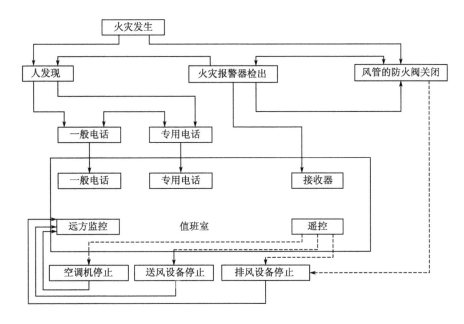

图 8-20 设感烟探测器直接控制防火阀的程序

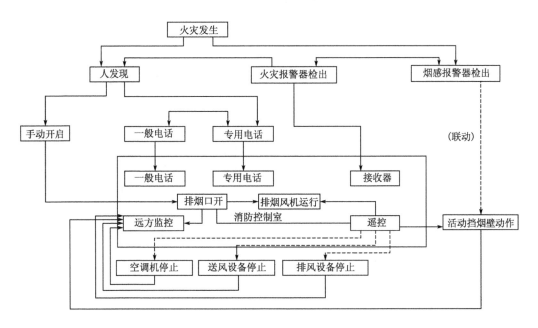

图 8-21 设有消防控制室的建筑机械排烟的控制程序(1)

烟系统的设计。

该建筑是某建筑地下一层,主要用作停车场用,另有变压房和一小自行车库;根据停车位置设计,停车数量为 101~250 辆,属于Ⅲ类停车场;建筑面积约 5 600m²,分为 2 个防火分区,其中第一防火分区面积 3 496m²。第二防火分区面积 2 070m²。根据《汽车库、修车库、停车场设计防火规范》(GB 50067—2014),设计原则如下。

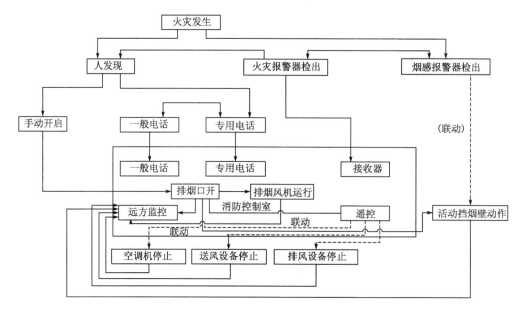

图 8-22 设有消防控制室的建筑机械排烟的控制程序(2)

(1)面积超过 2 000m² 的地下汽车库应设置机械排烟系统。机械排烟系统可与人防、卫生等排气、通风系统合用。

地下汽车库一旦发生火灾,会产生大量的烟气,而且有些烟气含有一定的毒性,如果不能迅速排出室外,极易造成人员伤亡事故,也给消防员进入地下室扑救带来困难。根据国内 20 多座地下汽车库的调查,一些规模较大的汽车库都设有独立的排烟系统,而一些中、小型汽车库,一般均与地下车库内的通风系统组合设置。平时作为排风排气使用,一旦发生火灾时,转换为排烟使用。

当采用排烟、排风组合系统时,其风机应采用离心风机或耐高温的轴流风机,确保风机能在 280℃时连续工作 30min,并具有在超过 280℃时风机能自行停止的技术措施。排风风管的材料应为不燃烧材料制作。由于排气口要求设置在建筑的下部,而排烟口应设置在上部,因此各自的风口应上、下分开设置,确保火灾时能及时进行排烟。

(2)设有机械排烟系统的汽车库,其每个防烟分区的建筑面积不宜超 2 000m²,且防烟分区不应跨越防火分区。防烟分区可采用挡烟垂壁、隔墙或从顶棚下突出不小于 0.5m 的梁划分。

本条规定了防烟分区的建筑面积。防烟分区太小,增设了平面内的排烟系统的数量,不易控制;防烟分区面积太大,风机增大,风管加宽,不利于设计。规范修订组召集了上海华东设计院、上海市建筑设计院的部分专家进行了研讨,结合具体工程,按层高为 3m,换气次数为 6 次/(h·m³)计算,2 000m³ 的排烟量为 3 600m³ 是比较合适的,符合实际情况。

(3)每个防烟分区应设置排烟口,排烟口宜设在顶棚或靠近顶棚的墙面上;排烟口与该防烟分区内最远点的水平距离不应超过 30m。

地下汽车库发生火灾时产生的烟气,开始绝大多数积聚在车库的上部,将排烟口设在车库的顶棚或靠近顶棚的墙面上,排烟效果更好。排烟口与防烟分区最远地点的距离是关系排烟效果的重要问题,排烟口与最远排烟地点太远,就会直接影响排烟速度,太近要多设排烟管道,不经济。

(4)排烟风机的排烟量应按换气次数不小于 6 次/h 计算确定。地下汽车库汽车发生火灾,可燃物较少,发烟量不大,且人员较少,基本无人停留,设置排烟系统,其目的一方面是为了人员疏散,另一方面便于扑救火灾。鉴于地下车库的特点,经专家们研讨,认为 6 次/h 的换气次数的排烟量是基本符合汽车库火灾的实际情况和需要的。参照美国 NFRA88A 有关规定,其要求汽车库的排烟量也是 6 次/h,因此规范修订组将风机的排烟量定为 6 次/h。

(5)排烟风机可采用离心风机或排烟轴流风机,并应在排烟支管上设有烟气温度超过 280℃时能自动关闭的排烟防火阀。排烟风机应保证 280℃时能连续工作 30min。排烟防火阀应联锁关闭相应的排烟风机。

据测试,一般可燃物发生燃烧时火场中心温度高达 800~1 000℃。火灾现场的烟气温度也很高,特别是地下汽车库火灾时产生的高温散发条件较差,温度比地上建筑要高,排烟风机能否在较高温度下正常工作,是直接关系火场排烟很重要的技术问题。排烟风机一般设在屋顶上或机房内,与排烟地点有相当一段距离,延期经过一段时间方能扩散到风机,温度也要比火场中心温度低很多。根据国外有关资料介绍,排烟风机能在 280℃时连续工作 30min,就能满足要求。

火阀、排烟管道、排烟口,是一个排烟系统的主要组成部分,它们缺一不可,排烟防火阀关闭后,光是排烟风机启动也不能排烟,并可能造成设备损坏,所以,它们之间一定要做到互相联锁,目前国内的技术已经完全实现了这一点,而且都能做到手动和自动两用。

此外,还要求排烟口平时宜处于关闭状态,发生火灾时能做到自动和手动都能打开。目前,国内多数是采用自动和手动控制的,并与消防控制中心联动起来,一旦遇有火灾需要排烟时,由控制中心指令打开排烟阀或排烟风机进行排烟。因此凡设置消防控制室的车库排烟系统,应用联动控制的排烟口或排烟风机。

(6)机械排烟管道风速,采用金属管道时不应大于 20m/s;采用内表面光滑的非金属材料风道时,不应大于 15m/s。排烟口的风速不宜超过 10m/s。

本条规定了排烟管道内最大允许的风速的数据,金属管道内壁比较光滑,风速允许大一些。混凝土等非金属管道内壁比较粗糙,风速要求小一些,内壁光滑、风速阻力小,内壁粗糙阻力要大一些。在风机、排烟口等相同条件下,阻力越大排烟效果越差,阻力越小排烟效果越好。

(7)汽车库内无直接通向室外的汽车疏散出口的防火分区,当设置机械排烟系统时,应同时设置进风系统,且送风量不宜小于排烟量的 50%。

根据空气流动的原理,需要排除某一区域的空气,同时也需要有另一部分的空气补充。地下车库由于防火分区的防火墙分隔和楼层的楼板分隔,有的防火分区内无法直接通向室外的汽车疏散出口,也就无自然进风条件,对这些区域,因是周边处于封闭的条件,如排烟时没有同时进行补风,烟是排不出去的。因此,本条规定应在这些区域内的防烟分区增设进风系统,进风量不宜小于排烟量的 50%。在设计中,应尽量做到送风口在下,排烟口在上,这样能使火灾发生时产生的浓烟和热气顺利排除。

8.1.4 风机的种类及其工作原理

在建筑消防的防排烟工程中,按照工作形式将所用的风机分为送风机和排烟机。不管是送风机还是排烟机,一般情况下,按工作原理分,又主要将它们分为离心式和轴流式两种。

1) 离心式风机

(1) 离心式风机的结构、分类及命名

离心式风机主要由叶轮、机壳、轴、轴承座、进风口、排气口、传动部件及电动机等组成,叶轮和机壳是离心式风机的主要部件,叶轮上有若干叶片,叶片的方向和形状有多种形式。按其叶片形式的不同,叶片的方向可分为径向、后向(后弯)和前向(前弯)三种,径向型时 $\beta = 90°$,后向型时 $\beta < 90°$,前向型时 $\beta > 90°$;按叶片的形状可分为直线形和曲线形两种,在其他条件相同的情况下,前向式叶片的风机压头最高,径向型次之,后向型最低,但风机的效率恰好相反,后向型最高,径向型居中,前向型最低;此外,后向型风机的噪声较小,加上在排烟时压头不是很大,所以在选用时一般采用后向叶片式。

离心式风机的出口压头取决于叶轮的直径,叶轮直径越大,压头越高,由于叶轮直径的限制,离心式风机的出口压头就不可能无限制地增大。

离心式风机的出口压头按其大小又可分为高压离心式风机($H > 3kPa$)、中压离心式风机($H = 1 \sim 3kPa$)和低压离心式风机($H < 1kPa$)三种。

离心式风机的命名在现在国内没有固定的形式,但大体上在铭牌上的体现下列几个部分,如图 8-23 所示。

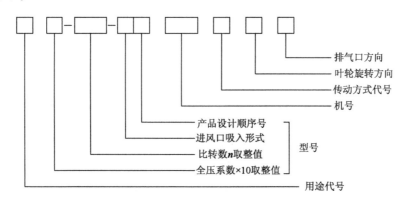

图 8-23 离心式风机型号

离心式风机的用途代号采用汉字或汉语拼音的缩写,型号由基本型号和变型型号两部分组成,基本型号由两组数字组表示,第一组表示风机最高效率点时的系数乘 10 后的四舍五入进位的取整值,称为全压系数。压力系数是风机的特性系数参数之一。对同一类型的风机,不论其转速高低和尺寸大小,其压力系数都是相同的,因此全压系数也相同;对不同类型的风机,在叶轮直径和转速相同的条件下,全压系数越大,风机压头越高。第二组数字表示风机在最高效率点时的比转数四舍五入进位的取整值。比转数也是风机的重要参数,其大小可反映风机风压和流量的关系。比转数小的风机是小流量高压头的风机,而大的是大流量低压头的风机。变型型号也由两位阿拉伯数字组成,其中第一位数字表示进风口的吸式,单吸式以 1 表示或不注数字,双吸式以 2 或 0 表示;第二位数字表示产品设计顺序序号。机号位叶轮外径的分米数前面带上 NO.,如 NO.20 就表示叶轮外径为 20dm 或 2 000mm。旋转方向是指从电动机位置看叶轮的旋转方向,顺时针为右旋,逆时针为左旋,但常见的大多为顺时针。排气口方位为出口轴线与水平的夹角,通常会有 8 个基本位置,每个位置相差 45°角,见图 8-24。在有些情况下会要求得更细,要求每个位置的相差角为 15°,这样就有了 24 个方位。

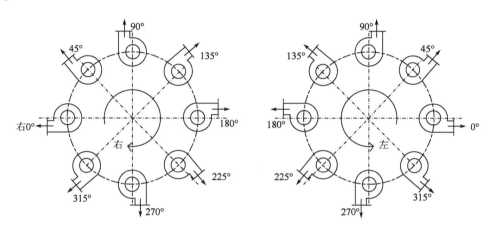

a) 45°相角右旋离心式风机排气口方位　　b) 45°相角左旋离心式风机排气口方位

图 8-24　离心式风机排气口方位

例如:6-78-11-NO.10A 左 45°风机,表示通用风机,压力系数为 0.6,比转数为 78,单吸式,第一次设计,叶轮直径为 1 000mm,直联传动,左旋,排气口 45°角。

但随着科技的发展,风机的发展速度很快,现在的离心式风机外形结构已经多种多样,不拘一格,且现在的风机的命名也不一定与上述的规定完全一样,具体的情况得酌情而定。

(2)离心式风机工作原理

当叶轮在机壳中旋转时,叶轮片间隙中的气体被带动而获得离心力,气体由于离心力作用被径向地甩向机壳的周缘,并产生一定的正压力,由蜗壳形机壳汇集沿切向引导至排气口排出;叶轮中则由于气体的被甩出而形成负压,气体因而源源不断地由进风口被吸入,从而形成气体被连续地吸入、加压、排出的流动过程,在离心式风机中,实现了电能转换为机械能、再转换为气体压能的过程。

根据离心式风机的结构和工作原理不难得出,离心式风机是不可逆转的,当叶轮反向旋转时,虽然进风和排气的方向都没有变化,但风量大大减少,通常只能为正转时的1/4 左右,这是对运行非常不利的情况。所以在操作时,应尽量避免风机的反转。

2)轴流式风机

(1)轴流式风机的结构

轴流式风机在生活中随处可见,电风扇就是个最简单的轴流式风机,大轴流式风机的结构比较复杂,主要由叶轮、机壳、导向叶片、整流罩、扩压筒、轴承座、电动机及底座等组成。

(2)轴流式风机的分类

叶轮是轴流式风机的主要部件之一,按叶轮上的叶片的形式,可把它分为机翼型和板型,而且有扭曲和非扭曲之别;按结构,能将其分为筒式和风扇式;按出风口风压,可分为高压和低压两种,且以 500Pa 为界,出风口风压高于 500Pa 的为高压轴流式,出风口风压低于 500Pa 的为低压轴流式。

(3)轴流式风机的命名

传统的轴流式风机的命名与离心式风机的命名类似,由六部分组成,即用途代号、型号、机号、传动方式代号、气流方向及风口方位,一般的书写形式如图 8-25 所示。

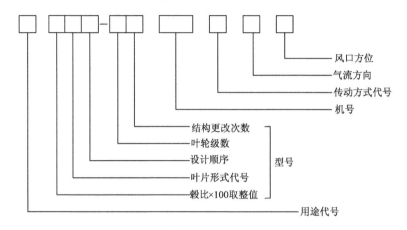

图 8-25 轴流式风机型号

轴流式风机的风口方位有进出两种,通常用"入""出"加方向角表示,一般情况下,角度的形式有 0°、90°、180°、270°,见图 8-26。轴流式风机的气流方向是指正对风口的气体流动,用"入"表示顺向流入,"出"表示气流迎面流出。它的传动方式和风机机号的表示法与离心式风机相同。不同的机号轴流式风机叶轮及轮毂直径系列详见《通风机基本型式、尺寸参数及性能曲线》(GB/T 3235—2008)的规定。轴流式风机的型号跟离心式一样,亦由基本型号和变型型号组成,基本型号则包括三个部分,第一部分是毂比乘以 100 以后的整数部分,第二部分是叶片形式代号(表 8-11),第三部分则表示设计序号。变形型号则由两个阿拉伯数字表示,前者表示叶轮级数,后者则表示结构更改的次数。当然,随着科技的开发、技术的更新,每个厂家对自己的轴流式风机的命名又各不相同。

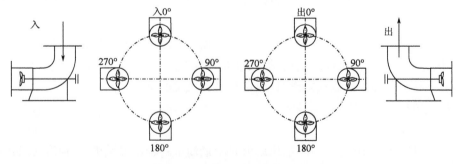

图 8-26 轴流式风机的风口方位

轴流式风机叶片型式代号 表 8-11

代 号	叶片形式	代 号	叶片形式
A	机翼型扭曲叶片	G	对称半机翼型扭曲叶片
B	机翼型非扭曲叶片	H	对称半机翼型非扭曲叶片
C	对称机翼型扭曲叶片	K	等厚板型扭曲叶片
D	对称机翼型非扭曲叶片	L	等厚板型非扭曲叶片
E	半机翼型扭曲叶片	M	对称等厚板型扭曲叶片
F	半机翼型非扭曲叶片	N	对称等厚板型非扭曲叶片

(4) 毂比

轴流式风机的毂比是指叶轮轮毂直径与叶轮直径之比,即:

$$a = \frac{d}{D} \tag{8-33}$$

式中:d——轮毂直径,mm;

D——叶轮直径,mm。

(5) 轴流式风机的工作原理

前整流罩引进气流,在叶轮上的叶片具有斜面形状,当叶轮由电动机带动而旋转时,气体受到叶片的推挤而升压,并形成轴向流动。入口导向叶片的作用使轴向进入的气流产生预旋,使与叶轮叶片入口角相适应,而出口导向叶片的作用使旋转的气流变为轴向流动,最后整流罩使加压后的气流导出。跟离心式风机一样,轴流式风机也是不可逆转的,当叶轮反向旋转时,风量也将降低到正转时的 1/4 左右。

3) 两种风机的比较与应用场合

上述的两种风机都是常用的风机,它们在结构功能上的异同从下面几个方面上去比较。

(1) 风机的体积及其占地面积

相比轴流式风机,离心式风机的体积较大,特别是随着风量和压头的增加,它的体积会很快增大,它的进出口始终相互垂直,管道的布置上弯头较多,因而占地面积较大;但轴流式风机的气流是轴向流动的,风机可直接与管道连通,无须弯头,布置紧凑,故占地面积小,尤其是随着风机容量的增加,占地面积少的优点就更加明显了。

(2) 风机风口的风压

通常所说的风机风口风压是指风机出口的全压,轴流式风机出口风压比较低,尤其是单级轴流式风机,其压头一般不超过 300Pa,故轴流式风机一般应用在大流量低压头的场合,如在防排烟工程中用于区域排烟;离心式风机的出口风压则相对要高些,特别高压的离心式风机,出口压力可以达到 10kPa 以上,但由于受直径的限制,它的出口风压也是有限的,在防排烟的工程中,尤其是正压送风防烟系统中,离心式风机的应用相对较多。

(3) 调节性能及方式

在调节性能上,轴流式风机要相对好些,特别是它可以通过改变入口导向叶片装置角的调节方式,从而保证风机在负荷变动范围内保持接近设计点的高效率,轴流式风机不能采用阀门进行风量调节,因为风量越小,所需功率反而越大,这非但不经济,也存在安全问题。因此,轴流式风机启动时不能将出口关闭,否则电动机将过载,也就是说,轴流式风机应该采取负载启动。

离心式风机的调节性能相对要差,它通常是利用风道上的阀门进行调节,如闸阀或旋板阀。与轴流式风机相反,离心式风机风量越大,所要求的功率越大,因此离心式风机启动时,得把出口关闭,以实现空载启动,待启动后再根据系统的需要调节风量。

现在轴流式风机和离心式风机均可通过改变电动机的转速来调节风量和风压,随着多速电动机和无级调速电动机的应用,这种调节方式被很快推广开来。

(4)风机效率

在风机的性能参数里,还有一个很重要的技术参数,那就是风机效率,它体现的是风机对能源的利用率。在现在能源紧缺、提倡节能的环境里,风机的效率尤其突出了它的重要性,轴流式风机相比离心式的效率要高,可达92%,甚至更高,而高效的离心机也一般不会超过90%。另外,轴流式风机的高效区明显比离心式要宽广。故从这方面讲,轴流式风机有它明显的优越性。

4)其他类型风机

随着消防技术的发展,现在的防排烟工程中,设计者和施工者都不拘于只在上述的两种风机中去选择,现在的产品除离心式风机和轴流式风机以外,还有斜流式通风机、混流式通风机等形式,并且还出现了专门针对防排烟工程的消防排烟机,如山东双一集团生产的HTF系列消防排烟风机。

(1)斜流(混流)式风机

斜流风机由叶轮、机壳、静叶、导流锥、电机组成,与离心式和轴流式相比较,它具有独特的直线形结构,它的动力特性参数介于离心式和轴流式之间,兼有离心式风机压力系数高和轴流式风机流量系数高的特点,高效区较宽,是一种节能、高效、低噪声的风机,适用于民用建筑的防排烟及其他领域的空调通风系统。混流式风机的风机采用的技术原理跟斜流式一样,故又可叫做斜流式,它体积小,可以直接与风筒连接,水平安装垂直安装均可,也可直接安装在墙上或支架上,采用电机直联,安装、操作、使用方便。

(2)HTF系列排烟机。

HTF系列排烟机可分为卧式、立式、柜式三种形式,它主要用于工业和民用建筑及人防工程的消防排烟,平时也可用于室内通风换气。它可平稳地输送温度小于等于280℃的烟气达40min以上。

5)风机安装的相关规定

(1)型号、规格应符合设计规定,出口方向应正确;叶轮旋转应平稳,叶轮转子与机壳的组装应正确,叶轮进风口插入风机机壳进风口或密封圈的深度应符合设备技术文件的规定,或叶轮外径值的1%,风机安装的允许偏差应符合表8-12规定。

风机安装的允许偏差 表8-12

序 号	项 目		允 许 偏 差
1	中心线的平面位移		10mm
2	标高		10mm
3	皮带轮轮宽中心平面偏移		1mm
4	传动轴水平度		纵向0.2%,横向0.3%
5	联轴器	两轴芯径向位移	0.05mm
		两轴线倾斜	0.2%

(2)现场组装的轴流式风机叶片安装角度应一致,达到在同一平面内运转,叶轮与筒体之间的间隙应均匀,水平度允许偏差为1‰。

(3)安装隔振器的地面应平整,各组隔振器承受载荷的压缩量应均匀,高度误差小于2mm。

(4)安装风机的隔振支架的结构形式和外形尺寸应符合设计或设备技术文件的规定,焊接应牢固,焊缝应饱满、均匀。

6)风机安装使用的注意事项

(1)风机经过运输及装运搬动,各部件必须经过详细检查方可安装,安装场所应考虑装置安全防护设备,以免影响风机使用寿命。

(2)风机安装的基础用水平尺校正,使机架与基础自然吻合,不得强制连接以防变形,风机还可以安装于各种减振台座上。在安装过程中要小心操作避免撞击,各部件连接要可靠,调节好叶轮与进风器的间隙以最小为宜,但不能碰擦。

(3)连接风机进出口之管道应另加支撑,避免重量加载于风机上,致使风机变形,造成损坏。

(4)试车前必须用手拨动叶轮旋转,检查叶轮与其他部位是否摩擦,并检查电机放置方向,防止叶轮反转。

(5)风机运转时,要绝对防止吸入固体杂质,用户可在风机进口处装设防护滤网,以防杂物吸入机内,击破机壳发生意外。

(6)风机使用中,要定期进行检修,清除污垢保持良好的运行状态。风机抽送过湿气体时,用户可在锅壳底部钻一个直径为5mm的小孔自动排水。

8.1.5 防排烟系统的联动控制

防排烟系统联动控制的设计,在选定自然排烟、机械排烟、自然与机械排烟并用或机械加压送风方式后,由防火阀、排烟阀与排烟风机联动,并配合风机、防火门和防火卷帘门的动作,完成防排烟控制。排烟控制一般有中心控制和模块控制两种方式,如图8-27所示。其中图8-27a)为中心控制方式:消防中心接到火警信号后,直接产生信号控制排烟阀门开启、排烟风机启动,空调、送风机、防火门等关闭,并接收各设备的返回信号和防火阀动作信号,监测各设备的运行状况。图8-27b)为模块控制方式:消防中心接收到火警信号后,产生排烟风机和排烟阀门等动作信号,经总线和控制模块驱动各设备动作并接收其返回信号,监测其运行状态。

1)排烟阀的控制

(1)防火阀的设置应符合下列规定:防火阀宜靠近防火分隔处设置;防火阀暗装时,应在安装部位设置方便维护的检修口;在防火阀两侧各2.0m范围内的风管及其绝热材料应采用不燃材料;防火阀应符合现行国家标准《建筑通风和排烟系统用防火阀门》(GB 15930—2007)的规定。

(2)排烟阀的控制要求。

①排烟阀宜由其排烟分区内设置的感烟探测器组成的控制电路在现场控制开启;

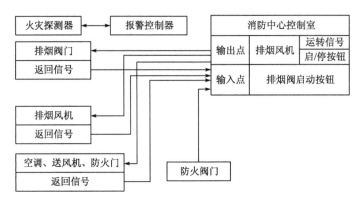

a) 中心控制方式

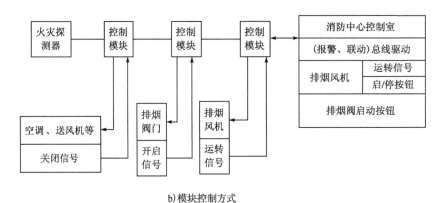

b) 模块控制方式

图 8-27 排烟控制的方式

②排烟阀动作后,应启动相关的排烟风机和正压送风机,停止相关范围内的空调风机及其他送、排风机;

③同一排烟区内的多个排烟阀,若需同时动作时,可采用接力控制方式开启,并由最后动作的排烟阀发送动作信号。

(3)设在排烟风机入口处的防火阀动作后,应联动停止排烟风机。排烟风机入口处的防火阀,是指安装在排烟主管道总出口处的防火阀(一般在 280℃时动作)。

(4)设于空调通风管道上的防排烟阀,宜采用定温保护装置直接动作阀门关闭;只有必须要求在消防控制室远方关闭时,才采取远方控制。设在风管上的防排烟阀,是堵在各个防火分区之间通过的风管内装设的防火阀(一般在 70℃时关闭)。这些阀是为防止火焰经风管串通而设置的。关闭信号要反馈至消防控制室,并停止有关部位风机。

(5)消防控制室应能对防烟、排烟风机(包括正压送风机)进行应急控制,即手动启动应急按钮。

对于排烟阀的控制方式有三种,即火灾自动报警控制器联动控制、排烟阀的温度熔断器动作控制和手动控制均可使排烟阀瞬时开启。排烟阀的种类很多,装设于建筑物的墙面上或吊顶上的百叶窗式排烟阀。其内部接线及在吊顶上吸顶安装见图 8-28,平时排烟阀为关闭状态。火灾时,被保护现场的火灾探测器发出报警信号,并将火灾信号传递至报警控制器,通过报警控制器的外控触点(总线制报警控制器则通过回路总线上的控制模块)将+24V直流电源送至排烟阀的电磁线圈"+"端,使电磁线圈DT得电吸合,百叶窗式排烟阀开启。同时微动开关WK_1、WK_2动作,切断电磁线圈电源,并将排烟阀开启信号回送给消防控制中心,联动通风、空调机组停止运行,排烟风机则启动运行。

在图8-28中,KA为报警控制器的联动控制触点,一般由消防值班室的报警控制器引线连接。SB为现场手动控制按钮,微动行程开关(WK_1、WK_2)装设在阀门上,信号灯HL安装在集中控制台或控制屏上,以监视排烟阀门的动作情况。在火灾发生时,通过现场手动控制按钮SB或自动联锁控制触点接通排烟阀的电磁线圈DT回路,使排烟阀门开启,微动行程开关的常开触点WK_1、WK_2闭合,信号灯HL点亮,并联动排烟风机启动排烟。

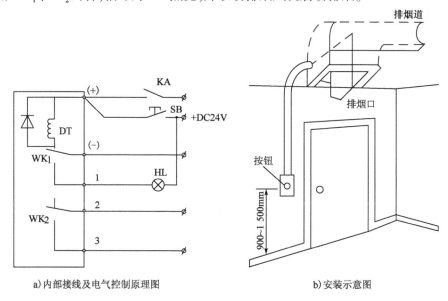

a) 内部接线及电气控制原理图　　　　b) 安装示意图

图8-28　排烟阀电气控制及安装

根据消防排烟控制要求,当某层发生火灾时,应及时开启火灾层及相邻上、下两层的排烟阀,及时将烟气排出室外,把新鲜空气送入室内,以保证楼内人员安全疏散和消防人员的正常消防灭火工作。如图8-29所示为排烟阀自动联锁控制线路。

假设三层发生火灾时,该层火灾探测器报警,对于二线制火灾自动报警系统来说,则该层区域报警控制器发出相应的声、光报警信号,其外控触点3KA闭合,同时接通2FF～4FF排烟阀电磁线圈的电源(+24V),电磁线圈得电而使排烟阀门开启。与此同时,阀门上的微动行程开关触点WK_1、WK_2闭合,致使信号灯2HL～4HL点亮,表示排烟阀已动作;联锁继电器KA_F线圈得电吸合,使警铃FDL发出警报音响,时间继电器KT得电,并经过一定的延时后,KT触头分断,使FDL断电消音。另外,KA_F线圈得电吸合后,其触点也将联动排烟风机,通过排烟管道及排烟阀门,把相应楼层的烟雾及时排除掉。排烟风机联动控制线路如图8-30所示。在图中选择转换开关1WK、远方启动按钮SB_3、停止按钮SB_4、风机运行指示灯2HL、热继电器KH、接触器KM和空气开关QF等均安装在楼顶排烟风机机房的排烟控制柜内,而SB_1、SB_2、1HL和2WK等均安装在消防控制室内的控制盘(台)上。

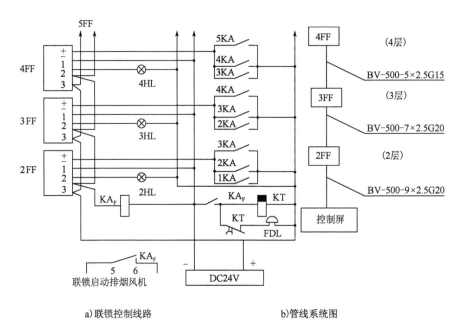

a) 联锁控制线路　　　　b) 管线系统图

图 8-29　排烟阀并联连接自动联锁控制线路

2) 防火阀、排烟阀与排烟风机的联动

由于排烟防火阀装设在排烟风机机房入口处和各排烟支管上,为自熔断式排烟防火阀,平时为开启状态。当火灾发生时,排烟防火阀周围环境的烟气温度超过 280℃ 时,其低熔点熔丝熔断而自行关闭,同时直接联动停止排烟风机,并且其动作信号回馈送至消防控制中心。其控制回路如图 8-31 所示,主回路如图 8-30 所示。

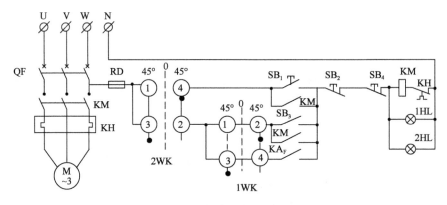

图 8-30　排烟风机联动控制线路

以上介绍了排烟阀及防火阀等的联动控制线路,排烟阀采用并联的连接方式,可靠性高,相互干扰少,适用于排烟阀门少的场所。如果同时开启多个排烟阀(或正压送风阀),将会增大电源容量或引起线路压降增大(如超过 10%),所以应采用串联顺序动作接线方式为宜,这样可以大大降低线路工作电流和压降损失,如图 8-32 所示。但串联顺序动作接线方式的可靠性较低,因为在阀门串联顺序联锁动作时,如果有一个阀门的触点接触不良,其后面的所有阀门都将不能动作。

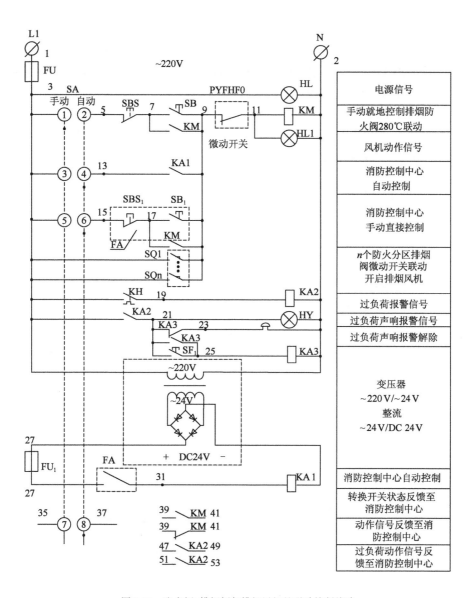

图 8-31 防火阀、排烟阀与排烟风机的联动控制线路

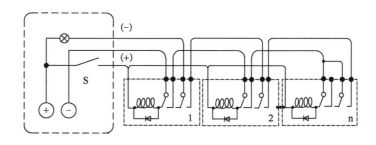

图 8-32 多个排烟阀(或正压风机)串联顺序动作电气控制线路

在总线制智能火灾自动报警及消防联动控制系统中,排烟阀、送风阀或电动防火阀等可通过监视模块和控制模块组合配接,温控防火阀不需要电气控制,只需监视模块配接。而对于排烟风机、正压风机,均应采用自动和手动双重控制,以保证系统联动控制的可靠。其自动控制是通过控制模块给出的输出进行控制,手动控制通过控制柜(台)上的手动操作来完成。另外,还设有开关信号输入端,可与现场设备的开关接点连接,以对现场设备是否动作进行确认。

3) 防火门的联动控制

防火门、窗是建筑物防火分隔的措施之一,通常用在防火墙上,楼梯间出入口或管井开口部位,要求能隔烟、火。根据《建筑设计防火规范》(GB 50016—2014),防火门的设置应符合下列规定:

设置在建筑内经常有人通行处的防火门宜采用常开防火门。常开防火门应能在火灾时自行关闭,并应具有信号反馈的功能;除允许设置常开防火门的位置外,其他位置的防火门均应采用常闭防火门。常闭防火门应在其明显位置设置"保持防火门关闭"等提示标识;除管井检修门和住宅的户门外,防火门应具有自行关闭功能。双扇防火门应具有按顺序自行关闭的功能;除《建筑设计防火规范》(GB 50016—2014)第6.4.11条第4款的规定外,防火门应能在其内外两侧手动开启;设置在建筑变形缝附近时,防火门应设置在楼层较多的一侧,并应保证防火门开启时,门扇不跨越变形缝;防火门关闭后应具有防烟性能;甲、乙、丙级防火门应符合现行国家标准《防火门》(GB 12955—2008)的规定。设置在防火墙、防火隔墙上的防火窗,应采用不可开启的窗扇或具有火灾时能自行关闭的功能。防火窗应符合现行国家标准《防火窗》(GB 16809—2008)的有关规定。

(1) 防火门的构造及原理

防火门由防火门锁、手动及自动环节组成,如图8-33所示。

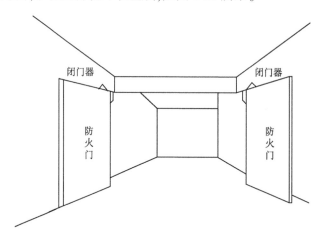

图 8-33　防火门

防火门锁按门的固定方式可分为两种。一种是防火门被永久磁铁吸住处于开启状态,当发生火灾时,通过自动控制或手动关闭防火门。自动控制是由感烟探测器或联动控制盘发来指令信号,使DC24V、0.6A电磁线圈的吸力克服永久磁铁的吸着力,从而靠弹簧将门关闭。手动操作的方法是:只要把防火门或永久磁铁的吸着板拉开,门即关闭。另一种是防火门被电磁锁的固定销扣住,呈开启状态。发生火灾时,由感烟探测器或联动控制盘发出指令信号使电磁锁动作,或作用于防火门使固定销掉下,门关闭。

(2)电动防火门的控制要求

①重点保护建筑中的电动防火门应在现场自动关闭,不宜在消防控制室集中控制(包括手动或自动控制)。

②防火门两侧应设专用感烟探测器组成控制电路。

③防火门宜选用平时不耗电的释放器,且宜暗设。

④防火门关闭后,应有关闭信号反馈到区控盘或消防中心控制室。

防火门设置如图 8-34 所示,S1~S4 为感烟探测器,FM1~FM3 为防火门。当 S1 动作后,FM1 应自动关闭;当 S2 或 S3 动作后,FM2 应自动关闭;当 S4 动作后,FM3 应自动关闭。

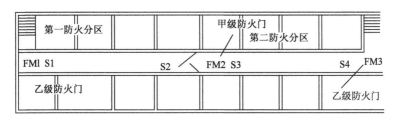

图 8-34 防火门的设置

电动防火门的作用在于防烟与防火。防火门在建筑中的状态是:正常(无火灾)时,防火门处于开启状态;火灾时受控关闭,关闭后仍可通行。防火门的控制就是在火灾时控制其关闭,其控制方式可由现场感烟探测器控制,也可由消防控制中心控制,还可以手动控制。防火门的工作方式有两种:平时不通电,火灾时通电关闭;平时通电,火灾时断电关闭。

4)防火卷帘门的联动控制

建筑物的敞开电梯厅及一些公共建筑因面积过大,超过了防火分区最大允许面积的规定(如百货楼的营业厅、展览楼的展览厅等),考虑到使用上的需要,可采取较为灵活的防火处理方法。如设置防火墙或防火门有困难时,可设防火卷帘。防火卷帘通常设置于建筑物中防火分区的通道口外,以形成门帘式防火分隔。防火卷帘的设置应符合下列规定:

①除中庭外,当防火分隔部位的宽度不大于 30m 时,防火卷帘的宽度不应大于 10m;当防火分隔部位的宽度大于 30m 时,防火卷帘的宽度不应大于该部位宽度的 1/3,且不应大于 20m;

②不宜采用侧式防火卷帘;

③防火卷帘的耐火极限不应低于所设置部位墙体的耐火极限要求。

当防火卷帘的耐火极限符合现行国家标准《门和卷帘耐火试验方法》(GB/T 7633—2008)的有关耐火完整性和耐火隔热性的判定条件时,可不设置自动喷水灭火系统保护。当防火卷帘的耐火极限仅符合现行国家标准的有关耐火完整性的判定条件时,应设置自动喷水灭火系统保护。自动喷水灭火系统的设计应符合现行国家标准《自动喷水灭火系统设计规范》(GB 50084—2001)的规定,但火灾延续时间不应小于该防火卷帘的耐火极限;防火卷帘应具有防烟性能,与楼板、梁、墙、柱之间的空隙应采用防火封堵材料封堵;需在火灾时自动降落的防火卷帘,应具有信号反馈的功能;其他要求应符合现行国家标准《防火卷帘》(GB 14102—2005)和国家标准《防火卷帘、防火门、防火窗施工及验收规范》(GB 50877—2014)的规定。

火灾发生时,防火卷帘根据消防控制中心联动信号(或火灾探测器信号)指令,也可就地手动操作控制,使卷帘首先下降至预定点;经一定延时后,卷帘降至地面,从而达到人员紧急疏散、灾区隔烟、隔火、控制火势蔓延的目的。

(1)防火卷帘门系统的组成

防火卷帘门主要用于商场、营业厅、建筑物内的中庭以及门洞宽度较大的场所,用以分隔出防火分区。与防火门要求相同,也应在防火卷帘门两侧装设不同类型的专用火灾探测器和设置手动控制按钮及人工升降装置,防火卷帘门结构及安装布置如图8-35所示。

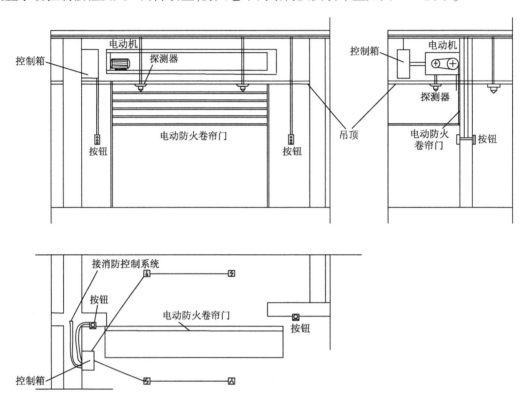

图8-35 防火卷帘门系统的组成

当火灾发生时,感烟探测器首先报警,经火灾报警控制器通过回路总线上的控制模块联动控制其下降到距地 1~8m 处停止;感温探测器再报警后,经火灾报警控制器联动控制其下降归底。防火卷帘的动作信号可通过监视模块回馈给主机进行显示,其联动控制过程如图8-36所示。防火卷帘门的控制电路原理图如图8-37所示。

(2)防火卷帘门联动控制原理

在正常情况下防火卷帘卷起,且用电锁锁住。当火灾发生时,装设在防火卷帘两侧的感烟探测器首先发出报警信号,通过回路总线传送给报警控制器,报警控制器经确认后对回路总线上的 LD-8303 模块发出联动控制信号,其第一路常开无源输出端子 NO1、COM1(1KA)闭合,中间继电器 KA1 线圈通电吸合;①信号灯 HL 点亮,发出光报警信号;②警笛 HA 发出声报警信号;③KA1 将自锁按钮 QS1 的常开接点短接,接通控制电路直流电源;④电磁铁 YA 线圈通电,开启电锁,为防火卷帘下放做好准备;⑤中间继电器 KA5 线圈通电吸合,接通接触器 KM2

第8章 防火与减灾系统

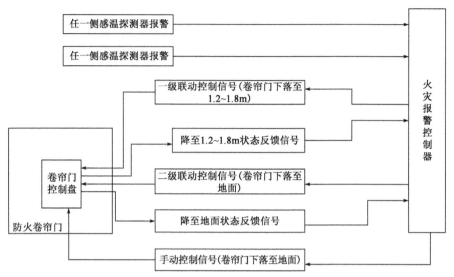

图 8-36 防火卷帘门系统的控制程序

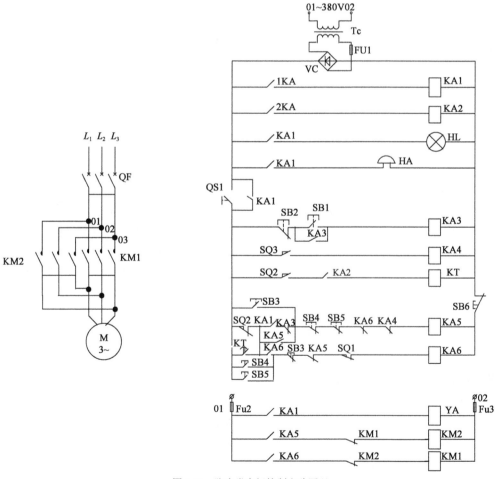

图 8-37 防火卷帘门控制电路原理

线圈回路,KM2通电吸合,使防火卷帘电机转动(设为顺时针转动),并拖动防火卷帘下落。当防火卷帘下落到1.2~1.8m时,行程开关SQ2受到碰撞而动作,使KA5线圈断电,KM2线圈也失电,防火卷帘电机停转,防火卷帘便停止下放(称作中位)。将行程开关SQ2的一对触头接入LD-8303模块的第一路无源输入端子I1、G,通过回路总线送至报警控制器进行防火卷帘中位显示。这样既可隔断火灾初期的烟雾,也有利于灭火和人员的疏散撤离。

当火灾现场温度升高到感温探测器动作温度时,感温探测器报警,也通过回路总线传送给报警控制器,报警控制器经确认后,同样对回路总线上的LD-8303模块发出联动控制信号,第二路常开无源输出端子NO2、COM2(2KA)闭合,使中间继电器KA2线圈通电吸合,其触点使时间继电器KT线圈通电。经延时(30s)后其触点闭合,使KA5线圈通电,KM2又重新通电吸合,防火卷帘电机又开始转动,防火卷帘继续下降,当防火卷帘下落到地面时,碰撞位置开关SQ3使其触点动作,中间继电器KA4线圈通电,其常闭触点断开,使KA5失电释放,又使KM2线圈失电,防火卷帘电机停转(称作防火卷帘下落归底)。同时,行程开关SQ3的一对触头接入LD-8302模块的第二路无源输入端子I2、G,通过回路总线送至报警控制器,进行防火卷帘下位显示。

当火灾扑灭后,按下消防控制室的防火卷帘卷起按钮SB4或现场就地卷起按钮SB5,均可使中间继电器KA6线圈通电,使接触器KM1线圈通电,防火卷帘电机转动(设为逆时针转动),防火卷帘上升,当上升到顶端时,碰撞位置开关SQ1使之动作,使KA6失电释放,KM1失电,防火卷帘电机停止,上升结束。防火卷帘的动作位置状态应通过监视模块反馈至消防值班室,在报警控制器上进行位置显示。

8.2 消防电梯

消防电梯是高层建筑特有的防灾减灾设施。高层建筑的普通电梯在发生火灾时,常因为断电和不防烟等原因而停止使用,这时楼梯则成为垂直疏散的主要设施。如果没有消防电梯,一旦高层建筑高处起火,消防队员若靠攀登楼梯进行扑救,会因体力不支和运送困难而贻误战机;且消防队员经楼梯奔向起火部位进行扑救火灾工作,势必和向下疏散的人员产生对撞情况,也会延误战机;另外未疏散出来的楼内受伤人员不能利用消防电梯进行及时的抢救,容易造成不应有的伤亡事故。因此,必须设置消防电梯,为控制火势蔓延和救援赢得时间。

普通电梯均不具备消防功能,发生火灾时禁止人们搭乘电梯逃生。因为当其受高温影响,或停电停运,或着火燃烧,必将殃及搭乘电梯的人,甚至夺去他们的生命。消防电梯通常都具备完善的消防功能:它应当是双路电源,即万一建筑物工作电梯电源中断时,消防电梯的非常电源能自动投合,可以继续运行;它应当具有紧急控制功能,即当楼上发生火灾时,它可接受指令,及时返回首层,而不再继续接纳乘客,只可供消防人员使用;它应当在轿厢顶部预留一个紧急疏散出口,万一电梯的开门机构失灵时,也可由此处疏散逃生。

消防电梯动力与控制电线应采取防水措施,消防电梯的门口应设有漫坡防水措施。消防电梯轿厢内应设有专用电话,在首层还应设有专用的操纵按钮。如果在这些方面功能都能达标,那么万一建筑内发生火灾,消防电梯就可以用于消防救生。如果不具备这些条件,普通电梯则不可用于消防救生,着火时搭乘电梯将有生命危险。

8.2.1 消防电梯的设置要求

(1)设置消防电梯的建筑。

①建筑高度大于33m的住宅建筑。

②一类高层公共建筑和建筑高度大于32m的二类高层公共建筑。

③设置消防电梯的建筑的地下或半地下室,埋深大于10m且总建筑面积大于3 000m^2的其他地下或半地下建筑(室)。

(2)消防电梯的设置要求。

①消防电梯应分别设置在不同防火分区内,且每个防火分区不应少于1台。相邻两个防火分区可共用1台消防电梯。

②建筑高度大于32m且设置电梯的高层厂房(仓库),每个防火分区内宜设置1台消防电梯,但符合下列条件的建筑可不设消防电梯:

a. 建筑高度大于32m且设置电梯,任一层工作平台上的人数不超过2人的高层塔架;

b. 局部建筑高度大于32m,且局部高出部分的每层建筑面积不大于50m^2的丁、戊类厂房。

③符合消防电梯要求的客梯或货梯可兼作消防电梯。

(3)消防电梯应符合下列规定:

①应能每层停靠。

②电梯的载质量不应小于800kg。

③电梯从首层至顶层的运行时间不宜大于60s。

④电梯的动力与控制电缆、电线、控制面板应采取防水措施,当正常电源断电时,非消防电梯内的照明无电,而消防电梯内仍有照明。

⑤在首层电梯门口的适当位置,设有供消防队员专用的操作按钮。操作按钮一般用玻璃片保护,并在适当位置设有红色的"消防专用"等字样。

⑥电梯轿厢的内部装修应采用不燃材料。

⑦电梯轿厢内应设置专用消防对讲电话。

⑧除设置在仓库连廊、冷库穿堂或谷物筒仓工作塔内的消防电梯外,消防电梯应设置前室。独立的消防电梯前室面积为:居住建筑的前室面积大于4.5m^2;公共建筑和高层厂(库)房建筑的前室面积大于6m^2。当消防电梯前室与防烟楼梯间合用前室时,其面积为:居住建筑合用前室面积大于6m^2;公共建筑和高层厂(库)房建筑合用前室面积大于10m^2。

⑨消防电梯井、机房与相邻电梯井、机房之间应设置耐火极限不低于2.00h的防火隔墙,隔墙上的门应采用甲级防火门,消防电梯前室安装有乙级防火门或具有停滞功能的防火卷帘。

⑩消防电梯的井底应设置排水设施,排水井的容量不应小于2.00m^3,排水泵的排水量不应小于10L/s。消防电梯间前室的门口宜设置挡水设施。

(4)当发生火灾时,受消防控制中心指令或首层消防队员专用操作按钮控制进入消防状态的情况下,应达到:

①电梯如果正处于上行中,则立即在最近层停靠,不开门,然后返回首层站,并自动打开电

梯门。

②如果电梯处于下行中,立即关门返回首层站,并自动打开电梯门。

③如果电梯已在首层,则立即打开电梯门,进入消防员专用状态。

④各楼层的叫梯按钮失去作用,召唤切除。

⑤恢复轿厢内指令按钮功能,以便消防队员操作。

⑥关门按钮无自保持功能。

(5)消防电梯的设置除了满足前面的要求外,还应符合下列规定:

①消防电梯轿厢内应设专用电话,并应在首层设供消防队员专用操作按钮。专用操作按钮是消防电梯特有的装置。它设在首层靠近电梯轿厢门的开锁装置内。火灾时,消防队员使用此钮的同时,常用的控制按钮失去作用。专用操作按钮使电梯降到首层,以保证消防队员的使用。消防专用电话能使消防电梯内消防队员随时同消防控制室保持联系,保证灭火工作顺利进行。

②消防电梯井线路的敷设:消防电梯井要与其他(如电缆井、管道井)竖向管井分开单独设置,向电梯机房供电的电源线路不应敷设在电梯井道内。电梯井道易成为火灾的通道,将电梯的电源程序线路敷设在井道中,不利于线路安全,电源线路本身起火也会危及电梯井道安全。因此,在电梯井道内除电梯的专用线路(控制、照明、信号及井道的消防需用的线路等)外,其他线路不得沿电梯井道敷设。在电梯井道敷设的电缆和电线应是阻燃的,且应采取防火措施,穿线管槽应为阻燃型。

③消防电梯的应急电源转换。当电梯在市电停电时,采用应急备用发电机组作为电梯的备用电源是救出轿厢里的乘客的有效措施。当出现灾情(地震、火警)时,电梯必须进行应急操作,如果采用电脑群控电梯,电梯将会自动转入灾情服务。当采用集选控制方式时,除消防电梯保证连续供电外,其余的普通电梯应在备用电源的配电系统中,采取措施分批依次短时反馈给指定电梯,以保证它们返回指定层(首层)将乘客放出,关门停运。上述操作应在几分钟内进行完毕,然后断开所有普通电梯的电源。

8.2.2 消防电梯的主要部件

消防电梯的主要部件如图 8-38 所示。

(1)电梯井道

电梯井道是轿厢和对重装置和液压缸柱塞运动的空间,此空间是以井道底坑的底、井道壁和井道顶为界限的。梯井中除导轨外,还有钢绳张紧装置、缓冲器、工作钢绳和平衡钢绳、楼层电器、电气布线和软电缆。消防电梯所处的井道内不应超过 2 台电梯,设计时,井道顶部要考虑排出烟热的措施。轿厢的载重应考虑 8~10 名消防队员的质量,最低

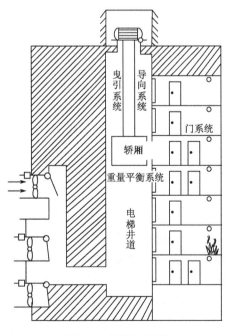

图 8-38 电梯主要部件

不应小于800kg,其净面积不应小于1.4m²。

(2)曳引系统

曳引系统由曳引机、曳引钢丝绳、导向轮及反绳轮等组成。曳引机由电动机、联轴器、制动器、减速箱、机座、曳引轮等组成,它是电梯的动力源。曳引钢丝绳的两端分别连接轿厢和对重(或者两端固定在机房上),依靠钢丝绳与曳引轮绳槽之间的摩擦力来驱动轿厢升降。导向轮的作用是分开轿厢和对重的间距,采用复绕型时,还可增加曳引能力。导向轮安装在曳引机架上或承重梁上。

(3)轿厢

轿厢用以运送乘客或货物的电梯组件。它是由轿厢架和轿厢体组成。轿厢架是轿厢体的承重构架,由横梁、立柱、底梁和斜拉杆等组成。轿厢体由轿厢底、轿厢壁、轿厢顶及照明、通风装置、轿厢装饰件和轿内操纵按钮板等组成。轿厢体空间的大小由额定载质量或额定载客人数决定。

(4)门系统

门系统由轿厢门、层门、开门机、联动机构、门锁等组成。轿厢门设在轿厢入口,由门扇、门导轨架、门靴和门刀等组成。层门设在层站入口,由门扇、门导轨架、门靴、门锁装置及应急开锁装置组成。开门机设在轿厢上,是轿厢门和层门启闭的动力源。

(5)导向系统

导向系统由导轨、导靴和导轨架等组成。它的作用是限制轿厢和对重的活动自由度,使轿厢和对重只能沿着导轨作升降运动。导轨固定在导轨架上,导轨架是承重导轨的组件,与井道壁连接。导靴装在轿厢和对重架上,与导轨配合,强制轿厢和对重的运动服从于导轨的直立方向。

(6)重量平衡系统

重量平衡系统由对重和重量补偿装置组成。对重由对重架和对重块组成。对重将平衡轿厢自重和部分的额定载重。重量补偿装置是补偿高层电梯中轿厢与对重侧曳引钢丝绳长度变化对电梯平衡设计影响的装置。

(7)安全保护系统

安全保护系统包括机械和电气的各类保护系统,可保护电梯安全使用。机械方面的有:限速器和安全钳起超速保护作用;缓冲器起冲顶和撞底保护作用;切断总电源的极限保护等。电气方面的安全保护,在电梯的各个运行环节都有。

8.2.3 消防电梯的设计要求

1)消防电梯前室的防火设计要求

除设置在仓库连廊、冷库穿堂或谷物筒仓工作塔内的消防电梯外,消防电梯必须设置前室,以利于防烟排烟和消防队员展开工作。前室的防火设计应考虑以下几方面:

(1)前室位置

前室宜靠外墙设置,并应在首层直通室外或经过长度不大于30m的通道通向室外。这样可利用外墙上开设的窗户进行自然排烟,既满足消防需要,又能节约投资。其布置要求总体上与消防电梯的设置位置是一致的,以便于消防人员迅速到达消防电梯入口,投入抢救工作。

(2)前室面积

前室的使用面积不应小于 $6.0m^2$;与防烟楼梯间合用的前室,应符合《建筑设计防火规范》(GB 50016—2014)第 5.5.28 条和第 6.4.3 条的规定:当消防电梯和防烟楼梯合用一个前室时,前室里人员交叉或停留较多,所以面积要增大,居住建筑不应小于 $6m^2$,公共建筑不应小于 $10m^2$,而且前室的短边长度不宜小于 2.5m。

(3)防烟排烟

除前室的出入口、前室内设置的正压送风口和《建筑设计防火规范》(GB 50016—2014)第 5.5.27 条规定的户门外,前室内不应开设其他门、窗、洞口;前室内应设有机械排烟或自然排烟的设施,火灾时可将产生的大量烟雾在前室附近排掉,以保证消防队员顺利扑救火灾和抢救人员。

(4)设置室内消火栓

消防电梯前室应设有消防竖管和消火栓。消防电梯是消防人员进入建筑内起火部位的主要进攻路线,为便于打开通道,发起进攻,前室应设置消火栓。值得注意的是,要在防火门下部设活动小门,以方便供水带穿过防火门,而不致使烟火进入前室内部。

(5)前室的门

消防电梯前室与走道的门,应至少采用乙级防火门或采用具有停滞功能的防火卷帘,以形成一个独立安全的区域,但合用前室的门不能采用防火卷帘。

(6)挡水设施

消防电梯前室门口宜设置挡水设施,以阻挡灭火产生的水从此处进入电梯内。

2)消防电梯梯井及轿厢的防火设计要求

消防电梯是电梯轿厢通过动力在电梯井内上下来回运动的,因此,这个系统也应有较高的防火要求。

(1)梯井应独立设置

消防电梯的梯井应与其他竖向管井分开单独设置,不得将其他用途的电缆敷设在电梯井内,也不应在井壁开设孔洞。与相邻的电梯井、机房之间,应采用耐火等级不低于 2h 的隔墙分隔;在隔墙上开门时,应设甲级防火门。井内严禁敷设可燃气体和甲、乙、丙类液体管道。

(2)电梯井的耐火能力

为了保证消防电梯在任何火灾情况下都能坚持工作,电梯井井壁必须有足够的耐火能力,其耐火等级一般不应低于 2.5~3h。现浇钢筋混凝土结构耐火等级一般都在 3h 以上。

(3)井道与容量

消防电梯所处的井道内不应超过 2 台电梯,设计时,井道顶部要考虑排出烟热的措施。轿厢的载重应考虑 8~10 名消防队员的质量,最低不应小于 800kg,其净面积不应小于 $1.4m^2$。

消防电梯的井底应设置排水设施,排水井的容量不应小于 $2m^3$,排水泵的排水量不应小于 10L/s。消防电梯间前室的门口宜设置挡水设施。

(4)轿厢的装修

消防电梯轿厢的内部装修应采用不燃烧材料,内部的传呼按钮等也要有防火措施,确保不会因烟热影响而失去作用。

3)消防电梯电气系统的防火设计要求

消防电源及电气系统是消防电梯正常运行的可靠保障,所以,电气系统的防火安全也是至关重要的一个环节。

(1)消防电源

消防电梯应有两路电源。除日常线路所提供的电源外,供给消防电梯的专用应急电源应采用专用供电回路,并设有明显标志,使之不受火灾断电影响,其线路敷设应当符合消防用电设备的配电线路规定。

(2)专用按钮

消防电梯应在首层设有供消防人员专用的操作按钮,这种装置是消防电梯特有的万能按钮,设置在消防电梯门旁的开锁装置内。消防人员一按此钮,消防电梯能迫降至底层或任一指定的楼层,同时,工作电梯停用落到底层,消防电源开始工作,排烟风机开启。

(3)功能转换

平时,消防电梯可作为工作电梯使用,火灾时转为消防电梯。其控制系统中应设置转换装置,以便火灾时能迅速改变使用条件,适应消防电梯的特殊要求。

(4)应急照明

消防电梯及其前室内应设置应急照明,以保证消防人员能够正常工作。

(5)专用电话及操纵按钮

消防电梯轿厢内应设有专用电话和操纵按钮,以便消防队员在灭火救援中保持与外界的联系,也可以与消防控制中心直接联络。操纵按钮是消防队员自己操纵电梯的装置。

4)消防电梯防火设计的其他要求

(1)消防电梯的行驶速度

国标规定消防电梯的速度按从首层到顶层的运行时间不超过60s来计算确定,例如,高度在60m左右的建筑,宜选用速度为1m/s的消防电梯;高度在90m左右的建筑,宜选用速度为1.5m/s的消防电梯。

(2)井底排水设施

消防电梯井底应设排水口和排水设施。如果消防电梯不到地下层,可以直接将井底的水排到室外,为防止雨季水倒灌,应在排水管外墙位置设置单流阀。如果不能直接排到室外,可在井底下部或旁边开设一个不小于$2m^3$的水池,用排水量不小于10L/s的水泵将水池的水抽向室外。

(3)控制方式的要求

①将所有电梯控制显示的副盘设在消防控制室,消防值班人员可随时直接操作。

②消防控制室自行设计电梯控制装置,火灾时,消防值班人员通过控制装置,向电梯机房发出火灾信号和强制电梯全部停于首层的指令。

③在一些大型公共建筑里,利用消防电梯前的烟探测器直接联动控制电梯。

④消防联动控制器应具有发出联动控制信号强制所有电梯停于首层或电梯转换层的功能。电梯运行状态信息和停于首层或转换层的反馈信号,应传送给消防控制室显示。

8.3 应急照明系统及联动控制

应急照明也称事故照明,其作用是当正常照明因故熄灭的时候,供人员继续工作、保障安全或疏散用的照明。以下照明属于火灾应急照明:

(1)正常照明失效时,为继续工作(或暂时继续工作)而设的备用照明;

(2)为了使人员处于火灾情况下,能从室内安全撤离至室外(或某一安全地区)而设置的疏散照明。

(3)正常照明突然中断时,为确保处于潜在危险的人员安全而设置的安全照明。

火灾应急照明包括火灾事故工作照明及火灾事故疏散指示照明,而疏散指示标志包括通道疏散指示灯及出入口标志灯。若建筑物发生火灾,在正常电源被切断时,如果没有火灾应急照明和疏散指示标志,受灾的人们往往因找不到安全出口而发生拥挤、碰撞、摔倒等;尤其是高层建筑、影剧院、礼堂、歌舞厅等人员集中的场所,发生火灾后,极易造成较大的伤亡事故;同时,也不利于消防队员进行灭火、抢救伤员和疏散物资等。因此,设置符合规定的火灾应急照明和疏散指示标志是十分重要的。

8.3.1 应急照明系统的设计要求

根据《建筑设计防火规范》(GB 50016—2014),应急照明系统应进行如下设计:

1)设置部位

(1)除建筑高度小于27m的住宅建筑外,民用建筑、厂房和丙类仓库的下列部位应设置疏散照明:

①封闭楼梯间、防烟楼梯间及其前室、消防电梯间的前室或合用前室、避难走道、避难层(间);

②观众厅、展览厅、多功能厅和建筑面积大于200m^2的营业厅、餐厅、演播室等人员密集的场所;

③建筑面积大于100m^2的地下或半地下公共活动场所;

④公共建筑内的疏散走道;

⑤人员密集的厂房内的生产场所及疏散走道。

(2)公共建筑、建筑高度大于54m的住宅建筑、高层厂房(库房)和甲、乙、丙类单、多层厂房,应设置灯光疏散指示标志,并应符合下列规定:

①应设置在安全出口和人员密集的场所的疏散门的正上方;

②应设置在疏散走道及其转角处距地面高度1.0m以下的墙面或地面上。灯光疏散指示标志的间距不应大于20m;对于袋形走道,不应大于10m;在走道转角区,不应大于1.0m。

2)关于建筑内疏散照明的地面最低水平照度的规定

(1)对于疏散走道,不应低于1.0lx;

(2)对于人员密集场所、避难层(间),不应低于3.0lx;对于病房楼或手术部的避难间,不应低于10.0lx;

(3)对于楼梯间、前室或合用前室、避难走道,不应低于5.0lx;

(4)消防控制室、消防水泵房、自备发电动机房、配电室、防排烟机房以及发生火灾时仍需正常工作的消防设备房应设置备用照明,其作业面的最低照度不应低于正常照明的照度。

疏散照明灯具应设置在出口的顶部、墙面的上部或顶棚上;备用照明灯具应设置在墙面的上部或顶棚上。公共建筑、建筑高度大于54m的住宅建筑、高层厂房(库房)和甲、乙、丙类单、多层厂房,应设置灯光疏散指示标志,并应符合下列规定:

①应设置在安全出口和人员密集的场所的疏散门的正上方;

②应设置在疏散走道及其转角处距地面高度1.0m以下的墙面或地面上。灯光疏散指示标志的间距不应大于20m;对于袋形走道,不应大于10m;在走道转角区,不应大于1.0m。

下列建筑或场所应在疏散走道和主要疏散路径的地面上,增设能保持视觉连续的灯光疏散指示标志或蓄光疏散指示标志:总建筑面积大于8 000m²的展览建筑;总建筑面积大于5 000m²的地上商店;总建筑面积大于500m²的地下或半地下商店;歌舞娱乐放映游艺场所;座位数超过1 500个的电影院、剧场,座位数超过3 000个的体育馆、会堂或礼堂。

建筑内设置的消防疏散指示标志和消防应急照明灯具,除应符合《建筑设计防火规范》(GB 50016—2014)的规定外,还应符合现行国家标准《消防安全标志 第1部分:标志》(GB 13495.1—2005)和《消防应急照明和疏散指示系统》(GB 17945—2010)的规定。

疏散标志灯的设置位置如图8-39所示。

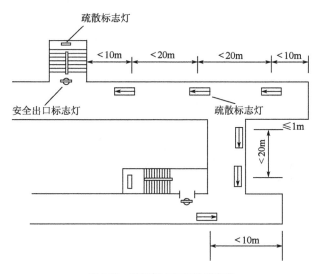

图8-39 疏散标志灯的设置位置

3)应急照明光源防火要求

应急照明光源防火要求见表8-13。

应急照明光源防火要求　　　　表8-13

名　　称	保护措施
开关、插座、照明器具	靠近可燃物时应采取隔热、散热等
大于100W白炽灯泡的吸顶灯、槽灯、嵌入式灯	引入线应采取瓷管、石棉、玻璃丝等隔热
白炽灯、卤钨灯、荧光高压汞灯、镇流器	不应安装在可燃构件或可燃装修材料上
卤钨灯	不应安装在可燃物品库房

应急照明供电方式:应急照明一般供给一路正常工作电源,一路备用电源。且两电源应在末端配电箱内自动切换,这种配电箱称为切换箱,然后以放射式配出到各灯具。配电箱按楼层或防火分区装设,照明支路不应跨越防火分区,每一单项回路容量不宜超过 15A,单项回路连接的灯具出线口数量不宜超过 20 个(最多不超过 25 个)。

应急照明的正常供电电源应由本层(本防火分区)配电盘的专用回路引接。除正常电源外,必须设置备用电源。

正常电源和备用电源,其切换时间应视应急照明种类或应用场所确定。一般疏散照明和备用照明不应大于 15s,用于安全照明时不应大于 0.5s。

对于某些建筑物内仅有少量应急照明设施,宜采用灯具内自带蓄电池(全封闭免维护)作为备用电源时,正常电源和备用电源可在灯具内进行切换即可。用蓄电池作备用电源,且连续供电时间不应少于 20min;高度超过 100m 的高层建筑连续供电时间不应少于 30min。

8.3.2 火灾应急照明控制电路

1)应急照明为专用照明的控制电路

这种控制电路,平时光源不点燃,接触器触头 KM1、KM2 都是断开的,应急照明光源 LD1~LD3 均熄灭,如图 8-40 所示。在事故状态下。正常照明的电源被切断,KM1 自动闭合(KM2 仍断开),工作电源 L1 将应急光源 LD1~LD3 强行点燃;一旦工作电源 L1 因故断电时,KM1 自动断开,同时 KM2 自动闭合,改由备用电源 L2 向应急光源 LD1~LD3 供电,使其继续发光。图 8-40 中 KM1 和 KM2 是两个接触器的动合触头,二者有可靠的联锁,即当 KM1 闭合时,KM2 在任何情况下都不能闭合;反之亦然。该电路从切换箱出来,仅用两根导线。

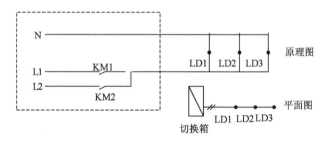

图 8-40 应急照明为专用照明的控制电路

2)应急照明为混用照明的控制电路

一种是仅在电源切换箱内有开关控制,导线从开关出来后,直接接到应急光源上(不再通过开关)。其控制电路和线路敷设形式与专用的情况相同,不同的是 LD1~LD3 平时点燃,因此要求 KM1 平时也是闭合的(KM2 断开),由工作电源 L1 供电。事故时,KM1 仍然闭合(KM2 断),L1 继续向 LD1~LD3 供电;一旦 L1 因故断电时,则 KM1 自动断开切断电源 L1,与此同时 KM2 自动闭合,改由备用电源 L2 向光源 LD1~LD3 供电。另一种是不仅在切换箱内有开关控制,而从切换箱出来的导线仍需通过开关控制再接到应急光源上。

3)火灾应急照明配电与供电

在火灾发生时,无论是在事故停电还是在人为切断电源的情况下,为了保证火灾时消防队员的正常工作和居民的安全疏散,都必须保持一定的电光源,由此设置的照明总称为火灾应急照明。应急照明供电电源可以是柴油发电机组、蓄电池或城市电网电源中的任意两个的组合,以满足双电源双回路供电的要求。

对于火灾应急照明和疏散指示标志可以集中供电,也可以分散供电。集中布置的大中型建筑中多采用集中式。总配箱设在底层,以干线向各层照明配电供电,各层照明配电箱装于楼梯间或附近,每回路干线上连接的配电箱不超过 3 个,此时的火灾事故照明电源是从专用干线分配电箱进行切换。

对于分散布置的小型建筑物内供人员疏散用的疏散照明装置,由于容量较小,一般采用小型的内装灯具、蓄电池、充电器和继电器的组装单元。正常电源电压也驱动一个继电器以使应急单元上的灯具通电,一旦正常电源停电,继电器就从内装的蓄电池得电,其原理如图 8-41 所示。

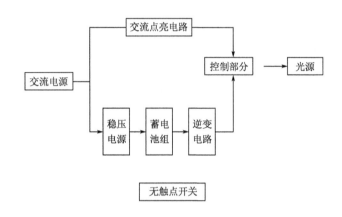

图 8-41 火灾应急照明供电

当交流电源正常供电时,一路点亮灯管,另一路驱动稳压电源工作,并以小电流给镍镉蓄电池组连续充电。当交流电源因故停电时,无触点开关自动接通逆变电路,将直流变成高频高压交流电;同时,控制部分把原来的电路切断,而将逆变电路接通,转入应急照明,直流供电不小于 45min。当应急照明达到所需时间后,无触点开关自动切断逆变电路,蓄电池组不再放电。一旦交流电恢复,灯具自动投入交流电路,恢复正常点亮,同时,蓄电池组又继续重新充电。

这种小型内装式应急照明灯,蓄电池多为镍镉电池或小型密封蓄电池。优点是可靠、灵活、安装方便。缺点是费用高、检查维护不便。

4) 消防应急照明和疏散指示系统的联动控制

消防应急照明和疏散指示系统按控制方式有三种类型:集中控制型、集中电源非集中控制型、自带电源非集中控制型。消防应急照明和疏散指示系统的联动控制应符合下述规定:

(1) 集中控制型系统主要由应急照明集中控制器、双电源应急照明配电箱、消防应急灯具和配电线路等组成,消防应急灯具可为持续型或非持续型。其特点是所有消防应急灯具的工作状态都受应急照明集中控制器控制。发生火灾时,火灾报警控制器或消防联动控制器向应急照明集中控制器发出相关信号,应急照明集中控制器按照预设程序控制各消防应急灯具的工作状态。

(2)集中电源非集中控制型系统主要由应急照明集中电源、应急照明分配电装置、消防应急灯具和配电线路等组成,消防应急灯具可为持续型或非持续型。发生火灾时,消防系统联动控制器集中电源和/或应急照明分配电装置的工作状态,进而控制各路消防应急灯具的工作状态。

8.4 消防专用通信及火灾应急广播

8.4.1 消防专用电话

消防专用电话系统是一种消防专用的通信系统,通过这个系统可迅速实现对火灾的人工确认,并可及时掌握火灾现场情况及进行其他必要的通信联络,便于指挥灭火及恢复工作。消防电话系统分为总线制和多线制两种配线方式。

1)消防专用电话安设原则及要求

根据近几年来火灾现场的教训,消防电话是否及时可靠地通畅,对能否及时报案、消防指挥系统能否通畅,起着关键作用。为保证消防报警和灭火指挥通畅,《火灾自动报警系统设计规范》(GB 50116—2013)对消防专用电话的安装和使用作了如下规定。

(1)消防专用电话的设置:
①消防专用电话网络应为独立的消防通信系统;
②消防控制室应设置消防专用电话总机;
③多线制消防专用电话系统中的每个电话分机应与总机单独连接。

(2)电话分机或电话插孔的设置,应符合下列规定:
①消防水泵房、发电机房、配变电室、计算机网络机房、主要通风和空调机房、防排烟机房、灭火控制系统操作装置处或控制室、企业消防站、消防值班室、总调度室、消防电梯机房及其他与消防联动控制有关的且经常有人值班的机房,应设置消防专用电话分机。消防专用电话分机,应固定安装在明显且便于使用的部位,并应有区别于普通电话的标识。
②设有手动火灾报警按钮或消火栓按钮等处,宜设置电话插孔,并宜选择带有电话插孔的手动火灾报警按钮。
③各避难层应每隔20m,设置一个消防专用电话分机或电话插孔。
④电话插孔在墙上安装时,其底边距地面高度宜为1.3~1.5m。

(3)消防控制室、消防值班室或企业消防站等处,应设置可直接报警的外线电话。

2)消防电话的使用

(1)二线直线电话:只需要将手提式电话机的插头插入消防电话塞孔内,即可向消防控制室的总机通话。

(2)多门消防电话:多门消防电话有20门、40门、60门等。总机可呼叫分机通话,分机也可向总机报警。

(3)分机向总机报警,分机摘机,总机即振铃,分机指示灯亮,总机摘机后,停止振铃,即可与分机通话。

（4）总机呼叫分机通话，总机摘机，按住某分机号按钮可看到分机指示灯亮，停止按分机按钮，即可与分机通话。

（5）电话线应单独管线敷设，不能与其他线共管。

8.4.2 消防应急广播系统

1）消防应急广播系统的功能介绍

消防应急广播系统是火灾疏散和灭火指挥的重要设备，在整个消防控制管理系统中起着极其主要的作用。火灾发生时，应急广播信号由音源设备发出，给功率放大器放大后，由模块切换到指定区域的音箱实现应急广播。它主要由音源设备、功率放大器、输出模块、音箱等设备构成。在为商场等大型场所选用功率放大器时，应能满足三层所有音箱启动的要求，音源设备应具有放音、录音功能。如果业主要求应急广播平时作为背景音乐的音箱时，功率放大器的功率应选择大于所有广播功率的总和，否则功率放大器将会过载保护，导致无法输出背景音乐。

在高层建筑物中，尤其是高层宾馆、饭店、办公楼、综合楼、医院等，一般人员都比较集中，发生火灾时影响面很大。为了便于发生火灾时统一指挥疏散，控制中心报警系统应设置火灾应急广播。在条件许可时，集中报警系统也应设置火灾应急广播。在智能建筑和高层建筑内或已装有广播扬声器的建筑物内设置火灾应急广播时，要求原有广播音响系统具备火灾应急广播功能，即当火灾发生时，无论扬声器当时处于何种工作状态，都应能紧急切换到火灾事故广播线路上。火灾应急广播的扩音机需专用，但可放置在其他广播机房内，在消防控制室应能对它进行遥控自动开启，并能在消防控制室直接用话筒播音。

2）火灾应急广播的设置范围和技术要求

《火灾自动报警系统设计规范》（GB 50116—2013）规定：控制中心报警系统，应设置火灾应急广播系统，集中报警系统宜设置火灾应急广播系统。

按照规定，火灾应急广播系统在技术上应符合以下要求。

（1）对扬声器设置的要求。

①在民用建筑里，扬声器应设置在走道和大厅等公共场所，每个扬声器的额定功率不小于3W，其数量应保证从一个防火区的任何部位到最近一个扬声器的步行距离不大于25m，走道末端扬声器距墙不大于12.5m。

②在环境噪声大于60dB的场所设置的扬声器，在其播放范围内最远点的声压级应高于背景噪声15dB。

③客房设置专用扬声器时，其功率不宜不小于1W。

④壁挂扬声器的底边距地面高度应大于2.2m。

（2）火灾应急广播与其他广播（包括背景音乐等）合用时应符合的要求。

①火灾时，应能在消防控制室，将火灾疏散层的扬声器和公共广播扩音机强制转化为火灾应急广播状态。强制转入的控制切换方式一般有以下两种：

一种是火灾应急广播系统仅利用音响广播系统的扬声器和传输线路，而火灾应急广播系统的扩音机等装置是专用的。在发生火灾时,由消防控制室切换输出线路,使音响广播系统的传输线路和扬声器投入火灾应急广播。

另一种火灾应急广播系统完全利用音响广播系统的扩音机、传输线路和扬声器等装置,在消防控制室设置紧急播放盒。紧急播放盒包括话筒放大器和电源、线路输出遥控电键等。在发生火灾时,遥控音响广播系统紧急开启进行火灾应急广播。以上两种强制转入的控制切换方式,应注意使扬声器不管处于关闭或在播放音乐等状态下,都能紧急播放火灾应急广播。特别应注意,在设有扬声器开关或音量调节器的系统中的紧急广播方式,应用继电器切换到火灾应急广播线路上。

②消防控制室应能监控用于火灾应急广播时的扩音机的工作状态,进行广播。

③床头控制柜设有扬声器时,应有强制切换到应急广播的功能。

④火灾应急广播设置备用广播,其容量不应小于火灾应急广播扬声器最大容量总和的1.5倍。

(3)火灾报警装置的设置范围和技术要求。

根据规定:火灾光警报器应设置在每个楼层的楼梯口、消防电梯前室、建筑内部拐角等处的明显部位,且不宜与安全出口指示标志灯具设置在同一面墙上。

每个报警区域内应均匀设置火灾警报器,其声压级不应小于60dB;在环境噪声大于60dB的场所,其声压级应高于背景噪声15dB。

当火灾警报器采用壁挂方式安装时,其底边距地面高度应大于2.2m。

3)火灾应急广播的控制程序

消防控制室应设置火灾警报装置与应急广播的控制装置,其控制程序应符合下列要求。

(1)2层及2层以上的楼层发生火灾,应先接通着火层及其相邻的上下层。

(2)首层发生火灾,应先接通本层、2层及底下层。

(3)地下室发生火灾,应先接通地下各层及首层。

(4)含多个防火分区的单层建筑,应先接通着火的防火分区及其相邻的防火分区。

当火灾发生时,报警控制器接收到火警信号,并确认是火警后,经延时发出联动控制信号,通过输出模块将指定的若干扬声器切换到火灾应急广播线路上,进行事故广播。

习 题

1. 什么是防烟分区,其应该如何划分?
2. 简述消防电梯的设置要求。
3. 发生火灾后,非消防电源应如何?电梯应如何?
4. 简述应急照明系统。
5. 哪些部位须设置火灾事故时的备用照明?
6. 备用照明灯的安装要求有哪些?
7. 简述消防应急广播系统的功能。
8. 消防应急广播系统的特点和要求是什么?

9. 防火卷帘门联动控制电路的工作原理是什么?

10. 某五层大楼内设左右两个楼梯通道,拟在各楼层间装设防排烟阀,在各楼梯层顶处装设一台排烟风机,消防值班室设在底层的一个楼梯间近房,试根据防排烟阀的控制要求,设计防排烟阀与排烟风机的联动控制线路。

第9章 自动消防系统的配电与施工

9.1 消防系统的供配电

9.1.1 消防系统的供电要求

建筑物中火灾自动报警及消防设备联动控制系统的工作特点是连续、不间断。根据《建筑设计防火规范》(GB 50016—2014)和《火灾自动报警系统设计规范》(GB 50116—2013),为了保证消防系统的供电可靠性及配线的灵活性,消防系统的供电应满足下列要求。

(1)消防控制室、消防水泵、消防电梯、防排烟设施、火灾自动报警、自动灭火装置、火灾应急照明和电动防火门窗、卷帘、阀门等消防用电,一类建筑应按现行国家电力设计规范规定的一级负荷要求供电;二类建筑的上述消防用电,应按二级负荷的两回线路要求供电。

(2)当建筑物为高压受电时,宜独立形成防灾供电系统。

(3)一类建筑的消防用电设备的两个电源或两回线路,应在最末一级配电箱处自动切换。

(4)火灾自动报警系统的供电要求:应设有主电源和直流备用电源;火灾自动报警系统的交流电源应采用消防电源,直流备用电源宜采用火灾报警控制器的专用蓄电池。当直流备用电源采用消防系统集中设置的蓄电池时,火灾报警控制器应采用单独的供电回路,并能保证在消防系统处于最大负载状态下,不影响报警控制器的正常工作;系统中的 CRT 显示器、消防通信设备等的电源,宜由 UPS 装置或消防设备应急电源供电。

(5)各类消防用电设备在火灾发生期间的最少连续供电时间,可参见表9-1。

各类消防用电设备的最少连续供电时间　　　　　　　　　　表9-1

序号	消防用电设备名称	保证供电时间(min)
1	火灾自动报警装置	≥10
2	人工报警器	≥10
3	各种确认、通信手段	≥10
4	消火栓、消防泵及自动喷水系统	>60
5	水喷雾和泡沫灭火系统	>30
6	CO_2 灭火和干粉灭火系统	>60

续上表

序号	消防用电设备名称	保证供电时间(min)
7	卤代烷灭火系统	≥30
8	排烟设备	>60
9	火灾广播	≥20
10	火灾疏散标志照明	≥20
11	火灾暂时继续工作的备用照明	≥60
12	避难层备用照明	>60
13	消防电梯	>60
14	直升机停机坪照明	>60

(6)二类建筑的供电变压器,当高压为一路电源时,亦宜选两台,只在能从另外用户获得低压备用电源的情况下,方可只选一台变压器。

(7)配电所(室)应设专用消防配电盘(箱),如有条件时,消防配电室尽量贴邻消防控制室布置。

(8)对容量较大(或较集中)的消防用电设施(如消防电梯、消防水泵等),应自配电室采用放射式供电。对于火灾应急照明、消防联动控制设备、火灾报警控制器等设施,若采用分散供电时,在各层(或最多不超过3~4层)应设置专用消防配电屏(箱)。

(9)在设有消防控制室的民用建筑中,消防用电设备的两个独立电源(或两回线路),宜在下列场所的配电屏(箱)处自动切换:消防控制室、消防电梯机房、防排烟设备机房、火灾应急照明配电箱、各楼层配电箱、消防水泵房等。

(10)消防联动控制装置的直流操作电源电压,应采用24V。

(11)火灾报警控制器的直流备用电源的蓄电池容量,应按火灾报警控制器在监视状态下工作24h后,再加上同时有二个分路报火警30min用电量之和计算。

(12)专供消防设备用的配电箱、控制箱等主要器件及导线等宜采用耐火、耐热型。当与其他用电设备合用时,消防设备的线路应作耐热、隔热处理,且消防电源不应受别处故障的影响。消防电源设备的盘面应加注"消防"标志。

(13)消防用电设备应采用专用的供电回路,其配电设备应设有明显标志。其配电线路和控制回路宜按防火分区划分,配电的分支干线不宜跨越防火分区。

(14)消防用电设备的电源不应装设漏电保护,当线路发生接地故障时,宜设单相接地报警装置。

(15)消防用电的自备应急发电设备,应设有自动起动装置,并能在15s内供电,当由市电切换到柴油发电机电源时,自动装置应执行先停后送的程序,并应保证一定时间间隔。在接到"市电恢复"讯号后延时一定时间,再进行油机对市电的切换。

(16)消防设备应急电源输出功率应大于火灾自动报警及联动控制系统全负荷功率的120%,蓄电池组的容量应保证火灾自动报警及联动控制系统在火灾状态同时工作负荷条件下,连续工作3h以上。

9.1.2 消防系统的供电设计

按照我国的有关规范规定,消防控制室应设置独立的消防电源,并应满足如下要求:对于一类建筑,如高级旅馆、大型医院、科研所等重要高层建筑,消防用电设备应按一级负荷供电,即由不同变电所的高压母线供电;对于二类建筑,如成片、成街的高层建筑住宅区、办公楼、教学楼等,消防用电设备则按二级负荷供电,即由双回路电源供电(如采用两个电源供电确有困难时,也可采用一个电源供电)。为了进一步提高消防系统工作的可靠性,使消防用电设备不受停电事故的影响,应配置足够容量的备用电源。如在高级宾馆或通信枢纽大楼内,可设置双回路电源供电,再配备柴油发电机组和大容量蓄电池(直流电源),并要求在发生停电事故时自动切换和启动,在很短时间内恢复对消防用电设备的供电,如图 9-1 和图 9-2 所示。

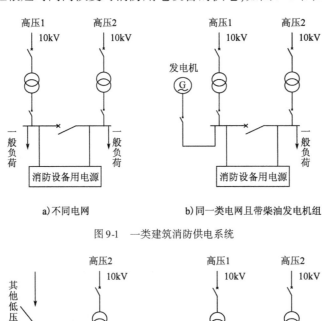

a) 不同电网　　　　　　　b) 同一类电网且带柴油发电机组

图 9-1　一类建筑消防供电系统

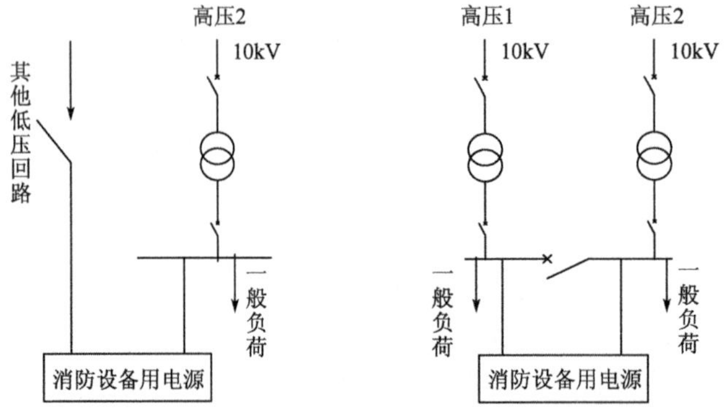

a) 一路由低压线路引来电源　　　　　　b) 双电路供电

图 9-2　二类建筑消防供电系统

对于设有消防控制室并属于一类高层民用建筑中的消防用电设备,其双路电源应分别在消防控制室、消防泵房、消防电梯机房、防排烟机房、事故照明配电箱、各楼层照明配电箱等处设置自动切换装置,以实现电源的自动切换。如图 9-3 所示,图中 1 号、2 号为 380/220V 三相四线制电源,其中 1 号电源为正常电源,2 号电源为备用电源。1 号常用电源供电时,信号指示灯 1HL 亮,中间继电器 IKA、2KA、3KA 线圈通电,其相互串联的常开触点均闭合,此时合上自动空气开关1QF、2QF,接触器1KM线圈通电,其主触头接通主回路,由1号常用电源为消防用电设备供电,1KM互锁触头及中间继电器常闭触点切断接触器2KM线圈回路。此时信号指示灯2HL亮(红色),表示由正常电源供电,3HL亮(绿色)表示2号备用电源为正常备用状态。当1号正常电源故障停电时,接触器1KM和中间继电器1KA、2KA、3KA线圈断电,其常闭触点复位闭合,接触器2KM线圈通电,其主触头接通主回路,由2号备用电源为消防用电设备供电,其互锁触头切断接触器1KM线圈回路。此时信号指示灯4HL(红色)点亮,表示由备用电源开始供电。

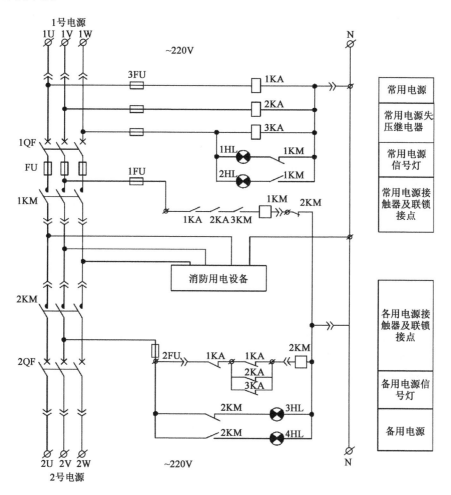

图9-3 常用交流电源与备用交流电源自动切换电路

对于弱电系统,如火灾自动报警、火灾紧急广播和专用电话、计算机房等电气设备所需要的交流电源,应由不间断电源(Uninterrupted Power Supply,UPS)装置供电,其容量可按火灾报警控制器在监视状态下工作24h后,再加上同时有两个分路报火警信号30min的用电量之和来计算。一般可采用以下供电方式:

(1)直流设备直接供电方式

交流电源经整流设备整流、滤波和稳压处理后输出,对消防用电设备供电。这种供电方式设备投资小、维护简便,但受交流电源的影响很大。

(2) 蓄电池充放电供电方式

蓄电池一般选用镉镍蓄电池组，交流电源经整流设备为蓄电池充电，由蓄电池对消防用电设备供电，即采用两组蓄电池，交替地由整流设备充电和为消防用电设备供电。这种供电方式增加了设备投资和维护工作量，但供电可靠性大，减少了交流电源的影响。

(3) 一组蓄电池浮充供电方式

在正常时，交流电源经整流设备整流、滤波和稳压后为消防用电设备供电，并为蓄电池以不大的充电电流充电（即浮充）。当交流电源中断时，则由蓄电池自动投入供电。这种供电方式的设备投资和维护工作量较蓄电池充放电供电方式低，供电可靠性也较大。但是，在检修蓄电池的同时，若交流电源中断，会出现弱电消防用电设备不能工作的问题。

(4) 蓄电池半浮充供电方式

采用充电和浮充用的整流设备和两组蓄电池，通常白天由整流设备为消防用电设备供电，并为两组蓄电池浮充；晚间则由两组蓄电池为消防用电设备供电。其运行主式如下：

①对消防用电设备供电时，两组蓄电池均并联使用；在需要充电时，则由整流设备暂时对其中一组蓄电池充电，而另一组蓄电池处于浮充状态。

②经常由整流设备对其中一组蓄电池浮充，并分昼夜分别为消防用电设备供电，而另一组蓄电池备用，两组蓄电池交替使用。

这种供电方式的蓄电池容量较大，故设备投资和维护工作量较大，但工作可靠性高。目前工程中常用第一种半浮充供电运行方式。

(5) 蓄电池全浮充供电方式

与一组蓄电池浮充供电方式相似，在正常时，交流电源经整流设备整流、滤波和稳压后，为消防用电设备供电，并为两组蓄电池浮充，即供给蓄电池自放电的补偿充电电流。当交流电源中断时，则由两组蓄电池自动投入供电。这种供电方式设备投资和维护量较蓄电池半浮充供电方式低，由于蓄电池总是处于满充电的状态下，所以供电持续时间长，所需要的蓄电池容量小、效率也最高，但要求整流设备的自动稳压性能较高，交流电源应比较可靠。在现代化高层建筑的消防系统中，常采用蓄电池全浮充供电方式。

9.2 消防设备的布线

高层建筑内有关防火、灭火的多种设备均以电力为动力。因此，考虑到故障、检修及火灾断电和平时停电的影响，除具有一般市电电源外，还应设置紧急备用电源，以保证失火后，在规定时间内电源向消防系统中某些必要部位的设备：如消防控制室、消防电梯、消防水泵、防排烟设施、火灾自动报警及自动灭火装置、火灾事故照明、疏散诱导标志照明以及电动防火门、电动防火阀、防排烟阀等供电。一、二类高层建筑的消防系统对供电的要求在 9.1 节中已作介绍，宜采用双路电源供电，并在用电负荷附近装设双路电源自动切换装置。

除了系统设有紧急备用电源外，为了使各自动报警装置和消防设备在发生火灾时能正常工作，要求短时间内不会被烧毁。因此，应对消防设备提出耐热措施，并设计耐热、耐火性能好的配电线路，须考虑电源到各消防用电设备的布线问题。

9.2.1 布线原则

(1) 火灾自动报警系统布线的一般规定

①火灾自动报警系统的传输线路和50V以下供电的控制线路,应采用电压等级不低于交流 300V/500V 的铜芯绝缘导线或铜芯电缆;而对于交流 220/380V 供电和控制线路,应采用电压等级不低于交流 450V/750V 的铜芯绝缘导线或铜芯电缆。

②传输线路的线芯截面选择,除应满足自动报警装置技术条件的要求外,还应满足机械强度的要求,铜芯绝缘导线和铜芯电缆线芯的最小截面积,不应小于表9-2的规定。

铜芯绝缘导线和铜芯电缆线芯的最小截面积　　表9-2

序号	类　别	线芯的最小允许截面积(mm^2)
1	穿管敷设的绝缘导线	1.00
2	线槽内敷设的绝缘导线	0.75
3	多芯电缆	0.50

③火灾自动报警系统的供电线路和传输线路设置在室外时,应埋地敷设;当供电线路和传输线路设置在地(水)下隧道或湿度大于90%的场所时,线路及接线处应做防水处理。

④采用无线通信方式的系统设计时,无线通信模块的设置间距不应大于额定通信距离的75%;无线通信模块应设置在明显部位,且应有明显标识。

⑤火灾自动报警系统的传输线路设置在室内时,应采用金属管、可挠(金属)电气导管、B_1级以上的刚性塑料管或封闭式线槽保护;供电线路、消防联动控制线路应采用耐火铜芯电线电缆,报警总线、消防应急广播和消防专用电话等的传输线路应采用阻燃或阻燃耐火电线电缆。

⑥线路暗敷设时,应采用金属管、可挠(金属)电气导管或 B_1 级以上的刚性塑料管保护,并应敷设在不燃烧体的结构层内,且保护层厚度不宜小于30mm;线路明敷设时,应采用金属管、可挠(金属)电气导管或金属封闭线槽保护。矿物绝缘类不燃性电缆可直接明敷。

⑦火灾自动报警系统用的电缆竖井,宜与电力、照明用的低压配电线路电缆竖井分别设置。受条件限制必须合用时,应将火灾自动报警系统用的电缆和电力、照明用的低压配电线路电缆分别布置在竖井的两侧。

⑧不同电压等级的线缆不应穿入同一根保护管内,当合用同一线槽时,线槽内应有隔板分隔。采用穿管水平敷设时,除报警总线外,不同防火分区的线路不应穿入同一根管内。从接线盒、线槽等处引到探测器底座盒、控制设备盒、扬声器箱的线路,均应加金属保护管保护。

⑨火灾探测器的传输线路,宜选择不同颜色的绝缘导线或电缆;正极"+"线应为红色,负极"-"线应为蓝色或黑色;同一工程中相同用途导线的颜色应一致,接线端子应有标记。

(2) 布线原则

①消防设备电源及控制线路的布线应具有良好的耐火、耐热性能。

所谓耐火配线,是指传输线路采用绝缘导线或电缆等穿入金属线管(包括焊接钢管 SC、电线管 TC 和薄壁型套接和压管 KBG,也称为普利卡管)或具有阻燃性能的 PVC 硬塑料管暗敷于非延燃结构层内,保护厚度不小于30mm。而耐热配线是指采用耐热温度在105℃及以上的非延燃性绝缘材料导线或电缆等穿入金属线管或具有阻燃性能的 PVC 硬塑料管明敷。如在感温探测器所监视的区域内,因为火灾发生时,探测器的动作温度较高,所以在敷设感温探测器的传输线时,应采取耐热措施。

综上所述,用于消防控制、消防通信、火灾报警等线路,以及用于消防设备(如消防水泵、排烟机、消防电梯等)的电力线路,均应采取穿金属线管或 PVC 阻燃硬塑料管保护,并暗敷于非延燃的建筑结构内,其保护层厚度应不小于 30mm。若必须明敷时,应采用金属管或金属线槽保护,并应在金属管或金属线槽上采取防火保护措施,例如在线管外用硅酸钙筒(壁厚 25mm)或用石棉、玻璃纤维隔热筒(壁厚 25mm)进行保护。

在电缆井内敷设非延燃性绝缘护套的导线、电缆时,可以不穿线管保护,但在吊顶应敷设在有防火保护措施的封闭式线槽内。对消防电气线路所经过的建筑物基础、天花板、墙壁、地板等处,应采用阻燃性能良好的建筑材料和建筑装修材料。

总之,在消防设备的配线设计及布线施工中,应严格遵循有关建筑防火设计规范要求,结合工程实际采用耐热强度高的导线和一定的敷设方法、措施,来满足消防设备配线的耐火、耐热的要求。消防系统配线要求如图 9-4 所示,可供在消防设备的配线设计及布线施工中参考。

②不同电压、不同电流类别、不同系统的线路,不可共管或线槽的同一槽孔内敷设。横向敷设的报警系统传输线路,若采用穿管布线,则不同防火分区的线路不可共管敷设。

③在建筑物内,横向敷设的报警系统传输线采用线管、线槽布线时,不同防火分区的线路不应共管、共槽敷设,以减少接线错误,便于开通试调和检修。

④弱电线路的电缆竖井与强电线路的电缆竖井分开。如果受条件限制而共用一个电缆竖井时,应注意将弱电线路与强电线路分别布置在竖井的两侧。

⑤连接火灾探测器的导线,宜选择不同颜色的绝缘导线。如二线制中的电源线 + DC24V 线为红色,信号线为蓝色,二总线也选用红色、蓝色线,即同一工程中相同线别的绝缘导线颜色应一致,接线端子应有导线标号。接线端子箱内的端子宜选择压接或带锡焊接点的端子板,其接线端子上也应有相应的标号。

⑥在线管或线槽内敷设导线时,应使绝缘导线或电缆的总截面(包括绝缘层和外护层在内)应不超过线管内截面的 40%,不超过线槽内截面的 60%。

(3)电压降允许值

对于消防泵、喷淋泵、排烟风机、正压风机、消防电梯等消防动力设备,若电压降过大,在紧急状态下会直接影响设备的功能发挥。因此,一般规定主干线和引至消防设备的分支线路,其电压降分别不超过 3% 和 2%。当超过 60m 时,允许电压降百分数可按表 9-3 选取(不包括消防电梯)。表 9-3 中所列允许电压降百分数为主干线和分支线路的总计值。

线路允许电压降百分比　　　　　　表 9-3

线路长度(m)	允许电压降百分比(%)
$L \leq 120$	<5
$120 < L \leq 120$	<6
$L > 200$	<7

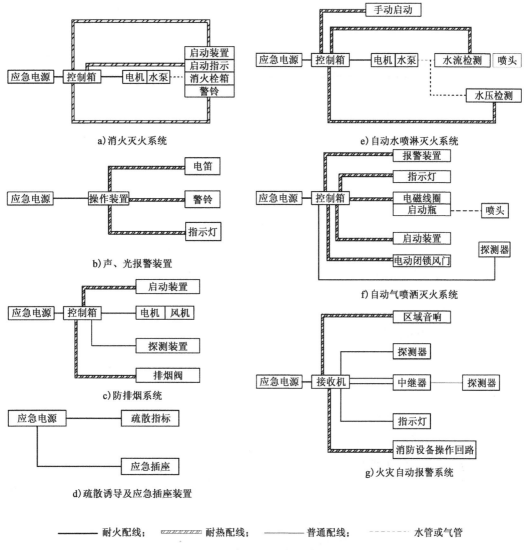

图 9-4 建筑消防系统配线要求

9.2.2 电线电缆截面的选择

由于火灾发生时,室内环境温度很高而引起线路导体电阻增加较多,所以应根据布线方式和布线场所,采用计算法或查表法选择电线电缆的截面。

1)计算法

根据计算法选择电线和电缆截面时,首先求出计算电流和电压降允许值,然后选择电线和电缆的截面。

(1)电流减小允许值

在使用耐热保护材料布线的条件下,电流减小系数如表 9-4 所示。一般由允许电流乘以电流减小系数即得电流减小允许值。

用耐热材料布线时导线的电流减少系数　　　　表 9-4

耐热材料类型	电流减小系数
硅酸钙保护筒(壁厚25mm)耐火覆盖板	0.7
石棉(或玻璃纤维)保护筒(壁厚25mm)	0.6

(2)线路电压损失允许值

火灾发生时铜芯导线电压降允许值用下列公式计算：

①直流"二线制"(+、-)和交流"二线制"(相线、相线)：

$$\Delta V = \frac{35.6LIa}{1\,000S} \tag{9-1}$$

②交流三相三线制：

$$\Delta V = \frac{30.8LIa}{1\,000S} \tag{9-2}$$

③直流"三线制"(+、-、保护接地线)、交流单相"三线制"(相线、中线、保护接地线)和三相四线制：

$$\Delta V' = \frac{17.8LIa}{1\,000S} \tag{9-3}$$

式中：ΔV——各线间的电压降值，V；

$\Delta V'$——各相的电压降值，V；

L——电线长度，m；

I——线路电流，A；

a——火灾时线路铜导线电阻增加系数；

S——电线电缆截面，mm^2。

其中，火灾时线路铜导线电阻增加系数可按下式计算：

$$a = \frac{[1 + 0.00393(T - 20)]l}{L} + \frac{L - 1}{L} \tag{9-4}$$

式中：l——火灾场所电线长度，可按0.2L以上估算；

T——火灾场所内线路导体温度，一般取840℃。

对于交流电路，在考虑负载功率因数时，电压降允许值应按表9-5加以修正。

交流电路中线路电压降值修正系数　　　　表 9-5

功率因数 频率(Hz) 公称截面积(mm^2)	0.9		0.8		0.7	
	50	60	50	60	50	60
16	0.96	0.96	0.88	0.89	0.79	0.81
25	0.97	0.98	0.90	0.91	0.82	0.84
35	0.99	1.01	0.92	0.96	0.84	0.87
50	1.01	1.04	0.96	0.99	0.89	0.96
70	1.08	1.11	1.05	1.10	0.99	1.06
95	1.13	1.18	1.11	1.18	1.07	1.14

续上表

公称截面积(mm²)	功率因数	0.9		0.8		0.7	
	频率(Hz)	50	60	50	60	50	60
120		1.18	1.23	1.18	1.25	1.15	1.24
150		1.24	1.30	1.26	1.35	1.25	1.36
185		1.32	1.41	1.38	1.50	1.39	1.53

【例题9-1】 某高层建筑排烟风机功率为11kW，额定电压380V，功率因数$\cos\phi=0.86$，效率$\eta=0.87$，配电线路长85m，采用三相三线制配电线路，试选择导线截面。

【解】 排烟风机额定电流为：

$$I_N = P_N/(\sqrt{3} V_N \cos\phi \eta) = 11 \times 10^3/(\sqrt{3} \times 380 \times 0.86 \times 0.87) = 22.34A$$

配电线路长$L=85m$，由表9-3查得线路允许电压降百分比为$\Delta V\% = 5\%$，则线路电压降允许值为：

$$\Delta V = V_N \Delta V\% = 380 \times 5\% = 19V$$

另外，考虑排烟风机的电动机功率用数$\cos\phi=0.86$，且额定电流$I_N=22.34A$，估计所选导线截面应在16mm²以下，电源频率$f=50Hz$。故由表9-5查得：$\cos\phi_h=0.9$时，修正系数$K_{1h}=0.96$，$\cos\phi_l=0.8$时，修正系数$K_{1l}=0.88$，则根据补插法计算$\cos\phi=0.86$时的线路电压降值修正系数K_1为：

$$K_1 = K_{1h} - (\cos\phi_n - \cos\phi)(K_{1h} - K_1)/(\cos\phi_h - \cos\phi_l)$$
$$= 0.96 - (0.9 - 0.86) \times (0.96 - 0.88)/(0.9 - 0.8)$$
$$= 0.928$$

线路电压降允许值修正为：

$$\Delta V' = K_1 \Delta V = 0.928 \times 19 = 17.63V$$

按式(9-4)计算线路电阻增加系数a为：

$$a = [1 + 0.393(T - 20)]l/L + (L - 1)/L$$
$$= [1 + 0.393 \times (840 - 20)] \times 0.2 + (85 - 1)/85 = 1.833$$

对于交流三相三线制，由式(9-2)求的导线截面为：

$$S = 30.8 L I_N a/1000\Delta V' = 30.8 \times 85 \times 22.34 \times 1.833/1000 \times 17.63 = 6.08mm^2$$

取BV-10导线，按环境工作温度40℃，穿焊接钢管敷设，导线允许载流量为$I_{re}=32A$。设采用耐热材料硅酸钙护筒保护，其电流减小系数$K_2=0.7$，则导线允许载流量修正为$K_{re} = K_2 I_{re} = 0.7 \times 32 = 22.44A > I_N = 22.334A$，所以选择BV-10导线符合要求。

2）查表法

查表法可分为以下三种情况：

(1) 按表9-6中性线和保护接地线不计算在电线根数或芯线数中耐热许用电流值，选择电线电缆截面。

绝缘电线和电缆的耐热许用电流值表　　　表9-6

电线截面(mm^2)		2.5	4	6	10	16	25	35	70	95	120	150
耐热电流(A)	3根以下铜导线穿管	14	19	24	34	47	61	72	116	140	164	193
	3芯以下铜芯电缆											

(2)在火灾包围条件下,应按表9-7以实际线路最大长度和允许电压降为2V时,选择三相三线制铜芯绝缘电线和电缆截面。在应用表9-7时应注意以下几点:①当线路允许电压降为4~6V时,绝缘电线、电缆的长度分别取表中长度的2~3倍;②当线路电流为20A或200A时,绝缘电线、电缆的长度分别取表中2A时的长度的1/10或1/100;③当绞合绝缘电线、电缆$6mm^2$或$10mm^2$时,可分别按单线截面为$4mm^2$或$6mm^2$绝缘电线、电缆的最大长度值选择;④本表的功率因数$\cos\phi=1$。

按允许线路压降(2V)选择电线电缆截面　　　表9-7

电流(A)	电线电缆截面(mm^2)									
	2.5 ($\phi1.6$)	4 ($\phi1.6$)	6 ($\phi1.6$)	10 ($\phi1.6$)	16	25	70	95	120	150
	导线最大长度(m)									
1	90	142	241	365	621	1290	2660	4500	5600	6800
2	45	71	120	182	310	648	1330	2240	2800	3430
3	30	47	80	121	207	431	889	1490	1860	2280
4	22	35	60	91	155	324	665	1120	1400	1710
5	18	28	48	72	124	259	532	903	1120	1370
6	15	23	39	60	103	216	443	749	931	1140
7	12	20	34	52	88	184	380	642	798	980
8	11	18	30	45	77	161	332	562	700	861
9	9.8	16	26	40	69	144	296	499	621	763
12	7.7	11	20	30	51	107	221	374	466	571

(3)对于分支线路应按表9-8选择绝缘电线和电缆的最小允许截面。

分支线路电线电缆的最小允许截面　　　表9-8

从配线用断路器到最终端接口的电线长度(m)	电线最小截面积(mm^2)
≤15	全电路截面为2.5($\phi1.6mm$)
>15 <20	从配线用断路开关到最初接口及各分支点的截面为4($\phi2.0mm$),其他部分为2.5($\phi1.6mm$)
20~30	到一个接口部分截面为2.5($\phi1.6mm$),其他部分为2.5($\phi1.6mm$)
>30	到一个接口部分截面为2.5($\phi1.6mm$),其他部分为6($\phi2.6mm$)

9.2.3 探测器的配线及安装工艺

目前,工程上采用总线制智能型探测器非常普遍,故对其安装及其管线敷设方法作简单介绍。探测器的安装及配线主要由管线敷设、预埋盒座、布线、安装底座接线等和安装探测器(探头)几部分组成,其施工方法如下:

(1)预埋线管、接线盒

施工中根据设计图纸确定探测器、报警控制器(及其端子箱)的安装位置和管线路径,配合土建施工,对于轻钢龙骨吊顶房间则配合室内装修施工,将接线盒(如探测器专用配套预埋盒)以及线管等埋设在安装部位上。其预埋线管和接线盒的方法与室内照明管线敷设方法相同,但应注意符合消防布线原则要求。

(2)清管

在线管穿线前,应进行清管。可用吹尘器向管内吹入压缩空气,将管内残留物、水分等清理干净,也可在引线铅丝上绑扎布条来回拉动进行清管。清管后再向管内吹入滑石粉,并在管口上加装护线圈,以备穿线。

(3)放线

用放线架顺着导线缠绕方向放线,以防止打结扭绞。并且在放线过程中,检查导线是否存在曲线、绝缘层破损、断裂等缺陷,发现问题及时进行剪接和绝缘处理。

(4)穿线

所谓线管穿线,就是将绝缘导线由一个接线盒通过管路穿引到另一接线盒,即由报警回路终端的探测器接线盒通过管路穿引到报警控制器(或端子箱)。如果是多个报警区域(或回路总线)的火灾报警回路,需再通过立管或电缆竖井用导线按要求将各总线制从机(或二线制区域报警控制器)与消防控制中心的总线制主机(或二线制集中报警控制器)连接起来,即采取先分路后支线、先支线后干线、先区域后系统的配线方法。

一般应在线管埋设时就将引线铅丝穿引好,如果管路较短或弯头少时,也可在线管穿线时再穿引线铅丝。引线铅丝通常采用16号铁丝($\phi1.6mm$)或18号钢丝($\phi1.2mm$)。在进行线管穿线时,先将引线铅丝的一端与被穿引导线可靠结扎在一起(即制作牵线结头),并涂抹一些滑石粉,然后用引线铅丝将导线垂直管口缓缓拉入管内。注意线管两端的拉线人和送线人动作要协调配合,使导线平行成束,不得相互缠绕扭曲。为了保证线路安全可靠运行,在管内不允许存在导线接头,接头应放在接线盒内,并且导线接头宜采用焊接连接。

(5)线头预留及连接

为了校线、接线及以后检修方便,线管穿线后应根据实际需要预留"线头"一般接线盒内预留线头150~250mm(或为线盒的周长),端子箱、报警控制器内预留线头300~600mm(或箱体的宽度与高度之和)。在探测器或其他消防电气设备的安装中,为了确保接线正确无误,应仔细校线,以检查导线是否存在折断故障,区分出每条导线的两端,并在线端穿入号码管或其他统一标记。一般校线由两人分别在被校线线束的首尾两端利用电铃或灯光装置,再配以步话机等通信工具进校线,也可采用如图9-5所示的单人二极管校线器校线。

例如在被校线的甲端导线上分别套上1~37号号码管(设线管内共敷设导线36根),其中 1 号为金属线管或另布设一根辅助线,然后将全部已套上号码管的导线与校线器上的接线柱按编号一一对应连接。在被校线的乙端则用万用表欧姆挡(1×100 档),并把 1 号号码管套在 1 号辅助导线上,再将万用表的黑表笔(接表内电源正极)接触 1 号线芯,红表笔(接表内电源负极)测寻 2 号导线。若红表笔所接触的不是 2 号线芯,则由校线器线路图可知,发光二极管(确认灯)D_1 不会发光,万用表显示较大电阻值;只有当红表笔接触到 2 号线芯时,D_1 发光,万用表才显示较小电阻值。测寻到 2 号导线后,套上 2 号号码管。这时红表笔不动,再用黑表笔测寻 3 号线芯,方法同上,如此很快就可校验完所有线芯。由此可见,这种单人发光二极管校线器线路简单、操作方便,不需要步话机等通信工具。经仔细校线后,就可以按要求将导线压入或焊接在相应的接线端子上。

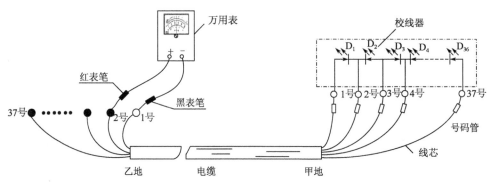

图 9-5 单人发光二极管校线器

(6)安装底座

经严格校线无误,先将导线穿过安装底座板的穿线孔,再按接线要求将导线与底座的接线端子(或连接焊片)连接好,接线时应注意极性。

(7)安装探测器探头

底座安装完毕后,可用兆欧表对布线进行绝缘电阻检查,绝缘电阻应在 $0.5M\Omega$ 以上,合格后可安装探测器,进行系统开通试调检验。如果不马上进行系统开通试调检验,应暂时在底座上装设底座保护盖,以防尘土侵入或机械损坏,待系统开通试调时,再将底座保护盖取下,装上探测器。

9.3 消防控制室及系统接地

消防控制室不但是管理人员预防建筑火灾发生、扑救建筑火灾及指挥火灾现场人员疏散的重要信息、指挥中心,也是消防救援人员了解火灾现场发生、发展、蔓延情况及利用其内部已有消防设施进行人员疏散、物资抢救和火灾扑救的重要作战场所。同时,消防控制室内的某些报警控制装置的核心部件将为其后开展的火灾原因调查工作提供强有力的帮助。因此,设置消防控制室有着十分重要的意义。在现行的国家规范中都有相关的规定。

9.3.1 消防控制室的设置要求

为了使消防控制室能在火灾预防、火灾扑救及人员、物资疏散时确实发挥作用,并能在发生火灾时坚持工作,对消防控制室的设置位置、建筑结构、耐火等级、室内照明、通风空调、电源供给及接地保护等方面均有明确的技术要求。

(1) 消防控制室的位置、建筑结构、耐火等级

为了保证发生火灾时消防控制室内的人员能坚持工作而不受火灾的威胁,消防控制室最好独立设置,其耐火等级不应低于二级。当必须附设在建筑物内部时,宜设在建筑物内底层或地下一层,并应采用耐火极限不低于3h的隔墙和2h的楼板与其他部位隔开,其安全出口应直通室外,控制室的门应选用乙级防火门,并朝疏散方向开启,以防止烟、火危及室内人员的安全。消防控制室设置的位置、耐火极限如表9-9所示。

消防控制室的设置位置、耐火等级 表9-9

规范名称	设置位置	隔墙	楼板	隔板上的门
《建筑设计防火规范》(GB 50016—2014)	底层或地下一层	3h	2h	乙级防火门
《人民防空工程设计防火规范》(GB 50098—2009)	地下一层	3h	2h	甲级防火门

为了便于消防人员扑救工作,消防控制室门上应设置明显标志;如果消防控制室设在建筑物的首层,消防控制室门的上方应设标志牌或标志灯;设在地下时,消防控制室门上的标志必须是带灯光的装置。设标志灯的电源应从消防电源接入,以保证供电的可靠性。

高频电磁场对火灾报警控制器及联动控制设备的正常工作影响较大,如卫星电视接收站等。为保证报警设备的正常运行,要求控制室周围不能布置干扰场强超过消防控制室设备承受能力的其他设备用房。

消防控制室应有相应的竣工图纸、各分系统控制逻辑关系说明、设备使用说明书、系统操作规程、应急预案、值班制度、维护保养制度及值班记录等文件资料。

(2) 对消防控制室通风、空调设置的要求

为保证消防控制室内工作人员和设备运行的安全,应设独立的空气调节系统。独立的空气调节系统可根据控制室面积的大小,选用窗式、分体壁挂式、分体柜式空调器,也可使用独立的吸顶式家用中央空调器。

当利用建筑内已有的集中空调时,应在送风及回风管道穿过消防控制室的墙壁处,设置防火阀,阻止火灾发生时的烟气沿送、回风管道窜进消防控制室,危及工作人员及设备的安全。该防火阀应能在消防控制室内手动或自动关闭,动作信号应能反馈同来。

(3) 对消防控制室电气的要求

消防控制室的火灾报警控制器及各种消防联动控制设备属于消防用电设备,火灾时是要坚持工作的。因此,消防控制室的供电应按一、二级负荷的标准供电,当按二级负荷的两同线路要求供电时,两个电源或两回线路应能在控制室的最末一级配电箱处自动切换。

消防控制室内应设置应急照明装置,其供电电源应采用消防电源。如使用蓄电池供电时,其供电时间至少应大于火灾报警控制器的蓄电池供电时间,以保证在火灾报警控制器的蓄电池停止供电后,能为工作人员的撤离提供照明。应急照明装置的照度应达到在距地面0.8m处的水平面上任何一点的最低照度不低于正常工作时的照度(100lx)。

消防控制室内严禁与火灾报警及联动控制无关的电气线路及管路穿过。根据消防控制室的功能要求,火灾自动报警、固定灭火装置、电动防火门、防火卷帘及消防专用电话、火灾应急广播等系统的信号传输线、控制线路等均应进入消防控制室。控制室内(包括吊顶上和地板下)的线路管路已经很多,大型工程更多,为保证消防控制设备安全运行,便于检查维修,其他无关的电气线路和管路不得穿过消防控制室,以免互相干扰造成混乱或事故。

值得注意的是,在很多实际工程中,往往将闭路电视监控系统设置在消防控制室内。这样做的目的之一是形成一个集中的安全防范中心,减少值班人员;目的之二是为值班员分析、判断现场情况提供视频支持。从实际使用效果看,两套系统可以共处一室,但应分开布置。有些国内厂家的报警设备要求 Internet 或单位内部局域网的网线不得与其火灾报警信号传输线和联动控制线共管,为避免相互干扰,两者应相距 3m 以上。

(4)对消防控制室内设备布置的要求

为了便于设备操作和检修,《火灾自动报警系统设计规范》(GB 50116—2008)对消防控制室内的消防设备布置做了如下规定。

①设备面盘前的操作距离:单列布置时应不小于 1.5m;双列布置时应不小于 2m。

②在值班人员经常工作的一面,设备面盘至墙的距离应不小于 3m。

③设备面盘后的维修距离应不小于 1m。

④设备面盘的排列长度大于 4m 时,其两端应设置宽度不小于 1m 的通道。

⑤集中火灾报警控制器(火灾报警控制器)安装在墙上对其底边距地高度宜为 1.3~1.5m,其靠近门轴的侧面距墙应不小于 0.5m,正面操作距离应不小于 1.2m。

9.3.2 消防控制室的功能要求

1)消防控制室的组成和控制方式

由于每座建筑的使用性质和功能不完全一样,其消防控制设备所包括的控制装置也不尽相同,一般应把该建筑内的火灾报警及其他联动控制装置都集中于消防控制室中。即使控制设备分散在其他房间,各种设备的操作信号也应反馈到消防控制室。为完成这一功能,消防控制室设备的组成可根据需要由下列部分或全部控制装置组成:火灾报警控制器,自动灭火系统的控制装置(包括自动喷水灭火系统、泡沫灭火系统、干粉灭火系统、有管网的二氧化碳和卤代烷灭火系统等),室内消火栓系统的控制装置,防烟、排烟系统及空调通风系统的控制装置,装配常开防火门、防火卷帘的控制装置,电梯回降控制装置,火灾应急广播的控制装置,火灾警报装置的控制装置,火灾应急照明与疏散指示标志的控制装置,消防通信设备的控制装置等。

消防控制设备的控制方式应根据建筑的形式、工程规模、管理体制及功能要求综合确定。单体建筑宜集中控制,即要求在消防控制室集中显示报警点、控制消防设备及设施;而对于占地面积大、较分散的建筑群,由于距离较大、管理单位多等原因,若采用集中管理方式将会造成系统大、不易使用和管理等诸多不便。因此,可根据实际情况,采取分散与集中相结合的控制方式。信号及控制需集中的,可由消防控制室集中显示和控制;不需要集中的,设置在分控室就近显示和控制。

消防控制设备的控制电源及信号回路电压宜采用直流 24V。

2）消防控制室的功能

消防控制室的功能包括火灾监测保护、火灾扑救操作、设备管理和情报积累四大块，重要的是应该把建筑物内的火灾报警子系统和其他联锁、联动控制设备集中于消防控制室内，即使控制设备分散在外，各种操作信号也应反馈到消防控制室。

详细的功能要求主要有：

(1) 控制室内消火栓系统、自动喷水和水喷雾灭火系统、管网气体灭火系统、干粉灭火系统、自动消防炮等消防设备的启/停。控制消防泵的启停，显示启泵按钮的位置，显示消防泵的工作状态、故障状态；显示报警阀、闸阀及水流指示器的工作状态，显示喷淋泵的工作状态、故障状态等。

(2) 消防控制室应对管网式卤代烷、二氧化碳、泡沫、干粉等各类灭火系统具备控制与显示功能。能完成紧急启动和紧急切断；当灭火系统直接由火灾探测器联动启动时，应具备延时 0~45s 的延时装置；显示系统的工作状态；在报警、喷射灭火各个阶段，控制室应有相应的声光报警信号，并能手动切除声响警报；在延时期间能启动联锁系统，如自动关闭防火门，停止通风、关闭空调系统等。

(3) 在火灾报警及火灾侵入后，消防控制室应能对联锁（系统）装置进行控制。停止有关部位的风机，关闭防火阀，接收和显示相应的反馈信号；启动有关部位防烟、排烟风机（包括正压送风机）、挡烟垂壁和和排烟阀，接收并显示其反馈信号。火灾确认后，下放有关部位的防火门、防火卷帘，接收、显示其反馈信号。

(4) 显示火灾报警和故障报警部位。对被保护建筑对象的重要部位、消防疏散通道和消防器材的位置要全面掌握，显示所在位置的平面图或根据消防控制室的设备情况来确定具体的显示方式。

(5) 显示系统供电电源的工作状态，并能切断有关部位的非消防电源。为了扑救方便，避免电气线路因火灾而造成短路，形成二次灾害，同时也为了防止救援人员触电，发生火灾时切断非消防电源是必要的。但是切断非消防电源应控制在一定的范围之内，一定范围是指着火的那个防火分区或楼层。切断方式可为人工切断，也可以自动切断；切断顺序应考虑按楼层或防火分区的范围，逐个实施，以减少断电带来的不必要的惊慌。非消防电源的配电盘应具有联动接口，否则消防控制设备是不能完成切断功能的。

(6) 消防控制室对警报装置、火灾应急照明灯和疏散标志灯的控制。在正常照明被切断后，应急照明和疏散标志灯就担负着为疏散人群提供照明和诱导指示的重任。由于火灾应急照明和疏散标志灯属于消防用电设备，因此其电源应选用消防电源；如果不能选用消防电源，则应将蓄电池组作为备用电源，且主、备电源应能自动切换。

(7) 消防控制室的消防通信功能。为了能在发生火灾时发挥消防控制室的指挥作用，在消防控制室内应设置消防通信设备，并确保通信良好有效。火灾确认后，消防控制室按照疏散顺序接通火灾（现场）警报装置和火灾事故广播，并应满足以下几点要求：

① 应有一部能直接拨打"119"火警电话的外线电话机。

② 应有与建筑物内其他重要消防设备室直接通话的内部电话。

③ 应有无线对讲设备。

考虑到一般建筑物都设有内部程控交换机，消防控制室及其他重要的消防设备房都装设了内部电话分机,在程控交换机上就可设定消防控制室的电话分机,并具有拨打外线电话的功能。无线对讲设备是重要的辅助通信设备,它具有移动通话的作用,可以避免线路的束缚,但它的通信距离和通话质量受诸多条件的限制。

(8)消防控制室对电梯的控制与显示。发生火灾时,消防控制室应能强制控制非消防电梯降至首层停靠,并接收、显示其反馈信号。

9.3.3 接地的要求

火灾自动报警系统接地装置的接地电阻值应符合下列要求。

(1)采用专用接地装置时,接地电阻值应不大于4Ω,这一取值是与计算机接地要求规范一致的。

(2)采用共用接地装置时,接地电阻值应不大于1Ω,这也是与国家有关接地规范中对于电气防雷接地系统共用接地装置时接地电阻值的要求一致的。共用接地装置,如图9-6所示。

(3)火灾自动报警系统应设专用接地干线,并应在消防控制室设置专用接地板。专用接地干线应从消防控制室专用接地板引至接地体。专用接地干线应采用铜芯绝缘导线,其线芯截面面积应不小于25mm²。专用接地干线宜套上硬质塑料管埋设至接地体。由消防控制室接地板引至各消防电子设备的专用接地干线应选用铜芯绝缘导线,其线芯截面面积应不小于4mm²。

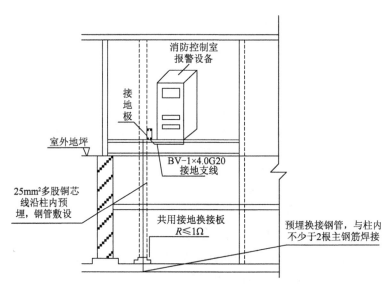

图9-6 共用接地装置

在消防控制室设置专用的接地板有利于保证系统正常工作。专用接地干线是指从消防控制室接地板引至接地体的这一段,若设有专用接地体,则是指从接地板引至室外的这一段接地干线。计算机及电子设备接地干线的引入段一般不能采用扁钢或裸铜排等方式,主要是为了与防雷接地(建筑构件防雷接地、钢筋混凝土墙体)分开,保持一定的绝缘,以免直接接触,影响消防电子设备的接地效果。因此,规定专用接地干线应采用铜芯绝缘导线,其线芯截面面积应不小于25mm²。采用共用接地装置时,一般接地板引至最底层地下室内相应钢筋混凝土柱的基础作为共用接地点,不宜从消防控制室内柱子上的焊接钢筋直接引出作为专用接地板。从接地板引至各消防电子设备的专用接地线线芯的截面面积应不小于 $4mm^2$。

(4)消防电子设备凡采用交流电供电时,设备金属外壳和金属支架等应作保护接地,接地线应与电器保护接地干线(PE 线)相连接。

在消防控制室内,消防电子设备一般采用交流供电,为了避免操作人员触电,都应将金属支架作保护接地。接地线用电气保护地线(PE 线),即供电线路应采用单相三线制供电。

9.4 自动消防系统的施工与调试

9.4.1 通用消防工程的施工准备

1)消防系统设计与相关部门的关系

(1)与建设单位的关系。工程完工后总要交付给建设单位使用,满足使用单位的需要是设计的最根本目的。因此,要做好一项消防系统的设计,必须了解建设单位的需求和他们提供的设计资料。

(2)与施工部门的关系。设计是用图纸表达的产品,而工程的实体需要施工单位去建造,因此设计方案必须具备实施性,否则只是"纸上谈兵"而已。一般来讲,设计者应该掌握施工工艺,至少应该了解各种安装过程,这样以免设计出的图纸不能实施。

(3)与公共事业单位的关系。消防系统装置使用的能源和信息来于市政设施的不同系统。因此,在开始进行设计方案构思时,应考虑到能源和信息输入的可能性及其具体措施。与这方面有关的设施是供电网络、通信网络、消防报警网络等,因此需要与供电、电信和消防等部门进行业务联系。

2)消防系统设计与其他专业的协调

(1)与建筑专业的关系。建筑电气与建筑专业之间的关系,视建筑物功能的不同而不同。在工业建筑设计过程中,生产工艺设计是起主导作用的;土建设计是以满足工艺设计为前提,处于配角的地位。但民用建筑设计过程中,建筑专业始终是主导专业;电气专业和其他专业则处于配角地位,即围绕着建筑专业的构思而开展设计,力求表现和实现建筑设计的意图,并且在工程设计的全过程中服从建筑专业的调度。虽然建筑专业在设计中处于主导地位,但并不排斥其他专业在设计中的独立性和重要性。从某种意义上讲,建筑设备设施的优劣,标志着建筑物现代化程度的高低。所以,建筑物的现代化除了建筑造型和内部使用功能具有时代特征外,很重要的方面是内部设备的现代化。这就对水、电、暖通专业提出了更高的要求,使设计的工作量和工程造价大大增加。也就是说,一次完整的建筑工程设计不是某一个专业所能完成的,而是各个专业密切配合的结果。

由于各专业都有各自的技术特点和要求,有各自设计的规范和标准,所以在设计中不能片面地强调某个专业的重要而置其他专业的规范于不顾,影响其他专业的技术合理性和使用的安全性。

(2)与设备专业的协调。消防设施与采暖、通风、给排水、煤气等建筑设备的管道纵横交错,争夺地盘的地方特别多。因此,在设计中要很好地协调,设备专业要合理划分地盘,而且要认真进行专业间的检查,否则会造成工程返工或建筑功能上的损失。

对初步设计阶段各专业相互提供的资料要进行补充和深化,消防专业需要做的工作如下:

①向建筑专业提供有关消防设备用房的平面布置图,以便得到它们的配合。

②向结构专业提供有关预留埋件或预留孔洞的位置图。

③向水暖专业了解各种用电设备的控制、操作、联锁等。

总之,只有专业之间相互理解、相互配合,才能设计出既符合设计意图,又在技术和安全上符合规范功能及满足使用要求的建筑物。

3)通用消防工程施工准备

(1)建筑工程的消防设计图纸的设计,必须由有相应的设计资格证书的设计单位设计。由建设单位将图纸和资料送公安消防监督机构审核,经审核批准后方可施工。

(2)从事消防设施施工的单位,应当具有相应的资质等级,其资质等级由公安消防机构会同有关部门共同审定,发给消防工程施工企业资质证书。

(3)建筑工程施工现场的消防安全由施工单位负责。施工单位开工前,必须向公安消防机构申报,经公安消防机构核发施工现场消防安全许可证后方可施工。

(4)施工单位必须按照已批准的消防设计图纸施工,不得擅自改动。

(5)安装的消防产品、机电产品和材料要符合下列条件。

①消防厂家应具有国家颁发的生产许可证,选用时要审明证书中所列产品是否与所需产品相符。

②固定灭火系统和耐火构件及耐火涂料应有有效的国家质量检测中心的检测合格报告。

③消防电子产品要具有有效的国家消防电子产品质量检测合格报告。

④选用的高低压柜及各类箱屏必须采用机械部和电力部认可的定点厂生产的产品;进口的电气产品必须有国家商检局检定合格证明,具有合格证,设备上有铭牌。

(6)施工管理人员,如施工员、质检员、材料员等应做到持证上岗。特殊工种,如电工、焊工等也应做到持证上岗。

(7)工程施工中应接受公安消防监督机构和质量监督机关等上级单位的检查指导,以确保工程质量。

(8)施工中应严格按照已批准的设计图纸施工,认真执行有关的消防设计规范、施工验收规范、施工工艺及有关的图集、厂方资料等施工要求。

(9)施工工程记录和资料的收集整理与填写,应做到与工程同步,工程竣工验收交付使用时,应交给建设单位一套完整的工程资料,并按合同要求,绘制竣工图。

(10)消防工程安装调试全部完成后,施工单位应先进行自验,合格后再请建设单位(监理)、设计单位进行竣工验收,办理竣工验收单。

(11)建设单位或施工单位应委托有资格的建筑消防设施检测单位进行技术测试,并提供技术测试报告。

(12)建设单位应向公安消防监督机构提交验收申请,送交有关资料,请公安消防监督机构进行消防工程验收,经检验合格后发给消防设施验收合格证,才准许使用,否则,验收不合格或未经验收均不准使用。

9.4.2 自动消防系统开通的程序

1)在自动消防系统开通之前,应完成系统内各个设备和管线的安装敷设工作

(1)在认真识图和收集整理有关技术资料的基础上,根据国家的有关设计规范和施工要求,确定系统内各设备的位置,确定管线和路径,对需要埋设的管线,应配合土建施工或内装修及时进行预埋。

(2)核对图纸,检查布线走向是否与设计图纸一致,并做好记录。用兆欧表检测所有导线对地的绝缘电阻,用万用表检测导线有无断线等故障。

(3)检查所有火灾探测器的安装位置、型号是否与设计图纸相符,其底座应安装牢固,探测器上的报警确认灯应朝向门口方向,在探测器周围 0.5m 范围内应无遮挡物。缆式定温探测器的监视模块应安装于干燥的场所(如电缆沟顶面墙壁之上),且监视模块与线缆的接线应采用端子固定。水流指示器、消火栓按钮、压力开关等配置的监视模块均应安装固定在它们的近旁,手动报警按钮。复示器(火灾显示盘)、壁挂式火灾报警控制器等在墙上安装牢固端正,不倾斜,一般距地面高度为 1.5m。柜式报警控制器或其他机柜落地安装时,其基础宜高出地面 0.1~0.2m。

(4)在线管、线槽中敷设的导线应平整,避免相互扭绕。在箱内导线应排列整齐、固定牢固,导线应绑扎成束。在控制箱(柜)、接线盒等处,应按规定要求预留导线长度,在控制箱预留长度为箱底半周长,接线盒预留长度为 15~20cm。

(5)各子系统的消防、报警设备及控制装置的安装应符合有关消防规范的要求,并根据设计图纸及设备的使用说明,仔细查对各种消防设备、控制装置等的型号、规格尺寸,以及对电气安装的技术要求,正确安装就位,为系统开通试调做好准备。

2)检查校对自动消防系统的工作电源

在开通试调前,应严格检查校对建筑消防系统中各种用电设备、装置的工作电源,所提供的各种交直流电压值是否与相应的用电设备的额定电压相符;各干线、支线上的短路、过载、失压和过流等保护装置是否按要求设置,其功能是否良好;备用电源是否具备,是否可以满足系统设计和工作的要求;各类用电设备、装置与电源的连接是否正确无误,导线规格是否符合设计要求等。

对备用直流电源如柴油发电机组、UPS 装置和蓄电池组等设备,进行调试。对常规蓄电池组,应注意维护,及时检查电解液面并定期更换电解液。为了保证蓄电池组的可靠工作,延长蓄电池的使用寿命,应每年最少进行容量恢复处理一次,若电池容量低于额定容量的 80%,则及时更换。

3)自动消防系统的调试方法

自动消防系统的调试的主要内容包括自动消防系统内设备的单体检查、线路测试、接地测试和系统总体开通试验考核等。

(1)单体检查

所谓单体检查,就是将运输到施工现场的火灾探测器、报警控制器等消防设备,在安装或投入运行前所进行的性能检查。例如,对于防排烟系统,应分别检查排烟风机、排烟阀、排烟防

火阀、防火门和防火卷帘等,以及控制装置、回馈信号等是否符合设计要求,动作是否灵活,通电检查时有无卡涩过热现象等。对于自动灭火系统,应分别检查各类消防泵和喷淋泵、水流指示器、压力开关以及控制装置等的绝缘电阻、接地保护、信号显示和控制等方式是否符合要求,水泵运行是否正常等。

(2)线路测试

进行线路的测试与校验。检查系统内各种设备的接线是否正确,接线端子号码是否齐全,导线压接是否牢靠,接触是否良好;屏蔽是否良好;屏蔽线及其他设备的金属外壳保护接地、系统的工作接地是否符合要求等。然后将被校检回路中的开关拉开,设备、器件的接线端子与被校检导线分开,进行分系统、分区域和分部位的全面校线,以检查线路是否存在折断或接触不良等故障,这是确保系统顺利进行开通调试的重要措施。校线一般由两人分别在被校线的首尾两端利用电铃、灯光或万用表,再配以步话机等通信工具进行校线,也可采用单人发光二极管校线器和万用表校线。在校线的同时,将号码管按图纸要求编号后穿入线端,再将导线按要求压入电气设备的相应接线端子上。

在校验火灾探测器、手动报警按钮等线路的同时,应检查探测器、手动报警按钮是否已连接终端工作电阻,其阻值是否与设计或产品说明书要求符合。另外,还必须对系统内的各子系统的继电器联动盘、控制盘至其他设备(如水流指示器、压力开关、行程开关等)所组成的二次线路进行检查校对。对于总线控制火灾自动报警及消防联动控制系统,应检查校对回路上的控制模块、监视模块与所监控联动的电气设备(如水泵指示器、压力开关、行程开关、继电器等)之间的连接导线,以及工作电源线路等。

(3)测绝缘电阻

对低压动力设备(如消防泵、喷淋泵、正压风机、排烟风机等)及其控制装置,火灾自动报警系统、自动灭火系统中的传输线路等,应检测其绝缘电阻是否符合有关规范要求,有无绝缘损坏或受潮等故障。在检测时,应选用500V兆欧表测量线对线、线对地、导线对屏蔽层、屏蔽层或设备金属外壳对地(测量时,应将屏蔽层或金属外壳与保护接地线断开)等的绝缘电阻,均应不小于$0.5M\Omega$,一般阻值在$200k\Omega$以上。如果绝缘电阻过低,可逐个拉开设备的控制开关或将导线逐根从接线端子板上拆下,当某一开关被拉开或某根导线拆下后,绝缘电阻增大到规定值以上,则表明该回路存在故障,可能是线路中某处或用电设备的绝缘损坏或受潮,应检查处理或更换该回路的导线或用电设备。

(4)系统开通试验

在系统设备单体检查、线路校对和绝缘电阻测量合格的基础上,即可按各子系统分别完成开通调试,如火灾自动报警子系统、自动水喷淋、消防炮、自动气体灭火和各类防灾减灾子系统等。对于复杂的高层建筑,应按防火分区对所属的线路设备及其联动装置进行调试,最后再进行自动消防系统的统调。调试的技术指标应符合国家的有关标准和验收规范的规定。下面以火灾自动报警子系统为例,开通调试的步骤一般如下:

①火灾自动报警系统调试,应在建筑内部装修和系统施工结束后进行。

②调试前,施工人员应向调试人员提交系统的结构框图、建筑平面图、设备安装技术文件、设备的使用说明书、设计变更记录、施工记录(包括隐蔽工程验收记录)、检验记录(包括绝缘电阻、接地电阻测试记录)、竣工图和报告等。

③调试负责人必须由有资格的专业技术人员担任。一般由生产厂工程师或生产厂委托的经过训练的人员担任。其资格审查由公安消防监督机构负责。

④调试前应按下列要求进行检查：

a. 按设计要求查验设备规格、型号、数量、备品备件等；

b. 按《火灾自动报警系统施工及验收规范》(GB 50166—2007)的要求检查系统的施工质量。对属于施工中出现的问题，应会同有关单位协调解决，并有文字记录；

c. 检查检验系统线路的配线、接线、线路电阻、绝缘电阻、接地电阻、终端电阻、线号、接地、线的颜色等是否符合设计和规范要求，发现错线、开路、虚焊、短路等达不到要求的应及时处理，排除故障。

⑤火灾报警系统应先分别对探测器、消防控制设备等逐个进行单机通电检查试验。单机检查试验合格后，进行系统调试。调试时先检测回路总线的绝缘电阻，其绝缘电阻应大于 $20M\Omega$。检查各类火灾探测器的编码地址，并对照工程设计图纸进行回路的分配调整。在此基础上，根据国家标准《火灾报警控制器》(GB 4717—2005)对报警控制器进行如下常规功能检查：

a. 火灾报警信号自检功能；

b. 火灾优先报警功能；

c. 报警记忆功能，即要求报警后不能自动复位，电子钟记录首次报警时间，报警屏幕上的地址显示应与报警部位编号一致；

d. 故障报警功能；

e. 报警后的消音、复位功能；

f. 其外控触点的动作是否符合联动其他消防设备、器件的设计要求；

g. 向报警控制器传送的报警信号是否灵敏、正确、及时和可靠；

h. 电源自动切换和备用电源的自动充电功能；

i. 备用电源的欠压和过电压自动报警功能等。

⑥按设计要求对主电源和备用电源的供电进行检查，其容量应符合有关国家标准要求，备用电源连续充放电 3 次应正常，主电源、备用电源转换应正常。

⑦分别用主电源和备用电源供电，逐个逐项检查试验火灾报警系统的各种控制功能和联动功能，其控制功能和联动功能应正常。

⑧系统控制功能调试后，应采用专用的检查仪器，如加烟加温试验器等，分别对各类探测器逐个试验，动作无误后可投入运行。

⑨对于其他报警设备也要逐个试验无误后投入运行。

在系统全部开通试调完成后，再使系统连续运行考核 120h 以上，昼夜有专人值班记录系统运行情况。例如采用专用探测试验器对探测器逐个进行试验，定期按系统试调程序进行系统功能自检，并测量记录系统的正常监测电流、报警工作电流，系统在运行考核中以及发现的问题及处理排除方法等情况。最后写出开通试调报告，其内容主要包括试调步骤、方法和使用的仪表仪器，各种整定数据，以及试调和运行考核过程中发现的问题和排除方法等。开通试调报告是确定安装工程质量和设备质量是否达到安全可靠使用要求的技术鉴定文件，是进行工程要验收的重要依据，也是交付使用后维修、扩充和正确使用的技术资料。在开通试调报告编写完成后,由开通调试负责人写出结论性意见,并加盖安装试调单位公章,报请有关消防部门和甲方进行工程验收。经验收合格后,即可进行工作交接,交付甲方使用。

1. 消防系统供电有哪些要求?
2. 简述消防设备的布线原则。
3. 火灾自动报警系统布线有哪些规定? 线芯允许的最小截面积应取多少?
4. 在消防动力配电系统中,设某段线路长 100m,采取 380/220V 交流"三相四线制"供电,线路电流 30A,功率因数 0.9,试选择导线截面积。
5. 在消防弱电系统中,有几种直流电源供电方式? 各有什么特点?
6. 消防控制室布置有什么要求。
7. 通用消防工程施工前应做哪些准备? 试述火灾自动报警子系统开通调试的步骤。

参 考 文 献

[1] 郎禄平.建筑自动消防工程[M].北京:中国建材工业出版社,2005.
[2] 谢东.建筑消防技术与设备[M].北京:中国电力出版社,2011.
[3] 杨连武.火灾报警及消防联动系统施工[M].北京:电子工业出版社,2010.
[4] 中华人民共和国国家标准.GB 50016—2014 建筑设计防火规范[S].北京:中国计划出版社,2014.
[5] 中华人民共和国国家标准.GB 50974—2014 消防给水及消火栓系统技术规范[S].北京:中国计划出版社,2014.
[6] 中华人民共和国国家标准.GB 50084—2005 自动喷水灭火系统设计规范[S].北京:中国计划出版社,2005.
[7] 中华人民共和国国家标准.GB 50151—2010 泡沫灭火系统设计规范[S].北京:中国计划出版社,2010.
[8] 中华人民共和国国家标准.GB 50166—2007 火灾自动报警系统施工及验收规范[S].北京:中国计划出版社,2007.
[9] 中华人民共和国国家标准.GB 50219—2014 水喷雾灭火系统设计规范[S].北京:中国计划出版社,2014..
[10] 中华人民共和国国家标准.GB 50370—2005 气体灭火系统设计规范[S].北京:中国标准出版社,2005.
[11] 中华人民共和国国家标准.GB 50116—2013 火灾自动报警系统设计规范[S].北京:中国计划出版社,2013.
[12] 中华人民共和国国家标准.GB 50974—2014 消防给水及消火栓系统技术规范[S].北京:中国计划出版社,2014.
[13] 中华人民共和国国家标准.GB 16806—2006 消防联动控制系统[S].北京:中国标准出版社,2006.
[14] 中华人民共和国国家标准.GB 25204—2010 自动跟踪定位射流灭火系统[S].北京:中国质检出版社,2010.
[15] 中华人民共和国国家标准.GB 50370—2005 气体灭火系统设计规范[S].北京:中国标准出版社,2005.
[16] 中华人民共和国国家标准.GB/T 8163—2008 输送流体用无缝钢管[S].北京:中国标准出版社,2008.
[17] 中华人民共和国国家标准.GB 5310—2008 高压锅炉用无缝钢管[S].北京:中国标准出版社,2008.
[18] 中华人民共和国国家标准.GB/T 14976—2012 流体输送用不锈钢无缝钢管[S].北京:中国标准出版社,2012.
[19] 中华人民共和国国家标准.GB 1527—2006 铜及铜合金拉制管[S].北京:中国标准出版社,2006.

[20] 中华人民共和国国家标准. GB 50067—2014 汽车库、修车库、停车场设计防火规范[S]. 北京:中国计划出版社,2014.

[21] 中华人民共和国国家标准. GB 15930—2007 建筑通风和排烟系统用防火阀门[S]. 北京:中国标准出版社,2007.

[22] 中华人民共和国国家标准. GB/T 7633—2008 门和卷帘耐火试验方法[S]. 北京:中国标准出版社,2008.

[23] 中华人民共和国国家标准. GB 14102—2005 防火卷帘[S]. 北京:中国标准出版社,2005.

[24] 中华人民共和国国家标准. GB 50878—2013 防火卷帘、防火门、防火窗施工及验收规范[S]. 北京:中国建筑工业出版社,2014.

[25] 中华人民共和国国家标准. GB 13495.1—2015 消防安全标志 第一部分:标志[S]. 北京:中国标准出版社,2015.

[26] 中华人民共和国国家标准. GB 17945—2010 消防应急照明和疏散指示系统[S]. 北京:中国标准出版社,2010.

[27] 中华人民共和国国家标准. GB/T 4968—2008 火灾分类[S]. 北京:中国标准出版社,2008.

[28] 中华人民共和国国家标准. GB 15631—2008 特种火灾探测器[S]. 北京:中国标准出版社,2008.

[29] 中华人民共和国国家标准. GB 14287—2014 电气火灾监控系统[S]. 北京:中国标准出版社,2014.

[30] 中华人民共和国国家标准. GB 26875—2011 城市消防远程监控[S]. 北京:中国标准出版社,2011.

[31] 中华人民共和国国家标准. GB 50338—2003 固定消防炮灭火系统设计规范[S]. 北京:中国计划出版社,2003.